Erste Farbenphotographie vom Ballon aus. Wilmersdorf bei Berlin.
Aus 850 m Höhe von Professor Miethe photographiert. Juni 1906.

Die Luftschiffahrt

nach ihrer

geschichtlichen und gegenwärtigen Entwicklung

Von

A. Hildebrandt

Hauptmann a. D., vormals Lehrer im Königlich Preußischen
Luftschiffer-Bataillon

Zweite vermehrte und verbesserte Auflage

Mit einem Titelbild (Erste Farbenphotographie vom Ballon aus,
von Prof. M i e t h e) und 292 Textabbildungen.

München und Berlin

Druck und Verlag von R. Oldenbourg

1910

Vorwort zur ersten Auflage.

Das lebhafte Interesse, welches sich in den letzten Jahren, namentlich nach dem großen Aufschwunge der wissenschaftlichen Luftschiffahrt und nach den Aufsehen erregenden Fahrten von Santos Dumont und der Gebrüder Lebaudy aller Orte für die Aeronautik bemerkbar gemacht hat, ist die Veranlassung gewesen, ein neues Buch zu verfassen, das auf Grund bisher noch unbenutzter Quellen und gestützt auf langjährige eigene Tätigkeit, ein für weitere Kreise bestimmtes Gesamtbild der Luftschiffahrt darzubieten versucht. Es soll nicht nur einen historischen Überblick über die Aeronautik und ihre Hilfswissenschaften geben unter besonderer Berücksichtigung der Entwicklung heute noch vorhandener Einrichtungen, sondern vornehmlich auch den Laien über das Wesen dieses umfangreichen Gebietes aufklären, um ihm das Verständnis und die Beurteilung der in der Tagespresse auftauchenden Nachrichten zu erleichtern.

Eingehend sind Gebiete berücksichtigt, über welche überhaupt noch nie erschöpfendes Material veröffentlicht wurde, wie z. B. die Ballonphotographie und das Brieftaubenwesen, soweit es für Luftschifferzwecke in Betracht kommt.

Das Wesen der Ballonphotographie ist erst in den letzten Jahren einem systematischen Studium unterworfen worden. Den Autor unterstützten bei der Behandlung dieses Kapitels unter den 100 Ballonfahrten die Erfahrungen von etwa 80 derselben, welche hauptsächlich photographischen Untersuchungen gedient haben. Sehr wesentlich war es gewesen, daß an einer Anzahl dieser Aufstiege eine überall anerkannte Autorität auf photographischem Gebiete, Professor Dr. Miethe, Vorsteher des photochemischen Laboratoriums der Technischen Hochschule zu Charlottenburg, teilgenommen hat. Ferner durfte der Verfasser die scharfsinnigen Untersuchungen verwerten, welche der

frühere Kommandeur des Kgl. Preuß. Luftschiffer-Bataillons, Oberstleutnant Klußmann, über die optischen Erscheinungen beim Ballon-
photographieren gemacht hat; dieselben sind für diese Abhandlung
von hohem Werte gewesen.

Für die Bearbeitung des Brieftaubenwesens hat ein bewährter
Züchter des Niederrheinischen Vereins für Luftschiffahrt, Bernhard
Flöring in Barmen, seine vielseitigen Erfahrungen in dankenswerter Weise zur Verfügung gestellt. Wenn der Verfasser, welcher
sich selbst seit vielen Jahren mit der Aufzucht von Brieftauben und
ihrer Dressur für Ballonzwecke beschäftigt hat, in dem entsprechenden Kapitel einige Angaben gebracht hat, welche nicht unmittelbar
mit der Luftschiffahrt in Beziehung stehen, so ist dies in der Absicht
geschehen, möglichst Freunde zu gewinnen für den Brieftaubensport,
welcher leider von den meisten Ballonführern sehr stiefmütterlich
behandelt wird, aber im Falle eines Krieges eine große Wichtigkeit
erlangt.

Ihrer Bedeutung entprechend ist der wissenschaftlichen Luftschiffahrt ein breiter Raum gewidmet. Dem Verfasser, welcher die
Ehre hat, der Internationalen Kommission für wissenschaftliche Luftschiffahrt als Mitglied anzugehören, kam es sehr zustatten, daß es
ihm vergönnt war, in ihrer Hauptentwicklungsperiode unter den
hervorragendsten Höhenforschern Deutschlands, den Professoren
Aßmann und Hergesell, praktisch mitgearbeitet zu haben.

Wenn die dynamische Luftschiffahrt, das Fliegen im Sinne des
Vogelfluges, etwas kürzer behandelt ist, so ist damit nur dem Umstande Rechnung getragen, daß diese eigentliche Art des Fliegens
vorläufig noch keine praktische Bedeutung erlangt hat. Der Verfasser steht jedoch auf dem Standpunkte, daß die dynamische Richtung noch eine große Zukunft hat, eine Ansicht, welche in neuester
Zeit durch die Akademie der Wissenschaften in Paris mehrfach ausgesprochen ist.

Im einzelnen ist noch besondere Rücksicht auf die Erklärung
solcher Fragen genommen, für welche lebhafteres Interesse vielfach
bekundet worden ist. Die Beurteilung des Bedürfnisses hierzu gründet
sich auf eine 13 jährige Tätigkeit des Verfassers in großen Luftschiffer-
Vereinen, als Fahrtenausschuß-Vorsitzender des Straßburger und als
Schriftführer des Berliner Vereins, sowie auf seine Lehrtätigkeit in
der Luftschiffer-Lehranstalt des Kgl. Preuß. Luftschiffer-Bataillons.

Die für das Verständnis unumgänglichen theoretischen Erwägungen sind, nur soweit es nötig war, in den Text eingefügt, um

den Laien nicht abzuschrecken; die Herausgabe eines rein technischen Werkes war von vornherein nicht beabsichtigt.

So möge nun das Buch vor die Öffentlichkeit treten und den Versuch machen, einen Kreis von Freunden zu finden, die in ihm Unterhaltung und Anregung, vielleicht auch hier und da einige Belehrung und Erweiterung ihres Wissens von der Luftschiffahrt finden. Dann ist sein Zweck erreicht!

Berlin, Oktober 1906.

Hildebrandt,
Hauptmann und Lehrer im
Kgl. Preuß. Luftschiffer-Bataillon.

Vorwort zur zweiten Auflage.

Seit dem Abschluß der ersten Auflage — Anfang Oktober 1906 — ist ein so gewaltiger Aufschwung aller Gebiete der Luftschiffahrt zu verzeichnen, daß eine völlige Umarbeitung des schon Frühjahr 1909 vergriffenen Werkes erforderlich geworden ist. Die durchweg ausgezeichneten Besprechungen des Buches sowohl in den Fachzeitschriften als auch in der Tagespresse haben Veranlassung gegeben, Einteilung und Art der stofflichen Behandlung beizubehalten.

Wie schon im ersten Vorwort betont, ist das Werk sowohl für den gebildeten Laien bestimmt, als auch für den Fachmann, der es als Nachschlagewerk mit Nutzen verwenden wird.

Das Kapitel über die Flugtechnik, das in der ersten Auflage gemäß dem damaligen Stande der aerodynamischen Luftschiffahrt noch nicht einen einzigen freien Flug verzeichnen konnte, ist in der zweiten Auflage durch Regierungsrat a. D. J. Hofmann, früher Berlin, jetzt Genf, bearbeitet worden. Obgleich Verfasser sich gerade mit der Flugtechnik theoretisch und praktisch schon seit etwa 17 Jahren beschäftigt hat, so wurde es doch für vorteilhaft gehalten, gerade in diesem Kapitel den ältesten deutschen Flugtechniker zu Worte kommen zu lassen, da dieser schon seit 35 Jahren eingehende experimentelle Versuche angestellt hat und das reichste theoretische und praktische Wissen auf diesem Gebiete besitzt. Wenn hierdurch ein gewisses subjektives Moment in das Kapitel hineingekommen ist, so ist dies eher als ein Vorteil anzusehen.

Die erste Auflage war in allen ihren Einzelheiten sorgfältigst durch den jetzigen Kommandeur des Luftschiffer-Bataillons, Major Groß, sowie durch die Inspektion der Verkehrstruppen, der die Militär-Luftschiffahrt untersteht, durchgesehen worden; demnach kann das übernommene Material zum mindesten als offiziös angesehen werden.

Zu besonderem Danke bin ich denjenigen verpflichtet, die bei der Abfassung des neuen Textes mir mit Material gedient haben, insbesondere General James Allen vom amerikanischen Signalkorps, Oberstleutnant Moris, Kommandeur der italienischen Luftschifferabteilung, sowie Leutnant De Benedetti und Kapitän Castagneris in Rom, Oberleutnant Freiherr von Berlepsch in Wien, Professor Köppen, Dr. Rempp, Dr. A. Stolberg, Dr. J. Wendt.

Auch in dem verflossenen Jahre kam es Verfasser sehr zu statten, daß er seine Kenntnisse in der praktischen Aeronautik durch zahlreiche Reisen im In- und Auslande — bis nach Amerika — an Ort und Stelle vertiefen konnte und durch eine eigene Expedition in die isländischen Gewässer sowie als Teilnehmer einer solchen nach Teneriffa, wieder der Erforschung der höheren Schichten der Atmosphäre näher treten konnte.

Um den Umfang der zweiten Auflage nicht wesentlich zu vergrößern, mußten die Kapitel Ballonphotographie und Brieftauben, zwei Gebiete, deren Entwicklung dem Verfasser als Offizier des Luftschiffer-Bataillons in den letzten Jahren speziell oblag, erheblich gekürzt werden.

Im übrigen hat bei der ganzen Darstellung das Bemühen größter Objektivität obgewaltet.

Berlin, Oktober 1909.

Hildebrandt,

Hauptmann a. D., vormals Lehrer
im Kgl. Preuß. Luftschiffer-Bataillon.

Inhaltsverzeichnis.

Erstes Kapitel.

Vorgeschichte.

Schwerer als die Luft oder leichter als die Luft!

Diese wenigen Worte enthalten die beiden Grundgedanken, auf welchen sich die gesamte Luftschiffahrt aufbaut. Mit technischen Ausdrücken nennt man die Wissenschaften, welche sich mit diesen Grundbedingungen beschäftigen, »Aerodynamik« und »Aerostatik«.

Aerostatische Luftschiffe sind demnach solche, auf welchen man die Last mit Hilfe von Hohlkörpern emporhebt, die mit einem Gase »leichter als die Luft« gefüllt sind, während bei aerodynamischen Luftfahrzeugen die Last ohne Ballon mit Hilfe von Schrauben oder andern derartigen Vorrichtungen in willkürlicher Richtung durch die Luft geführt wird. Letztere sind demnach stets »schwerer als Luft«.

Die aerodynamischen Bestrebungen sind begreiflicherweise die ältesten.

In zahlreichen Sagen aller Völker spricht sich die Sehnsucht aus, den Vögeln gleich durch die Luft zu fliegen und sich das Luftmeer ebenso untertan zu machen wie das Wasserreich. Die bekanntesten solcher Legenden sind diejenigen von Phrixos und Helle, die auf einem goldvliesigen Widder über das Meer entflohen, und von Dädalus und Ikarus, der bei seinem Fluge der Sonne zu nahe kam und infolge des Schmelzens des Wachses, das die Federn seiner Flügel zusammenhielt, seinen Tod fand.

In Persien soll der König Xyaxares von seinen Magiern einen geflügelten Thron erhalten haben, an welchem vier gezähmte Adler angebunden waren. Bei der Auffahrt wurde den ausgehungerten Vögeln ein Stück Fleisch vorgehalten, und bei dem Bestreben, dieses Fleisch zu fassen, hoben sie den Thron in die Luft.

Einen physikalischen Hintergrund hat die Taube des im 4. Jahrhundert v. Chr. Geburt lebenden Philosophen Archytas von Tarent, welcher angeblich durch einen Hauch Leben eingeflößt wurde. Dieselbe sei tatsächlich in die Luft geflogen, aber stets bald wieder zur Erde gefallen und habe dann erst wieder auffliegen können, wenn ihr neuer Hauch eingeblasen worden sei. Es ist immerhin nicht ausgeschlossen, daß man in dieser Taube schon den ersten Versuch zum Bau einer Montgolfiere erblicken kann.

Der Thron des Königs Xyaxares von Persien wird durch vier gezähmte Adler durch die Luft gezogen.

Weiter erscheint es auch nicht auffallend, daß es heißt, die Chinesen, die Träger einer damals hochentwickelten Kultur, hätten schon in früheren Zeiten aerostatische Luftschiffe gebaut, denn ihnen wird manche bedeutsame Erfindung, wie z. B. diejenige des Schießpulvers, zugeschrieben. In den Erzählungen eines französischen Missionars aus dem Jahre 1694 heißt es, daß bereits 1306 in Peking zur Feier der Thronbesteigung des Kaisers Fo-Kien zu Peking ein Luftballon aufgestiegen sei. Nach neueren Forschungen des Schriftstellers F. R. Feldhaus hat es sich bei dieser Gelegenheit aber um einen Drachen gehandelt.

Nicht unerwähnt dürfen hier die sehr sachgemäßen Untersuchungen bleiben, welche der berühmte Leonardo da Vinci über das Flugproblem angestellt hat. Aus zahlreichen von ihm hinterlassenen Skizzen geht hervor, daß er den Menschen in ein Gestell einlegen wollte, an welches er künstliche Flügel angebracht hatte. Die technischen Einzelheiten zeugen von der außerordentlichen Geschicklichkeit und dem großen Verständnis des Künstlers für technische Fragen. Besonders interessant ist die Anord-

nung der fledermausähnlichen Flügel, die beim Niederschlagen
mit ihrer ganzen Fläche die Luft trafen, beim Heben jedoch mit
ihren einzelnen Gliedern nach unten zusammenklappten und dadurch der Luft sehr geringen Widerstand entgegensetzten. Noch
heute lehnen sich viele Erfinder in ihren Entwürfen an diejenigen
von Leonardo da Vinci an.

Den ersten nachweisbaren Flug hat 1617 F a u s t e V e r a n z i o
in V e n e d i g ausgeführt. Er ließ
sich von einem Turm mittels
eines sehr primitiven Fallschirmes
herab, welcher aus einer über einen
quadratischen Rahmen gespannten
Fläche bestand. Nachahmer hat
er lange Zeit nicht gefunden.

Viele Projekte von mehr oder
minder historischem Werte sind aus
jener Periode bekannt geworden.

1648 baute der B i s c h o f v o n
C h e s t e r, J o h n W i l k i n s, eine
Flugmaschine, die wir deswegen erwähnen wollen, weil er zuerst auf
die ungeheure Kraft aufmerksam
machte, welche man durch Anwendung des Wasserdampfes nutzbar
machen kann.

C y r a n o d e B e r g e r a c entwickelte einen Plan, Luft in

Der erste Fallschirmversuch im Jahre 1617.

Flaschen einzuschließen, dieselben an seinen Körper zu binden und
durch die Sonne erwärmen zu lassen. Er glaubte damit infolge der
in den Flaschen wärmer werdenden Luft hochfliegen zu können.
Dieser Gedanke enthält bereits einen Anklang an die späteren
Montgolfieren.

Ein für die früheren Zeiten hohes Verständnis der physikalischen
Vorgänge zeigte der Jesuitenpater F r a n c i s c o d e L a n a, welcher
1670 das Projekt einer fliegenden Barke ausarbeitete. Bei allen
Irrtümern, die in seinen Ausführungen enthalten sind, muß man
außerordentliche Bewunderung vor seinem Scharfsinn hegen. Er
war sich schon darüber klar geworden, daß die Luft genau wie alle
andern flüssigen und festen Körper ein bestimmtes Gewicht hat, und
glaubte auf Grund dieser Erfahrungen annehmen zu können, daß

1*

die Luft in größerer Höhe, bei abnehmender Luftsäule, sich in einem
dünneren Zustande befinde und demnach auch leichter sein müsse,
eine Annahme, die auch der Tatsache entspricht. Es war ihm ferner
klar, daß alle Körper, welche spezifisch leichter als die Luft sind,
in derselben emporsteigen müssen,
genau so, wie z. B. ein Stück Holz
vom Grunde des Wassers auf die
Oberfläche gelangt. Dementsprechend
wollte er vier große Kugeln aus Metall
anfertigen, dieselben durch Holz miteinander verbinden und mit Stricken
unten an einer Holzgondel befestigen,
welche mit Rudern und Segeln versehen werden sollte. Die luftleer
gemachten Kugeln mußten bei genügender Größe leichter sein als die
sie umgebende Luft und aus diesem
Grunde in ihr emporsteigen. Ein vorzeitiges Emporsteigen dieser Flugmaschine sollte durch Beschweren der
Gondel mit einer Anzahl Gewichte
vermieden werden. Die Steighöhe
selbst wollte er durch Einlassen von
Luft in die Kugeln bzw. durch Aus-

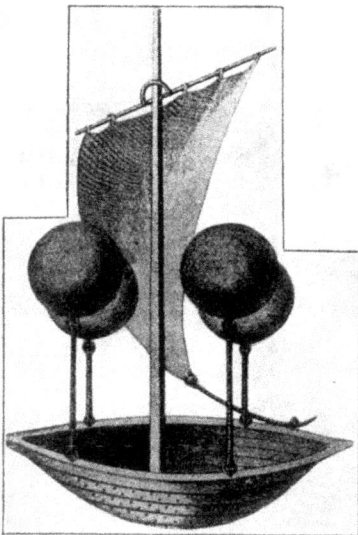

Die fliegende Barke des Jesuitenpaters
Francisco de Lana.

werfen überflüssiger Gewichte regeln. Seine hier entwickelten
Theorien über das Aufsteigen aerostatischer Körper waren durchaus
richtig. Lana widerlegte in seinen Schriften viele Einwände, welche
man etwa gegen seine Projekte haben könnte, kommt aber schließlich zum Schluß zu der Erklärung, daß er selbst an eine Ausführung seines Projekts nicht glauben wolle, weil sie so viele Um-
wälzungen im menschlichen Leben zur Folge haben würde, daß
Gott das Unternehmen verhindern müsse. Bemerkenswert ist es,
daß der Bau dieser sogenannten »Vakuum-Luftschiffe« in neuester
Zeit in Fachzeitschriften wieder lebhaft erörtert wird.

Sehr beachtenswert sind die Ausführungen, welche Borelli
1680 über seine Konstruktion eines künstlichen Vogels in seinem
Werke: De motu animalium gemacht hat. Er suchte in seinem
Buche den Nachweis zu führen, daß es für den Menschen unmöglich
wäre, aus eigener Kraft zu fliegen. Derselbe sei im Vergleich zu den
Vögeln viel zu schwer, außerdem fehle die Brustmuskelkraft der

letzteren, und sein Gewicht würde unverhältnismäßig vermehrt durch das hinzukommende Gewicht der Flugwerkzeuge. Wir werden bei seinen Theorien an das Ergebnis der Untersuchungen erinnert, welche 1872 der berühmte Helmholtz als Mitglied einer Kommission zur Prüfung aeronautischer Fragen über den Menschenflug veröffentlicht hat. Er drückt darin auf das präziseste aus, daß es kaum wahrscheinlich sei, daß der Mensch selbst durch den geschicktesten flügelähnlichen Mechanismus imstande wäre, durch eigene Muskelkraft auch nur sein eigenes Gewicht in die Höhe zu heben und schwebend zu erhalten. Unzutreffend ist es, wenn vielfach geschrieben wird, Helmholtz habe überhaupt die Möglichkeit des Maschinenfluges bezweifelt.

Borelli hat sich ferner die Prinzipien des archimedischen Gesetzes sehr klar gemacht und hält auf Grund desselben eine Gewichtserleichterung eines künstlichen Vogelkörpers für möglich. In der Fischblase bei den Fischen erblickte er eine von der Natur zur Nachahmung gegebene Anordnung. Er kritisierte alle Projekte, welche darauf beruhen, geschlossene Körper luftleer zu machen, um dadurch das spezifische Gewicht unter dasjenige der Luft herabzudrücken. Wegen des starken Druckes der äußeren Luft sei es erforderlich, alle solche Gefäße aus Metall anfertigen zu lassen und ihnen eine erhebliche Größe zu geben. Das Gewicht und der Umfang würden eine Anwendung derselben ausschließen müssen. Man kann noch heute das Werk Borellis vielen Erfindern zum Studium empfehlen, damit sie sich über die Unausführbarkeit solcher Projekte klar werden. Seine sorgfältig durchdachten Annahmen hatten damals zur Folge, daß sich nunmehr eine ganze Reihe von Gelehrten, namentlich unter den Brüdern verschiedener religiöser Orden, mit dem Flugproblem näher beschäftigte. Aus der großen Zahl dieser Leute müssen wir den 1685 zu Santos in der brasilianischen Provinz Sao Paulo geborenen Pater Bartholomäus Laurenzo de Gusmao erwähnen.

Dieser, ursprünglich Novize der Gesellschaft Jesu, hatte nach seiner Entlassung aus dem Jesuitenorden in seiner Heimat einige wohlgelungene aeronautische Versuche angestellt. Um aber eine Anerkennung seiner Erfindungen zu erzielen, wanderte er nach Portugal aus, wo sich auf Empfehlung von Elisabeth von Braunschweig-Wolfenbüttel, der Gemahlin Karls VI. und Mutter von Maria Theresia, König Johann V. von Portugal tatkräftigst seiner annahm. Gusmao erhielt am 17. April 1709 vom Könige ein »Patent« seiner

Erfindung und wurde auf Lebenszeit an der Universität zu Coimbra
angestellt. Ein Bild zeigt seinen Aerostaten als eine dreiseitige, 6 Fuß
hohe Pyramide, deren schmale Seitenfläche an der Basis 6 Fuß lang
ist, während die beiden anderen, in eine weit vorragende Spitze aus-
laufenden Seitenflächen an der Basis 15 Fuß maßen. Andere Be-
schreibungen sprechen von einem schiffsähnlichen, mit Papier überzogenen Lindenholzkorb. Der Auftrieb dieses Fahrzeuges wurde
durch Entzünden eines Feuers, also Füllung seines Innern mit heißer
Luft bewirkt. Der erste Versuch fand am 8. August 1709 zu Lissabon in Gegenwart des Königs und seines Hofes statt. Das begeisterte
Volk gab Laurenzo de Gusmao die Beinamen »Voador« — Flieger
— und »Passarola« — Vogel.

Der erste Heißluftballon war damit erfunden!

Man hat nun vielfach, namentlich in Frankreich, in geschicht-
lichen Darstellungen ausgeführt, Laurenzo de Gusmao seien zwei
Personen, von denen die erste, ein Mönch, eine abenteuerliche
Maschine erfunden und damit erfolglose Versuche angestellt habe,
während der Physiker de Gusmao einen Flugapparat angekündigt
habe, mit dem er sich von einem Turm in Lissabon habe herablassen
wollen. Dieser nie ausgeführte Plan habe dem letzteren den Namen
»O voador«, d. h. der Mann, der fliegen will, eingetragen. Der
gelehrte Professor an der Stella Matutina zu Feldkirch, Balthasar
Wilhelm[1]), sowie noch andere haben einwandfrei aus alten Chro-
niken die Wahrheit der Erzählungen festgestellt. Der Irrtum scheint
durch eine Verwechslung mit einem Bruder de Gusmaos hervorgerufen
zu sein. Daß man in jenen Zeiten die hervorragende Erfindung des
Heißluftballons nicht beachtet hat, muß uns begreiflich erscheinen,
wenn wir daran denken, daß man auch in unserer aufgeklärten Zeit
die 1905 ausgeführten erfolgreichen Flüge der Brüder Wright mit
ihrer Flugmaschine fast drei Jahre lang nicht geglaubt hat.

Die Verdienste der Brüder Montgolfier werden durch die Erfindung von Laurenzo de Gusmao nicht im mindesten geschmälert.

Erwähnenswert sind ferner die Schriften des Dominikaner-
mönches Galien, den wir schon an dieser Stelle als einen weiteren
Vorläufer der Gebrüder Montgolfier erwähnen wollen. Wir finden

---

[1]) An der Wiege der Luftschiffahrt. Von Balthasar Wilhelm, S. J.
Professor an der Stella Matutina in Feldkirch. Zweiter Teil. Bartholomen
Lourenco de Gusmao, der erste Luftschiffer. Frankfurter zeitgemäße Bro-
schüren. Hamm (Westf.). Verlag Breer & Thiemann 1909.

in seinem Werke »L'art de naviguer dans les airs« vom Jahre 1755 sehr klare Erörterungen. Er fordert dazu auf, zunächst eingehende Untersuchungen anzustellen über die Zusammensetzung und die Eigenschaften unserer Atmosphäre; durch Experimente könnte man ermitteln, in welcher Weise das archimedische Prinzip für praktische Aeronautik nutzbar zu machen sei. Auf Grund dieser Betrachtungen kommt er zur Behauptung, ein Luftschiff könne man zum Aufstieg bringen, wenn man es mit der Luft der oberen Schichten — région de la grêle, Hagelregion, wie er es nennt — füllen würde. Die Luft dieser Regionen sei 1000 mal leichter als Wasser; in noch höheren Schichten sei die Luft sogar 2000 mal leichter als das Wasser. Demnach drücke auf sein Luftschiff von unten eine schwerere Masse als von oben, und das dieser Druckdifferenz entsprechende Gewicht könne der Aerostat hochheben. Galien stellt nun genaueste Berechnungen über sein Projekt auf, welches an Dimensionen alles bisher Dagewesene übersteigt. Sein Luftschiff sollte so groß wie die Stadt Avignon werden, 4 Millionen Menschen und viele Millionen Frachtgüter gedachte er mit demselben in die Luft zu befördern.

Man muß wirklich erstaunt darüber sein, daß derselbe Mann, der so scharfsinnige wissenschaftliche Erwägungen angestellt hat, ein derartig phantastisches Projekt vorschlagen konnte!

Inzwischen hatten auch die Anhänger der Richtung »schwerer als die Luft« nicht geruht, und aus dem Jahre 1742 kann wieder ein praktischer Flugerfolg verzeichnet werden.

Der Marquis de Bacqueville hatte einen Flügelflieger gebaut, mit dem er sich von einem Fenster seines Palastes heruntergleiten ließ, über die Gärten der Tuilerien gelangte und endlich auf das Dach einer in der Seine befindlichen Waschbank stürzte. Die ausgebreiteten Flügel hatten fallschirmartig gewirkt, und die Landung war sehr glatt verlaufen.

Wenn wir die oben erwähnten Grundsätze im Auge behalten, welche Borelli und Helmholtz ausgesprochen haben, so wird es klar, daß trotz dieses nicht abzuleugnenden Erfolges ein Fortschritt in der Flugfrage nicht erzielt worden ist.

Die Gelehrten dachten deshalb neue Typen aus, von denen sie sich mehr versprachen.

1768 entwickelte der Mathematiker Paucton das Projekt des ersten Schraubenfliegers, einer Hélicoptère, die er »Pterophore« nannte.

Noch bei den heutigen Maschinen dieser Art finden wir das gleiche Prinzip vorherrschend, wie es dieser Gelehrte beschrieben hat. Eine Schraube mit vertikaler Achse sollte für die Hubarbeit, eine solche mit horizontaler Achse für Vorwärtsbewegung bestimmt sein. Außerdem sollte zur Sicherheit für den Abstieg ein Fallschirm an der Flugmaschine angebracht werden.

Für den Antrieb der Schrauben war Menschenkraft vorgesehen. Wenn auch die Ausführung des Projektes nicht erfolgt ist, so muß Paucton das Verdienst zugesprochen werden, eine neue Richtung angegeben zu haben, der es vorbehalten war, den ersten wirklich aufwärts gerichteten Flug einer aerodynamischen Maschine zu bringen.

Die zeitlich nun folgende Erfindung eines Flügelfliegers, »Orthoptère«, des Abbé Desforges — 1772 — bietet nichts Bemerkenswertes, dagegen aber kann man wohl den fliegenden Wagen des später so bekannt gewordenen Luftschiffers Blanchard als einen Vorläufer des Automobils nicht unerwähnt lassen.

Tatsächlich ist dieser mit Segeln und Flügeln ausgerüstete Wagen in Paris auf dem Platze Ludwigs XV. und der Avenue des Champs-Elysées mit großer Geschwindigkeit herumgefahren.

Da es Blanchard nicht gelang, mit seinem eigenartigen Fahrzeug sich in die Luft zu erheben, so fiel seine Erfindung dem größten Spott anheim.

Von den wenigen Verteidigern, die ihm erstanden, soll der Architekt des Großherzogs von Baden, Karl Friedrich Meerwein, genannt werden, Konstrukteur eines Flügelfliegers — 1781 —, welcher eine für damalige Zeiten erstaunliche Kenntnis der Luftwiderstands-Gesetze bewies. Die Größe seiner tragenden Flächen hatte er für das Gewicht eines Menschen auf 12 qm bestimmt, eine Zahl, die den tatsächlichen Verhältnissen auch wirklich entspricht.

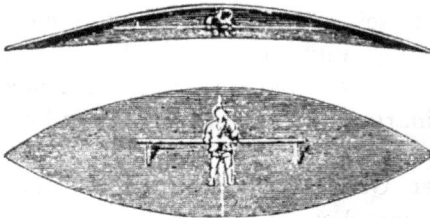

Flugapparat von Meerwein.

Zur Verhütung von Unglücksfällen schlug er ferner vor, die Experimente nicht auf dem Lande, sondern über dem Wasser vorzunehmen.

Es sei nun gestattet, der Übersichtlichkeit halber einen kleinen chronologischen Sprung in das Jahr 1784 zu machen, aus dem uns

der erste aufwärts gerichtete Flug eines Schraubenfliegers berichtet
wird. Die Franzosen L a u n o y und B i e n v e n u hatten eine Luftschraube konstruiert, die sie einer Kommission der Akademie der
Wissenschaften in einem Saale freiflie-
gend vorführen konnten.

In dem durchlochten Holzbügel
eines Bogens war ein Stab als Achse
gesteckt, welcher an seinen beiden Enden je zwei Paar Schrauben aus Vogel-
federn trug. Der Bogen wurde durch
mehrfaches Umwickeln seiner Sehne um
die Achse gespannt und die ganze Vorrichtung bei senkrechter Stellung des
Stabes losgelassen. Durch das Bestreben des Bügels, sich zu entspannen,
wurde seine Schnur abgewickelt und die
Achse und somit auch die Schrauben
in Drehung versetzt. Die schräg gestellten Federn drückten die Luft nach
unten und das kleine Modell, dessen
Gewicht ca. 85 g betrug, flog bis zur
Decke des Saales.

Diese sinnreiche Vorrichtung hat
mehrere Nachahmer gefunden, ohne daß
ein größerer Erfolg infolge der man-
gelnden Motorkraft erzielt worden ist.

Schraubenfliegermodell von Launoy
und Bienvenu.

Auch der Ersatz des Bogens durch starke Kautschukschnüre,
deren sich 1870 P é n a u d bediente, förderte keinen besonderen Fortschritt. Bei dem Schraubenflieger S a n t o s D u m o n t s wollen wir
uns aber dieser seiner Vorbilder erinnern.

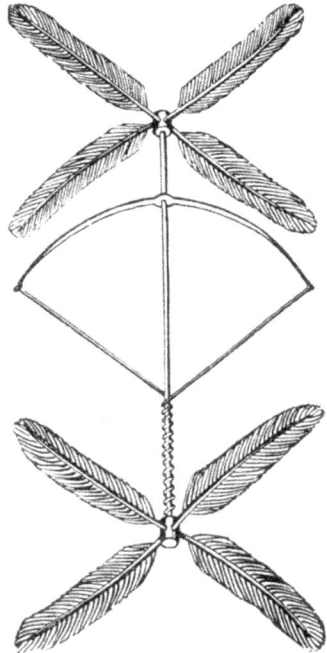

Zweites Kapitel

Die Erfindung des Luftballons.

Noch einmal wird den Franzosen die Erfindung des Luftballons streitig gemacht, diesmal aber in ernsterer Weise als durch den angeblichen Bartholomäo Laurenzo de Gusman.

Im Jahre 1766 hatte der englische Gelehrte C a v e n d i s h die Entdeckung des Wasserstoffgases gemacht und festgestellt, daß es weit leichter als die Luft wäre. Ein gewisser Dr. B l a c k hat später angegeben, daß er schon 1777 oder 1778 einigen seiner Freunde die Idee mitgeteilt habe, mit dem neuen Gas, »air inflammable« von ihm genannt, Körper zu füllen und durch richtige Abmessung ihres Volumens in der Luft zum Steigen zu bringen. Er leitete aus diesem Umstande die Berechtigung her, sich Erfinder des Luftballons zu nennen.

Aber, ebensowenig wie Cyrano de Bergerac, Lana, Galien und anderen gebührt ihm dieser Ruhm, da er doch keinerlei praktische Versuche angestellt hat.

Eher könnte L e o C a v a l l o dieses Verdienst für sich in Anspruch nehmen, denn er ist der erste, der 1781 den Versuch machte, mit Wasserstoffgas gefüllte Behälter emporzubringen.

Er experimentierte mit dem leichten Gas, blies es in Seifenwasser, Gummilösungen, Firnis und Öl und stellte fest, daß die Blasen sehr schnell davonflogen.

Demnächst versuchte er, gut gereinigte Schweinsblasen und Säcke aus chinesischem Papier zu füllen, brachte dieselben aber nicht hoch, weil das Gas gleich aus den Poren wieder entwich. Er soll gerade dabei gewesen sein, die feinen Häutchen des Blind-

darmes der Rinder und Schafe, Goldschlägerhaut genannt, zur Anfertigung von kleinen Säcken zu benutzen, als ihm die Gebrüder
Montgolfier zuvorkamen.

Stephan und Joseph Montgolfier, die Söhne eines reichen
Papierfabrikanten in Annonay, müssen als die wirklichen Wieder-
erfinder der aerostatischen Luftschiffe angesehen werden.

Es fehlt natürlich nicht an Histörchen, durch die der Anschein
erweckt wird, als ob sie ihre Erfindung nur einem Zufall zu verdanken gehabt hätten. So soll die Frau eines der Brüder gelegentlich einen ihrer seidenen Röcke zum Trocknen über den Ofen ge-
hängt und bemerkt haben, daß er plötzlich unter dem Einflusse der
aufsteigenden Hitze gegen die Decke gehoben worden sei.

Derartige Geschichten sind aber entweder der Phantasie müßiger
Reporter oder den Köpfen derer entsprungen, welche aus Neid das
Verdienst der beiden schmälern wollten.

Es steht fest, daß die beiden schon als junge Leute sich eifrigst
dem Studium der mathematischen und physikalischen Wissenschaften
hingegeben und auf Grund ihrer praktischen und theoretischen
Fähigkeiten zahlreiche neue technische Einrichtungen für ihre
Papierfabrik geschaffen hatten.

Joseph Montgolfier begeisterte sich zuerst für die Aeronautik, und es wird von ihm berichtet, daß er schon 1771 mit einem

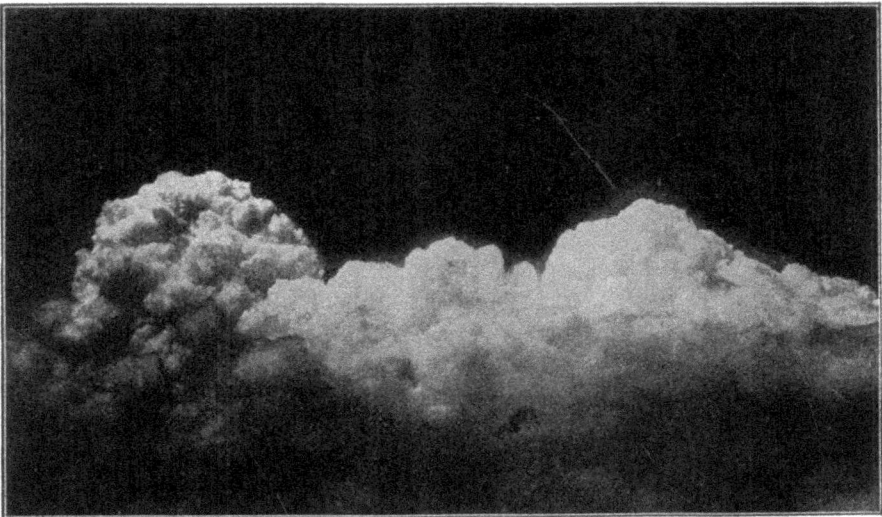

Kumuluswolken aus dem Ballon photographiert.

Fallschirm einen Absprung von dem Dache seines Hauses gewagt habe. Er beschäftigte sich damit, über die Lösung der Flugfrage auf mechanischem Wege nachzudenken, und interessierte bald auch seinen Bruder Stephan für diese Materie.

Eifrigst gaben sich beide dem Studium der verschiedenen Werke über Luftschiffahrt hin und besprachen die Möglichkeit der einzelnen Projekte miteinander. Besonders beschäftigte sie der Gedanke Galiens, die Luft der oberen Regionen zum Füllen von Säcken zu benutzen, und auf ihren Spaziergängen wurden sie durch die in den Lüften ziehenden Wolken angeregt, die ersten Versuche anzustellen.

Sie füllten Wasserdampf in einen Sack und stellten zu ihrer großen Freude fest, daß derselbe tatsächlich etwas in die Höhe gehoben wurde; da sich der Dampf jedoch sehr bald kondensierte, so machten sie dasselbe Experiment mit Rauch, dessen Emporsteigen sie ja stündlich beobachteten, ohne sich über die Gründe dieser Erscheinung ganz klar zu sein. Das Resultat war nicht besser, der Rauch entwich schnell durch die Poren der Papierbehälter. Infolgedessen gaben sie ihre Versuche eine Zeitlang auf.

Wolkenmeer in den Alpen. Ballonaufnahme von Spelterini.

Bald nach 1776 erschien in Frankreich die Übersetzung eines Werkes des Engländers Priestley über die verschiedenen Arten von »Luft«, in welchem auch die Eigenschaften des Wasserstoffgases, insbesondere seine große Leichtigkeit gegenüber der atmosphärischen Luft, erörtert waren.

Sofort begannen die Gebrüder Montgolfier ihre Versuche wieder und füllten Papierhüllen mit dem neuen Gase, aber wiederum blieben die Erfolge aus, weil das leichte Gas zu schnell durch die Poren entwich.

Sie kamen nun auf den Gedanken, daß die Elektrizität die Wolken oben in der Atmosphäre hielte, und zur Erzeugung derselben zündeten sie ein Feuer an, welches mit feuchtem Stroh und Wollflocken geschürt wurde.

Nachdem ihr erster Ballon in geringer Höhe

Aufstieg einer Montgolfiere.

verbrannt war, bauten sie einen zweiten von 20 cbm Inhalt und erreichten mit diesem ca. 300 m Höhe.

Das aerostatische Luftschiff war damit wieder erfunden!

Allmählich stellten sie ihre Versuche in größerem Maßstabe an, und am 5. Juni 1783 traten sie mit ihrer Erfindung in ihrem Heimatsorte zum ersten Male vor die Öffentlichkeit. Sie hatten einen kugelförmigen Ballon von 34 m Umfang aus Papier hergestellt, dessen einzelne mit Leinwand gefütterte Bahnen durch Zusammenknüpfen aneinander geheftet waren. Die Füllung erfolgte durch ein Feuer aus Stroh und Wolle. Der Ballon stieg in Gegenwart einer zahlreichen Zuschauerschaft bis auf ca. 300 m in die Luft, fiel aber nach

10 Minuten infolge Entweichens der heißen Luft durch die Knüpf-
löcher wieder zur Erde.

Die Akademie der Wissenschaften, die in Frankreich
alle bedeutsamen Erfindungen auch schon damals mit größtem Interesse verfolgte, um sie nach Möglichkeit der Allgemeinheit zugute
kommen zu lassen, lud die Gebr. Montgolfier ein, nach Paris zu
kommen, um dort ihre Experimente zu wiederholen.

Aber schon vor der Ausführung dieser Reise konnte man in
Paris das Schauspiel eines Ballonaufstieges genießen.

Der Professor Faujas de Saint-Fond eröffnete eine Sub-
skription zur Beschaffung der für den Bau eines Aerostaten erforderlichen Geldmittel und veranlaßte den Physiker Charles, das Fahrzeug herzustellen.

Charles waren die Eigenschaften des Wasserstoffgases von seinen
Experimenten im Laboratorium her gut bekannt, und es wurde ihm
sofort klar, daß der Aufstieg der Montgolfiere nur durch die Leichtigkeit der erwärmten Luft möglich gewesen sein konnte. Er beschloß deshalb, das neue Gas zur Füllung zu verwenden. Infolge
der großen Tragfähigkeit desselben konnte er sich auf die Konstruktion einer kleinen Hülle beschränken.

Es war ihm ferner bekannt, daß Wasserstoffgas weit lebhafter
aus etwaigen Poren ausströmt als die schwere Luft, und daß es aus
diesem Grunde erforderlich sei, den zur Verwendung kommenden
Seidentaft besonders dicht zu machen. Hierbei kamen ihm die
Brüder Robert zur Hilfe, denen es gelungen war, den Kautschuk
zu lösen und dadurch ein ausgezeichnetes Dichtungsmittel zu gewinnen, mit welchem der Stoff bestrichen wurde.

Es ist bemerkenswert, daß noch heute die meisten Ballons in
Deutschland mit Gummi behandelt werden, weil man noch nichts
Besseres zu finden vermochte.

Das Gas bereitete er sich selbst aus Schwefelsäure und Eisen-
feilspänen. Es stellten sich dabei so große Schwierigkeiten heraus,
daß der Ballon von nur 4 m Durchmesser erst am vierten Tage
fertig gefüllt war; 500 kg Eisen und 250 kg Schwefelsäure waren
dabei verbraucht.

Am 29. August 1783 kündeten endlich Kanonenschüsse den
Parisern an, daß das erste Luftschiff vor ihren Toren aufsteigen
würde. Trotz des strömenden Regens sollen 300000 Zuschauer sich
auf dem Champ de Mars eingefunden haben, und zum Beweise

des herrschenden Enthusiasmus erzählt die Chronik, daß selbst die elegantesten Damen unbesorgt um das Verderben ihrer kostbaren Toiletten im Freien bis zur Abfahrt des Ballons ausgehalten hätten.

Der Aerostat, welcher nur ein Gewicht von 9 kg besaß, stieg schnell in die Lüfte und verschwand in den Wolken. Nach kurzer Zeit wurde er in großer Höhe wieder gesehen, und man bemerkte, daß er geplatzt war, angeblich, weil man ihn »zu stark mit Gas gefüllt« hatte.

Bemerkenswert ist die Behandlung, die seine aus der Luft herabfallende Hülle von den Bauern des Dorfes Gonesse in der Nähe von Paris erfuhr. Diese sahen den Ballon aus den Wolken herabkommen und hielten ihn für ein Werk des Teufels, das zu zerstören ihre heiligste Pflicht sei. Mit Heu- und anderen Gabeln und allen möglichen landwirtschaftlichen Geräten, deren sie habhaft werden konnten, beraubten sie das Satansgebilde seines Lebens, banden die Reste an den Schweif eines Pferdes und schleiften dieselben stundenlang über dem Erdboden, bis auch kaum noch ein Fetzen davon übrig war. Die Regierung fühlte sich auf Grund dieses veranlaßt, durch eine Proklamation die Bewohner des platten Landes mit dem Wesen der neuen Erfindung bekanntzumachen und sie zu ersuchen, in der Zukunft solche Fahrzeuge nicht zu zerstören.

Inzwischen war Montgolfier in Paris angekommen. Unter Förderung der Akademie der Wissenschaften baute er einen neuen Ballon aus Leinwand von eigenartiger Form. Auf einem Zylinder von 8 m Höhe und 13 m Durchmesser saß oben ein Kegel von 9, unten ein Konus von 6 m Höhe. Innen und außen war die Hülle mit Papier beklebt. Reiche Goldverzierungen auf blauem Grunde gaben dem Ballon ein sehr glänzendes Aussehen.

Dieses mit großer Mühe hergestellte Prachtwerk sollte jedoch nicht zum Aufstieg kommen. Ein heftiger Regen löste den Leim, das Papier fiel von der Hülle, die Nähte der Leinwand gingen auf, und ein starker Wind zerstörte nach 24 Stunden den Ballon vollständig.

Montgolfier baute sofort einen neuen kugelförmigen Ballon von 1480 cbm Inhalt aus wasserdichter Leinwand, und dieser stieg am 19. September in dem großen Hofe des Schlosses zu Versailles in Gegenwart des Königlichen Hofes in die Luft. In der Gondel aus Weidenkorb befanden sich die ersten Luftschiffer: ein Hammel, ein Hahn und eine Ente.

Nach acht Minuten erfolgte einige Kilometer von Versailles entfernt die Landung, welche durch einen wahrscheinlich bei der Füllung entstandenen Riß im obersten Teile der Hülle beschleunigt worden war.

Ente und Hammel waren genau so lebhaft wie vor der Fahrt, aber der Hahn hatte sich eine Verletzung zugezogen, die den Anlaß zu gelehrten Untersuchungen gab, weil man glaubte, dieselbe sei dem schädlichen Einflusse der Atmosphäre in der Höhe zuzuschreiben, während in Wirklichkeit die Ursache in einem Tritt des Hammels zu suchen war.

Die Gebrüder Montgolfier wurden gefeierte Leute. Der König verlieh Stephan den Orden vom hl. Michael, Joseph setzte man eine lebenslängliche Rente von jährlich 1000 Frs. aus und der Vater Montgolfier wurde durch Verleihung des Adelsbriefes mit der Devise »Sic itur ad astra« geehrt. Die Akademie der Wissenschaften kargte ebenfalls nicht mit ihrer Anerkennung: sie ernannte beide Brüder zu korrespondierenden Mitgliedern und erkannte ihnen außerdem einen großen Geldpreis zu, der für hervorragende Leistungen in Kunst und Wissenschaft ausgesetzt war.

Beide wurden ferner zu Rittern der Ehrenlegion ernannt, und eine Deputation von Gelehrten mit dem schon erwähnten Faujas de St. Fond an der Spitze überreichte Stephan eine goldene Denkmünze, die aus den Geldern einer Sammlung ihm zu Ehren geprägt worden war.

Nach ihrem Tode endlich errichteten ihnen ihre Mitbürger in der Vaterstadt Annonay ein Denkmal und an anderer Stelle eine Pyramide mit der Inschrift: Aux Deux Frères Montgolfier Leurs Concitoyens Reconnaissants.

Drittes Kapitel

Aufstiege von Montgolfieren, Charlieren und Rozieren.

Die Begeisterung in Paris war groß, und es entwickelte sich ein regelrechter Sport daraus, Miniatur-Montgolfieren steigen zu lassen.

Bei dieser Gelegenheit sind auch auf Veranlassung des Malers Deschamps von Neufchâteau durch den Baron de Beaumanoir die ersten Goldschlägerhaut-Ballons angefertigt worden, die später so eingehende Verwendung in der englischen Armee gefunden haben. Ihr Durchmesser betrug 18 Zoll, und die Füllung erfolgte mit Wasserstoffgas. Die kleinen 90 × 30 cm großen Häutchen zeichnen sich durch außerordentliche Gasdichte und Leichtigkeit aus, sind aber sehr teuer, weil zur Herstellung eines Ballons eine große Menge derselben erforderlich ist.

Solche harmlose Vergnügungen erregten aber auch vielfach den Ärger mißvergnügter Leute, welche die neue Erfindung geringschätzend betrachteten und einen Nutzen für die Menschheit nicht einzusehen vermochten. Es wird erzählt, daß der bei der eben geschilderten Auffahrt anwesende berühmte Benjamin Franklin einem solchen Manne, welcher ihn fragte: »A quoi servent les ballons?« eine Zurückweisung mit den Worten habe zuteil werden lassen: »A quoi sert l'enfant qui vient de naître?«

Nörgler hat es zu allen Zeiten gegeben; aber gerade die Geschichte der Luftschiffahrt ist reich an Beispielen, die dartun, wie sehr die Entwicklung der Aeronautik noch in neuester Zeit durch einflußreiche Zweifler gehemmt ist.

Glücklicherweise haben sich aber die Menschen von der Weiterarbeit nie abhalten lassen!

Unbeirrt ging Stephan Montgolfier sofort an den Bau eines neuen Ballons, mit dem er auch Menschen in die Luft zu nehmen beabsichtigte. Dementsprechend wurde dieser Aerostat bedeutend größer als seine Vorgänger, die Höhe betrug 26, der Durchmesser 15 m und der Inhalt 2879 cbm. Die Hülle war wieder auf das reichste verziert und bemalt: rings um ihren unteren Teil hing zur Aufnahme für die Passagiere und zur Erhaltung des Gleichgewichts eine 1 m breite Galerie.

Ein in Landung begriffener Ballon prallt mit dem Korbe auf die Erde. Rechts vom Korbe sieht man den unmittelbar vorher geworfenen Ballastsand von oben nachkommen.

Die Öffnung des Aerostaten bestand in einem kurzen Leinwandzylinder, wie wir ihn in dem mehr oder minder langen Füllansatz noch heute besitzen. Unter diesem war an eisernen Ketten und Stangen die Glutpfanne für das Feuer zur Füllung und zum Nachfüllen während der Fahrt befestigt.

Ein Edelmann, Pilâtre de Rozier, hatte den Mut, als erster Mensch am 15. Oktober 1783 in dem an Stricken festgehaltenen Ballon 25 m hoch zu steigen.

Er hatte Gelegenheit, bei den Auffahrten seine Geistesgegenwart zu beweisen, als das Fahrzeug durch einen plötzlichen Windstoß aus 80 m Höhe gegen einen Baum geschleudert wurde, indem er durch frisches Anschüren des Feuers der Glutpfanne den Aerostaten in die Höhe brachte.

Am 21. Oktober 1783 unternahm R o z i e r auch d i e e r s t e f r e i e B a l l o n f a h r t mit dem ihm befreundeten Infanteriemajor M a r q u i s d ' A r l a n d e s. Es war mit großen Schwierigkeiten verknüpft, die Erlaubnis hierzu vom Könige zu erlangen. Dieser hatte zwei zum Tode verurteilte Verbrecher zum Mitfahren bestimmt, denen nach glücklichem Ausgange des Aufstiegs das Leben geschenkt werden sollte.

Normal gelandeter Ballon.

Es ist dies begreiflich, da man ja in jenen Zeiten noch keine Ahnung davon hatte, welchen Einfluß die Atmosphäre in größeren Höhen auf den menschlichen Organismus ausübt; die große Besorgnis für das Leben und die Gesundheit der Luftschiffer kann daher nicht befremden.

Großer Mühe und vieler Fürsprecher und namentlich Fürsprecherinnen bedurfte es, den König von seinem Entschlusse abzubringen und die Ehre der ersten Freifahrt den beiden Edelleuten zu sichern. Am 21. November 1783 stiegen Pilâtre de Rozier und Marquis d'Arlandes zum ersten Male in einem ungefesselten Ballon in die Lüfte und hatten nach 25 Minuten eine glatte Landung. Allerdings wäre beinahe doch noch ein Unglück passiert, da der Ballonstoff sofort in sich zusammenstürzte und Rozier unter seinen Falten begrub. Es gelang ihm aber mit Hilfe seines Begleiters, schnell unter der Hülle hervorzukriechen.

2*

Derartige Zwischenfälle ereignen sich auch in heutiger Zeit gelegentlich noch, wenn bei windstillem Wetter das bei der Landung aufgerissene Luftschiff sich sehr schnell vom Gase entleert und seine Hülle senkrecht herunterfällt. Vor einigen Jahren wäre ein österreichischer Offizier durch die zusammenfallende Hülle bei der Landung erstickt, wenn ihn seine Kameraden nicht schnell hervorgezogen hätten.

Durch die geschilderte Freifahrt wurde das Interesse an dem neuen Sport in den weitesten Kreisen geweckt. Schon im nächsten Jahre sehen wir auch Damen in den Korb steigen. Am 20. Mai veranstaltete Montgolfier in Paris mit einem 25 m hohen, kugelförmigen Aerostaten eine Reihe von Fesselaufstiegen, an denen die vornehme Damenwelt teilnahm, z. B. die Marquise von Montalembert, die Gräfin gleichen Namens, Gräfin von Podenas u. a.

Dies reizte auch andere unternehmungslustige Frauen, und am 4. Juni 1784 wurde die erste Freifahrt zu Lyon von Madame Thible in Gegenwart des Königs Gustav III. von Schweden im Ballon »Gustav« unternommen. Der Aufstieg währte ³/₄ Stunden.

Es zeigte sich bald, daß den Heißluftballons viele Nachteile anhafteten. Vor allem war es die große Feuersgefahr, welcher das Luftschiff bei der Füllung und namentlich bei der Fahrt selbst ausgesetzt war. Auf dem Füllplatze wurden stets Löschgerätschaften bereit gehalten, und doch ist mehr als eine Hülle während der Vorbereitungen zum Aufstieg durch Feuer zerstört worden. In eine sehr unangenehme Situation gerieten die Luftschiffer jedesmal bei der Landung, wenn die Hülle auf die noch glühende Pfanne fiel. Es gelang dann oft nicht, den entstehenden Brand schnell genug zu löschen, so daß das kostbare Material völlig zerstört wurde, ganz abgesehen davon, daß die Leute häufig genug sich erhebliche Brandwunden zuzogen. Außerdem litt der Stoff durch die enorme Hitze sehr, und eine mehrfache Verwendung desselben war ausgeschlossen.

Ein längeres Verweilen in der Luft war überdies nicht möglich, weil das zum Nachfeuern erforderliche Brennmaterial nicht in genügender Menge mitgeführt werden konnte.

Es stellte sich heraus, daß die von Montgolfier zuerst angewandte Methode des Heizens mit Stroh und Wolle die rationellste war. Bei Montgolfieren kommt es darauf an, eine helle, lebhaft brennende Flamme zu erzielen, welche wenig Rauch entwickelt.

Der bekannte Naturforscher S a u s s u r e hatte den Vorschlag gemacht, Erlenholz an Stelle von Stroh zur Anwendung zu bringen, und sich nicht gescheut, während der Füllung einer großen Montgolfiere 18 Minuten lang auf der Galerie des Aerostaten bei enormer Hitze auszuhalten, um die Vorgänge zu studieren. Er stellte dabei fest, daß oben die heißeste Luft frei von Sauerstoff, aber stark mit Verbrennungsgasen und Wasserdampf gemischt war. Dieser Gelehrte hatte ferner schon bei Laboratoriumsversuchen festgestellt, daß nicht die Wärme, sondern die dadurch hervorgerufene Verdünnung der Luft die Ursache des Steigens eines Heißluftballons war.

Die Gewichts- bzw. Auftriebszahlen der Luft bei verschiedenen Temperaturen sind etwa folgende:

Temperatur	Gewicht pro 1 cbm in kg	Auftrieb pro 1 cbm in kg	Bemerkungen
0 °	1,2928	0	760 mm
20 °	1,2044	0,0884	Druck
40 °	1,128	0,1748	
60 °	1,06	0,2328	
80 °	0,9998	0,293	
100 °	0,9457	0,347	

In 2540 m Höhe wiegt aber ein Kubikmeter Luft (bei 0°) nur noch 0,95 kg, woraus hervorgeht, daß eine Montgolfiere keine größeren Höhen erreichen kann, weil die Gewichtsdifferenzen ein Ende haben.

Alle diese Umstände haben dazu geführt, daß man den Luftschiffen des Professor Charles den Vorzug gab. Dieser hatte hauptsächlich zu dem Zwecke, wissenschaftliche Untersuchungen in der Höhe anzustellen, einen zweiten Aerostaten gebaut, der mit 9 m Durchmesser seinen ersten Ballon in der Größe erheblich übertraf.

Es lohnt sich, näher auf die Konstruktion von C h a r l e s einzugehen, da dieselbe bereits alle Teile enthält, die man auch heute noch bei dem Freiballon vorfindet.

Über die Dichtung der Seidenhülle mit Gummilösung ist schon das Wesentliche oben erwähnt worden.

Neu ist zunächst das N e t z. Dasselbe dient einem zweifachen Zwecke: es soll die Widerstandsfähigkeit der Hülle erhöhen, indem es eine Gegenwirkung gegen den inneren Gasdruck ausübt, und ferner die Last auf die Oberfläche des Stoffes gleichmäßig verteilen.

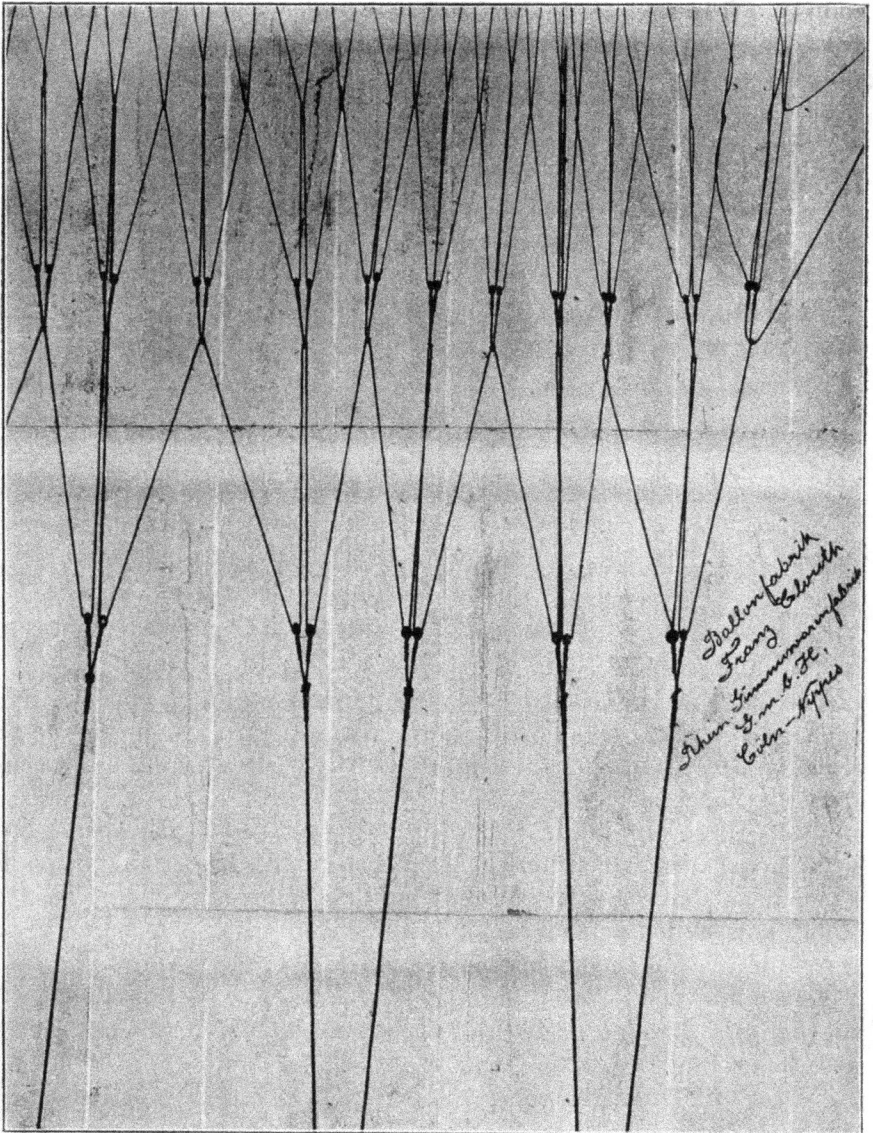

Weitmaschiges Netz für einen Ballon aus gummiertem Stoffe.

Die Bezeichnungen sind folgende: Die unteren zum Ring führenden Leinen: „Auslaufleinen", dann kommen darüber die „großen Gänsefüße", dann die „kleinen Gänsefüße" und endlich die „Maschen".

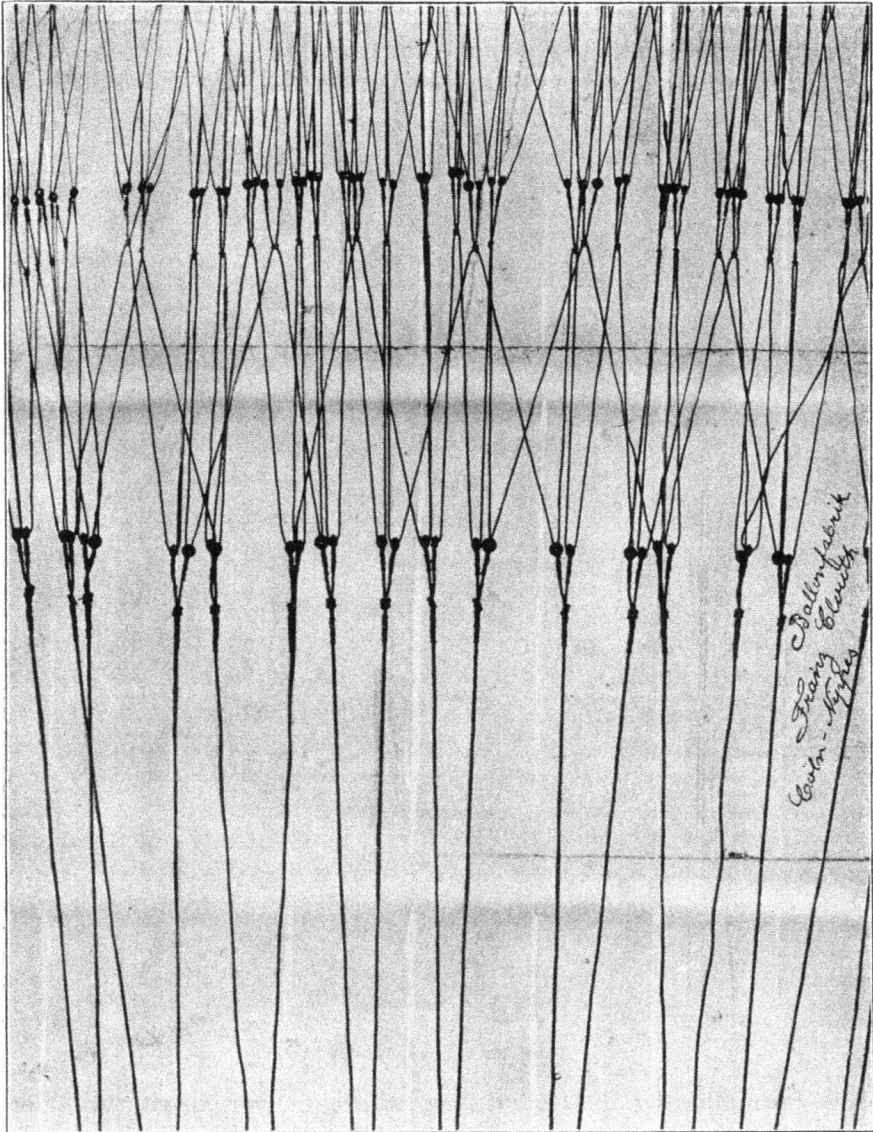

Engmaschiges Netz für einen Ballon aus gefirnißter Hülle.

Das von Charles konstruierte Netz bedeckte nur den oberen Teil
der Kugel und endete am Äquator in einem Holzringe, von dem
einzelne Leinen nach der Gondel führten.

Die Länge dieser »Auslaufleinen« spielt eine wichtige Rolle.

Klappenventil geschlossen.

Zur Verminderung der toten Last würde es vorteilhaft sein, den
Stand für die Passagiere möglichst nahe unter die Hülle zu bringen,
aber die Belästigung durch das ausströmende Gas zwingt dazu, den
Korb erheblich niedriger zu hängen.

In Deutschland befindet sich der Korb meist etwa 4 m unter
dem Ballon, in Frankreich ist der Zwischenraum weit geringer. Bei

den Franzosen haben sich verschiedentlich Unglücksfälle bei Freifahrten ereignet, bei denen die Füllung des Ballons mit Wasserstoffgas erfolgte, das aus Schwefelsäure und Eisen bereitet war. Die
Schwefelsäure enthält leicht Arsenik, welches bei der Gasbereitung

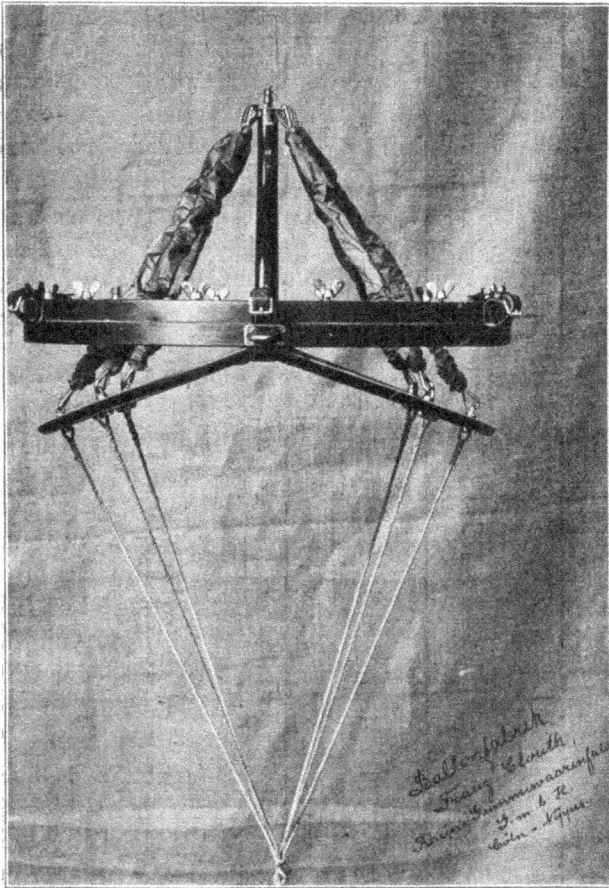

Klappenventil geöffnet.

mit dem Wasserstoff in den Ballon gerät und schon in geringen
Dosen tödlich wirkt. Mehrere Luftschiffer Frankreichs haben bereits
durch Einatmen solchen Gases ihr Leben eingebüßt.

Die Art der Ausführung des Netzes von Charles ist vorbildlich
geblieben, jedoch wird jetzt die Länge desselben so bemessen, daß
es die ganze Hülle umspannt.

Eine sehr wesentliche Einrichtung schuf Charles durch die Anbringung eines Ventils auf dem obersten Teile seines Aerostaten.
Durch dasselbe soll es ermöglicht werden, nach Belieben Gas aus-
zulassen oder wieder einen dichten Abschluß herzustellen.

Die gebräuchlichsten solcher Vorrichtungen sind die Doppel-
klappen- oder Tellerventile.

Die ursprünglichste Konstruktion bestand aus einem Holzring mit Querleiste, an welcher in Scharnieren beweglich zwei
Klappen befestigt waren. Diese Klappen wurden vermittelst
einer durch das Balloninnere bis zum Korbe reichenden Leine
heruntergezogen und beim Nachlassen des Zuges durch mehrere,
meist an besonderen Bügeln sitzende Federn wieder gegen den
Ring gedrückt.

Bei der anderen Art wird ein Teller vom Holzkranz abgezogen, so
daß das Gas seitlich herausströmen kann. Damit der dichte Abschluß jederzeit erreicht wird, werden die Klappen oder Teller heutzutage mit scharfen Kanten in eine Gummidichtung gepreßt. Früher
hatte man einen besonderen Kitt an den Berührungsstellen aufgetragen, der aber nach einmaligem Ziehen der Leine nicht mehr
genügend dichtete.

Tellerventil. (Ballonfabrik von A. Riedinger.)

Im allgemeinen soll
das Ventil nur zur Ein-
leitung und Durchfüh-
rung der Landung zur
Anwendung kommen,
weil jeder Gasverlust na-
türlich eine Abkürzung
der Fahrtdauer zur Folge
hat. Der Gebrauch dieser
Vorrichtung ist ferner
noch angebracht, wenn
man in geringerer Höhe
eine günstigere Wind-
richtung oder Geschwin-
digkeit aufsuchen will.

Der Ballon Charles'
hatte am untersten Teile
der Kugel einen »Füll-
ansatz« in Gestalt einer
18 cm weiten Röhre,

welche zum Einlassen des Gases und auch zum Abströmen desselben bei innerem Überdruck diente.

Dieser heute meist schlauchartige Stoffansatz ist in der Regel geöffnet, weil namentlich beim Aufsteigen des Luftschiffers unter dem verminderten Drucke der Luft und auch bei Temperaturerhöhungen starke Ausdehnung des Gases stattfindet, die bei geschlossener Hülle zum Platzen des Ballons führen würde. Die Länge und der Durchmesser des Schlauches müssen in einem gewissen Verhältnis zum Inhalt des Aerostaten stehen, das sich durch Berechnung und Erfahrung ergeben hat.

Das G a s bereitete sich Charles auch diesmal wieder durch Zersetzen von Eisen vermittelst Schwefelsäure. Zu diesem Zwecke wurden in Tonnen befindliche Eisendrehspäne mit einem Gemisch von Wasser und Schwefelsäure übergossen, welches die Reaktion sofort einleitete. Die chemische Formel hierfür lautet: $Fe + H_2SO_4 = 2H + FeSO_4$, d. h. das in der Schwefelsäure enthaltene Wasserstoffgas wird frei und dessen andere Bestandteile verbinden sich mit dem Eisen.

Das so gewonnene Gas muß aber erst mit Wasser gereinigt, gekühlt und demnächst wieder getrocknet werden. Die einzelnen Vorgänge sind nicht so einfach, wie sie erscheinen. Die Schwefelsäure ist eine höchst tückische Flüssigkeit, die nur das Blei nicht zerstört, so daß es sehr schwierig ist, das Gas möglichst rein in den Ballon zu bekommen.

Es ist zu erwähnen, daß sich bei dieser Füllung die e r s t e G a s - e x p l o s i o n ereignete, als ein Arbeiter mit der Lampe einem undichten Fasse zu nahe kam und das explosible Gemisch entzündete. Dieses »Knallgas« entsteht durch Mischung zweier Raumteile Wasserstoffgases mit fünf Raumteilen atmospärischer Luft. Bei der Entzündung dehnt sich der gebildete Wasserdampf plötzlich durch die entwickelte Verbrennungswärme aus und übt deshalb eine sehr große mechanische Wirkung aus.

Charles brauchte zur Herstellung der 400 cbm Gas mit 20 Fässern 3 Tage und 3 Nächte, und am 1. Dezember endlich war sein neuer Ballon zum Aufstieg bereit.

Bemerkenswert ist auch die Ausrüstung seiner G o n d e l, die verschiedene bisher nicht bekannte Apparate und Gerätschaften aufzuweisen hatte.

Zur Erleichterung der Landung bei lebhafter Luftbewegung führte er eine Art S e e m a n n s a n k e r mit, welcher an einem langen

Schematische Darstellung einer Anlage zur Erzeugung von Wasserstoffgas.
(Nach einer Zeichnung des Professors Dr. Naß.)

Tau befestigt war. Durch diesen Anker sollte der Ballon schon kurz vor der Berührung des Korbes mit dem Erdboden so lange festgehalten werden, bis durch Ventilziehen die Hülle hinreichend vom Gase entleert wäre.

An wissenschaftlichen Apparaten hatte Charles ein selbst konstruiertes B a r o m e t e r zur Bestimmung der erreichten Höhe mitgenommen. Die Kenntnis der Ideen von Lana und Galien waren ihm dabei sehr nützlich geworden.

Um vor der Abfahrt die Windrichtung zu bestimmen, hatte sich Charles mit einem kleinen, im Durchmesser 2 m großen Ballon versehen, welchen er dem auf dem Platze anwesenden Montgolfier mit den Worten übergab: »C'est à vous, qu'il appartient de nous ouvrir la route des cieux.« Es lag in diesem scheinbar so unbedeutenden Vorgange ein großer Edelmut des Professors, der mit seiner Konstruktion der Montgolfiere so erfolgreiche Konkurrenz gemacht und schon eine große Zwietracht unter den Anhängern der beiden Arten von Aerostaten hervorgerufen hatte. Man hatte ihm schon die Absicht unterschoben, er wolle den Ruhm des wirklichen Erfinders des Luftballons verdunkeln.

Der Fachmann hingegen muß die große Selbständigkeit Charles' bei allen seinen Arbeiten anerkennen. Mit dem Aerostaten Montgolfiers hat nämlich sein Luftschiff nur die Gestalt gemein, und diese ergab sich von selbst durch die Tatsache, daß die Kugel derjenige Körper ist, welcher bei kleinster Oberfläche das größte Volumen hat, was dem tüchtigen Mathematiker und Physiker sehr wohl bekannt war.

In dem »P i l o t b a l l o n« finden wir ferner ein Hilfsmittel, welches von allergrößter Bedeutung für die Aeronautik ist, noch mehr aber für die Meteorologie, wie wir später noch sehen werden. Zur Auswahl der Karten, zur Bezeichnung der in verschiedenen Richtungen dressierten Tauben ist die Kenntnis der Luftströmungen vor der Fahrt von Wichtigkeit. Der erste Pilotballon wurde am 25. November 1783 in London durch Graf Zambeccari aufgelassen.

Die weiter unten noch zu erwähnenden Abbés M i o l l a n u n d J a n i n e t hatten eine eigenartige Verwendung solcher kleiner Aerostaten während der Fahrt vor: ein mit Gas gefüllter Ballon sollte 50 m ü b e r dem Fahrzeug und ein mit Luft gefüllter ebensoviele Meter u n t e r demselben sich befinden. Durch diese Ballons wollten sie die Richtung der Windströmung auf eine vertikale Strecke von 100 m feststellen. Die Piloten haben aber nicht viel Zweck, denn

die untere Richtung erkennt man weit besser durch aufgeworfene
Papierschnitzel, und ein in der Höhe schwebender Pilot müßte sehr
lang gefesselt sein, wenn er nicht durch den Hauptballon verdeckt
werden sollte, ganz abgesehen von anderen noch vorhandenen
Schwierigkeiten.

Im Volk spielen Pilotballons eine große Rolle bei allen Fest-
lichkeiten, bei denen Aerostaten in den abenteuerlichsten Gestalten
und den schönsten Farben hochgelassen werden. Für die Entwickelung der Aeronautik hat dies wenig Bedeutung, doch soll eine

Ein in den Straßen von Straßburg i. E. gelandeter Ballon.

Geschichte wegen der beteiligten Personen nicht unerwähnt bleiben.
Der durch seine Fallschirmversuche bekannte Berufsluftschiffer
Garnerin hatte zum Krönungsfeiertage Napoleons im Jahre 1806
einem ihm erteilten Auftrage zufolge einen schön dekorierten Piloten
hochgelassen, welcher später in Rom auf dem Grabe Neros
wieder aufgefunden wurde. Der abergläubische Napoleon faßte diese
Landung als ein übles Menetekel auf und zeigte mit der Zeit eine
derartige Antipathie gegen die Aeronautik, daß er nur aus diesem
Grunde von der Militärluftschiffahrt nichts wissen wollte.

Der Aufstieg Charles' mit einem der Brüder Robert ging nach
Ablassen des Piloten und der üblichen Ankündigung durch Kanonen-
donner vor einer Zuschauerschaft von mehreren Hunderttausend

Menschen am 1. Dezember 1783 bei prächtigem Wetter vor sich. Eine uns überlieferte begeisterte Schilderung des Professors gibt in fast überschwenglichen Worten ein Bild der beseligenden Gefühle, die sich der beiden Freunde bei ihrer Luftreise bemächtigt hatten.

Nachdem in 3³/₄ Stunden ein Weg von 9 Meilen zurückgelegt war, landete Charles bei Nesle und fuhr nach Aussetzen von Robert allein weiter. In Gegenwart zahlreicher Edelleute, welche zu Pferde dem Ballon gefolgt waren, wurde eine Urkunde über das Ereignis der ersten »Zwischenlandung« aufgesetzt, und der Professor gab das Versprechen, in einer halben Stunde definitiv seine Reise zu beenden. Der entlastete Aerostat ging nunmehr in bedeutende Höhe. Der einsame Passagier konnte zum ersten Male die unangenehmen Einflüsse der sauerstoffarmen, dünnen Luft höherer Schichten am eigenen Körper studieren. Infolge des veränderten Luftdrucks bei dem sehr schnellen Aufstieg empfand er heftige Schmerzen im Innern der Ohren. Da er auch durch die Kälte stark belästigt wurde, zog er das Ventil und kam nach 35 Minuten einige Kilometer von der ersten Landungsstelle herunter.

Der Ballon hatte sich in allen seinen Teilen bewährt, namentlich war die Bedeutung des Füllansatzes Charles bei seinem rapiden zweiten Aufstieg zum Bewußtsein gekommen, als das Gas lebhaft nach unten ausströmte.

Der scharfsinnige Mann hatte vergessen, nach Aussetzen von Robert eine entsprechende Menge Ballast zu fassen, obgleich er als erster die Bedeutung und Notwendigkeit desselben erkannt hatte. Beim Montieren der Gondel hatte er sich mit so vielen Sandsäcken versehen, wie es die Tragfähigkeit des Aerostaten überhaupt zuließ.

Es gibt keine Ballonhülle, welche so dicht ist, daß das Gas nicht doch durch den Stoff entweichen kann. Diese Erscheinung wird Diffusion genannt. Weiter unten werden wir auf die Erklärung der Diffusion zurückkommen.

Die »Charliere«, »Charlotte« oder »Robertine« des Physikers Charles hatte damit ihren Siegeszug in die Welt angetreten und die Montgolfiere bald völlig verdrängt.

Der König von Frankreich bestimmte in Würdigung der bedeutenden Konstruktion, daß auf einer zu prägenden Medaille der Kopf Charles' neben diejenigen der Gebrüder Montgolfier zu schlagen sei.

Noch weniger lebensfähig als der Heißluftballon erwies sich die sog. »R o z i e r e«, welche der schon mehrfach erwähnte Pilâtre de Rozier konstruiert hatte.

Dieser wirklich kühne Luftschiffer war so ehrgeizig, daß er auch den Ruhm der ersten Fahrt über ein größeres Wasser für sich haben wollte, und zwar beabsichtigte er, den Kanal (La Manche) zu überfliegen.

Der mit seinem fliegenden Wagen bereits erwähnte Blanchard war ihm jedoch zuvorgekommen. Dieser Mann hatte den Luftsport sofort zu Geschäftszwecken auszunutzen gewußt. Mit einer abstoßenden Reklame hatte er an allen größeren Orten Europas Ballonaufstiege angekündigt und lediglich aus Prahlerei die Fahrt über den Kanal von England aus unternommen.

Mit dem amerikanischen Arzt Dr. J e f f r i e s war er am 7. Januar 1785 von Dover aus aufgestiegen. In seiner Gondel befanden sich eine Menge überflüssiger Gegenstände, Briefe englischer Edelleute an befreundete Franzosen, sehr viel Mundvorrat, Ruder zur Fortbewegung des Fahrzeugs und anderes mehr.

Schon bei der Abfahrt wäre der zu stark belastete Aerostat beinahe ins Wasser geraten, wenn nicht der Führer im letzten Moment allen verfügbaren Ballast bis auf 15 kg ausgeworfen hätte. Mit knapper Not hatten sie weiter bis zur Hälfte des Weges ihr Fahrzeug durch Auswerfen aller entbehrlichen Sachen, Briefe, Bücher, Proviant usw. in der Luft halten können, aber dann fiel, als am Horizont die französische Küste auftauchte, die Hülle immer mehr zusammen.

Blanchard warf nun die Ruderflügel fort, mit denen, wie er in bombastischer Weise angekündigt hatte, der Ballon in der Luft gehalten und nach einer bestimmten Richtung hin fortbewegt werden sollte. Als auch das noch nicht geholfen hatte, gingen die Oberkleider über Bord; der Ballon sank jedoch immer tiefer, und nun wollte Dr. Jeffries ins Wasser springen, um durch die große Gewichtserleichterung die Fahrt zu verlängern. Aber dieses Opfer und das geplante Abschneiden der Gondel wurden nicht erforderlich; der Aerostat erhielt plötzlich wieder Auftrieb, und es gelang mit knapper Not, die Küste bei Calais zu erreichen. Die beiden wurden die Helden der Küstenorte. Eine marmorne Denksäule mit entsprechender Inschrift gibt der Nachwelt die Kunde der ersten denkwürdigen Kanalüberquerung.

Pilâtre de Rozier wurde über diese Fahrt fast tiefsinnig und setzte es sich in den Kopf, unter allen Umständen dieselbe zu wiederholen. Um nicht in so schwierige Lage zu geraten wie Blanchard und Jeffries, konstruierte er sich einen Ballon von ganz besonderer Art.

Er hatte die Idee, Montgolfiere und Charliere zu vereinen, um sein Fahrzeug durch das Wasserstoffgas in die Luft zu erheben und durch Anheizen eines Luftsacks den Gasverlust auszugleichen. Zu diesem Zwecke setzte er unten an eine kugelförmige Charliere einen zylinderförmigen Kör-per, der durch heiße Luft geheizt werden sollte. Die Leine für das oben auf der Kugel befindliche Ven-til ging außen herum zur Galerie. Durch Anschüren oder Nach-lassen des Feuers ge-dachte er ferner nach Belieben zu steigen oder zu fallen, um die günstigen Luftströ-mungen auszusuchen.

Bei seinen Fessel-fahrten hatte Rozier den Einfluß des Feuers auf die Steighöhe ein-gehend studiert und gedachte große Vor-teile daraus zu ziehen. Der Aufstiegsort an der französischen

Die Roziere des Pilâtre de Rozier.

Küste war nicht geschickt gewählt, weil im westlichen Europa die größte Zeit im Jahre Westwinde herrschen. Die Auffahrt von Eng-land aus bietet dagegen weit mehr Aussicht auf Erfolg.

Rozier mußte deshalb längere Zeit auf günstigen Wind warten, und erst am 16. Juni 1785 wagte er mit Romain zusammen den Aufstieg, der so verhängnisvolle Folgen hatte. Die »Aero-Mont-golfiere«, wie er sein Fahrzeug nannte, stieg ziemlich rapid, schwebte

eine kurze Zeit ruhig in der Luft und stürzte plötzlich auf die Klippen der Küste. Pilâtre de Rozier und Romain waren die ersten Opfer, welche die Luftschiffahrt gefordert hatte.

Nach den Schilderungen von Augenzeugen ist plötzlich eine Wolke am Ballon kurz vor der Katastrophe sichtbar geworden. Es muß daraus der Schluß gezogen werden, daß dies eine Rauchwolke gewesen ist, welche ihre Ursache in einer Explosion von Knallgas gehabt hat. Der Stoff des Ballons soll schon vorher nicht mehr genügend dicht gewesen sein, woraus sich erklärt, daß das schädliche Gasgemisch hat zustande kommen können.

Dieser Unglücksfall übte begreiflicherweise einen Rückschlag auf die große Begeisterung für den Luftsport aus, und die Zahl der Fahrten nahm von nun an erheblich ab.

Nicht viel mehr Glück mit einer Roziere hatte der Italiener Graf Zambeccari, welcher mit einer mehrflammigen Weingeistlampe den unteren Heißluftballon heizte. Bei seiner ersten Fahrt stürzte er mit dem Luftschiff in das Adriatische Meer und wurde mit seinen beiden Genossen mit Mühe und Not von Matrosen gerettet, während der Ballon verloren war.

Bei einer zweiten Fahrt funktionierte die Heizvorrichtung zunächst ausgezeichnet, aber bei der Landung kippte die Lampe um, der herauslaufende Spiritus entzündete sich und steckte die Galerie in Brand. Der Begleiter Zambeccaris war inzwischen am Ankertau auf den Boden geklettert. Der Aerostat riß sich infolge dieser Gewichtserleichterung und vermehrten Auftriebes durch die wachsende Hitze los und stieg schnell in große Höhe. Es gelang Zambeccari, das Feuer zu löschen, aber sein Ballon fiel wiederum in das Adriatische Meer und ging verloren; er selbst wurde von einer Fischerbarke aufgefischt.

1812 kam Zambeccari bei einem Aufstieg in Bologna um. Die Roziere wurde durch den herrschenden Wind gegen einen Baum getrieben, und der herausfließende Spiritus setzte alles in Brand. Zambeccari sprang aus einer Höhe von ca. 20 m aus der Gondel und starb an den erlittenen Brandwunden und inneren Verletzungen.

Mit ihm sind auch die Rozieren aus der Geschichte der Aeronautik verschwunden. Die Erwärmung des Füllgases ist vielleicht aber doch berufen, den bei Lenkballons überaus schädlichen Auftriebsschwankungen wirksam zu begegnen.

Viertes Kapitel

Die Theorie des Ballonfahrens und die Luftnavigation.

Die Grundlage aller Untersuchungen über das Emporsteigen von Luftballons bildet das Prinzip des griechischen Gelehrten Archimedes, der schon vor Christi Geburt folgendes Gesetz aufstellte:

»Jeder in eine Flüssigkeit getauchte Körper wird in dieser mit einer Kraft nach oben getrieben, welche gleich ist dem Gewichte der von ihm verdrängten Flüssigkeit.«

Hieraus folgt, daß ein Körper mit gleichem spezifischen Gewichte überall in der Masse zu verharren vermag — er ist an allen Orten im Gleichgewicht —, mit größerem zu Boden sinkt, mit kleinerem an die Oberfläche getrieben wird.

Dieser Grundsatz läßt sich auf alle Gase und demnach auch auf die atmosphärische Luft ausdehnen. Ein Aerostat vermag also nur dann sich in die Höhe zu erheben, wenn er mit allem toten Gewicht leichter ist als die gesamte Luft, welche er verdrängt.

Mit einem einfachen Apparat kann man sich experimentell von der Richtigkeit dieser Tatsachen überzeugen.

Zwei Kugeln von verschiedenem Volumen, die eine massiv und die andere hohl, werden an den beiden Hebeln einer Wage derart aufgehängt, daß sie sich das Gleichgewicht halten. Bringt man dieses »Baroskop« unter die Glocke einer Luftpumpe und saugt die Luft ab, so schlägt der Hebel nach unten, an welchem sich die hohle Kugel befindet. In der Luft wird also die große Kugel mit einer stärkeren Kraft in die Höhe getrieben als in dem luftleeren

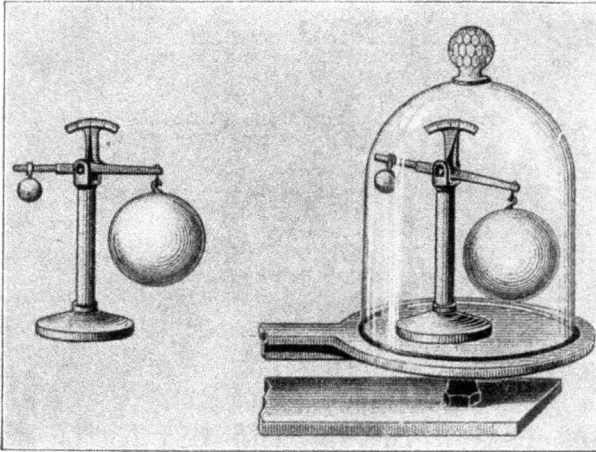

Raume, in welchem
sie mehr wiegt als
die massive Kugel.
Der Grund dieser
Erscheinung   ist
leicht zu erkennen:
unter   der   Luft-
pumpe   verdrängt
die große, mit dicke-
rer   Luft   gefüllte
Kugel ein leichteres
Medium[1]).

Man muß nun
die   Eigenschaften
der Atmosphäre und
der zur Füllung von
Ballons zu verwendenden Gase genau kennen, wenn man sich klarmachen will, in welcher Weise sich ein Aerostat bewegen kann.

Das Baroskop.

Die Luft ist im wesentlichen ein Gemisch von $79\,^0/_0$ Stickstoff
und $21\,^0/_0$ Sauerstoff. In Abweichung vom Verhalten des Wassers
haben die Gase das Bestreben, sich nach allen Seiten hin auszudehnen; sie besitzen deshalb eine große Elastizität und lassen sich
leicht komprimieren.

Das Gewicht eines Kubikmeters der Atmosphäre beträgt bei
0^0 C und 760 mm Druck — also in Meereshöhe — 1,293 kg:
1 cbm Wasserstoff wiegt unter denselben Verhältnissen aber nur
0,0896, 1 cbm Leuchtgas im Mittel etwa 0,64 kg. Nach dem archimedischen Prinzip muß deshalb 1 cbm des ersteren Gases mit einer
Kraft von 1,2034 kg, des anderen mit nur 0,653 kg emporgetrieben
werden.

Hierbei ist angenommen, daß das Wasserstoffgas chemisch rein
ist; in Wirklichkeit sind diese Zahlen aber etwas geringer und
schwanken namentlich beim Leuchtgas sehr, was sich danach
richtet, ob dasselbe reich an schweren Kohlenwasserstoffen ist oder
nicht. Es sollen deshalb in folgendem die Zahlen 1,2 für Wasserstoffgas und 0,65 für Leuchtgas zugrunde gelegt werden.

Von dem nutzbaren »Auftriebe« ist aber das gesamte Gewicht eines Ballons: Hülle, Netz, Korb, Luftschiffer usw. abzuziehen.

---

[1]) Lécornu, La navigation aérienne, Paris, Nony & Co.

Man sieht wohl ohne weiteres, daß Aerostaten eine erhebliche Größe haben müssen, wenn sie zum Aufstieg gebracht werden sollen.

Ein Beispiel wird dies erläutern:

Ein Ballon von 600 cbm Inhalt wiege mit allem Zubehör etwa 250 kg. Er verdrängt Luft im Gewichte von 775,8 kg, während das Gewicht seiner Füllung (Wasserstoff) nur 53,76 kg schwer ist; demnach wird er mit einer Kraft von 472 kg in die Höhe getrieben. Wenn sich das Fahrzeug nur in geringer Erhebung über dem Erdboden fortbewegen soll, so kann man demselben noch fast 470 kg an Menschen, Instrumenten, Karten und, was für die Zeitdauer einer Fahrt von größter Bedeutung ist, eine Menge Ballast mitgeben.

Mit größerer Höhe ändern sich diese Zahlen. Wir wissen, daß die Atmosphäre nach den neuesten Untersuchungen etwa 200 km hoch ist; daraus geht hervor, daß der Druck nach oben allmählich unter der geringeren Last der überlagernden Schichten abnehmen muß. Zur Feststellung dieses Druckes hat zuerst Toricelli 1643 in eine etwa 90 cm lange, einseitig geschlossene Glasröhre Quecksilber gefüllt, dieselbe umgekehrt und in ein weites, ebenfalls mit Quecksilber gefülltes Gefäß getaucht. Bei genau vertikaler Stellung fließt aus der Röhre so viel vom Inhalt, bis die Höhe desselben 76 cm beträgt. Auf Grund dieser Tatsache ist das erste Barometer konstruiert, dessen Einrichtung allgemein bekannt ist.

Für den Luftschiffer ist ein solches Quecksilber-Barometer sehr unbequem, weil es zu leicht bei der Landung zerbricht. Man bedient sich deshalb eines Aneroids. Dasselbe besteht aus einer luftleeren, kreisförmig gebogenen, sehr biegsamen Metallröhre — Bourdonröhre —, welche durch den Druck der Luft mehr oder minder stark zusammengepreßt wird. Die Bewegung des Metalls wird durch eine sinnreiche Einrichtung auf einen Zeiger übertragen, der an einer entsprechenden Einteilung den Druck in Millimetern angibt.

Die meisten für praktische Luftschiffer bestimmten Aneroide enthalten neben der Angabe der Drücke Höhenzahlen, welche auf eine mittlere Temperatur bezogen und demnach sehr ungenau sind. Eine bequeme Höhenformel gibt Hergesell[1]):

$$h = 8000 \, \frac{P - p}{P_m} \, (1 + 0,004 \, t_m).$$

---

[1]) Illustrierte Mitteilungen des Oberrheinischen Vereins für Luftschiffahrt 1897.

In dieser Gleichung bedeutet h die zu berechnende Höhe, P den unteren, p den oberen Luftdruck in Millimetern, Pm den mittleren Luftdruck und tm die mittlere Lufttemperatur. In Worten ausgedrückt lautet die Regel: Man dividiert mit dem mittleren Luftdruck in 8000, multipliziert die erhaltene Zahl mit der Druckdifferenz und korrigiert die gefundene Größe um 4 pro Tausend für je 1^0 der Temperatur. Es sei z. B. $P = 760$, $p = 640$, $tm = 9^0$, dann ist $pm = \dfrac{760 + 640}{2}$ $= 700$, $P - p = 120$.

Man verfährt nun nach der angegebenen Regel und erhält $\dfrac{8000}{700} = 11,4$; diese Zahl wird mit 120 multipliziert $= 1368$ und das Resultat korrigiert $\dfrac{1368 \times 4}{1000} = 5,5$ das macht bei 9^0 Temperatur 50,4; die erreichte Höhe beträgt demnach 1418 m.

Genau wie der Luftdruck muß auch allmählich die Kraft abnehmen, mit welcher der Aerostat hochgetrieben wird, da er immer dünnere und demnach im Gewicht geringere Luftmassen verdrängt.

Je höher der Luftdruck ist, desto größer ist der Auftrieb. Dieses Gesetz macht sich schon auf der Erde an verschiedenen Tagen durch die Menge des mitzuführenden Gases sehr bemerkbar.

Nach dem Mariotteschen Gesetz besteht eine ganz bestimmte Beziehung zwischen Druck und Volumen der Gase.

Aus dem Toricellischen Versuche folgt,

Bauern greifen die Haltetaue und das Schleppseil eines in Landung begriffenen Ballons.

daß die Luft auf 1 qcm mit einem Gewicht von 76 cm Quecksilber drückt; das spezifische Gewicht des letzteren beträgt 13,59, der Druck demnach $76 \times 13,59$ g $= 1,033$ kg. Wenn man Luft in ein Gefäß mit beweglichem, aber dichtem Verschluß einschließt und dasselbe in einen luftleeren Raum bringt, so muß man den Verschluß mit 1 kg belasten, damit keine Ausdehnung des Gases im Gefäß stattfindet. Bei einer Belastung mit 2 kg wird der Verschluß bis auf die Hälfte der ursprünglichen Höhe herabgesenkt; der Druck der eingeschlossenen Luft auf die Wände des Behälters verdoppelt sich demnach ebenso wie ihre Dichtigkeit.

Boyle und Mariotte haben darnach als Gesetz aufgestellt, daß das Volumen einer Gasmasse dem Drucke umgekehrt proportional ist, oder daß die Dichte sich im gleichen Verhältnis mit dem Drucke ändert.

Hiernach kann man leicht die Auftriebswerte bei verschiedenem Luftdruck ausrechnen, wenn man den Grundwert des Auftriebs bei 0° C und 760 mm Druck im Betrage von z. B. 720 kg mit dem Quotienten des betreffenden Barometerstandes und des Normalstandes multipliziert.

Es beträgt der Auftrieb bei:

$$745 \text{ mm} : 720 \cdot \frac{745}{760} = 705,8 \text{ kg,}$$

$$775 \text{ mm} : 720 \cdot \frac{775}{760} = 734,1 \text{ kg.}$$

Die Differenz von 28,3 kg ist also bei diesen nicht seltenen Unterschieden eine ganz erhebliche und entspricht fast dem Gewicht von zwei kleinen Säcken Ballast.

In größerer Höhe nimmt diese Zahl ab, weil auch das Gewicht von 1 cbm Luft infolge der geringeren Dichte abnimmt. In zirka 2000 m Höhe wiegt 1 cbm Luft nur noch 1,021 kg und 1 cbm Wasserstoffgas 0,071 kg.

Aus diesen Zahlen vermag man sich die Steighöhe aller Ballons, deren totes Gewicht man genau kennt, auszurechnen.

Wir haben bisher bei den Berechnungen immer eine konstante Temperatur von 0° C angenommen und wollen nur kurz auf die wichtigen Einflüsse von Unterschieden in der Temperatur eingehen.

Unter Einwirkung der Wärme erleiden alle gasförmigen Körper eine gewisse Ausdehnung, welche für jeden Grad Temperaturerhöhung $^1/_{273}$ des Volumens beträgt.

Durch ein einfaches Experiment kann man sich diese Tatsache klarmachen[1]).

Man taucht ein oben geschlossenes Gefäß, an welches eine enge Glasröhre angeschmolzen ist, mit dem offenen Ende in eine

---

[1]) Jochmann und Hermes, Grundriß der Experimentalphysik.

Flüssigkeit. Sobald das Gefäß erwärmt wird, entweicht ein Teil der Luft durch die Flüssigkeit in Form von Blasen. Beim Erkalten zeigt sich das Zusammenziehen der Luft im Innern durch Emporsteigen der Flüssigkeit in die Röhre.

Gay-Lussac hat festgestellt, daß alle Gase durch die Temperaturänderungen in gleichem Maße ausgedehnt oder zusammengezogen werden.

Endlich ist noch die Diffusion der Gase zu erläutern. Man macht sich diese Erscheinung in folgender Weise klar:

Wenn man in die zwei durch eine poröse Scheidewand getrennten Abteilungen eines geschlossenen Gefäßes zwei verschiedene unter demselben Druck stehende Gase bringt, so vermischen sich dieselben nach einer gewissen Zeit vollkommen miteinander, auch wenn das schwerere Gas sich in der unteren Abteilung befindet. Die Geschwindigkeit, mit welcher dieser Vorgang vor sich geht, richtet sich nach dem spezifischen Gewichte der betreffenden Gase; Wasserstoffgas geht schneller durch die Scheidewand hindurch als z. B. Leuchtgas oder Luft. Im allgemeinen gilt das Gesetz, daß die Diffusionsgeschwindigkeiten den Quadratwurzeln aus den spezifischen Gewichten der Gase umgekehrt proportional sind.

Hieraus folgt, daß das in einem Ballon eingeschlossene Gas andauernd aus der Hülle entweicht und durch die schwerere atmosphärische Luft ersetzt wird. Durch diese Verschlechterung des Füllgases tritt fortwährend eine Gewichtszunahme des Aerostaten ein, welche den Auftrieb vermindert. Es gibt keinen Stoff, der diese Diffusion aufhebt, mag er auch noch so gut gedichtet sein.

Der Luftschiffer muß nun allen Auftriebsverminderungen durch entsprechende Gewichtserleichterungen begegnen. Er tut dies durch Ausgabe einer gewissen Menge Ballastes, welche sich bei genauester Kenntnis der eingetretenen Veränderungen zwar genau berechnen läßt, in der Praxis aber durch die Erfahrung bestimmt wird. In dieser Erfahrung liegt demnach die ganze Kunst des Ballonfahrens.

Aus den bisherigen Ausführungen geht hervor, daß ein Ballon, welcher sehr hoch steigen soll, ein großes Volumen haben muß, damit dem Archimedischen Prinzip auch in größeren Höhen Rechnung getragen wird. Aus den verschiedenen Druckverhältnissen in den verschiedenen Höhen geht aber auch hervor, daß das Volumen progressiv wachsen muß, je mehr sich der Aerostat erheben soll.

Um ein langsames Emporsteigen des Ballons zu erreichen, belastet man ihn bei der Auffahrt mit so viel Ballast, als er gerade noch zu tragen vermag, und erleichtert ihn erst allmählich um die erforderliche Menge.

Durch die Diffusion geht während des Aufstiegs ständig Gas verloren, und es muß deshalb die errechnete Höhe etwas unter der wirklich zu erreichenden zurückbleiben, und zwar um so mehr, je schlechter die Dichtung des Ballonstoffes ist.

Ein in Landung begriffener Ballon wird von Bauern völlig heruntergezogen.
(Siehe auch Bild Seite 38.)

Also bei allen Ballonfahrten ist ständig durch Ballastauswerfen den Folgen der Diffusion entgegenzuwirken.

Wir haben ferner gesehen, daß durch jede Temperaturerhöhung eine Volumenvermehrung hervorgerufen wird; sobald also ein vollgefüllter Aerostat durch Sonnenstrahlen erwärmt wird, muß das sich ausdehnende Gas durch eine Öffnung entweichen, wenn man nicht den Druck auf die Hülle vermehrt sehen will. Das Umgekehrte tritt ein bei Abkühlung: das Gas zieht sich zusammen. Da dann eine geringere Menge Luft verdrängt wird, ist der Ballon sofort schwerer im Vergleich zu dem Medium, in welchem er schwimmt.

Man muß ihn daher ebenfalls durch Ballastausgabe in der Höhe
halten. Wenn man dies nicht täte, würde der Ballon bis zur Erde
sinken, weil ja bei zunehmendem Luftdruck das Volumen desselben
immer geringer, also sein Gewicht gewissermaßen größer wird.

Es kommt nun außerordentlich darauf an, diese Verminderung
des Gewichts richtig zu bemessen und sich nicht beim Sandgeben
zu »überwerfen«, wie der technische Ausdruck lautet. Im all-

Das Netz nach der Landung. (In der Mitte Rittmeister v. Hopfen.)

gemeinen bringt man im andauernden Wechsel der Temperatur den
Aerostaten allmählich in immer größere Höhe.

Abwechselnder Sonnenschein und Wolkenschatten sind deshalb
für einen Luftschiffer, welcher lange fahren will, stets sehr unangenehm, weil sie seinen Ballastvorrat bald erschöpfen.

Ein anderes Verhalten zeigt zunächst ein nicht prall gefüllter
Ballon, dem man auch nur etwas Auftrieb gegeben hat. Beim Steigen
dehnt sich das Gas und füllt immer etwas mehr von dem Innern
der Hülle aus; es wird dadurch eine größere Menge Luft verdrängt,
und der Aerostat muß weiter steigen. Dieses wiederholt sich so
lange, bis derselbe »prall« voll ist, dann entweicht das überschüssige

Gas wieder und die Gleichgewichtslage wird bald erreicht. Aus denselben Gründen muß also ein Ballon, welcher aus irgendeiner Höhe zur Erde gefallen ist, nach entsprechender Erleichterung wieder mindestens zu einer ursprünglichen Höhe aufsteigen, in welcher das Gas das Innere seiner Hülle vollkommen ausgefüllt hat, ja sogar noch etwas höher. Nur unter bestimmten Verhältnissen, namentlich bei Nacht, gelingt es, das nicht pralle Fahrzeug tief zu halten.

Die Messungen haben nun ergeben, daß die Temperaturerhöhungen des Ballongases unter dem Einfluß der Sonnenstrahlung ganz erhebliche sind. Dies hatten zuerst die Brüder R o b e r t s bei einer Ballonfahrt am 19. September 1784 ganz allgemein konstatiert; erst sehr viel später hatte man das Maß des Unterschiedes durch exakte Messungen festgesetzt.

Der im Jahre 1902 bei einer Landung bei Antwerpen tödlich verunglückte Hauptmann v. S i g s f e l d hat eingehende Versuche in dieser Richtung angestellt und eine Erwärmung des Gases um 40 bis 50° C über diejenige der Atmosphäre ermittelt. In neuester Zeit sind solche Messungen namentlich durch K u r t W e g e n e r wieder aufgenommen, da die Frage der Erwärmung des Gases auch für die Führung von Lenkballons von höchster Bedeutung ist.

Der Auftrieb ändert sich, wie man nach dem unten erwähnten Gesetz über die Volumenänderungen der Gase leicht ersehen kann, für 1° und 1 cbm bei Leuchtgas um ca. 2 g und bei Wasserstoffgas um etwa 0,3 g.

Es wird also ein mit leichterem Gas gefüllter Ballon weit weniger durch Wärme und Kälte beeinflußt. Daraus folgt, daß ein Wasserstoffgasballon am leichtesten zu führen und daß ferner das Fahren bei Nacht bei fehlender Sonne ebenfalls einfacher ist.

Bei der Ballastausgabe kommt es ferner darauf an, das Fallen des Aerostaten möglichst bei Beginn der Bewegung zu erkennen, weil andernfalls die lebendige Kraft des Falles durch eine größere Gewichtsverminderung ausgeglichen werden muß, wodurch die ursprüngliche Höhe wiederum um ein erhebliches überschritten wird.

Ein weiterer Nachteil macht sich bemerkbar, wenn man jeden Fall nicht sobald als möglich pariert, durch Verschlechtern des Gases. Der F ü l l a n s a t z am unteren Teile der Hülle ist entweder ganz geöffnet oder durch eine Art S c h e r e, auf die wir weiter unten noch zurückkommen werden, nur leicht verschlossen. Wenn aus irgendeinem Grunde Zusammenziehen des Gases erfolgt, also namentlich beim Fallen, so tritt durch den Appendix Luft in das Innere, welche infolge der Diffusion sich bald mit dem Füllgas mischt und so dessen Tragfähigkeit herabsetzt. Beim weiteren Steigen des Ballons entweicht deshalb nicht die angesaugte Luft nach unten, sondern das Gemisch von Gas und Luft. Manche Ballonführer suchen das Ansaugen der Luft durch einen künstlich weit offen zu haltenden Füllansatz gerade herbeizuführen, um auf diese Weise das Aufsteigen des nicht prallen Ballons zu verhindern.

Es kommt also bei der Ballonführung in der Hauptsache darauf an, das Fallen des Luftschiffes möglichst sofort zu erkennen.

Diesem Zwecke dienen zunächst die Barometer und Barographen. Letztere besitzen am Zeiger eine Schreibfeder, welche auf das Papier einer durch ein Uhrwerk in Bewegung gesetzten Trommel den jeweiligen Luftdruck aufzeichnet.

Beide Instrumente besitzen eine gewisse Trägheit und zeigen öfter sehr kleine Schwankungen überhaupt nicht an, während größere Unterschiede erst später bemerkbar sind, als sie eingetreten waren.

Durch Beklopfen des Gehäuses mit dem Finger vermag man die Sprünge des Zeigers leichter zu erkennen.

Diese Nachteile der Höhenmesser haben zum Gebrauch anderer Hilfsmittel geführt, welche ohne weiteres eine Änderung der Höhenlage sichtbar machen, wie z. B. das »Statoskop«.

Das Statoskop von Gradenwitz.

Dasselbe besteht im wesentlichen aus einem Aluminiumgehäuse, dessen Vorderseite unter dem Zifferblatt eine kreisrunde Öffnung besitzt, welche durch eine übergespannte Gummimembrane luftdicht verschlossen ist. Am unteren Ende des Gehäuses ist ein kleines Schlauchmundstück vorgesehen, über welches ein dünner, frei herabhängender Schlauch gezogen ist. Der Apparat befindet sich bei geöffnetem Schlauch unter einem gleichen äußeren und inneren Druck der Atmosphäre. Wird nun plötzlich der Schlauch zugehalten und dadurch verhindert, daß die im Statoskop befindliche Luftmenge mit der äußeren Atmosphäre kommuniziert, so wird bei einem Steigen des Ballons, also bei einem Hinbewegen in dünnere Luftschichten, die im Statoskop abgeschlossene Luft sich entsprechend dem geringeren äußeren Druck ausdehnen und ebenso im entgegengesetzten Falle, bei einem Niedergehen des Ballons in dichtere Luftschicht, die Luft im Statoskop durch den äußeren Überdruck komprimiert werden. Die Ausdehnung resp. Kompression der Luft im Statoskop wirkt nun auf die über die Öffnung an der Vorderseite gespannte Gummimembrane. Dieselbe wird beim Steigen des Ballons nach außen, beim Fallen des Ballons nach innen durchgewölbt. Die Bewegung der Membrane wird auf ein äußerst empfindliches Zeigerwerk übertragen. Das Ausschlagen des Zeigers nach der einen resp. anderen Seite ermöglicht es, ein Steigen resp. Fallen des Ballons sofort abzulesen[1]). Ähnliche Instrumente sind von den Professoren P o e s c h e l -Meißen, Dr. B e s t e l m e y e r - Göttingen und anderen konstruiert.

Nicht jedes Heruntergehen des Luftschiffes macht Ballastausgabe erforderlich. Die Luftströmungen schreiten nämlich in den meisten Fällen nicht genau gradlinig im Raume fort, sondern sie bewegen sich in mehr oder minder großen Wellenlinien vorwärts. Der im Gleichgewicht schwebende Ballon folgt im allgemeinen dieser Bahn genau. Es wäre also Ballastvergeudung, wenn man auf dem absteigenden Aste der Welle den Fall parieren wollte, weil der Aerostat von selbst im aufsteigenden Aste wieder steigen wird.

Es kommt demnach darauf an, auch die relative Bewegung zum umgebenden Medium festzustellen.

Ein äußerst einfaches und doch auf wissenschaftlicher Grundlage basierendes Verfahren zum Vergleich der Luftströmung mit der Ballonbewegung in vertikalem Sinne hat von Sigsfeld eingeführt.

Drei verschieden g e f ä r b t e P a p i e r s o r t e n von verschiedener Dicke werden derart in kleine S c h n i t z e l geschnitten, daß jede Sorte eine ganz bestimmte Anfangsfallgeschwindigkeit besitzt, z. B. weiße sollen mit 0,5, blaue mit 1,0 und rote mit 2,0 m pro Sekunde Schnelligkeit den Fall beginnen. Sobald man also im Ballon eine Handvoll dieser Schnitzel auswirft, kann man ohne weiteres seine vertikale Bewegung feststellen. Bleibt er nämlich in Höhe des weißen Papiers, so fällt er ebenfalls 0,5 m pro Sekunde, gehen aber diese Schnitzel scheinbar nach oben und bleiben die blauen in gleicher Höhe mit dem Korbe, so sind es 1,0 m usf. Wenn alle Farben nach oben verschwinden, beträgt der Fall über 2,0 m pro Sekunde, verschwinden aber alle nach unten, so befindet sich der Ballon im Gleichgewicht oder im Steigen. Wenn man z. B. an einem der Instrumente eine Erhöhung des Luftdrucks erkennt und

---

[1]) Richard Gradenwitz, Fabrik für Balloninstrumente, Berlin, Dresdenerstr. 38.

Eine Parade auf dem Tempelhofer Felde vom Ballon aus gesehen.
(Nach einer beim Kgl. Preuß. Luftschiffer-Bataillon befindlichen Photographie.)

feststellt, daß der Korb in Höhe von weißen Schnitzeln bleibt, so
kann man daraus sehen, daß er in einem absteigenden Luftstrom
sich befindet, weil sonst sehr bald infolge der großen Masse des
Ballons eine beschleunigtere Bewegung eintreten würde. Man muß
also in diesem Falle den Ballast sparen.

Auch die Menge des zu opfernden Sandes vermag man bei genügender Erfahrung einigermaßen durch Vergleich der fallenden
Schnitzel mit der Bewegung des Ballons abzuschätzen.

Ein noch einfacheres, allerdings auch primitiveres Mittel hat
man in einer an einem dünnen Seidenfaden befestigten, sehr feinen
Flaumfeder, welche man an einem Stocke aus dem Ballonkorb
heraushängt. Sobald sich der Ballon mit der umgebenden Luft im
Gleichgewicht befindet, bleibt die Feder in vollkommener Ruhe,
ganz gleichgültig, ob die Strömung aufsteigt oder abwärts geht. Sobald aber diese Lage gestört wird, fängt die Feder an zu flattern,
und zwar geht sie infolge des Widerstandes der Luft beim Fall
sofort nach oben. Jedem Beginn einer Bewegung nach unten vermag
man deshalb sofort durch Ballastwerfen zu begegnen, und während
man sonst nicht genau erkennen kann, wann man mit Sandschütten
aufhören muß, sieht man an der Bewegung der wieder allmählich
sinkenden Feder, wann man zu stoppen hat. Groß ist auch der
Einfluß, den die in die Hülle eindringende Feuchtigkeit durch vermehrte Belastung auf den Auftrieb auszuüben vermag. Betrug doch
beispielsweise das Gewicht, das »Z I« durch Regen aufnahm, etwa
675 kg; jedes Quadratmeter Stofffläche nahm 125 g auf. Gefirnißter
Stoff saugt kaum $1/_8$ der Feuchtigkeit auf wie gummierter.

Endlich zeigen, allerdings viel später, am unteren Teile der
Hülle sich bildende Falten, daß ein Zusammenziehen des Gases eintritt. Gleichzeitig wird dann der Stoff des Füllansatzes, welcher
vorher weit offen war, zusammengepreßt.

In neuester Zeit gibt es noch verschiedene Instrumente, die
auch die Geschwindigkeit des Falls erkennen lassen.

Bei der Praxis des Ballonfahrens werden wir weiter unten noch
auf die Einflüsse zurückkommen, welche die meteorologischen Verhältnisse auf die Fahrt eines Ballons ausüben.

Ein sehr wesentlicher und schwieriger Punkt bei der Ballonführung bildet die Navigation in der Luft[1]). Es gibt im Luftfahr-

---

[1]) A. Marcuse, Astronomische Ortsbestimmung im Ballon. Berlin 1909,
Verlag Georg Reimer. — A. Marcuse, Navigation in der Luft; Denkschrift der
wissenschaftlichen Kommission der Ila. Berlin 1910, Verlag J. Springer.

zeug drei Arten von Orientierungen: die kartographische, die
astronomische und die magnetische. Die erste, welche bei
sichtbarer Erdoberfläche angewendet wird, kann unter normalen
Verhältnissen für die einfachste gelten. Sie beschränkt sich im
Freiballon auf die Ortsbestimmung nach guten Übersichts- und
Spezialkarten. Für die Führung von Luftschiffen kommt es bei der
terrestrischen Navigation in erster Linie auf das Fahren nach Land-
marken an unter Berücksichtigung auch der meteorologischen Verhältnisse. Hierbei sind der gesteuerte Kurs, der faktisch gefahrene
Kurs und die Windrichtung zu berücksichtigen.

Die astronomische Aeronavigation tritt ein, sobald die Orientierung nach unten versagt, aber Gestirne sichtbar sind. Bei den
zuerst von Professor Dr. Marcuse vollständig durchgeführten astronomischen Ortsbestimmungen im Ballon genügen nachts zur Orientierung nach Breite und Länge Höhenmessungen an zwei helleren
Fixsternen, gelegentlich auch am Monde oder an den großen
Planeten. Diese Höhenmessungen werden am einfachsten und
schnellsten mit dem im Ballon erprobten Libellenquadranten
(Butenschön in Bahrenfeld bei Hamburg) ausgeführt nach einer zuverlässigen Taschenuhr, die mitteleuropäische oder bequemer Greenwicher Zeit (M. E. Z. — 1^h) bis auf 10 Sekunden während eines Tages
festhält. Am Tage steht im allgemeinen nur die Sonne als ein-
ziges Gestirn zur Verfügung, so daß Höhenmessungen allein entweder nur die Breite oder nur die Länge des Ballonortes ergeben,
je nachdem die Sonne nahe dem Meridian oder in der Nähe des
Ostwestvertikals steht. Deshalb gehören zur Ortsbestimmung am
Tage nach der Sonne für Breite und Länge (Differenz der beobachteten Ortszeit gegen mitgenommene Greenwicher Zeit) außer Höhenmessungen noch Azimutpeilungen der Sonne mit einem besonderen,
gleichfalls im Ballon erprobten Peilfluidkompaß (C. Bamberg, Frie-
denau-Berlin). Derselbe Kompaß dient im Motorluftschiff nach vollständiger Kompensation gegen die Eisenteile der Gondel auch zum
Steuern des Kurses.

Die zur Auswertung aller dieser Beobachtungen nötigen Rechnungen werden in der Gondel selbst während der Fahrt zumeist
nach den von Professor Marcuse in seiner Anleitung zur astronomischen Ortsbestimmung im Ballon (Verlag G. Reimer, Berlin)
zusammengestellten Tafeln ausgeführt. Nur so ist die astronomische
Orientierung dem Ballonführer auch sofort von Nutzen, wobei es
nur auf eine möglichst schnelle und gesicherte Herleitung eines ge-

näherten Ballonortes bis auf etwa 6 Bogenminuten = rund 10 km ankommt. Nach den jetzt vorliegenden Erfahrungen dauert eine derartige Auswertung von Breite und Länge im Freiballon und im Luftschiff nur etwa 5 bis 6 Zeitminuten.

In dem dritten Falle endlich, wenn sowohl die Orientierung nach unten versagt als auch die Gestirne nicht sichtbar sind, daß also das Luftfahrzeug ganz im Nebel oder in Wolken sich befindet, tritt die magnetische Aeronavigation helfend ein, die wenigstens eine Orientierung des Ballons in Breite bis auf etwa 6 km Genauigkeit erlaubt. Auch die magnetische Ortsbestimmung ist zuerst von Professor Marcuse, Berlin, sowohl im Freiballon als auch im Luftschiff durchgebildet worden mit Hilfe eines besonderen magnetischen Balloninklinatoriums, an welchem jedesmal im magnetischen Meridian (im Luftschiff nach geeigneter Kompensation) der Unterschied der erdmagnetischen Inklination gegen den betreffenden, für den Aufstiegsort bestimmten Wert ermittelt wird. Auch Dr. Bidlingmaier, Wilhelmshaven, hat neuerdings ein magnetisches Instrument zur Orientierung im Ballon (Ballondoppelkompaß) konstruiert, welches im Anschluß an frühere Arbeiten von Eschenhagen und Professor Ebert, München, Messungen der erdmagnetischen Horizontalintensität zur Bestimmung der Breitenverschiebung im Freiballon verwendbar macht. Magnetische Orientierung ist besonders in Deutschland wichtig, um rechtzeitig auch im Nebel eine Annäherung an die Meeresküsten zu erkennen. Werden diese Messungen hierbei mit dem magnetischen Balloninklinatorium von Marcuse ausgeführt, so benutzt man zur Orientierung auf der Karte die Isoklinen oder Linien gleicher magnetischer Inklination. Werden die betreffenden Beobachtungen mit dem Ballondoppelkompaß von Bidlingmaier gemacht, so verwendet man zur Orientierung des Ballons in Breite die sog. Isodynamen oder Linien gleicher erdmagnetischer Horizontalintensität. Sowohl Isoklinen wie auch Isodynamen verlaufen für Mitteleuropa ungefähr parallel den Breitengraden, wofür es besondere erdmagnetische Karten gibt.

Außer Marcuse haben sich noch viele andere Gelehrte mit der astronomischen Ortsbestimmung im Luftballon beschäftigt, beispielsweise haben Professor Dr. Schwarzschild und Dr. Birck von der Sternwarte zu Göttingen diesbezügliche Tafeln herausgegeben, die aber nur bei Nacht zu gebrauchen sind.

Die Hauptschwierigkeit bei der Steuerung der Luftschiffe bietet der Wind, der fortwährend in bezug auf seine Richtung und Ge-

schwindigkeit sich ändert. Ein freifahrender Aerostat wird mit dem
Winde genau in seiner Richtung und genau mit derselben
Geschwindigkeit dahingetrieben. Die Insassen verspüren daher
keinerlei Luftzug, und eine im Korbe fallende Flaumfeder fällt genau
senkrecht auf den Boden des Korbes. Ein Lenkballon, dessen Maschinen
gestoppt sind, wird ebenfalls mit der Luftströmung fortgeführt; sobald aber die Propeller laufen, erhält das Fahrzeug Luftzug genau
aus der Richtung, in die es steuert. Die Stärke dieses Luftzugs
entspricht genau der Gegenbewegung, die das Luftschiff jeweils entwickelt. Der Druck, den die Hülle also durch die Bewegung gegen
die einzelnen Luftteilchen erleidet, ist deshalb bei gleicher Tourenzahl stets derselbe, gleichgültig, ob nur ein schwacher Wind oder
Sturm herrscht. Demnach kann ein Lenkballon in der Luft also
nie »durch die Gewalt eines Orkans« zerdrückt werden; dies wäre
nur möglich, wenn das Fahrzeug sich am Boden befindet.

Von größter Bedeutung ist nun das Verhältnis der Windgeschwindigkeit zu der Eigenbewegung, die ein Aerostat zu entwickeln
vermag; denn wenn ein Ballon, der genau in Richtung des
Windes gegen denselben fährt, in bezug auf die über der Erde
zurückzulegende Strecke Boden gewinnen soll, so muß eben seine
Eigenbewegung größer sein als die Windstärke. 12 m Eigenbewegung
heißt, daß ein Luftschiff bei Windstille unter Wirkung seiner Maschinen
in der Sekunde 12 m Weg über dem Erdboden zurückzulegen vermag; fährt dieses Schiff bei 11 m Windschnelligkeit gegen den Wind
an, so legt es dagegen nur 1 m über dem Boden gemessen zurück,
während es natürlich in dem Medium, in dem es sich bewegt, tatsächlich 12 m vorwärts kommt; die Windversetzung beträgt eben
11 m. Dieselben Verhältnisse hat man ja bei Seeschiffen, die in
starker Strömung dahinfahren.

Je größer demnach die Eigenbewegung eines Luftschiffes ist,
desto schneller kommt es über dem Boden weg und desto häufiger
kann es Aufstiege auch gegen die herrschende Windrichtung unternehmen. Der Direktor des aeronautischen Observatoriums zu Lindenberg im Kreise Beeskow bei Berlin, Geheimer Regierungsrat Professor Dr. med. et phil. Aßmann, hat eine Windstatistik veröffentlicht, die sich auf die Aufzeichnungen von 49 Stationen stützt und
Beobachtungsreihen bis zu 38 jähriger Dauer, im Durchschnitt von
20,8 Jahren umfaßt[1]). Hiernach ergibt sich, daß ein Ballon, der nur

---

[1]) »Die Woche«, Heft 43 vom 23. Oktober 1909. Verlag Aug. Scherl G. m. b. H.

10 m pro Sekunde Eigengeschwindigkeit besitzt, in Deutschland an
90 von 100 Tagen mit Erfolg aufzusteigen vermag, vorausgesetzt,
daß er sich in den Luftschichten dicht über der Erde hält. Da aber
ein Luftschiff sich häufiger in Höhen von 500 bis 1000 m halten muß,
so hat Aßmann aus 12 146 Beobachtungen seines aeronautischen
Observatoriums noch eine Höhenwindstatistik aufgestellt, die ungünstiger lautet, weil die Windstärke mit der Höhe zunimmt. Danach
kann ein Ballon mit der angegebenen Geschwindigkeit von 10 m
pro Sekunde in der Höhe von 500 m nur in 65 %, in 1000 m in
60 %, in 15 m in 55 % in 2000 m in 48 % aller Fälle Fahrten unternehmen. Die Werte gelten streng genommen nur für die Provinz Brandenburg. Geheimrat Aßmann hat sich dieser mühseligen
und zeitraubenden Feststellung unterzogen in seiner Eigenschaft
als Vorsitzender der technischen Kommission der auf Veranlassung des Kaisers ins Leben gerufenen Motorluftschiff-Studiengesellschaft.

In bezug auf die Fortbewegung eines Ballons im Winde herrschen
in Laienkreisen noch die größten Unklarheiten. Beispielsweise wird
die Ansicht häufig ausgesprochen, ein Luftschiff müsse, genau mit
dem Winde fahrend, die Strecke, die es vorher gegen den Wind
gefahren wäre, wieder einbringen. Ein Beispiel soll die herrschenden Verhältnisse erläutern. Ein Luftschiff mit 10 m pro Sekunde
Eigenbewegung soll bei Windstille den 180 km betragenden Weg
vom Orte A nach B hin und zurück durchmessen. Da es 10 m in
1 Sek. fährt, legt es 180000 m in 18000 Sek., also in 5 Std. zurück,
demnach braucht es von A nach B und wieder von B nach A im
ganzen 10 Std. Nun soll dasselbe Luftschiff denselben Weg fahren
bei einem genau von A nach B mit einer Geschwindigkeit von 5 m
pro Sekunde wehenden Winde. Demnach legt es von A nach B in
einer Sekunde zurück 10 m durch eigene Kraft + 5 m durch Windversetzung, also 15 m pro Sekunde; 180000 m demnach jetzt in nur
12000 Sek., also in 3 Std. 20 Min. Von B nach A dagegen beträgt die Schnelligkeit nur 10 bis 5 (Eigenbewegung minus Windversetzung) = 5 m pro Sekunde. 180000 m werden demnach in
36000 Sek. = 10 Std. durchmessen. Während also bei Windstille
der Weg von A nach B und B nach A in 10 Std. durchflogen wird,
braucht der Ballon bei einem Winde von 5 m pro Sekunde 13 Std.
und 20 Min.

Je stärker der Wind ist, desto ungünstiger werden die Verhältnisse, wie man leicht aus Beispielen ersehen kann.

4*

Um graphisch zu veranschaulichen, welche Beeinträchtigung die Leistungsfähigkeit eines Luftschiffes bei Wind erleidet, zeichne man folgendes Bild:

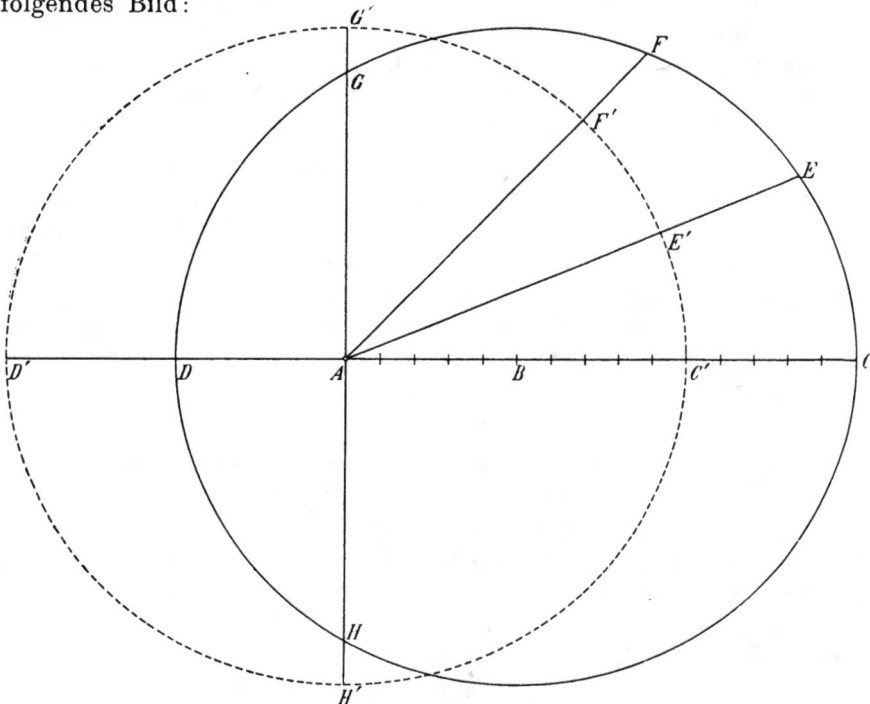

Punkt *A* sei der Ort, von dem der Ballon abfahren soll. Von *A* ziehe man eine gerade Linie genau in der Windrichtung und trage auf ihr von *A* aus die Windgeschwindigkeit z. B. = 5 m/Sek. (auf der Zeichnung 5 Teilstriche) bei *B* ab. Nach *B* würde also ein Aerostat ohne Eigenbewegung lediglich unter dem Einflusse des Windes gelangen. Das Luftschiff soll nun aber 10 m/Sek. Geschwindigkeit besitzen, demnach trage man auf derselben Linie in derselben Richtung 10 m (10 Teilstriche) bis *C* ab. Der Ballon wird also unter Einwirkung des Windes und seiner eigenen Kraft bis *C* gelangen.

Wenn man nun feststellen will, welche Punkte von *A* aus in derselben Zeit nach anderen Richtungen erreicht werden können, so schlägt man um *B* als Mittelpunkt einen Kreis, dessen Radius gleich der Eigengeschwindigkeit — 10 m — ist. Demnach wird der Ballon genau gegen den Wind nur bis *D* gelangen, nach anderen Richtungen bis *E* oder *F* usw. Bei Windstille würde der Aerostat bis *C'*, *E'*. *F'*, *G'*, *D'*, *H'* gelangen. Diese Punkte liegen sämtlich auf der Peripherie des mit der Eigengeschwindigkeit als Radius um *A* geschlagenen Kreises, der also den ›Aktionsradius‹ ergibt. Der um *B* beschriebene Kreis gibt den Aktionsradius bei Wind.

Die hier angegebene Konstruktion beruht auf den Gesetzen des Parallelogramms der Kräfte.

Für Motorluftschiffe haben Dr. Echener, Friedrichshafen, und Baron v. Bassus, München, praktische Navigationshilfsinstrumente konstruiert.

Fünftes Kapitel.

Die Gasbereitung.

Über die Gewinnung der für Montgolfieren erforderlichen heißen Luft haben wir an anderen Stellen bereits eingehend berichtet; es kommen für die Füllung von Ballons außerdem noch Wasserstoff-, Wasser- und Leuchtgas in Frage.

Die Herstellung des spezifisch leichtesten Wasserstoffgases kann auf mannigfache Weise erfolgen.

Die älteste von Charles angewandte primitivste Methode ist in ihrem Prinzip noch heutzutage gültig.

Drs Verfahren beruht auf der Zersetzung des Wassers durch die Hinzufügung von Schwefelsäure zu Eisen.

Charles hatte in 40 t das Eisen mit der verdünnten Schwefelsäure gemischt und auf diese Weise, allerdings unter großen Schwierigkeiten, das erforderliche Gas gewonnen. Das Gas ist aber nach der Entwicklung sehr heiß und mit Säuredämpfen verunreinigt, weshalb es erforderlich ist, dasselbe zunächst in einen Wäscher zu leiten, in welchem es durch beständig zufließendes frisches Wasser gereinigt und gleichzeitig gekühlt wird. Nach dem Reinigen geht das Gas in die Trockenapparate, in denen es mit Stoffen in Berührung kommt, welche die Feuchtigkeit gierig aufsaugen: Chlorkalk, Holzwolle usw., erst dann geht es in den Ballon[1]).

Diese Methode ist mit mannigfachen Verbesserungen noch jetzt gebräuchlich; man kann jedoch beliebig das Eisen durch Zink oder auch die Schwefelsäure durch Salzsäure ersetzen.

---

[1]) Siehe Bild auf Seite 28.

Die chemische Formel, nach der man sich die erforderlichen Materialien für beliebige Quantitäten des Gases ausrechnen kann, lautet:

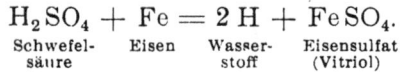

$$H_2SO_4 + Fe = 2H + FeSO_4.$$

Schwefel-   Eisen   Wasser-   Eisensulfat
säure   stoff   (Vitriol)

Die Atomgewichte sind von: $H = 1$, $S = 32$, $O = 16$, $Fe = 56$. 1 l H wiegt $= 0,0899$, demnach 1 cbm $= 89,9$. Wollen wir für

Aufstieg eines Freiballons bei ruhigem Wetter.
(Oberst Vives y Vich aus Spanien, Oberleutnant von Corvin aus Österreich und Hauptmann Sperling aus Deutschland)

600 cbm feststellen, wieviel Eisen und Schwefelsäure gebraucht wird, so ergibt sich für 600 cbm H ein Gewicht von 53,94 kg, demnach erhalten wir für Eisen die Gleichung $2 : 56 = 53,94 : x$; $x = 1510$ kg Fe; für Schwefelsäure $2 : 98 = 53,94 : y$; $y = 2643$ kg Schwefelsäure. Da aber infolge Unreinlichkeit der Schwefelsäure, verrostetem Zustande des Eisens die Entwicklung nicht nach der Theorie sich vollziehen kann, werden mehr Materialien gebraucht, und zwar meist ca. 20 %.

Bei dieser Art der Zersetzung geht die Entwicklung anfangs sehr rapid vor sich, bald bildet sich aber auf der Oberfläche des Eisens eine Schicht Eisensulfat, und die Zersetzung des Metalls hört schließlich ganz auf.

Man hat deshalb später das sog. Zirkulationssystem eingeführt, bei welchem man dafür sorgte, daß durch allmählich zu erneuernde Eisenbestände dauernd ein Strom von Schwefelsäure und Wasser

Aufstieg eines Freiballons bei Wind.

durchgeführt und gleichzeitig der Eisenvitriollauge ständig Abfluß verschafft wurde.

Sehr wichtig ist es bei diesem Verfahren, möglichst reine Säure zu verwenden, weil es vorkommt, daß die Schwefelsäure arsenhaltig ist. Durch das Einatmen der in den Ballon hineingelangten arsenhaltigen Dämpfe sind, wie schon an anderer Stelle erwähnt ist, mehrfach tödlich verlaufene Unglücksfälle beim Füllen und bei Freifahrten eingetreten, da bereits die geringste Menge dieser Gase genügt, eine derartige Veränderung der roten Blutkörperchen

hervorzurufen, daß der Tod des Menschen trotz aller Gegenmittel
unabwendbar ist.

Die Entwicklungsgefäße müssen sorgfältig mit Blei ausgeschlagen
sein, weil alle anderen in Frage kommenden Metalle durch die Säuren
bald zerfressen werden.

Bei rationeller Einrichtung der Apparate vermag man in kurzer
Zeit große Quantitäten Gas zu erzeugen. Henry Giffard stellte
sich 1878 25000 cbm Gas zur Füllung seines Riesenfesselballons
innerhalb 25 Stunden her. 190000 kg Schwefelsäure und 80000 kg
Eisenspäne wurden dabei verbraucht[1]).

Wir haben schon erwähnt, daß die erste militärische Verwendung des Ballons davon abhängig gemacht wurde, daß das Füllgas
nicht unter Verwendung der zur Pulverfabrikation reservierten
Schwefelsäure erfolgen könnte. Coutelle baute deshalb einen Er-
zeuger nach der von Lavoisier entdeckten Methode der Über-
leitung von Wasserdampf über rotglühendes Eisen.

Einige eiserne Retorten — die Kanonenrohre — wurden in
einen gut ziehenden Ofen eingebaut und ständig vom Feuer umspielt.

Durch die mit gut gereinigten Eisenspänen gefüllten Retorten
wurde Wasser geleitet, welches sich sofort zu Wasserdampf entwickelte und seinen Sauerstoff an das Eisen abgab.

Die Formel lautet:

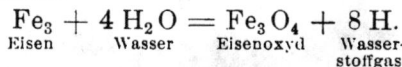

$$\underset{\text{Eisen}}{Fe_3} + \underset{\text{Wasser}}{4\,H_2O} = \underset{\text{Eisenoxyd}}{Fe_3O_4} + \underset{\substack{\text{Wasser-}\\\text{stoffgas}}}{8\,H.}$$

Demnach braucht man theoretisch zur Herstellung von 1 cbm
Wasserstoffgas 1881 g Eisen und 806 g Wasser.

Das Verfahren Coutelles wurde bald bedeutend verbessert, das
Prinzip blieb natürlich immer dasselbe.

Das reinste Gas gewinnt man durch Zersetzen des Wassers auf
elektrolytischem Wege. Das durch Zusatz von z. B. etwas Schwefelsäure leitend gemachte Wasser — H_2O — wird durch einen gal-
vanischen Strom in seine Bestandteile, Wasserstoff und Sauerstoff,
zerlegt, wobei sich das Wasserstoffgas am negativen und der Sauerstoff am positiven Pole in ihrem ursprünglichen Verhältnis 2 : 1
abscheiden.

In Deutschland gewinnt man das Wasserstoffgas auf elektrolytischem Wege meist als Nebenprodukt in Kaliwerken, z. B. in

---

[1]) Histoire de mes ascensions, Gaston Tissandier.

den Anstalten der Elektronwerke bei Bitterfeld bei Halle und in Griesheim bei Frankfurt a. M. Durch den Transport wird das Gas so verteuert, daß sich 1 cbm Gas auf ca. 50 Pf. stellt, während es an Ort und Stelle eigentlich gar nichts kostet.

1 cbm Gas, aus Schwefelsäure und Eisen hergestellt, kommt auf etwa 60 Pf. bis 1 M.

Das Wassergas gewinnt man nach Lavoisierscher Art durch Zersetzung des Wasserdampfes beim Überleiten über glühende Kohlen.

Eine ganze Reihe weiterer Verfahren zur Herstellung von Wasser- und Wasserstoffgas soll nur erwähnt werden:

> Zersetzung von gelöschtem Kalk durch Kohle,
> » » » » » Zink,
> » des Wassers durch geschmolzenes Zink,
> » » » Antimon und Zink,
> » » » Kupfer und Zink,
> » » » Natrium,
> » » » Kalzium,
> » » Zink und Pottasche,
> » » » Aluminium und Natron usw.[1]

Die meisten Methoden sind entweder zu gefährlich oder zu teuer oder zu wenig rationell.

Ständig ist das Bestreben der Fachleute darauf gerichtet, eine möglichst billige Herstellung des Wasserstoffgases zu erzielen. Es hat sich nun in neuester Zeit eine Internationale Wasserstoff-Aktiengesellschaft gebildet, die ein außerordentlich reines und dabei doch preiswertes Gas nach einem von Dellwik-Fleischer angegebenen Verfahren herstellen will. Die Herstellungsweise beruht auf der Einwirkung von Dampf auf Eisenpräparate in der Glühhitze. Das Gas soll einen Reinheitsgrad von 98 %, also mit einem Auftrieb von 1,185 kg pro cbm besitzen und pro cbm nur 15 Pf. kosten. Verschiedene Anlagen sind an mehreren Orten nach dem neuen System im Bau. Wenn nur geringe Mengen Gases, wie bei Füllung der Registrier- und Pilotballons für wissenschaftliche Zwecke, gebraucht

---

[1] Von den Firmen und Privaten, die neue bzw. verbesserte Verfahren zur Gewinnung von H nutzbar zu machen suchen, seien genannt: Konsortium für elektrochemische Industrie, Nürnberg, Wasserstoff-Aktiengesellschaft, Frankfurt a. M., Chemische Fabrik Griesheim-Elektron, Griesheim, Professor Dr. v. Linde, München. Die Dekarburierung von Leuchtgas betreibt die Deutsche Kontinental-Gas-Gesellschaft in Dessau.

werden, benutzt man in neuester Zeit einen Gasapparat, System
Professor Naß, bei dem theoretisch aus 1 kg Kalziumhydrür 1 cbm
H gewonnen werden soll. In der Praxis gewinnt man allerdings
nur etwa 0,7 cbm.

Für die Verwendung des Ballons im Feldkriege ist die Entwicklung des Gases an Ort und Stelle viel zu zeitraubend, deshalb
kam man in England auf den Gedanken, für den Transport des
Gases Stahlbehälter zu benutzen, wie sie
für Kohlensäure gebräuchlich waren. Solche
nahtlose Flaschen sind jetzt in fast allen
Armeen eingeführt, allerdings unter verschieden starken Drücken und demnach
verschieden großem Gasinhalt.

Kopf eines Stahlbehälters.

Englischer Stahlbehälter für Wasserstoffgas.

Die englischen Behälter wiegen bei einer Wandstärke von
4,76 mm etwa 40 kg. Eine Flasche enthält 4 cbm auf 120 bis
130 Atmosphären verdichtetes Wasserstoffgas.

Je 35 Flaschen werden auf einem Fahrzeuge transportiert. Der
Verschluß ist ein so einfacher, daß das Gas mit einem Handgriff
herausgelassen werden kann. Die Füllung eines Ballons geht in
der Weise vor sich, daß mehrere Fahrzeuge nebeneinander gefahren
und durch Schläuche mit einem Sammelbecken verbunden werden,
von welchem der Füllschlauch in den Ballon gelegt wird. Die Gasbehälter eines Fahrzeugs sind sämtlich durch Röhrenleitungen mit
den Schläuchen verbunden.

In ca. 10—15 Minuten ist die Füllung beendet, weil infolge des
hohen Drucks das Gas schnell in die Schläuche gepreßt wird.

Leuchtgas kommt vorläufig nur für Freiballons noch in Betracht;
dasselbe wird durch trockene Destillation der Steinkohle gewonnen.
Es ist zuerst 1818 auf Veranlassung von Green zur Füllung benutzt.

Aber auch an der Verbesserung des Steinkohlengases wird
eifrigst gearbeitet. Nach einem Vortrag des Herrn W. v. Oechel-
haeuser, der während des deutschen Luftschiffertages in Frankfurt a. M. am 18. September 1909 gehalten wurde, kann man durch

Zersetzung von fertigem Leuchtgas durch große Hitze ein Ballongas von nur 0,225 spezifischem Gewicht herstellen. Demnach würde
man mit dem neuen Gas einen Auftrieb von fast 1 kg auf 1 cbm
erzielen, der demjenigen von unreinem Wasserstoffgas wenig nachstehen würde.

Ferner versucht man — namentlich der Professor an der Technischen Hochschule zu Charlottenburg Dr. Erdmann — flüssiges
Wasserstoffgas im großen herzustellen, um so auf leichte Weise die
Luftschiffe während der Fahrt nachzufüllen. Das Volumen des
flüssigen H beträgt nur $^1/_{800}$ des Volumen Gases. Demnach würde
1 cbm flüssiges H im Gewicht von nur 60 kg ausreichend sein, einen
Ballon von normaler Größe für drei Personen zu füllen. Die Rein-
heit des Gases beträgt dabei 100 %.

Wir haben eingehend untersucht, wie sich der Auftrieb der
beiden Hauptgassorten zueinander verhält, und wir wissen, daß die
Größe des Ballons lediglich von der Größe des Auftriebs abhängig
ist. Demnach können die Fesselballons, die meist mit Wasserstoffgas gefüllt werden, erheblich kleiner bleiben als die mit Leuchtgas
zu füllenden Freiballons.

Die Weiterentwicklung der beiden Gasarten wird es ergeben,
ob der bislang bestehende Unterschied in Auftrieb und Kosten beim
Steinkohlengas und Wasserstoffgas Einfluß auf die Verwendung
behält.

Sechstes Kapitel.

Der Ballonbau.

Die verschiedenen Bauarten der Lenkballons haben voneinander so abweichende Formen, daß in jedem Falle die Hülle nach
andern Schnittmustern gearbeitet werden muß. Im folgenden soll
deshalb nur auf Herstellung und Beschreibung des einfachen Kugel-
und des Fessel-Drachen-Ballons näher eingegangen werden.

Die Kugel ist derjenige Körper, welcher bei kleinster Oberfläche das größte Volumen hat, deshalb werden die freifliegenden
Aerostaten alle in Kugelform gebaut.

Die Größe derselben ist ferner abhängig von dem Gewichte,
welches sie tragen sollen; je größer die zu hebende Last, je mehr
Menschen also aufsteigen sollen, desto größer muß der Rauminhalt
werden. Im allgemeinen beträgt das Volumen der gebräuchlichsten
Freiballons für 3—4 Personen ca. 1300 cbm.

Je höher ein Luftschiff steigen soll, desto größer muß aus
schon erörterten Gründen der Rauminhalt werden; mit Wasserstoffgas können natürlich weit größere Höhen erreicht werden als mit
Leuchtgas.

Für längere Fahrten bestimmte Fahrzeuge müssen entsprechend
größer sein, damit der unvermeidliche Gasverlust möglichst lange
durch Ballastauswurf ausgeglichen werden kann.

Das für die Hülle eines Ballons verwendbare Material ist sehr
mannigfaltig. Für Motorballons kommen auch Metall- und Holz-
Hüllen in Betracht.

Papier und Gummi wird nur für Piloten und namentlich nach
der von Aßmann angegebenen Weise für die zu meteorologischen

Zwecken hochzulassenden Ballons benutzt. Ihre Widerstandsfähigkeit ist außerordentlich gering; ihr Zweck ist auch meist bei einem einmaligen Aufstiege erfüllt. Der Italiener Da Schio hat in seine Hülle eine Kautschukbahn eingenäht.

Tierische Därme, die sog. Goldschlägerhäute, so genannt nach ihrer ursprünglichen Verwendung beim Herstellen des Blattgoldes, werden namentlich in England gebraucht. Diese sind außerordentlich leicht und von großer Dichtigkeit, so daß sie eines besonderen Dichtungsmittels nicht bedürfen, wenn sie gut eingefettet sind. Dieselben werden in mehrfachen, zwei- bis achtfachen Lagen übereinander geklebt.

1 qm einfacher Haut wiegt ca. 12 g, in fünf Schichten, gefärbt, ca. 110 g. Leider sind diese Häute enorm teuer und wenig wetterbeständig. Für die in Kolonialkriegen in Dienst zu stellenden Ballons sind Goldschlägerhäute außerordentlich vorteilhaft, weil sie das Gas lange halten und wegen ihrer Leichtigkeit kleiner sein können. Für den meist sehr schwierigen Gasnachschub ist das von großer Bedeutung.

Von den Geweben kommen hauptsächlich Seide und Baumwolle in Betracht. Auf Leinwand wird man in belagerten Festungen in Kriegszeiten sicher häufiger zurückgreifen müssen, im Frieden findet man sie seltener.

Seide hat wieder die Vorzüge größter Festigkeit und Leichtigkeit, aber die Nachteile geringerer Wetterbeständigkeit und hoher Kosten. Alle Pflanzenstoffe sind gegen die atmosphärischen Einflüsse weit widerstandsfähiger als tierische Materialien.

In Frankreich wird für die Armeefreiballons die sog. Ponghée oder Rohseide, eine etwas geringere Qualität, benutzt, weil deren Preis nicht so hoch ist. Infolge der Festigkeit der Seide wird sie meist nur in einer Lage verarbeitet.

Bei der Baumwolle — Perkale — legt man zwei Stofflagen übereinander, und zwar diagonal in der Weise, daß Schuß und Kette der einen Lage unter einem Winkel von 45 Grad zu den Fäden der zweiten liegen.

Die Festigkeit gegen Zerreißen wird hierdurch ganz erheblich vermehrt, weil in allen Richtungen stets drei Fäden Widerstand leisten.

Erforderlich ist es, daß alle Gewebe möglichst dicht sind und gleich starke Fäden und gleiche Zahl in Schuß und Kette haben.

Zur Prüfung der Festigkeit sind besondere Maschinen konstruiert.

Die aus Geweben angefertigten Hüllen bedürfen eines Dichtungsmittels, weil sie sonst das Gas zu leicht durchlassen würden. Die älteste, von Charles angewandte Methode der Gummierung ist schon erwähnt. Der Gummi wird unter Anwendung heißer Walzen in dünner Schicht auf den Stoff gebracht. Einer Zersetzung beugt man möglichst vor durch Vulkanisieren, d. h. durch Präparieren mit Schwefel.

Nähen der Ballonhüllen in der Ballonfabrik von Franz Clouth in Köln-Nippes.

Durch den Einfluß der Lichtstrahlen tritt aber allmähliche Zersetzung des Gummis ein, welchem auch durch das Färben mit Chromgelb nur in geringem Maße entgegengewirkt werden kann.

Besser dichtet man die Stoffe durch Bestreichen mit Leinölfirnis, der allerdings die unangenehme Eigenschaft hat, bei höheren Temperaturen stark zu kleben. Die Aufbewahrung derartig behandelter Ballons erfordert große Sorgfalt, namentlich auch gegen Selbstentzündung.

Die ausgezeichneten Rezepte früherer Zeiten sind leider verloren gegangen.

Eine Reihe anderer Dichtungsmittel, wie Konjaku, Ballonin usw., sind nur gelegentlich angewandt; man ist immer auf Firnis und Kautschuk zurückgekommen.

Es wiegt 1 qm fünfmal gefirnißter Ponghéeseide für französische Militärballons ca. 360 g, 1 qm fünfmal gummierter Diagonal-Baumwollenstoff ca. 280 g.

Überall, wo eine besonders starke Inanspruchnahme des Betriebs erforderlich ist, wird der Stoff durch weitere Lagen verstärkt, so

Der Ballonstoff wird zur Gummierung durch Walzen geführt.
Die Gummimasse befindet sich vor der Walze.

namentlich um das Ventil herum. An dieser Stelle ist der innere Gasdruck am höchsten.

Die kugelförmige Hülle wird aus einzelnen Bahnen zusammengenäht, deren Breite sich nach der Stoffbreite richtet. Im allgemeinen wechselt dieselbe zwischen 50 und 140 cm; etwa 4 cm müssen für die Nähte abgezogen werden. Die Zahl der Bahnen erhält man durch Division der Breite in den vorher berechneten Umfang der Kugel. Durch die Verjüngung der Bahnen nach oben bzw. unten ist ein besonderes Zuschneiden erforderlich; um umständliche Berechnerei zu vermeiden, ermittelt man das an jeder Stelle der Kugel erforder-

Gefirnißte Ballonhüllen zum Trocknen aufgehängt. Rechts unten eine mit Luft etwas aufgeblasene Hülle.

liche Breitenmaß auf graphischem Wege. Der untere Teil wird genau identisch mit dem oberen gebaut.

Bei dieser Art der Anfertigung gibt es viel Abfall, deshalb hat der Münchener Professor Finsterwalder mehrere neue Konstruktionsmethoden angegeben, bei denen fast 30% Stoff gespart werden. Er hat der Kugel z. B. einen Würfel einbeschrieben, dessen Ebenen bis zum Schnitt der Kugel verlängert werden; es entstehen dadurch sechs quadratische Felder mit zwölf Begrenzungslinien, von denen je drei in einer Ecke zusammenstoßen.

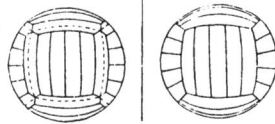

Zuschnittzeichnungen von Professor Finsterwalder.

Die Art der Zusammensetzung geht aus dem Bilde hervor. Die Naht erfolgt dreifach, an der Kante in geraden und in der Mitte in Schlangenlinien. Die Nähte werden bei gummiertem Stoff noch besonders innen und außen mit Streifen überklebt.

Unten an dem Ballon wird der schlauchartige Füllansatz an einen in der Hülle befindlichen Holzring angesetzt. Derselbe bleibt meist geöffnet, damit das Gas beim Steigen ungehindert abfließen kann. Um das Ansaugen von Luft in das Innere zu verhindern, bedient man sich einer »Schere«, die den Stoff gegeneinander in eine Ebene legt.

Der Franzose Mallet hat dieselbe im Jahre 1892 für eine Dauerfahrt erfunden und gute Resultate mit derselben erzielt. 36½ Stunden blieb er in der Luft und legte 900 km Weg zurück.

Durch Leinen wird der Füllansatz mit dem Ring verbunden, damit beim Fallen sich der Stoff nicht einkrempeln kann. Durch Abschneiden dieser Leinen kann man bewirken, daß der Stoff bei einem vom Gase entleerten Ballon sich fallschirmartig anordnet.

Oben auf der Kugel sitzt für gewöhnlich das Ventil in Form eines Tellers oder mit Klappen versehen. Starke Federn bewirken nach erfolgter Öffnung wieder sofortiges Schließen.

Durch eine innerhalb des Ballons durch den Füllansatz in den Korb reichende Leine wird das Ventil geöffnet.

In der Hülle befindet sich eine Bahn, welche etwa 50 cm vom Ventil entfernt in einem allmählich breiter werdenden Schlitz bis zum Äquator reicht und durch ein entsprechendes Stoffstück von Innen aus nur überklebt, aber nicht genäht ist. Dieses Stück wird im Momente der Landung zur schnelleren Entleerung mittels einer Leine, der sog. »Reißleine«, möglichst rasch abgezogen. Die gefährlichen Schleiffahrten werden dadurch meist vermieden.

Reißvorrichtung für einen Kugelballon.

Fig. 1.

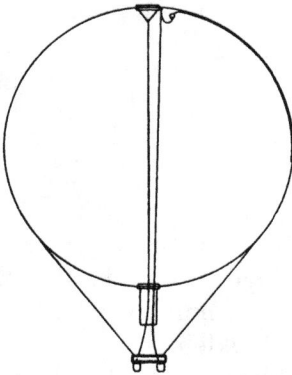

Fig. 1 zeigt Schnitt durch die Hülle. Links
befindet sich die Ventil-, rechts die Reißleine.

Fig. 2 zeigt die Reißbahn. Der abzulösende
Streifen ist durch die gestrichelte Linie ge-
kennzeichnet.

Fig. 2.

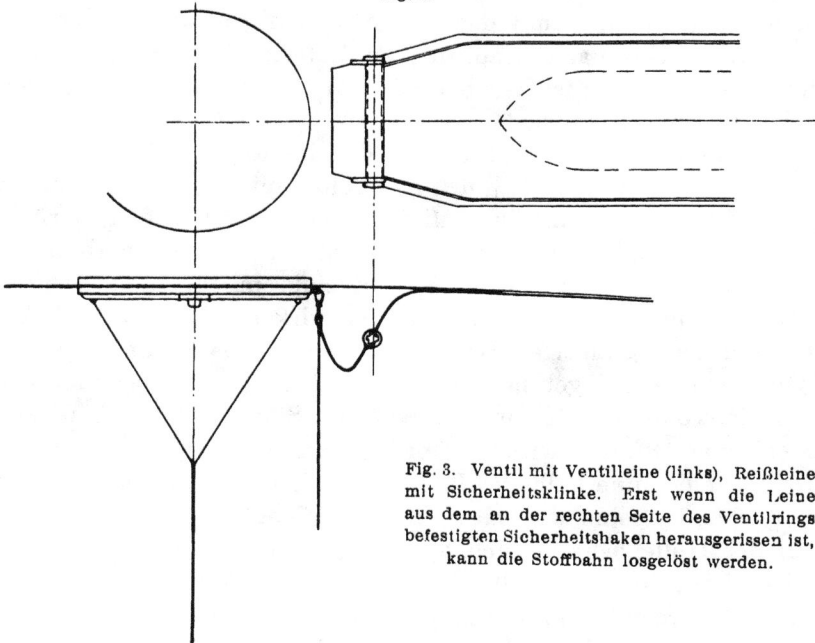

Fig. 3. Ventil mit Ventilleine (links), Reißleine
mit Sicherheitsklinke. Erst wenn die Leine
aus dem an der rechten Seite des Ventilrings
befestigten Sicherheitshaken herausgerissen ist,
kann die Stoffbahn losgelöst werden.

Fig. 3.

In Deutschland wird die Reißbahn grundsätzlich bei der Landung gerissen, weil dadurch ein weit eleganteres und sicheres Landen ermöglicht wird. Ein gewandter Führer kann nach einiger Übung auch bei starkem Winde vorher fast genau das Feld bestimmen, auf dem er herunterkommen will, was namentlich zur Vermeidung von Flurschäden sehr wichtig ist. Auch wenn der Unterwind in seiner Richtung sich häufig ändert, vermag doch der Führer den Ballon sehr schnell auf einem plötzlich auftauchenden günstigen Platze zur Strecke zu bringen.

Ballonventil in Draufsicht.

Es sei hier erwähnt, daß den ersten Flurschaden Testu-Brissy im Jahre 1786 bezahlt hat. Wie es aber auch noch heute der Fall zu sein pflegt, hatten schon damals die in großen Scharen herzuströmenden Landleute, welche doch eigentlich am besten den Wert der mit Früchten bestandenen Äcker zu beurteilen verstehen, gerade den meisten Schaden angerichtet. Trotzdem mußte Testu-Brissy alles ersetzen.

Die Reißbahn wird in anderen Ländern vielfach nur im Notfall angewandt. Die Franzosen nähen die »corde de la miséricorde«, wie sie dieselben nennen, meist fest, so daß ihr Reißen mit einem größeren Kraftaufwand verknüpft ist. Die große Sicherheit, die bei sachgemäßem Kleben tatsächlich vorhanden ist, rechtfertigt die bei uns gebräuchliche elegantere Methode.

Die Erfindung der Reißbahn ist dem amerikanischen Luftschiffer Wise zuzuschreiben (1844, siehe Bilder); in Frankreich hat sie Godard schon 1855 eingebaut.

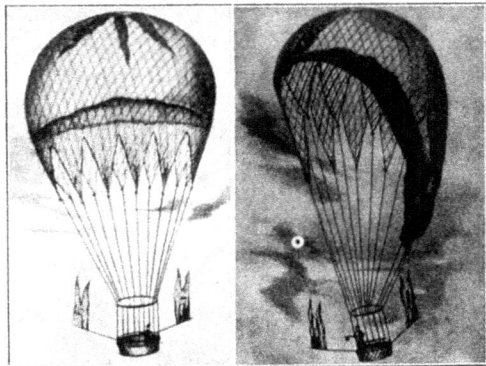

Die erste Reißbahn am Ballon 1844.

Eine Sicherheitsklinke soll unbeabsichtigtes Auslösen verhindern. Es ist gelegentlich vorgekommen, daß der Reißschlitz durch Strecken der vorher naß gewesenen Netzleinen und Spannungen des ohne

5*

»Durchhang« eingeknoteten Reißgurtes geöffnet wurde. Bei dem
dann aus großer Höhe erfolgten Absturze wurde glücklicherweise
niemand verletzt.

Es hat sich ferner ereignet, daß der Wind den Ballon im Momente
der Landung so gedreht hat, daß der geöffnete Schlitz nach unten
gekommen ist und nun doch eine längere Schleiffahrt durchgemacht
werden mußte. Durch Mitnahme des S c h l e p p t a u e s wird diese
Drehung im allgemeinen verhindert, weil infolge der Reibung des
am Ringe befestigten Taues der Ballon so gewandt wird, daß der
an derselben Seite wie die Schleppleine sitzende Reißschlitz nach
hinten und damit beim Aufprall des Korbes auf den Boden nach
oben gebracht wird. Das Schlepptau wurde zuerst um das Jahr 1820
zum Parieren des Landungsstoßes von Green eingeführt.

Zur Erhöhung der Widerstandsfähigkeit der Hülle, zur gleich-
mäßigeren Verteilung der Last auf dieselbe und zur Verbindung des
Korbes mit der Hülle dient ein aus vielen Maschen bestehendes,
am Ventil befestigtes N e t z.

Die Maschen gehen in sog. kleine »G ä n s e f ü ß e«, dann in die
großen »Gänsefüße« über, die wieder in Auslaufleinen endigen, vermittelst derer die Befestigung am Ringe erfolgt.

Der Ballonring ist entweder aus Stahl oder aus mehreren Lagen
übereinander geleimten Holzes angefertigt. An ihm sind auch die
Korb-, Schlepp- und Halteleinen angeknebelt.

Vermittelst einer Anzahl dicker Leinen ist die G o n d e l oder,
wie man heute zu sagen pflegt, der K o r b an dem Ring befestigt.
Er dient zur Aufnahme der Personen, Instrumente, des Ballastes usw.
Seine Höhe beträgt etwa 0,80—1,30 m, sein innerer Raum richtet
sich nach der Anzahl der Passagiere, welche er aufnehmen soll. Im
Durchschnitt ist er etwa 1,20 × 1,50 m groß.

Das Geflecht besteht aus spanischem Rohr und Weiden, Boden-
und Seitenwände sind durchgeflochten und nicht aus Teilen zu-
sammengesetzt. Die Korbleinen gehen durch den Boden hindurch
und sind mit eingeflochten. Der Boden ist zur Schonung mit Stoß-
leisten versehen. Innen ist derselbe meist gefüttert, damit man sich
bei den Stößen einer etwaigen Schleiffahrt nicht so leicht verletzt.
Im Innern sind Sitzkörbe angebracht, in denen man Proviant,
Apparate usw. aufbewahren kann.

Diejenigen Luftschiffer, welche grundsätzlich auf die Anwendung der Reißbahn verzichten, führen auch A n k e r mit, die den

Flug des Ballons bei der Landung möglichst aufhalten sollen. Bei steinigem Gelände oder hartgefrorenem Boden ist seine Anwendung illusorisch, da die Flunken dann meist schlecht fassen.

Es gibt die verschiedensten Konstruktionen von Ankern, die alle in dem Bestreben erdacht werden, nunmehr ein System zu finden, welches unweigerlich festhalten soll. Die Stöße, die der Ballon bei starkem Wind bei einer Schleiffahrt erhält, wenn der Anker mehrfach oberflächlich faßt und sich dann wieder losreißt, sind recht erheblich und beanspruchen die Festigkeit des gesamten Ballonmaterials ganz unnötigerweise. Auch hierin muß man entschieden einen Vorteil der Reißvorrichtung erblicken.

Auf die Wasseranker und Abtreibvorrichtungen werden wir noch zurückkommen.

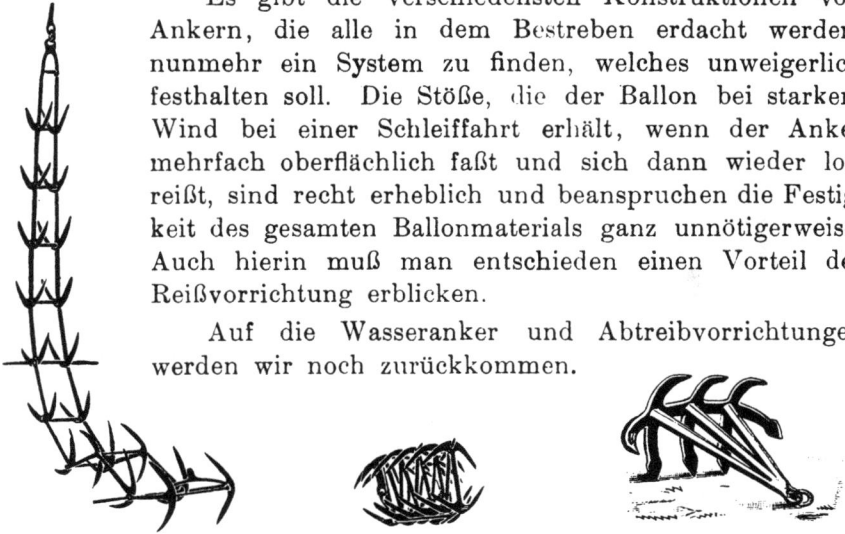

Verschiedene Arten von Ballonankern.
(Aus Moedebeck, Taschenbuch für Flugtechniker und Luftschiffer.)

Der Ballast befindet sich in Säcken aus starkem Segeltuch von 30—40 cm Höhe und 20—30 cm Durchmesser; mittels vier Leinen werden sie mit einem Haken aufgehängt.

Zum Schutze der nach der Landung zusammengelegten Hülle dient ein besonderer »Verpackungsplan« aus starker Segelleinwand, der mit den bei der Abfahrt am Ringe befestigten Haltetauen über dem Stoffe zusammengeschnürt wird.

Der Fesselballon.

Der an einem Kabel gefesselte Kugelballon wird vom Wind sehr stark hin und her geworfen und unter Umständen sogar bis zur Erde gedrückt. Während man bei einem Freiballon, mit dem Wind in dessen Schnelligkeit dahinfliegend, das absoluteste Gefühl der Ruhe hat und weder an Seekrankheit noch — merkwürdigerweise auch sonst sehr schwindlige Personen nicht — an Schwindel leidet,

Drachenballon
System v. Sigsfeld - v. Parseval.

wird das körperliche Wohlbehagen durch die unaufhörlichen Pendelungen, Drehungen usw. beim Fesselballon erheblich gestört. Hierdurch leidet die Beobachtungsfähigkeit begreiflicherweise ganz außerordentlich, und die Benutzung eines Fernglases wird bald unmöglich. Außerdem wird die Steighöhe sehr herabgesetzt, und bei einer Windgeschwindigkeit von etwa 8 m an muß seine Verwendung aufhören.

Die Schwankungen des Korbes hat man durch die mannigfachsten Aufhängungsweisen aufzuheben gesucht: durch trapezförmige, einfache und doppelte Leinenführung und Einschaltung von Stangen.

Alles dies nützt nicht viel, die Stellung bleibt sehr unstabil.

Erst durch die geniale Konstruktion des Drachenballons durch v. Sigsfeld und v. Parseval wird eine ruhigere Stellung des Korbes bedingt und der Gebrauch des Luftschiffes noch bis zu Windgeschwindigkeiten von 20 m pro Sekunde ermöglicht.

Das Grundprinzip besteht in der Anwendung eines länglichen Ballons, der in schräger Drachenstellung in der Luft so gefesselt ist, daß er mit seinem Querschnitt stets dem Widerstande des Windes sich entgegenstellt. Alle an ihm angebrachten besonderen Einrichtungen dienen der Erhaltung der Stabilität.

Die Idee, einen Ballon nach Drachenart zu fesseln, war sehr alt; schon Archibald Douglas hat sie in den vierziger Jahren gehabt, aber die ausgeführten Luftschiffe entsprachen keineswegs den an sie gestellten Erwartungen.

Der Drachenballon ist in den meisten Staaten eingeführt, er hat sich in allen schwierigen Verhältnissen vollauf bewährt.

Ein außerordentlich großer Vorteil ist es, daß er — das Ventil ausgenommen — keinen starren Teil in seiner Konstruktion enthält.

Die Gashülle besteht bei dem 600 cbm großen Ballon aus einem ca. 15 m langen zylindrischen Teil mit zwei an den Enden aufgesetzten Halbkugeln von je 3 m Radius.

Die Erhaltung der Form ist durch ein 150 cbm fas-

Schematische Zeichnung des Drachenballons.

sendes Ballonet gewährleistet, das auf sinnreiche Weise durch den Wind selbsttätig unter Druck gehalten wird.

Man hat durch den schräg gestellten Ballon einen horizontalen Schnitt gelegt und längs desselben die innere Ballonetwand in der Form angenäht. daß sie sich an den kugelförmigen und zylindrischen Teil der Hülle anzuschmiegen vermag. Dabei bildet dieser Stoff gewissermaßen eine zweite innere Ballonhülle, die aber einen mäßigen Spielraum zwischen beiden freiläßt, in dem die Luft vom Windfang aus eintreten kann.

In diesem Zustande befindet sich das Ballonet, wenn der Gasraum vollständig gefüllt ist. Sobald nun der Ballon steigt, dehnt sich das Gas aus und drückt noch mehr auf die obere Ballonetwand; der Druck würde sich mit zunehmender Höhe steigern bis zum Platzen des Stoffes, wenn man dem Gase nicht Abzug gewähren würde. Dieses geschieht durch das Inzugtreten einer an dem oberen Stoff des Luftsackes befestigten Leine, die zum Ventil führt. Dieses wird vollkommen geöffnet bei tiefster Lage der oberen Ballonetwand. Auf das Einstellen des Seils ist deshalb stets die größte Sorgfalt zu verwenden.

Sobald beim Einholen des Ballons durch Zusammendrücken des Gases ein Manko im Gasraum entsteht, wird die bewegte Luft durch die maulartige Öffnung in das Ballonet hineingepreßt und die Ventilleine außer Zug gesetzt. Ein Rückschlagventil verhindert das Ausströmen der Luft. Etwa 150 cbm vermag der Raum zu fassen, wenn seine innere Hülle vollkommen nach oben gepreßt ist.

Der Druck der sich durch die Windstöße etwas komprimierenden Luft überträgt sich auf das Gas und auf die Hülle. Gegen diese wirkt nun von Innen erstens derselbe Druck, welcher auch von außen auf den Stoff drückt, und dann noch der statische Druck, der am Kopfe des Ballons nach den Berechnungen Parsevals zirka 7—10 mm Wassersäule beträgt. Bei genügender Gasmenge muß deshalb der Ballon auch bei starken Windstößen immer seine äußere Form bewahren.

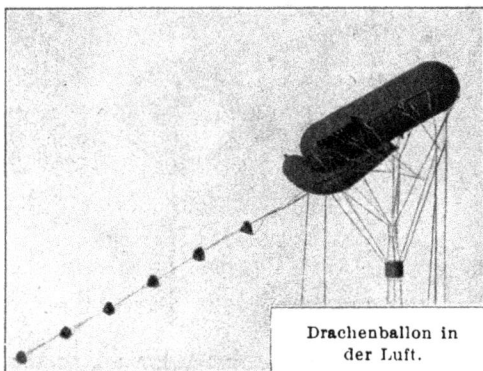

Drachenballon in
der Luft.

Sobald nun beim Hochsteigen des Ballons der Gasdruck wieder zunimmt, wird die Luft aus dem Ballonet durch ein zum Steuersack führendes Ventil herausgepreßt usf. Der Wind sorgt also stets dafür, daß jeder Fehlbetrag im Gasraum selbsttätig ergänzt wird.

Die schräge Stellung des Ballons in einem Winkel von 30 bis 40° zur Horizontalen wird durch die Art der Fesselung erzielt, die völlig unabhängig von der Korbaufhängung mehr am vorderen Teile der Hülle angebracht ist. Die beiden Leinensysteme greifen dabei aber in der Mitte nach hinten bzw. nach vorn über, damit ein Durchbiegen des langen Körpers vermieden wird.

Sehr wesentlich ist es, daß der Ballon mit seiner Längsachse stets genau in die Windrichtung gestellt wird. Dies besorgt der sog. Steuersack, ein raupenförmiger Ansatz am hinteren, unteren Teile des Zylinders und der Halbkugel. Durch einen oder mehrere mit Rückschlagventilen versehene Windfänge dringt andauernd die Luft in das Innere des Sackes und entweicht wieder durch eine kleinere schlauchartige Öffnung am hinteren kugelförmigen Teile.

Es ist dadurch stets ein innerer Überdruck im Steuersack, der aber
kleiner sein muß als der im Ballonet herrschende Druck, weil aus
diesem die Luft in den Steuersack eventuell bei zunehmendem Gasdruck entweichen soll.

Der Überdruck in dem Steuersack bewirkt, daß der Ballon
ständig den wechselnden Richtungen des Windes nachgibt.

Damit nun diese Bewegungen nicht so heftig vor sich gehen,
hat man an beiden Seiten der Hülle eine starke Leine von vorn
nach hinten geführt, welche gabelartig mit dem Drachenschwanz

Korbaufhängung und Fesselung (rechts).

verbunden sind. Dieser besteht aus einer Anzahl wie umgekehrte
Regenschirme aussehende Windtuten, deren Stoffhüllen vom Winde
aufgeblasen werden und dadurch die Bewegungen des Ballons
bremsen.

Der Drachenschwanz hat den Nachteil, daß der Ballon unter
seiner Einwirkung etwas nach unten gezogen wird und hierdurch
einen Teil der Drachenwirkung einbüßt. Man erhöht deshalb die
letztere wieder durch zwei an den Seiten der Hülle sitzende Segel,
die außerdem zur Erhaltung der Stabilität beitragen.

Ein eigentliches Netz besitzt der Drachenballon nicht, es ist
durch einen der Längsachse parallelen, an den Seiten etwas unterhalb der Mittellinie angebrachten 25 cm breiten, sehr kräftigen Gurt
ersetzt. Dieser ist mit der Hülle durch Nähte und Überkleben
mit gummierten Stoffstreifen befestigt. Die Leinen gehen durch je
drei an den Gurt genähte Schlaufen hindurch und endigen durch

Verbindungen mehrerer Systeme, ähnlich wie beim Kugelballon, in
Auslaufleinen. Die letzteren sind entweder am Korbring angeknebelt
oder mit dem Kreuzstück verbunden, an welches das Fesselkabel
angeschlossen wird.

Da es vorkommen kann, daß bei heftigem Wind das Kabel
reißt, hat man am Drachenballon in seinem vorderen Teile auch
eine Reißvorrichtung angebracht, welche das Landen erleichtern
soll. Es hat sich herausgestellt, daß ein freifliegender Drachenballon, dank einer vom Kopf bis zum Ring führenden Tragleine,
seine Stellung nur wenig verändert. Er nimmt nur eine etwas
steilere Lage an.

Siebentes Kapitel.

Ausrüstung des Korbes und Ballonrevision.

Das wichtigste Instrument ist das Barometer zur Höhenbestimmung, wichtiger noch für den Frei- als für den Fesselballon.
Der Luftschiffer muß dauernd über seine Höhe orientiert sein, das
Steigen und namentlich das Fallen möglichst schnell erkennen. Die
Aneroide haben eine gewisse Träg-
heit, der man durch Beklopfen ab-
hilft. Die schon erwähnten Papierschnitzel und auch die Flaumfedern
bilden ein vorzügliches, einfaches und
dabei billiges Ergänzungsmaterial bei
einer Freifahrt.

Bei letzteren führt man unter
allen Umständen auch einen Barographen mit, der die Höhe auf
Papier aufschreibt und somit über
die vollendete Fahrt ein wichtiges
Dokument schafft, das in Verbindung
mit dem Fahrtjournal eine Beurteilung
derselben auch später ermöglicht.

Aneroidbarometer.

Das Statoskop zur sofortigen Feststellung der vertikalen Bewegungen des Aerostaten, das wir an anderer Stelle bereits erwähnt haben, ist sehr wohl entbehrlich, dagegen muß ein Kompaß
unter allen Umständen mitgeführt werden.

Für meteorologische Beobachtungen bildet ein Aßmannsches
Aspirations-Psychro- oder Thermometer ein unerläßliches

Instrument zur einwandfreien Feststellung der Lufttemperatur und
der Feuchtigkeit. Seine Beschreibung soll an anderer Stelle gegeben
werden. Für sportliche Fahrten kann man dagegen auf seine Mit-

Die Korbaufhängung.
An dem Ring werden die Auslaufleinen des Netzes direkt befestigt.
(Auf dem Bilde laufen die Leinen zusammen.)

nahme verzichten, weil mehr als die wahre Lufttemperatur die
Strahlung auf die Hülle einen Einfluß auf die Bewegungen eines
Aerostaten hat. Die Temperatur des Gases im Innern des Ballons ist
eine wesentlich höhere als die der Luft, nur bei Nacht nähern sich die

Werte, ja das Gas wird
sogar infolge der Aus-
strahlung etwas kälter.

Zu einer vollstän-
digen Korbausrüstung
gehören ferner gute
K a r t e n in der Fahrt-
richtung.

Das Mitführen des
namentlich bei großer

Barograph für den Ballon.

Windgeschwindigkeit reichlich zu bemessenden Kartenmaterials in der
bisher üblichen Weise nimmt aber sehr viel Platz im Korbe weg und
belastet denselben auch mit totem Gewicht. Um dieses zu vermeiden,
kann man sich eines Vergrößerungsglases bedienen, vor welches man
Diapositive schiebt, die Verkleinerungen der Karten darstellen.

Die einfachsten Kartenlupen sind durch einen früheren bayerischen Luftschifferoffizier, den Rittmeister a. D. F r e i h e r r n v. W e i n -
b a c h , erfunden.

Seiner Idee folgend, hat Dr. V o l l b e h r in Halensee die primitive Vorrichtung durch Konstruktion eines Mikrophotoskopes bedeutend verbessert.

Sein Apparat besteht aus zwei Teilen, die voneinander getrennt
mitgeführt werden können: dem sog. Lupen- oder Tagesapparat
mit dem Vergrößerungsglas und dem Beleuchtungsapparat.

Die 5 : 5 cm großen Diapositive bestehen aus einem Kollodium-
häutchen mit der auf mikrophotographischem Wege erfolgten Verkleinerung der Kartenblätter.

Die Kartenverkleinerungen greifen auf allen Seiten in die benachbarten Sektionen
über, wodurch die Orien-
tierung beim Wechsel
wesentlich erleichtert
wird. Die Nummern und
Bezeichnung der Neben-
blätter ist an den Rän-
dern deutlich mit bloßen
Augen zu erkennen, was
für das Aussuchen der
entsprechenden Diaposi-
tive wesentlich scheint.

Ballonkorb mit Zubehör.

Beachtenswert ist die Quadrierung einer jeden Haut, weil dadurch die Bezeichnung bestimmter Punkte auf der Karte bei Meldungen sehr erleichtert und weniger zeitraubend wird.

Der Tagesapparat wiegt nur 105, die Beleuchtungseinrichtung 145 g, das ganze Mikrophotoskop mit Futteral und einem Diapositiv 360 g.

Die Tasche ist $15 \times 7 \times 5$ cm groß und läßt sich bequem an zwei Rockknöpfen befestigen.

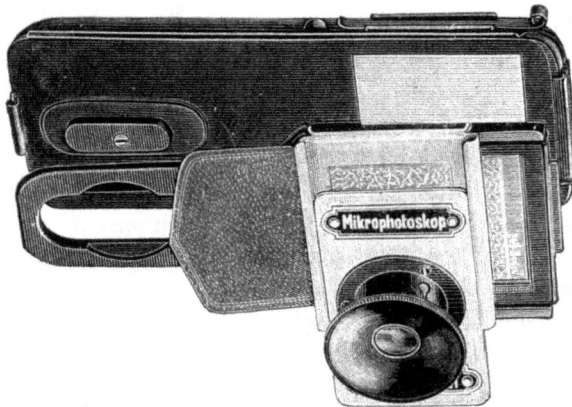

Mikrophotoskop von Dr. Vollbehr zum Kartenlesen
gebrauchsfertig mit Beleuchtungsapparat für die Nacht.

Bei Benutzung dieses Mikrophotoskopes wird an Gewicht und Raum gespart; außerdem sind die Kosten der Diapositive geringer als Generalstabskarten.

Es ist ein unbedingtes Erfordernis, aus Sicherheitsgründen das Material ständig im besten Zustande zu erhalten. Man muß deshalb Hülle und Zubehör vor dem Indienststellen eingehend nachsehen. Bei einem Freiballon ist dies schon aus dem Grunde erforderlich, weil bei seiner Landung die Hülle durch Abziehen der Reißbahn geöffnet ist und sie auch beim Verpacken usw. gelitten haben kann.

Ein Freiballon wird grundsätzlich bei der Landung entleert, weil das Gas im Laufe der Fahrt durch Diffusion sehr verschlechtert wird, und weil auch ein Verankern des Ballons selten möglich ist.

Bei Fessel- und Lenkballons läßt man, wenn irgend angängig, der Kostenersparnis halber das Gas mehrere Tage in der Hülle, bis es sich so verschlechtert hat, daß das Fahrzeug keinen genügenden Auftrieb mehr zeigt.

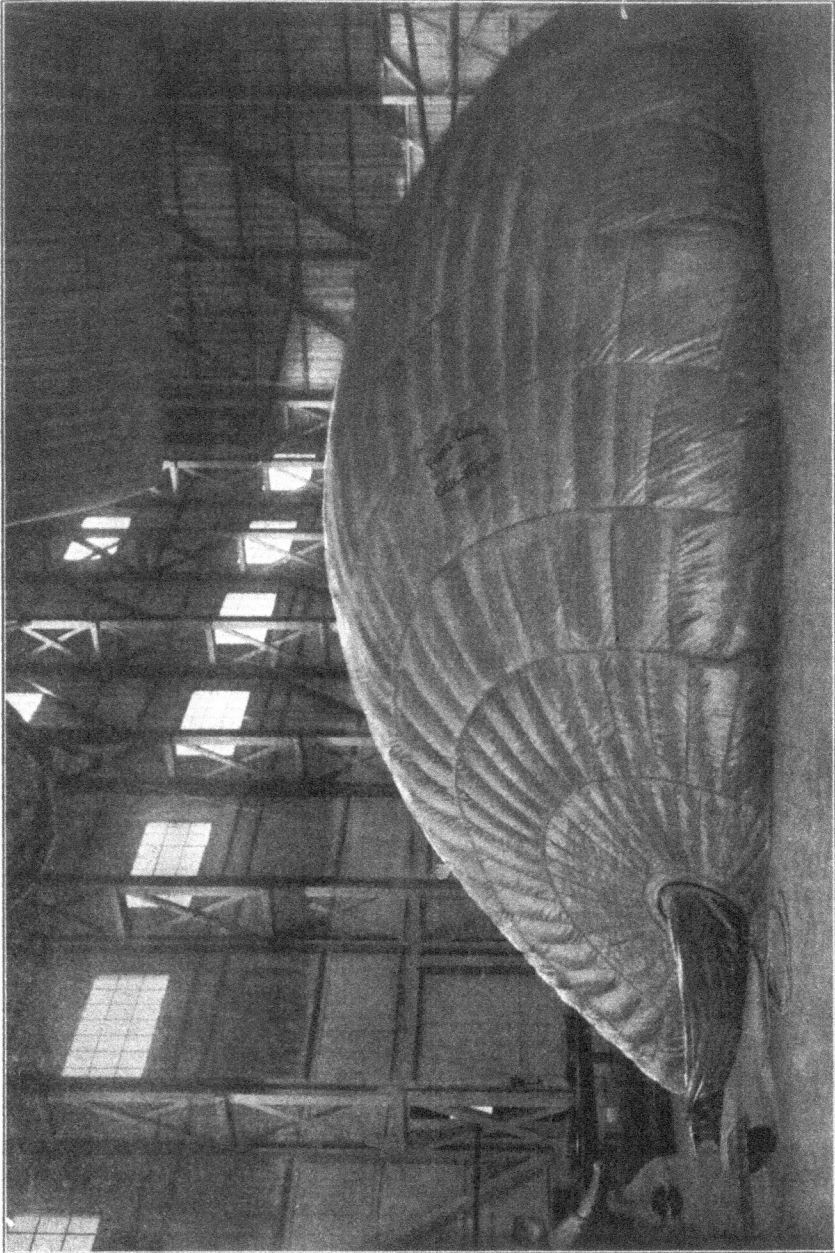

Die Ballonhülle wird zum Nachsehen durch einen Ventilator mit Luft aufgeblasen.

Eine Verwertung des abzulassenden Gases in irgendeiner Form ist nicht möglich.

Die Entleerung erfolgt bei dem Freiballon in Deutschland grundsätzlich durch Reißvorrichtung, in anderen Staaten durch Öffnen des Ventils bzw. Hochhalten des Füllansatzes. Der Drachenballon hat eine besondere Entleerungsöffnung in seinem hinteren oberen Teil.

Sehr sorgfältig hat das Kleben der Reißbahn zu erfolgen. In der Regel soll dieselbe höchstens drei Tage, mindestens aber 24 Stunden vorher erfolgen. Bei längerem Zeitraum wird die Verbindung der beiden Stoffe so innig, daß das Aufreißen oft nur bei größter Kraftanstrengung mehrerer Personen möglich wird, was bei sehr stürmischem Wetter oft schon zu unangenehmen Schleiffahrten geführt hat. Das Umgekehrte tritt ein, wenn man den Schlitz erst kurz vor der Fahrt schließt, oder auch, wenn man das im aufgelösten Paragummi enthaltene Benzin vor dem Aufeinanderlegen der Stoffe nicht genügend verdunsten läßt. Es ist mehrfach — einmal im Sommer 1901 bei einer Fahrt des Verfassers — vorgekommen, daß sich oben in der Luft die Reißbahn von selbst geöffnet hat, wodurch jähe Abstürze hervorgerufen worden sind.

Die Revision der Hülle wird nach Aufblasen des Ballons mit Luft durch mehrere Personen von innen ausgeführt. Selbst die kleinsten Löcher markieren sich sehr deutlich durch die hereinfallenden Lichtstrahlen, auch wenn von außen absolut nichts von ihnen zu bemerken ist. Alle Löcher werden gleichzeitig von innen und von außen mit gummiertem Ballonstoff verklebt. Risse werden erst genäht und dann verklebt und Beschädigungen regelrecht mit neuem Stoff geflickt, wobei die Nähte wiederum durch Streifen verklebt werden.

Beim Drachenballon ist noch das Funktionieren der Ventilleine sorgfältig festzustellen. Zu diesem Zwecke muß die auf dem Rücken liegende Hülle vollkommen mit Luft aufgeblasen werden, bis das Öffnen des Ventils eintritt; eventuell muß die Kette kürzer eingebunden werden.

Im übrigen wird das gesamte Material auf seine Brauchbarkeit vor jeder Fahrt genau besichtigt.

Diese Sorgfalt bietet die beste Gewähr für die Sicherheit aller Personen, welche den Luftsport ausüben, und wenn sich auch Unglücksfälle nie ganz vermeiden lassen, so ist doch die Gefährlichkeit des Ballonsports nicht größer als die beim Automobilfahren, Segeln, Rennen usw.

Die mit Luft aufgeblasene Ballonhülle wird von innen nachgesehen und instand gesetzt. Die in der Mitte befindliche runde Stelle zeigt das Ventil und den Stoff um das Ventil. Der rechte dunkle Streifen ist die Reißbahn.

Achtes Kapitel

Die Entwicklung der Militär-Luftschiffahrt bis 1870.

Schon Ende August 1783 machte als Erster Giroud de Villette, der einen Aufstieg in Montgolfiers Fesselballon unternommen hatte, darauf aufmerksam, daß die neue Erfindung ein wertvolles Hilfsmittel an der Hand der Kriegführenden bilden müsse. Mit einem gefesselten Luftschiff könne man die Stellungen und Manöver des Feindes erkunden und mittels besonderer Signale die eigenen Truppen schnell dirigieren. Auch für die Marine müsse man sich Vorteile von der Verwendung eines Aerostaten versprechen.

Dieselbe Überzeugung führte Meusnier dazu, sich dem Studium über die Lenkbarkeit der Luftschiffe zu widmen. Seine Arbeiten haben wir an anderer Stelle eingehend gewürdigt.

1792 wurde in dem von der ersten französischen Republik zur Beratung über alle Fragen der Landesverteidigung ernannten »Comité de salut public« durch Guyton de Morveau die Verwendung von Ballons angeregt. Der bewanderte Luftschiffer, der für die Akademie von Dijon einen lenkbaren Aerostaten erbaut hatte, vermochte seine Kollegen von der Nützlichkeit eines Luftschiffes im Kriege zu überzeugen, und schon im nächsten Jahre versuchte der Kommandant Chanal bei der Belagerung von Condé vermittelst Pilotenballons über die Köpfe der Belagerer hinweg den eigenen Truppen unter Oberst Dampierre wichtige Nachrichten zu übermitteln. Infolge mangelhafter Dichtung des Stoffes sank der kleine Aerostat bald, ging in den Linien der Feinde zur Erde und die Depeschen fielen dem Prinzen von Koburg in die Hände, welcher danach seine Dispositionen einrichten konnte.

Dieser Versuch, der nur Schaden angerichtet hatte, wurde nicht wiederholt, aber es wurde die Verwendung eines Fesselballons ins Auge gefaßt und Guyton de Morveau beauftragt, das Weitere zu veranlassen.

Es wurde jedoch die Bedingung gestellt, zur Füllung des Ballons kein mit Hilfe der Schwefelsäure hergestelltes Gas zu benutzen, weil diese Säure damals sehr rar war und Schwefel unbedingt zur Herstellung des Pulvers nötiger gebraucht wurde.

Guyton de Morveau geriet nicht in Verlegenheit, sondern setzte sich sofort mit dem Chemiker Lavoisier in Verbindung, der vor kurzem ein anderes Verfahren zur Gewinnung von Wasserstoffgas erfunden hatte. Auf die Bitten des ersteren stellte der Wohlfahrtsausschuß noch den Physiker Coutelle zur Verfügung, und alle drei arbeiteten ein Projekt aus zum Bau eines Ofens, in dem durch Überleiten von Wasserdampf über rotglühendes Eisen das erforderliche Gas gewonnen werden sollte.

In wenigen Tagen war dieser fertiggestellt, und Coutelle füllte in den Gärten der Tuilerien mit Charles und Conté einen Ballon von 9 m Durchmesser unter Aufsicht der Kommission. Diese war mit dem Ausfall der Versuche so zufrieden, daß Coutelle den Auftrag erhielt, in das Hauptquartier des Generals Jourdan, des Oberkommandierenden der Sambre- und Maasarmee, nach Belgien zu reisen und ihm den Vorschlag zu unterbreiten, einen Fesselballon bei seiner Armee in den Dienst zu stellen.

Zufällig traf es sich, daß der Luftschiffer von einem Kommissär der Nationalversammlung empfangen wurde, den der absurde Gedanke eines Militärballons so wild machte, daß er Coutelle zu füsilieren drohte.

Der General war aber vernünftiger und beauftragte Coutelle, wieder nach Paris zu reisen und nach Beschaffung des erforderlichen Materials zurückzukehren.

Im Schloß zu Meudon, in welchem eine Artillerieabteilung untergebracht war, wurde die erste sachgemäß eingerichtete Ballonwerkstatt aufgeschlagen.

Mit großem technischen Geschick und vielem Verständnis für die Anforderungen, welche an einen Feldballon zu stellen sind, wurden Material und Gasofen hergestellt. Um den Bedarf an Gas möglichst herabzudrücken, wurde die Größe der Hülle nach der Tragfähigkeit für nur zwei Beobachter berechnet. Es wurde sehr leichter Stoff verwendet, dessen Dichtung man durch eine besondere

6*

Verschiedenartiger Transport eines Fesselballons.
Links verankerter Ballon mit Windschutz.

Art von Leinölfirnis vornahm, der so undurchlässig war, daß das Abhandenkommen des damaligen Rezepts noch heute als ein bedauernswerter Verlust beklagt werden muß.

Nach wenigen Monaten konnte Coutelle dem Wohlfahrtsausschuß den ersten für Kriegszwecke bestimmten Ballon an zwei Tauen gefesselt zur Begutachtung vorführen. Die Verständigung aus der Höhe mit den auf der Erde befindlichen Personen wurde durch ein Sprachrohr oder, wenn dieses nicht mehr ausreichte, durch Signale mit verschieden gefärbten Flaggen vorgenommen. Längere Meldungen gab er in einem mit etwas Sand beschwerten Säckchen am Haltetau herunter.

Es ist bemerkenswert, daß noch heute Zeichnungen u. dgl. fast auf dieselbe Weise zur Erde befördert werden, nur bedient man sich dazu besonderer, mit eingenähten kleinen Bleiplatten versehener Taschen, deren Herablassen am Telephonkabel erfolgt, weil beim Drachenballon das Fesselkabel zu weit vom Korbe entfernt ist.

Die Kommission war von dem Ausfall der Vorstellung mit dem »Entreprenant«, wie das Luftschiff benannt wurde, so begeistert, daß Coutelle sofort das Patent eines Kapitäns erhielt und dem Generalstab zugeteilt wurde mit dem Auftrag, eine Luftschifferkompagnie zu formieren. Gleichzeitig erhielt er den Titel eines Direktors der Aerostatischen Versuchsanstalt, Conté wurde sein Unterdirektor. Am 2. April 1794 wurde die erste Luftschifferkompagnie der Welt aufgestellt in der Stärke von 1 Kapitän, 1 Feldwebel, 3 Unteroffizieren, 20 Mann[1]). Die Uniform dieser neuen Truppe bestand in blauem Anzug mit schwarzem Kragen und Aufschlägen und roten Passepoils, Infanterieknöpfen mit der Aufschrift »Aérostiers«; außerdem war für die Arbeit ein besonderer Anzug aus blauem Drillich vorgesehen.

Bewaffnet waren die Leute mit einem Säbel und zwei Pistolen.

---

[1]) »En ballon«. Gaston Tissandier 1871. — »Histoire des ballons«. A. Sircos u. Ph. Pallier. Paris 1876. — »Les aérostiers militaires du Château de Meudon.« Désiré Lacroix. Paris 1885.

Der Leutnant hieß D e l a u n a y und war ein ehemaliger Maurermeister, der durch seine praktischen Kenntnisse großen Nutzen geleistet hat.

Einen Monat nach dem Befehl zur Formierung, ca. acht Tage nach dem Zusammentritt der Kompagnie, rückte sie ohne Ballon nach M a u b e u g e gegen die Österreicher aus und erhielt hier die Feuertaufe, welche sie mit Ehren bestand.

Coutelle berichtet, daß seine Soldaten, meist aus Handwerkern bestehend, von den übrigen über die Achsel angesehen seien, weil sich begreiflicherweise niemand eine Vorstellung von ihrem Dienste machen konnte. Er bat daher den kommandierenden General, mit seiner Truppe an einem Ausfalle teilnehmen zu dürfen, um das Renommee seiner Luftschiffer zu festigen.

Die Leute schlugen sich mit großer Bravour, der Unterleutnant erhielt einen tödlichen Schuß in die Brust und zwei von den Leuten wurden schwer verletzt. Von nun an war das Ansehen des kleinen Häufleins ein sehr geachtetes.

Bald traf auch der Ballon ein und wurde mit dem in einem inzwischen erbauten Ofen hergestellten Gase gefüllt.

Den ersten Aufstieg unternahm Coutelle persönlich mit einem Genieoffizier unter dem Donner der Geschütze und den Hurras der Besatzung. Es wird berichtet, daß der Beobachter Meldungen über alle Bewegungen des Feindes alsbald dem Kommandanten habe herunterschicken können. Dieses Resultat veranlaßte den letzteren, von nun an täglich zweimal einen Generalstabsoffizier mit dem Kapitän zur Erkundung auffahren zu lassen; mehrfach ist auch General J o u r d a n selbst mit in die Gondel gestiegen.

Den Österreichern war das neue Kriegsmittel sehr unangenehm, da es die Tatkraft der Führer bei seinem Erscheinen sofort lähmte und in den Soldaten eine abergläubische Furcht erweckte. Es wurde deshalb vom Oberstkommandierenden die Beschießung des Ballons aus zwei 17pfündigen Haubitzen angeordnet und am 13. Juni durchgeführt.

Die erste Kugel, die je über einen Aerostaten hinweggeflogen ist, wurde von Coutelle mit dem Rufe »Vive la République« begrüßt; als aber das zweite Geschoß so nahe kam, daß der Kapitän schon einen Treffer befürchtete, entzog er sich dem feindlichen Feuer durch weiteres Höhersteigen. Von nun an gingen alle Projektile unter dem Luftschiff hinweg.

Aber so ganz unschädlich war das feindliche Feuer denn doch
nicht, da es die zum Halten kommandierten Mannschaften stark
belästigte und auch mancherlei Schaden am Material anrichtete.
Jourdan ließ deshalb aus Lille einen erfahrenen Stückmeister kommen,
der nach vorgenommener Erkundung erklärte, die beiden Ballon-
geschütze bald zum Schweigen zu bringen.

Die Angreifer, die von dem Erfolge ihres Schießens nichts
ahnten, gaben es aber bald auf, die Luftschiffer weiter zu belästigen
und zogen die Haubitzen aus ihrer Stellung zurück. Ganz ohne
Unfall kam der »Entreprenant« aber nicht weg. Bei windigem
Wetter wurde er gegen den Kirchturm von Maubeuge geschleudert
und erlitt eine kleine Havarie. Auch der Gasofen hatte durch
Schmelzen einiger Retorten unter einer großen Betriebsstörung zu
leiden.

Bald darauf, am 18. Juni, erhielt Coutelle vom General Jourdan,
dem er so ausgezeichnete Dienste geleistet hatte, den Auftrag, mit
seinem Ballon dem Heere nach Charleroi zu folgen.

Um keine Zeit mit dem Verpacken des Materials auf Fahrzeuge
zu verlieren und um ferner den Bau eines Gasofens an der neuen
Aufstiegstelle zu vermeiden, faßte der Kapitän den Entschluß, mit
»Ballon hoch« den Marsch bis nach dem 12 Meilen entfernten Ort
zu wagen.

An dem Netz wurden in Höhe des Äquators noch 20 Halteleinen befestigt, das Beobachtungsmaterial und die Signalflaggen in
die Gondel gepackt, an diese ebenfalls Stricke gebunden und mit
Coutelle an Bord der Marsch in dunkler Nacht durch die österreichischen Vorposten hindurch angetreten.

Da andere Truppen nicht belästigt werden durften, mußten die
Mannschaften zu beiden Seiten der Straße marschieren, wodurch
der Marsch zu einem äußerst anstrengenden und mühevollen wurde.
Die Direktion erfolgte mittels Sprachrohrs von der Gondel aus, die
so hoch gelassen war, daß Reiter und Fahrzeuge bequem unter
ihm hindurchkonnten.

Unter fast übermenschlichen Strapazen gelangten die Luftschiffer nach 15 stündigem Marsch in schwülster Sonnenhitze gegen
Abend nach Charleroi, wo sie mit großem Jubel mit Fanfaren
empfangen wurden.

Noch am selben Abend wurde der Ballon hochgelassen und
eine Erkundung vorgenommen, bis die Dunkelheit den Beobachtungen ein Ende setzte.

Am nächsten Tage stieg Coutelle mit dem General Morelot auf und blieb unter lebhaftem Feuer der Österreicher acht Stunden lang in der Luft. Auf Grund der Wahrnehmungen Morelots, daß die Stadt sich kaum noch länger halten könne, wurde der Sturm beschlossen, der aber nicht zur Ausführung kam, weil die Stadt vorher kapitulierte.

Die Kompagnie erhielt nunmehr den Befehl, im Hauptquartier bei dem Orte Gosselie, dem Zentrum der französischen Stellung,

Bellealliancplatz in Berlin.
Ballonaufnahme des Kgl. Preußischen Luftschiffer-Bataillons.

sich bereit zu halten, da die Entscheidungsschlacht nahe bevorstand. Am 26. Juni stiegen bei Beginn des Kampfes wiederum der General mit dem Kapitän bis zu 400 m Höhe auf, und dank dem am Tage herrschenden sichtigen Wetter konnten sie Jourdan alle Manöver des Feindes in kürzester Frist melden. Vergeblich suchten die Österreicher durch lebhaftes Beschießen mit Haubitzen das ihnen sehr unbequeme Höhenobservatorium zum Einholen zu zwingen, die Beobachter hielten aus, obgleich verschiedentlich Kugeln zwischen Gondel und Hülle hindurchpfiffen.

Am Nachmittag ging der Ballon, der inzwischen infolge Zurück-
weichens der Truppen eingeholt war, noch einmal mit dem Adjutanten des Kommandierenden hoch mit dem Auftrage, die Bewegungen des rechten Flügels der eigenen Truppe zu verfolgen und
durch Signale zu leiten.

Nach gewonnener Schlacht sprachen sich die Generale außerordentlich anerkennend über die Tätigkeit der Luftschifferkompagnie
aus und erklärten, daß der Erfolg des Tages nicht zum mindesten
dem Einsetzen des Aerostaten zu danken gewesen wäre.

Die Österreicher hatten dagegen eine nicht geringe Wut auf
das neue Kriegswerkzeug, weil ihre Führer erkannt hatten, daß
die meisten ihrer Maßnahmen infolge der Meldungen der Ballonbeobachter in überraschend schneller Weise durch Gegenmaßregeln
durchkreuzt wurden.

Sie gaben deshalb bekannt, daß alle Luftschiffer, deren man
habhaft werden könnte, als Spione zu erschießen seien.

Nach der Schlacht bei Fleurus kamen schlechte Zeiten für
die Luftschiffer, das Kriegsglück verließ sie. Coutelle marschierte
mit hochgelassenem Ballon mit der Armee gegen Lüttich, mußte
aber auf den Höhen von Namur nach Maubeuge zurückkehren,
weil durch einen plötzlichen Windstoß das Fahrzeug gegen einen
Baum geschleudert und zerrissen war. Die Reparatur erwies sich
auch hier mit dem vorhandenen Material als unmöglich, und Coutelle reiste sofort nach Meudon, wo er einen neuen länglichen
Ballon, den »Céleste«, anfertigen ließ. Nach Rückkehr des Kapitäns
wurde der zylinderförmige Aerostat in Lüttich probiert, erwies sich
aber auch bei geringem Wind so unstabil, daß eine Beobachtung
infolge der heftigen Bewegungen unmöglich war und der inzwischen
reparierte »Entreprenant« wieder in Dienst gestellt werden mußte.
Mit diesem so bewährten Fahrzeug setzte man auf einem Schiffe über
die Maas und rückte nach Brüssel. Vor den Toren dieser Stadt
ereilte es zum zweiten Male das Geschick, ein Windstoß warf den
Ballon gegen einen Pfahl und zerriß ihn. Da die in Brüssel vor-
genommene Reperatur sich als ungenügend erwies, mußte die
Hülle wiederum nach Meudon gesandt werden, und infolgedessen
lag die Kompagnie monatelang ohne Luftschiff bei Aachen im
Quartier.

Der tätige Kapitän suchte allerdings die Zeit nach Möglichkeit
auszunutzen durch Einrichtung eines Depots .und Verbesserungen
an Material. Unter anderem konstruierte er ein Schutzzelt, das den

verankerten Ballon vom Äquator an bis zur Erde ringsherum umgab und ihn vor heftigen Winden schützen sollte.

März 1795 wurde Coutelle nach Paris zurückberufen, um die durch Verfügung der Konvention vom 23. Juni 1794 angeordnete Neuformation einer z w e i t e n L u f t s c h i f f e r k o m p a g n i e durchzuführen. Außerdem war nach Eingang der Berichte über die erfolgreiche Tätigkeit des Ballons bei der Sambre- und Maasarmee am 31. Oktober 1794 die Gründung einer »École nationale aérostatique« zu Meudon beschlossen worden, zu deren Direktor der Mitarbeiter Coutelles, C o n t é, ernannt wurde.

In dieser Schule sollten nicht nur aus der Armee abkommandierte Offiziere und Mannschaften für den Luftschifferdienst ausgebildet, sondern auch alle einschlägigen Fragen eingehender Prüfung unterworfen werden.

Mit großem Eifer suchte der neue Direktor seinen Aufgaben gerecht zu werden, und es entstand bald eine sehr leistungsfähige Ballonfabrik. Binnen kurzer Zeit wurden sechs Aerostaten erbaut, von denen je zwei für die beiden Kompagnien und einer für die italienische Armee bestimmt war, ein Ballon stieg zur Einübung der Mannschaften und Offiziere fast täglich in Meudon auf.

Nach einwandfreien Berichten muß das zur Verwendung gelangte Material so vorzüglich gewesen sein, daß es das heutige zum Teil übertroffen hat. Die in ihrer Größe für zwei Personen für eine Steighöhe von 500 m berechneten Hüllen sollen nur ein Gewicht von 80 bis 90 kg gehabt haben. Die Dichtung des Stoffes erfolgte damals durch einen fünffachen Firnisanstrich, der so gut gedichtet hat, daß noch nach zwei Monaten mit derselben Füllung ein Aufstieg mit zwei Personen im Korbe unternommen werden konnte.

Zum Halten und Einholen des Ballons wurden Mannschaften verwandt, die sich bei längeren Übungen abwechselten. Conté hatte das Personal seiner Anstalt bald auf einen Unterdirektor, einen Magazinverwalter, einen Schreiber und 60 Schüler gebracht. Diese letzteren waren in drei Divisionen zu je 20 Mann eingeteilt, die je unter einem Unterleutnant und 3 Unteroffizieren standen.

Conté widmete ferner große Aufmerksamkeit der Vervollkommnung des S i g n a l d i e n s t e s und führte außer den schon gebräuchlichen verschieden gefärbten Flaggen schwarze, über Reifen gezogene Stoffzylinder ein. Durch Verkürzen oder Verlängern dieser unter der Gondel hängenden Zylinder konnten eine Menge weithin sichtbarer Zeichen gegeben werden.

In der Folge hat sich dieses System aber nicht bewährt, weil bei Wind die Zylinder durcheinander geworfen wurden.

Auch der bisher im Feld gebräuchliche Gasofen erfuhr im Laufe der Zeit verschiedene Verbesserungen.

Unabhängig von der École nationale aérostatique war die Truppe. Coutelle erhielt den Titel eines »Commandant« und wurde Befehlshaber der beiden Luftschifferkompagnien. Jede derselben war stark: 1 Kapitän, 2 Leutnants, 1 Leutnant als Quartiermeister, 1 Feldwebel, 1 Sergeant, 1 Fourier, 3 Korporale, 1 Tambour und 44 Luftschiffer.

Sofort nach ihrer Vermehrung wurde die zweite Kompagnie zur Rheinarmee mit dem reparierten Ballon »Entreprenant« in Marsch gesetzt, wohin sie der Major und Battaillonskommandeur begleitete. Unter dem Oberbefehl des Generals Lefevre, der die Stadt Mainz elf Monate lang belagerte, wurde der Ballon fast täglich bis zum Einbruch des Spätherbstes zu Erkundungen der Festung hochgelassen.

Bei diesen Aufstiegen entwickelten die Luftschiffer einen so außerordentlichen Schneid, daß sie selbst die Anerkennung der Feinde fanden, die noch bei Maubeuge erklärt hatten, alle Luftschiffer als Spione zu behandeln. Die österreichischen Generale gingen jetzt so weit, daß sie gelegentlich eines sehr starken Windes, der den Ballon abwechselnd heftig auf den Boden drückte oder ihn sehr schnell wieder in die Höhe riß, den französischen General baten, das Luftschiff einzuholen und den Beobachter aus seiner gefährlichen Lage zu befreien.

Coutelle berichtet ferner, daß ihm der Kommandant der Festung, zu dem er als Parlamentär geschickt war, die Besichtigung der Werke gestattet habe, sobald derselbe von seiner Stellung als Kommandeur der Luftschiffertruppe Kenntnis erhalten habe.

Doch die Folgen der unerhörten Anstrengungen machten sich bald bei Coutelle geltend, er verfiel in ein heftiges Nervenfieber und mußte nach Frankenthal gebracht werden, woselbst die Kompagnie Winterquartier bezogen hatte. Nach seiner Genesung mußte der völlig entkräftete Mann nach Paris zurückkehren, da er dem Frontdienste nicht mehr gewachsen war.

Mit ihrem Führer verließ auch das Kriegsglück die Luftschiffer. Im Frühjahr wurde »Entreprenant« vor Mannheim wieder in Dienst gestellt, aber alsbald durch feindliches Feuer derart beschädigt, daß man ihn zur Reparatur in ein bei Molsheim errichtetes Depot für Luftschiffergeräte schicken mußte. Sobald das Material wieder brauchbar war, folgte die Kompagnie der Armee über

Rastatt, Stuttgart, Donauwörth bis Augsburg mit gefülltem Ballon, und erst nach eingeleitetem Rückzuge verpackte der Kapitän den Aerostaten samt allem Zubehör und schickte alles in den Park nach Molsheim zurück.

Morelots Nachfolger im Kommando, der General Hoche, hatte keinerlei Verständnis für die Aufgaben der Luftschiffer und ließ dieselben bei Straßburg zurück. Ja er richtete sogar am 30. August 1797 an den Kriegsminister von Wetzlar aus ein Schreiben, dessen Wortlaut mit allen Fehlern Lecornu[1]) wie folgt angibt:

> »Citoyen ministre,
> Je vous informe qu'il existe à l'armée de Sambre-et-Meuse une compagnie d'aérostiers, qui lui est absolument inutile; peut-être pourrait-elle servir utillement dans la 17e division militaire, ou le voisinage de la capitale et du thelegraphe pourrait lui faire des découvertes essentiles au bien public; je vous engage donc à me permettre de diminuer l'armée de cette troupe qui ne peut être qu'à sa charge.		L. Hoche.«

Diese merkwürdige Eingabe wurde unbeachtet gelassen, aber die Kompagnie blieb in Molsheim.

Wir müssen nun noch kurz die Tätigkeit der 1. Kompagnie verfolgen, welche unter dem Befehle des Kapitäns L'Homond mit den Ballons »L'Hercule« und »L'Intrépide« zur Sambre- und Maas armee gerückt war. Hier war die Verwendung der Luftschiffer eine sehr vielseitige. Vor Worms, Mannheim und Ehrenbreitstein wurden mehrere Aufstiege unternommen und die Festungswerke erkundet.

Nach dem unglücklichen Ausgang der Schlacht bei Würzburg hat sich L'Homond mit seinem gesamten Material in die Festung zurückgezogen, und bei ihrer Übergabe geriet er in Gefangenschaft.

Nach Beendigung des Feldzuges kehrte auch diese Kompagnie nach Meudon zurück, wurde neu ergänzt und ausgerüstet. Auf Bitten von Conté ließ sich Napoleon bestimmen, bei der Expedition nach Ägypten die 1. Kompagnie mitzunehmen. Da aber das auf den Schiffen befindliche Ballonmaterial mitsamt den Gaserzeugungsapparaten von den Engländern vernichtet und auch eine spätere Sendung gekapert wurde, ist die Truppe nicht zur Verwendung gelangt. Conté wurde dem Generalstab zugeteilt und hat dort so

---

[1]) Lecornu, La navigation aérienne. Histoire des ballons. A. Sircos und Th. Pallier, Paris 1876.

Hervorragendes geleistet, daß Napoleon scherzweise von ihm sagte: »Si les sciences et les arts venaient à se perdre, Conté les retrouverait«, und ein anderer meinte, er habe jegliche Wissenschaft im Kopfe und alle Technik in den Händen.

Bei einem von Napoleon in Kairo gegebenen Feste mußten die Luftschiffer eine Trikolore-Montgolfiere von 15 m Durchmesser aufsteigen lassen, um durch dieses Mittel die abergläubischen Muselmänner in Furcht zu setzen. Die Leute achteten jedoch überhaupt nicht auf den über ihren Köpfen hinfliegenden Ballon.

Nach seiner Rückkehr ließ Napoleon 1798 die Luftschifferschule schließen und verfügte am 18. Januar 1799 auch die Auflösung der beiden Kompagnien; das Material wurde zum größten Teil verkauft oder nach Metz zur Aufbewahrung gebracht. Der »Entreprenant« wurde von einem Physiker Robertson um ein geringes erstanden.

Wir haben schon erwähnt, daß die Abneigung des großen Feldherrn gegen die Luftschiffer abergläubischer Furcht entsprungen war, nachdem der ihm zu Ehren hochgelassene Ballon auf Neros Grab niedergefallen war.

Erst nach 40 Jahren sollte die Luftschiffertruppe wieder erstehen.

1812 begegnen wir wieder einem Plan, den Ballon für militärische Zwecke brauchbar zu machen, und zwar diesmal in Rußland. Ein deutscher Mechaniker, Leppig, hatte der russischen Regierung den Bau eines lenkbaren Aerostaten angeboten, mit dem 50 Soldaten und eine Menge Explosivstoffe zum Herabwerfen in die Reihen des Feindes befördert werden sollten.

Die Geheimhaltung der Arbeiten gedachte man durch eine regelrechte Zernierung des Dorfes Woronzowo bei Petersburg, in welchem die Ballonwerkstatt aufgeschlagen war, zu erreichen. Hierzu waren 160 Infanteristen und 12 Dragoner aufgeboten. Zwei kleinere Ballons für zwei Mann wurden auch tatsächlich fertiggestellt und in 5 Tagen, anstatt, wie vorher angesagt, in 6 Stunden gefüllt. Die Versuche verliefen aufs kläglichste, und der Erfinder wurde ins Gefängnis abgeführt. 163000 Rubel waren völlig nutzlos vergeudet.

Bis 1870 hat man der Aeronautik keinerlei Aufmerksamkeit im Zarenreiche mehr geschenkt.

1815 ließ Carnot mit einem Fesselballon während der Belagerung von Antwerpen Erkundungen ausführen, über deren Resultate jegliche Nachrichten fehlen.

Während des Feldzuges in Algerien sollte ein Privatluftschiffer namens Margat der Expedition mit seinem Ballonmaterial folgen;

dasselbe wurde auch nach Algier verladen, aber niemals aus-
geschifft.

Eine eigenartige Verwendung für Pilotballons hatten 1848 die
Mailänder Insurgenten erdacht, die eine größere Anzahl derselben
mit Hunderten von Exemplaren eines Aufrufs der provisorischen
Regierung fliegen ließen. Der Zweck dieser Maßregel wurde vollkommen erreicht. Man erinnert sich, daß auch die Franzosen
1870/71 zahlreiche Proklamationen an die deutschen Soldaten aus
den bemannten Ballons haben herunterwerfen lassen.

Am 22. Juni 1849 versuchten die Österreicher bei der Belagerung von Venedig einen eigenartigen Gebrauch von kleinen
unbemannten Ballons zu machen. Sie gaben denselben Bomben
mit, welche nach einer bestimmten Zeit, die nach der ungefähren
Windgeschwindigkeit berechnet war, durch eine Brandröhre vom
Aerostaten abgelöst wurden und in die belagerte Stadt fallen sollten.
Die Tücke des in den oberen Schichten genau konträr wehenden
Windes bewirkte aber, daß dieser freundliche Gruß zum Teil in ihre
eigenen Reihen schlug; sie gaben daher schleunigst weitere Versuche auf.

Ein 1854 im Arsenal von Vincennes mit Hilfe eines weit
abtreibenden Fesselballons ausgeführter Versuch derselben Art ver-
lief ebenfalls resultatlos.

Napoleon III. ließ 1859 eine 800 cbm große seidene Montgolfiere nach Italien schaffen und mit dem durch seine ballon-
photographischen Versuche bekannten Luftschiffer Nadar und dem
Ballonfabrikanten Godard bei Castiglione einen Aufstieg machen.
Ein Erfolg wurde nicht erzielt. Ein zweiter, größerer Wasserstoffgasballon kam vor Mailand zur Verwendung, hat aber ebenfalls
nichts ausgerichtet.

Eine sehr eingehende Verwendung fanden die Ballons im amerikanischen Sezessionskriege 1861/62. Ein Professor Lowe aus Washington begab sich mit einer Kompagnie und zwei Ballons auf den
Kriegsschauplatz und stellte sich dem General Mac Clellan zur
Verfügung. Auf seine Meldung während eines Kampfes am Poto-
macflusse werden wir weiter unten noch zurückkommen.

Mit einem der mitgebrachten Ballons stieg ein Luftschiffer,
La Mountain, auf, der das Halteseil abschnitt, sobald er sah,
daß ihn der Wind über die feindlichen Stellungen treiben würde.
Es gelang ihm, wichtige Erkundungen anzustellen und in größerer
Höhe eine Luftströmung anzutreffen, die ihn wieder in die Linien des

eigenen Heeres führte. Auf diese Weise konnte seine schnell dem
General übersandte Meldung noch nutzbringend verwertet werden.

Im zweiten Ballon stieg der Aeronaut Allan auf, welcher seine
Beobachtungen auf telegraphischem Wege in Morsezeichen an den
Oberkommandierenden gab. Bemerkenswert ist es, daß Lowe auch
Telegramme direkt nach Washington gerichtet hat, zu welchem
Zwecke er die von der Gondel
heruntergehenden Kabel für Hin-
und Rückleitung mit den gewöhn-
lichen Leitungen verbinden ließ.

Auch die Artillerie zog Nutzen
aus der Tätigkeit des Beobachters
und schoß nach den von oben
her gegebenen Mitteilungen über
die Lage ihrer Schüsse. Da
ihr überdies die Stellungen der
feindlichen Batterien durch Lowe
genau gemeldet waren, gelang

Verankerter Drachenballon.

es ihr, durch Beschießung die gegnerische Artillerie bald nieder-
zukämpfen.

Obgleich in der Folgezeit der Ballon durch starken Wind
häufiger am Steigen gehindert wurde und auch sonst die Steighöhe
manches Mal nicht ausgereicht hatte, hinter Anhöhen oder im Walde
marschierende Truppen rechtzeitig zu sichten, so war doch Mac
Clellan mit den Erfolgen so zufrieden, daß er das Kriegsdeparte-
ment noch um Zusendung weiterer vier Ballons bat. Bei seinem
Rückzuge von Richmond nach dem James River verlor der
General seine gesamte Bagage, unter der sich auch das Ballonmaterial mit den Gaserzeugern befand; für den übrigen Teil des
Feldzugs kam daher die Luftschifferkompagnie nicht mehr in
Tätigkeit.

Auch in England verabsäumte man nicht, der Frage näher-
zutreten, die Luftschiffe für Erkundungszwecke einzuführen. Im
Übungslager von Aldershot ließ das Kriegsministerium Versuche
anstellen, die zwar befriedigend ausfielen, aber damals doch nicht
zur Formierung einer besonderen Truppe geführt haben.

1866 wurden während des Krieges Brasiliens gegen Para-
guay verschiedentlich Ballons in Dienst gestellt, die mit wech-
selndem Erfolge tätig gewesen sind. Der erste Aerostat, den
General Caxias zu Erkundungen der Wege in dem sumpfigen

Terrain der Neembucusümpfe mit einem französischen Luft-schiffer aufsteigen ließ, verbrannte auf unerklärliche Weise.

Man hat bei solchen rätselhaften Bränden oder Explosionen bis in die letzten Jahre angenommen, daß unbedingt auf irgend-eine Weise ein Feuer an die Gashüllen herangekommen sein müsse. Erst nachdem gelegentlich unzweifelhaft ermittelt war, daß dies nicht der Fall gewesen sein konnte, wurden weitere Nachforschungen nach den Gründen angestellt. Es hat sich nunmehr ergeben, daß in den meisten Fällen die Elektrizität die Ursache der Explo-sionen ist. Der aus der Höhe kommende Ballon nimmt häufig eine andere elektrische Spannung an, als auf der Erde herrscht. Es tritt dann in dem Momente der Spannungsausgleich ein, wenn die Eisen-teile des Ventils die Erde berühren. Der hierbei überspringende Funken entzündet häufig das aus dem geöffneten Ventil aus-strömende Gas, wenn es an den Berührungsstellen mit der Atmo-sphäre explosibel geworden ist. Unter Umständen führt das aus-strömende Gas selbst den Funken herbei.

Caxias entließ bald den von ihm angenommenen französischen Luftschiffer, weil Gerüchte über seine Bestechung aufgetaucht waren, und beorderte aus Rio de Janeiro mehrere Ballons mit einem nord-amerikanischen Aeronauten.

Das wesentlichste Resultat der Erkundungen bestand in der Feststellung der Tatsache, daß das Wasser in den Sümpfen gefallen war und die geplante Umgehung ausgeführt werden konnte.

Infolge der großen Schwerfälligkeit der Fahrzeuge, namentlich der Gaserzeugungsapparate auf den Märschen hat General Caxias von der weiteren Verwendung der Ballons Abstand genommen.

In Frankreich wurden 1868 und 1869 Versuche angestellt, Luft-schiffe zur Signalgebung bei der Marine zu verwerten. In Cher-bourg wurden kleine Aerostateu gebaut, welchen man verstellbare Zylinder anhängte. Bei Nacht reflektierte man elektrisches Licht durch Hohlspiegel. Es stellte sich heraus, daß die angehängten Körper bei Wind ebensowenig zu gebrauchen waren wie seinerzeit bei den Versuchen Contés. Lichtsignalballons finden wir dagegen bei der Belagerung von Paris in einer Zahl von 46 wieder; nach französischen Berichten haben sich dieselben ausgezeichnet bewährt.

Neuntes Kapitel.

Die Luftschiffahrt während des Krieges 1870/71.

Auf deutscher Seite wurde der englische Luftschiffer C o x w e l l mit dem Auftrage engagiert, zwei Luftschifferdetachements mit allem erforderlichen Gerät zu formieren. Unter dem Kommando des Ingenieuroberleutnants J o s t e n und eines Leutnannts traten je 20 Mann zu zwei Abteilungen zusammen, denen die von Coxwell mitgebrachten Ballons von 1150 und 650 cbm Größe übergeben wurden.

Es wurden in der Nähe von K ö l n Vorübungen vorgenommen, die im allgemeinen befriedigende Resultate ergaben, jedoch erkennen ließen, daß bei heftigem Winde der Aerostat kaum durch 40 Mann regiert werden konnte. Aus diesem Grunde vereinigte man beide Abteilungen zu e i n e m Detachement und rückte mit dem kleineren Ballon zum Belagerungsheere nach Straßburg ab.

Hier wurde zunächst die Hülle aus der Gasanstalt von Bischweiler mit Leuchtgas gefüllt, und mit einem Generalstabsoffizier wurden Aufstiege bis zu 375 m Höhe unternommen. Nach günstigem Ausfalle derselben gab das Oberkommando den Befehl, den Ballon bis nach S u f f e l w e i e r s h e i m vorzuziehen. Infolge des heftigen Windes mußte der in gefülltem Zustande transportierte Aerostat nach wenigen Kilometern Marsch entleert werden, und man stand nun vor der großen Frage der Neufüllung. Es machte außerordentliche Schwierigkeit, das zur Gaserzeugung nötige Material aus der Umgegend von Straßburg herbeizuschaffen, namentlich waren die erforderlichen Fässer sehr schwer aufzutreiben. Innerhalb vier Tagen war es Oberleutnant Josten gelungen, 75 Weinfässer der verschiedensten Größen zu bekommen, von denen 60 zur Gaserzeugung aus Schwefelsäure und Zink, 12 für den Wasch- und 3 für den Trockenprozeß benutzt wurden.

Am 24. September wurde innerhalb fünf Stunden der Ballon gefüllt und am Nachmittag mit den beiden Offizieren und später mit dem ihnen schon in Köln beigegebenen Amateurluftschiffer Dr. Mehler bei sehr windigem Wetter aufgelassen. Infolge der heftigen Bewegungen des Luftschiffes war eine genauere Erkundung nicht möglich; das Fahrzeug mußte deshalb verankert werden. Obgleich man die fast auf die Erde gedrückte, sorgfältig mit Leinen und Pfählen am Boden befestigte Hülle durch Segeltücher vor dem Winde zu schützen suchte, erhielt sie doch einen großen Riß und das Gas entwich. Noch ehe die Neufüllung gelungen war, kapitulierte Straßburg und das Detachement erhielt den Befehl, nach Paris abzurücken.

Der Marsch vollzog sich unter den schwierigsten Verhältnissen, weil alle Wagen durch die Proviantkolonnen requiriert waren und niemand die Luftschiffer unterstützen wollte. Nach der Ankunft beim Belagerungsheere stellte es sich heraus, daß eine Füllung des Ballons wegen Gasmangels nicht möglich war, und das Hauptquartier entschloß sich deshalb am 10. Oktober 1870, die neue Truppe wieder aufzulösen. Das Material wurde nach Deutschland zurücktransportiert.

Die Beobachtungsballons haben auch bei den Franzosen wenig Erfolge aufzuweisen gehabt. Bei Beginn des Krieges hatte zunächst der Kriegsminister Leboeuf alle Vorschläge zur Verwendung der Aerostaten, welche ihm unter anderm auch von dem noch heute lebenden berühmten, wissenschaftlichen Luftschiffer Wilfrid de Fonvielle gemacht wurden, ungläubig zurückgewiesen, und erst nach dem Sturze des Kaiserreichs kamen die in der ersten Republik gemachten Erfahrungen wieder zur Geltung. Am 17. September 1870 stiegen während des Gefechts von Valenton vier Aerostaten gleichzeitig auf, über deren Tätigkeit nichts Näheres bekannt geworden ist. In Paris wurden alsbald mehrere Fesselballonstationen errichtet, die im allgemeinen aber des im Winter herrschenden nebeligen Wetters halber nicht viel zu leisten vermochten.

Nur einmal gelang es, auf Grund der Ballonmeldung Befestigungsarbeiten der Deutschen an dem Orte Pierrefitte zu vereiteln.

Da ferner wegen des vielfach herrschenden heftigen Windes häufig keine Aufstiege unternommen werden konnten, wurde das gesamte Material durch die Militärverwaltung an die Post verkauft.

Als sich nach der vollkommen vollzogenen Einschließung von Paris die Notwendigkeit herausstellte, eine Verbindung mit der in Tours befindlichen Regierung und den in der Provinz stehenden Truppen zu unterhalten, organisierte der Generalpostmeister Rampont eine regelmäßige Ballonpostverbindung.

Dampfwinde zum Einholen eines Fesselballons.
(Aus »Geschichte der Luftschiffer-Abteilung«. Verlag Meisenbach, Riffarth & Co.)

Auf dem Orleansbahnhofe wurden unter Eugen Godards Leitung, auf dem Nordbahnhofe von Yon und Camille Dartois Ballonwerkstätten eingerichtet. Der Kontrakt mit der Regierung schrieb folgendes vor: Die Ballons sind in einer Größe von 2000 cbm aus gefirnißter Percaline bester Qualität anzufertigen und mit einem Netz aus geteerten Hanfseilen sowie einer für vier Personen Platz gebenden Gondel zu versehen. Sämtliche Ausrüstungsgegenstände, Ventil, Anker, Ballastsäcke usw., sind vom Fabrikanten zu liefern, so daß die Luftschiffe fahrtbereit übernommen werden können. Die Aerostaten müssen, nachdem sie zehn Stunden gefüllt gestanden haben, noch netto 500 kg Auftrieb besitzen. Für jeden Tag Versäumnis der genau festgelegten Lieferungsfristen sollen 50 Frank Konventionalstrafe gezahlt werden.

Für jeden Ballon wurden anfangs 4000 Frank bewilligt, später wurden dem Fabrikanten nur noch 3500 Frank und dem vom Fabrikanten zu stellenden Führer 200 Frank bezahlt; 300 Frank wurden für die Gasfüllung entrichtet. Die Bezahlung erfolgte, sobald der Ballon außer Sicht war.

Für die Führung der Luftschiffe wurden Marinesoldaten in einer an eisernen Trägern aufgehängten Gondel in primitivster Weise ausgebildet. Es wurden ihnen die Handgriffe zum Ventilziehen, Auswerfen von Ballast und Anker gezeigt und die Instrumente erklärt. Im ganzen verließen 66 bemannte Ballons mit 66 Luftschiffern, 102 Passagieren, 409 Brieftauben und 9000 kg Briefen und Depeschen sowie 6 Hunden Paris. 5 der Hunde sollten nach der Landung mit Depeschen in die Hauptstadt zurückkehren, man hat aber nie wieder etwas von ihnen gehört. Von den Brieftauben kehrten nur 57 mit 100 000 Einzeldepeschen zurück. Weiter unten werden wir auf ihre Verwendung noch näher zurückkommen.

Von den Ballons haben 59 ihren Auftrag richtig erfüllt, 5 mit 16 Insassen, von denen 4 entkamen, fielen in die Hände des Feindes, 2 Ballons sind mit ihren Führern verschollen und wahrscheinlich ins Meer gefallen.

Einzelne der Fahrten verdienen besonderer Umstände halber erwähnt zu werden. So warf am 30. September Gaston Tissandier aus dem Ballon Céleste eine an die deutschen Soldaten gerichtete Proklamation in 10 000 Exemplaren, die eine Aufforderung zum Frieden enthielt mit dem Hinweis, daß Frankreich seinen Boden Fuß für Fuß verteidigen würde.

Am 7. Oktober verließ Gambetta in Begleitung seines Sekretärs die Hauptstadt, um in der Provinz ein neues Heer zu organisieren und mit demselben zum Entsatz von Paris heranzurücken. Durch Ungeschicklichkeit des Führers geriet der Ballon in den Linien der deutschen Vorposten zur Erde. Eine unter dem Befehle des Leutnants Graf v. Lüttichau[1]) stehende Patrouille des Gardehusarenregiments, an der auch der spätere Botschafter Exzellenz v. Holleben teilnahm, ritt sofort, so schnell es das waldige Gelände erlaubte, zur Landungsstelle. Dem Führer gelang es aber, durch Auswerfen vieler Postsäcke und Briefschaften wieder hoch-

---

[1]) Nach den persönlichen Mitteilungen des Kaiserlichen Botschafters a. D., Wirklich. Geh. Rats Dr. v. Holleben. Vgl. auch Regimentsgeschichte der Gardehusaren, die allerdings hier einen Irrtum enthalten soll.

7*

zukommen. Das Feuer einer Infanteriepatrouille verwundete Gambetta an der Hand. Den Husaren fielen Briefe mit wichtigen Angaben über die Verteidigungspläne von Paris in die Hände.

Am 2. Dezember 1870 verließ der berühmte Astronom Janssen im Ballon Volta mit vielen Instrumenten die belagerte Stadt, um

Das von Krupp konstruierte Ballongeschütz.
(Klischee vom Verlag K. J. Trübner, Straßburg i. E.)

sich nach Algier zur Beobachtung einer am 22. Dezember stattfindenden Sonnenfinsternis zu begeben. Das Angebot einiger englischer Gelehrten, für ihn beim deutschen Armeeoberkommando einen Passierschein zu erwirken, hatte er abgelehnt.

Die schnellste und weiteste Fahrt machten am 24. November 1870 Rolier und Robert in »La Ville d'Orléans« von 11,45 Uhr abends bis zum anderen Tage 1 Uhr mittags, zu welcher Zeit sie bei Kongsberg in der Provinz Telemarken in Norwegen landeten.

Am 15. Dezember landete »La Ville de Paris« bei Wetzlar in Nassau und am 20. Dezember bei Rothenburg in Bayern »Le Général Chanzy«. Die Reste dieses letzten Ballons sind noch in München im Armeemuseum zu sehen. Dem deutschen Oberkommando war begreiflicherweise dieser nicht zu hindernde Verkehr sehr unangenehm, und die Kanonenfabrik Krupp wurde beauftragt, ein besonderes Geschütz zu konstruieren, das für die Beschießung der Ballons eine große Elevation in einer eigenartigen Lafette zuließ. Erfolge sind mit dieser Kanone, die noch heute im Berliner Zeughaus zu sehen ist, nicht erzielt. Durch die große Aufmerksamkeit der Vorposten und die häufige Beschießung wurden aber die Franzosen gezwungen, von Mitte November ab ihre Aerostaten bei Nacht abfahren zu lassen.

Der deutschen Artillerie war die Größe der Luftschiffe — 16 m — bekannt geworden, und sie vermochte darnach die Entfernung derselben annähernd zu schätzen.

Zum Verständnis dieser Tatsache wollen wir hier näher darauf eingehen, in welcher Weise heutzutage die Beschießung von Ballons erfolgt.

Die Schwierigkeit der Beschießung eines Fesselballons ist nicht groß, sie liegt in der Feststellung der Entfernung und in der Beurteilung der Sprengpunktslage der Geschosse.

Die Entfernung zu bestimmen ist nur dann möglich, wenn man die Maße des Ballons genau kennt und ihn durch ein Fadenfernrohr anvisieren kann, wobei die Art der Stellung eines länglichen Luftschiffes zu berücksichtigen ist.

Der französische Kugelballon ist 540 cbm groß, entsprechend einem Durchmesser von etwas über 10 m. Mit dem Fadenfernrohr wird seine scheinbare Größe in Sechzehntel gemessen, und mit Hilfe einer Tabelle, welche sich infolge ihrer Gesetzmäßigkeit leicht dem Gedächtnisse einprägt, vermag man die Entfernung genau zu bestimmen.

Es entspricht nämlich:

$1/16$ auf 3000 m . . . 3,3 m
»   » 4000 »   . . . 4,4 »
»   » 5000 »   . . . 5,5 »
»   » 6000 »   . . . 6,6 »
»   » 9000 »   . . . 9,9 »

usf. Würde also der französische Ballon nur $1/16$ groß erscheinen, so stände er in 9000 m Entfernung.

Durch Vergleich der scheinbaren mit der bekannten Größe erhält man also ohne weiteres den Abstand vom Beschauer.

Sehr einfach und dabei genau kann man den Ort bestimmen, wenn man von zwei auch auf der Karte bekannten Punkten aus den Ballon anschneidet und die Visierlinien einzeichnet. Die Entfernung kann dann direkt abgegriffen werden. Im Festungskriege wird man deshalb nach Möglichkeit den Aerostaten aus der Feuerstellung und von einem seitlich gelegenen Punkte aus anschneiden.

Zur Beobachtung der Lage der Sprengpunkte nach der Länge kann man nach beiden Seiten Hilfsbeobachter herausschieben[1]), die nur zu melden haben, ob ein Schuß von ihrem Standpunkte aus rechts, Linie oder links vom Ballon liegt. Durch Vergleich dieser und der Batteriebeobachtungen kann man die Lage der Sprengwolken bis auf einen Fall angeben.

Dies geht aus der Zeichnung hervor. Es kommen folgende Fälle vor:

1. Aus der Batterie (B) oder von links (L) oder von rechts (R) erscheint die Sprengwolke Linie und verdeckt den Ballon ($1, 2, 3$), dann ist der Schuß vor dem Ziel, also kurz (—).

1a. Die Sprengwolke erscheint von einer der drei Beobachtungsstellen Linie, wird aber teilweise vom Ballon verdeckt ($4, 5, 6$), dann liegt sie hinter dem Ziel, also weit (+).

2. Der Sprengpunkt erscheint von L rechts, von R links vom Ballon (10), dann ist der Schuß kurz.

2a. Der Sprengpunkt erscheint von L links, von R rechts ($5, 9$). Der Schuß liegt weit.

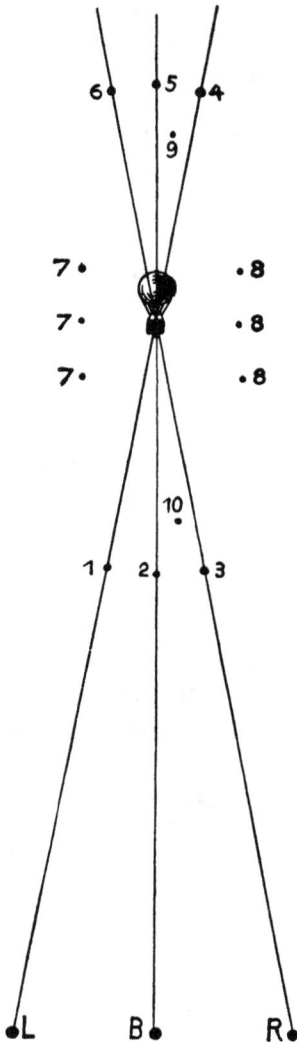

Skizze für das Beschießen der Ballons mit Geschützen.

[1]) Mitteilungen über Gegenstände des Artillerie- und Geniewesens, Wien 1905. Militärwochenblatt 1906, Nr. 11.

3. Beide Beobachter melden links oder beide rechts (*7, 8*), dann ist die Lage nicht festzustellen; die Schüsse werden mit fraglich bezeichnet(?).

Je größer in den Fällen 2 und 2 a einem der Beobachter die Sprengpunkte seitlich zu liegen scheinen, desto größer ist die Entfernung derselben vom Ziel.

Dieses Verfahren der Beobachtung ist jedoch nicht mehr in allen Armeen gebräuchlich und deshalb durch ein anderes ersetzt. Der Batterieführer schickt nur einen Beobachter seitlich heraus, der um so zuverlässiger die Lage der Schüsse zu beurteilen vermag, je weiter seitwärts-vorwärts er sich befindet. Die Einrichtung der Geschütze muß namentlich nach der Seite möglichst genau erfolgen. Es wird nur mit Brennzündern geschossen, die die Geschosse in der Luft zum Krepieren bringen.

Während früher das Schießen zug- oder batterieweise begann, schießt man sich nunmehr geschützweise ein. Man »gabelt« den Ballon ein, d. h. man sucht zwei Schüsse zu erlangen, von denen der eine vor, der andere hinter dem Ballon erscheint. Diese »Gabel« wird, wenn die Entfernung des Aerostaten vorher nicht festgestellt war, durch zwei Schüsse erzielt, die um 800 m und mehr auseinanderliegen; war die Distanz vorher bestimmt, so bringt man den Ballon zwischen eine Gabel von 400 oder auch nur 200 m. In jedem Falle muß man schließlich zwei vor und hinter dem Aerostaten liegende Sprengwolken beobachtet haben, die um nur 200 m voneinander entfernt liegen. Alsdann beginnt das Batteriesalvenfeuer auf »Gabelmitte«. Da die Sprengstücke der Geschosse nach unten vorwärts geschleudert werden, ist es erforderlich, daß die Sprengwolken vor und etwas über dem Ballon erscheinen.

Ein Beispiel möge dieses Schießverfahren erläutern. Die Entfernung des Aerostaten war nicht festgestellt, sondern auf 7200 m geschätzt. Der erste mit 7200 m eingerichtete Schuß erscheine vor dem Ballon — also kurz —, alsdann wird das zweite Geschütz mit 8000 m abgefeuert. Die Beobachtung ergebe, daß dieser Schuß hinter dem Ballon — also weit — erscheine, dann ist die »Gabel« mit 800 m gebildet. Der dritte Schuß wird nun mit 7600 m abgegeben und sei wieder weit, der vierte Schuß erfolgt mit 7400 m und sei ebenfalls weit. Nunmehr erfolgt Batteriesalve mit 7300 m. Die Batterie ist eingeschossen, wenn die Salve vor dem Ballon liegt und Wirkung zu erkennen ist. Ist dies nicht der Fall, so wird mit einer um 100 m größeren Entfernung weitergeschossen und eventuell

später wieder zurückgegangen. Wäre der erste Schuß weit erschienen, so würde die Gabelung in derselben Weise zwischen 7200
und 6400 m erfolgt sein.

Gegen Ballons kommen ausschließlich Flachfeuergeschütze mit
weitreichendem Schrapnelschuß zur Verwendung. Die großen Ge-
schützfabriken haben in neuester Zeit besondere Kanonen konstruiert,
die zum Teil auf Automobilen montiert sind und die Beschießung der
Luftschiffe durchführen sollen. Auch sind eigens Brandgeschosse
hergestellt, welche die Ballons in Brand setzen.

Nach den Friedenserfahrungen kann man darauf rechnen, daß
der Ballon in durchschnittlich 10 Minuten heruntergeschossen wird.

Bei einem Luftschiff, das seine Stellung fortwährend schnell
verändern kann, also bei Frei- und namentlich bei lenkbaren Ballons,
dürfte das Herabschießen doch seine Schwierigkeiten haben und in
so kurzer Zeit nicht möglich sein.

Jedenfalls fehlten bislang größere Erfahrungen; gelegentlich
sind Schießversuche auf See gegen durch Schiffe nach verschiedenen
Richtungen hin bewegte Aerostaten ausgeführt worden.

Handfeuerwaffen haben die frei fliegenden Luftschiffe nicht zu
fürchten, weil sie sich deren Feuer schnell entziehen können. Bis
zu 1500 m Entfernung kann man durch ein Infanteriemassenfeuer
noch Wirkung erwarten; aber so nahe geht der Luftschiffer kaum
an den Feind heran.

Es sei hier auf eine durchaus falsche Auffassung aufmerksam
gemacht, die bei den Erörterungen immer wiederkehrt. Die durch
Kugeln einem Ballonetluftschiff oder Drachenballon zugefügten
Löcher können sich nicht von selbst schließen. Das Gas muß
unweigerlich ausströmen wegen des im Innern vorhandenen Über-
drucks. Auch die Löcher, die im oberen Teile eines Freiballons
entstehen, können sich nicht schließen, es wäre dies nur denkbar
bei einem nicht prall gefüllten Ballon, bei dem die Falten des
Stoffes Löcher verdecken können. Bei der Fahrt wird aber ein
Aerostat sich meist in Prallhöhe befinden.

Kehren wir nach dieser Abschweifung zur Belagerung von Paris
zurück. Die gut organisierte Ballonpostverbindung stachelte begreiflicherweise Luftschiffer vom Fach an, den umgekehrten, weit schwieri-
geren Versuch zu unternehmen, in die belagerte Stadt zu fliegen.
Zu diesem Zwecke baute Gaston Tissandier in Tours einen 1200 cbm
großen Ballon, der mit Depeschen bei günstiger, am Zuge der
Wolken festzustellender Windströmung nach Paris aufgelassen werden

sollte. Noch bevor der Aerostat fertiggestellt war, erfuhr Tissandier, daß sein Bruder mit dem Jean Bart von Paris gekommen und bei Nogent-sur-Seine gelandet wäre. Sofort machte er sich auf den Weg und brachte dieses Luftschiff nach Chartres, woselbst es aber nicht zum Aufstieg kam, weil die Hülle infolge heftigen Sturmes unmittelbar vor der Abfahrt zerriß. Mit Mühe rettete er das Material vor den Deutschen.

Der Plan der Brüder, dem auch der Luftschiffer Mangin beipflichtete, fand die lebhafteste Unterstützung von Gambetta und dem Telegraphendirektor Steenacker; die Bevölkerung war fest

Bespannter Gaswagen einer Feld-Luftschiffer-Abteilung.

von dem Gelingen überzeugt, wie das Beispiel eines Mannes beweist, der Tissandier den Schlüssel seiner Pariser Wohnung übergab mit der Bitte, mal nach dem Rechten zu sehen. Die Versuche verliefen aber resultatlos. Bei Le Mans blies andauernd der Wind entgegen, und bei günstiger Gelegenheit dauerten die Vorbereitungen so lange, bis er umgeschlagen war. Bei Rouen wurde endlich am 7. November die Fahrt bei einem Wolkenzug auf Paris zu unternommen; aber bei der Landung im dichten Nebel stellte es sich heraus, daß die Luftschiffer bei der Fahrt über den Wolken ganz erheblich abgetrieben waren. Am nächsten Tage wurde der Aufstieg mit nachgefülltem Ballon von Pose an der Seine wiederholt, aber ebenfalls mit negativem Resultat.

Die Regierung in Tours hatte inzwischen beschlossen, bei den Armeen in der Provinz mehrere Ballons in Dienst zu stellen.

Der in Tours fertiggestellte »Ville de Langres« ging mit dem
Aeronauten Duruof, Berteaux und einigen Marinesoldaten, die
Ballons aus Paris geführt hatten, zur Loirearmee nach Orleans,
die Brüder Gaston und Albert Tissandier sowie die Luft-
schiffer Poirrier, Nadal, J. Duruof folgten mit »Jean Bart«.
Révilliod und der bekanntere Mangin wurden mit dem »George
Sand« nach Amiens zur Nordarmee und endlich, kurz vor
Friedenschluß, Wilfrid de Fonvielle mit zwei Ballons zum
General Faidherbe beordert. Sogar mit Montgolfieren, die der
italienische Aeronaut Poitevin angefertigt und gefüllt hatte, wurden
vergebliche Versuche angestellt.

Vielfach waren die Mißgeschicke, denen die verschiedenen Ballons
bei dem überaus stürmischen Wetter des Dezember 1870 ausgesetzt
waren, und mehrfach sind die Hüllen vom Winde zerrissen. Besonders anstrengend waren die Märsche mit den gefüllten Ballons,
und außerordentliche Ansprüche wurden stets an die Kräfte der
Luftschiffer gestellt.

Obgleich der Nutzen der Erkundungen aus der stark bewegten
Gondel nur ein minimaler war, wurde in Anerkennung der Leistungen
aller »Aerostiers« und im vollen Verständnis für den Nutzen, welchen
der Ballon bei einigermaßen günstigem Wetter zu leisten vermag
und in früheren Kriegen auch tatsächlich schon geleistet hatte, die
Formierung einer Luftschiffertruppe beschlossen und Steenacker mit
den weiteren Anordnungen betraut.

Unter dem Oberbefehle eines Obersten und eines Majors, welche
nie zuvor sich mit Luftschiffahrt beschäftigt hatten und auch in der
Folge sich nie einem Ballon anvertraut haben, traten zwei Ab-
teilungen zusammen, die eine kommandiert durch die Gebrüder
Tissandier mit den Ballons »La Ville de Langres« und »Le
Jean Bart«, die andere unter dem Kommando von Révilliod
und Poirrier mit zwei je 2000 cbm großen Aerostaten. Für diese
Detachements wurde in Bordeaux ein Luftschifferpark eingerichtet.
Jede Abteilung hatte zur Bedeckung und Hilfeleistung 150 Mobil-
gardisten bei sich.

Die erste Abteilung fand für ihre Aufgaben großes Verständnis
bei dem General Chanzy, der es sich nicht nehmen ließ, selbst
Aufstiege zu machen, nachdem einer seiner Adjutanten sich geweigert
hatte mit den Worten, er wolle lieber allein gegen eine feindliche
Batterie anreiten als in die Luft fahren.

Der Waffenstillstand und Friedensschluß setzten der weiteren Tätigkeit auch dieser Truppe ein Ende, welche zwar nicht dazu gekommen ist, durch große Erfolge zu glänzen, die aber ebenso in vollstem Maße ihre Schuldigkeit getan und die größte Anerkennung verdient hat. Der Oberst und Major erhielten das Kreuz der Ehrenlegion, obwohl sie beispielsweise während der in Le Mans erfolgenden Füllung der Ballons weitab vom Schuß in Poitiers geblieben waren und sich dort amüsiert hatten.

Zehntes Kapitel

Die Organisation der Militär-Luftschiffahrt von 1871 ab in Frankreich, Deutschland, England und Rufsland.

Der große Nutzen, welchen Frankreich durch die Organisation einer Luftballon-Postverbindung nicht allein für die belagerte Stadt, sondern auch namentlich für die in der Provinz befindlichen Befehlshaber erzielt hatte, wurde allseitig anerkannt und bei der Reorganisation des Heeres nach dem Kriege gebührend berücksichtigt.

Von der größten Tragweite war bekanntlich die Fahrt Gambettas im »L'Armand Barbès« in die Nähe von Amiens. Der Krieg wäre unzweifelhaft einige Monate früher beendet gewesen, wenn es nicht dem beredten ehemaligen Advokaten gelungen wäre, in des Wortes vollster Bedeutung »neue Armeen aus der Erde zu stampfen«. Ein einziger solcher Erfolg in jedem Feldzuge genügt, um die Existenz einer Luftschiffertruppe zu rechtfertigen, auch wenn sie sonst keinerlei Erfolge aufzuweisen hätte.

Es ist ferner an die wichtige Meldung zu erinnern, welche am 22. Dezember 1870 ein aus Paris gekommener Generalstabsoffizier dem General Chanzy überbrachte, in welcher derselbe dringend gebeten wurde, mit aller Energie zu handeln, da Paris sich nur noch höchstens vier Wochen halten könne.

Man muß darauf gefaßt sein, daß auch unsere modernsten Nachrichtenmittel, Lichtsignale, Funkentelegraphie u. a. m., versagen oder gestört werden können, während dagegen die bei Nacht aufsteigenden Ballons an ihrem Fluge vorläufig auf keine Weise zu hindern sind. Auch bei klarstem Vollmonde ist ein gelber Aerostat schon auf äußerst geringe Entfernung unsichtbar, wie verschiedene Versuche ergeben haben.

Um nun aber Luftschiffer nach Möglichkeit ausnutzen zu können, bedarf es einer hinreichenden Friedensvorbereitung, denn gerade auch die Arbeit dieser Truppe läßt sich nicht in wenigen Stunden erlernen. Von den 66 während der Belagerung von Paris aufgestiegenen Fahrzeugen waren nur wenig mehr als ein Dutzend mit wirklich praktisch erfahrenen Führern besetzt; die übrigen hatte man Marinesoldaten anvertrauen müssen, die weiter nichts als ihren guten Willen einsetzen konnten. Auch an geeignetem Material fehlte es bald in der großen Stadt, der Mangel an Steinkohlen für Leuchtgasbereitung stand bei der Kapitulation äußerst nahe bevor.

Eine gründliche Neuorganisation nahm auf alle in Betracht kommenden Fragen Rücksicht. 1874 wurde die »Commission des communications aériennes« gebildet, an deren Spitze ein auf allen technischen Gebieten bewanderter Offizier, der Oberst Laussedat, stand, dem als Mitarbeiter zwei junge, befähigte Geniekapitäne, Renard und La Haye, derer wir noch an anderer Stelle gedenken werden, zur Seite gestellt wurden.

Eine von den Mitgliedern dieser Studienkommission am 8. Dezember 1875 mit dem 3000 cbm großen Ballon »L'Univers« unternommene Auffahrt hatte einen sehr unglücklichen Ausgang: von den acht Passagieren erlitten Laussedat, Major Mangin und Renard Beinbrüche, Kapitän Bitard, Godard und Térès Kontusionen, Lt. Bastoul und Albert Tissandier blieben unverletzt. An dem von Tissandier erbauten Aerostaten hatte sich das Ventil geöffnet und das Fahrzeug war aus 230 m Höhe zur Erde gestürzt.

Bald darauf wurde von Laussedat ein Bericht an den Kriegsminister abgesandt, der an der Hand eingehender Pläne den nötigen Kredit forderte zur Ausgestaltung des Luftschifferwesens. Die Mittel waren bislang nur spärlich geflossen; mit 800 Frank jährlich hatten sie sich zunächst begnügen müssen, und selbst dann entsprach die bewilligte Summe von 6000 Frank keineswegs auch nur annähernd den bescheidensten Bedürfnissen. Trotzdem wurde schon ganz Erhebliches geleistet. Renard hatte sich mit Eifer zunächst der Gaserzeugungsfrage zugewandt und einen brauchbaren stationären Apparat für die Gewinnung des Wasserstoffgases aus Schwefelsäure und Eisen konstruiert.

1877 wurde Renard, der alle Arbeiten zu leiten hatte, die alte, schon Ende des 18. Jahrhunderts für Luftschifferzwecke benutzte Stätte, das Schloß von Chalais, zur Verfügung gestellt, und schon Ende des Jahres war dasselbe vollkommen sachgemäß eingerichtet.

Ballonwerkstatt, chemisches und physikalisches 'Laboratorium, Gaserzeuger, Prüfungsmaschinen und meteorologisches Laboratorium waren geschaffen. Es ist erstaunlich, was die Energie dieses Mannes mit einem Personal von 1 Zivilluftschiffer, 1 Sergeanten, 4 Sappeuren und 1 Seiler fertig zu bringen vermochte. Selbst ein Ballon war schon gebaut.

Die Tätigkeit Renards wurde nunmehr etwas von Laussedat gedämpft, der die auf Veranlassung von Gambetta bewilligten 200000 Frank noch für andere Zwecke verwendet wissen wollte. Renard setzte es aber durch, daß er vollkommen selbständig gemacht wurde und nun frei schalten durfte.

Nach einer durch Gambetta und den Chef des Geniekorps 1879 vorgenommenen Besichtigung stellte die Regierung die Mittel zur Aufstellung von acht Feldluftschiffer-Parks bereit. Zur Ausbildung des erforderlichen Personals wurde der aktive Stand in Chalais-Meudon vermehrt und Kapitän Paul Renard zur Unterstützung seines Bruders kommandiert.

Allmählich vollzog sich in der französischen Armee die Ausgestaltung der Luftschiffertruppe für Feld- und Festungszwecke, wobei besondere Sorgfalt auf ein brauchbares Material gelegt wurde. Eine jede Feldabteilung führte in einem Fahrzeuge drei Kugelballons mit sich, von denen die beiden Hauptballons in gleicher Weise für Fessel- und Freifahrten brauchbar waren.

Der jetzige Normalballon hat eine Größe von 540 cbm bei einem Durchmesser von 10 m. Er ist für Wasserstoffgasfüllung bestimmt und vermag zwei Personen auf 500 m Höhe zu tragen; der sog. »Ballon auxiliaire« faßt 260 cbm und soll nur mit einem Beobachter aufsteigen, hat aber den Vorteil sehr leichter Bedienung. Endlich hat man noch einen zur Gasnachfüllung bestimmten »ballon gazomètre« von 60 cbm. In den meisten Fällen führt man aber Fahrzeuge mit Stahlbehältern mit sich, in denen sich komprimiertes Gas befindet; die kleine Hülle wird deshalb überflüssig.

Für die Festungen hat man Aerostaten, die 980 cbm fassen und auch für Leuchtgasfüllung zu gebrauchen sind, wenn auch die Benutzung des leichteren Gases die Regel bilden soll.

Von 1880 ab nahmen stets Luftschiffertruppen an den großen Manövern teil, wobei es sich herausstellte, daß die Fahrzeuge zu schwerfällig waren und daß namentlich die zur Gasbereitung erforderliche Zeit von drei Stunden eine Verwendung im Begegnungsgefechte illusorisch machte. Es wurden deshalb die Gaserzeuger bei den Feldabteilungen abgeschafft. Man ging dafür zur englischen Füllmethode über, bei welcher das Gas in Stahlbehältern in komprimiertem Zustande mitgeführt und die Zeit zum Fertigmachen des Ballons auf nur 15 bis 20 Minuten im ganzen herabgedrückt wurde.

Vier Füllungen konnten auf acht Fahrzeugen mitgeführt werden. Jeder Wagen faßte acht Stahlbehälter im Gewichte von je 250 kg;

Moderner Gaswagen.

jeder der 0,30 m im Durchmesser großen, 4,50 m langen Behälter enthielt 35 cbm Gas bei einem Drucke von 300 Atm. Ein 3000 bis 3200 kg schweres Fahrzeug mit 280 cbm Gas genügte deshalb zur Füllung eines ballon auxiliaire.

Mit diesem neuen Material wurde 1890 das erste größere Manöver mitgemacht, bei dem der Wagenpark in zwei Staffeln in der Weise marschierte, daß sich in der Gefechtsstaffel Ballon, Winde mit Tender und Gaswagen, in der zweiten Staffel Gaserzeuger, Wagen mit Kompressor und Gaswagen befanden.

Der kommandierende General Loizillon stieg selbst im Ballon auf, erkundete einmal auf 13 km die feindliche Stellung und gab alle seine Befehle von der Gondel aus.

Auch bei den großen Manövern 1891 stieg der Oberkommandierende Gallifet auf dem Gefechtsfelde auf und leitete 2$\frac{1}{2}$ Stunden lang von oben die Bewegungen seiner Truppen.

Entsprechend den schon früher gemachten Hinweisungen wurden
Versuche angestellt, die Brauchbarkeit der Luftschifferabteilungen
bei der Marine festzustellen. Der günstige Ausfall der Übungen
führte zur Einrichtung von Marineluftschiffer-Parks in Toulon und
Lagoubran bei Brest, bei denen jährlich eine Anzahl Offiziere
und Mannschaften ausgebildet wurden.

Auch die Marine übte eifrig und machte namentlich Versuche
in der Auffindung von Unterseebooten. Im Juni 1902 ertrank der
Schiffsleutnant Baudič, der mit dem Freiballon bei Lagoubran
aufgestiegen war, bei der Landung im Meere.

Die Auffahrten mit den am Achterdeck gefesselten Aerostaten
wurden fortgesetzt und im August das Herannahen des Untersee-
bootes »Gustave Zedé« frühzeitig gemeldet. 1904 wurden trotzdem die Marineabteilungen aufgelöst, eine Maßregel, die in Frankreich große Aufregung hervorrief, aber doch wohl ihre berechtigten
Gründe gehabt haben mag.

Im übrigen liegen die Vorteile eines Erkundungsballons an der
Küste auf der Hand, bei einigermaßen sichtigem Wetter und genügender Steighöhe kann das Herannahen feindlicher Schiffe auf
weite Entfernungen hin gemeldet werden.

Nach verschiedenen Neu- und Umformationen hat Frankreich
sein Luftschifferwesen in der ausgezeichnetsten Weise organisiert und
namentlich die Truppe frei von allen Versuchen gemacht, so daß
dieselbe sich lediglich der Ausbildung ihrer Offiziere und Mannschaften widmen kann.

In einem in Paris eingerichteten Laboratorium für Untersuchungen
auf dem Gebiete der Aeronautik werden alle einschlägigen Fragen
studiert und die praktischen Versuche vorbereitet. In dem Zentral-
etablissement zu Chalais-Meudon befindet sich eine Lehranstalt
zur Ausbildung von Offizieren, Unteroffizieren und Mannschaften im
Luftschifferdienst und in den Hilfswissenschaften der Aeronautik.
Außerdem ist hier eine große Ballonwerkstätte.

In Versailles steht die Truppe in der Stärke eines Bataillons
zu vier Kompagnien mit der üblichen Zahl an Offizieren und Leuten.

Ständige Festungsformationen mit entsprechenden Parks sind in
Verdun, Epinal, Toul und Belfort stationiert, während die
den Genieschulen unterstellten Parks in Versailles, Montpellier,
Arras und Grenoble erst im Mobilmachungsfalle für Neuforma-
tionen verwandt werden; im Frieden finden hier aber alljährlich
kleinere Übungen statt.

Das Feldgerät unterscheidet sich wesentlich von demjenigen der Festungen, in welchen das Gas nicht in komprimiertem Zustande mitgeführt, sondern in Gaserzeugern von Fall zu Fall erst erzeugt wird. Die Fahrzeuge der Festungen sind aber doch so beweglich gebaut, daß sie leicht bei Belagerungen in Tätigkeit treten können.

Um für den Kriegsfall die erforderlichen Ballonführer zu gewinnen, bildet man in Frankreich jährlich eine gewisse Anzahl von Mitgliedern der Luftschiffervereine in besonderen Kursen zu Chalais-Meudon praktisch in der Führung von Freiballons und theoretisch in den aeronautischen Hilfswissenschaften aus. Nach Bestehen eines Examens erhalten dieselben den Titel »breveté aéronaute« und die Anweisung, sich im Mobilmachungsfalle einer bestimmt bezeichneten Festung zur Verfügung zu stellen. Die französische Armee verfügt deshalb im Kriege über eine Menge von Leuten, welche in den Festungen wesentliche Dienste bei der Einrichtung von Ballonwerkstätten usw. als Aufsichtsorgane leisten können. Die Zahl der Führer ist durch diese doppelte Ausbildung beim Militär und den Vereinen sicher eine hinreichende.

Die Feuerprobe bestand das Renardsche Material im Jahre 1884, als auf Bitten des General Courbet ein Detachement unter Kapitän Cuvelier in der Stärke von 2 Offizieren, 13 Unteroffizieren, 23 Luftschiffern nach Tonkin rückte. Es war hierzu ein besonders leichter Park hergestellt. Die Gasbereitung geschah in einer

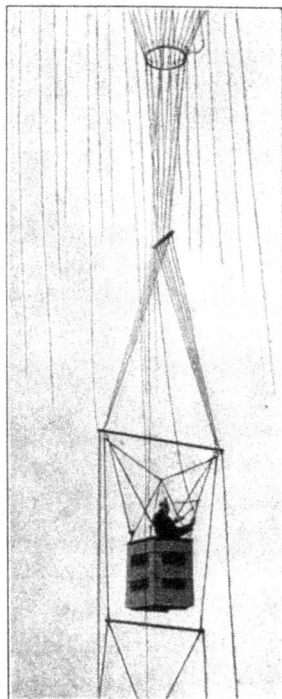

Die Aufhängung des französischen Beobachtungskorbes.

ständigen Station auf trockenem Wege aus granuliertem Zink und schwefelsaurem Kali. Der Gasnachschub erfolgte mit einer 260 cbm großen Hülle, ein Normalballon wurde überhaupt nicht mitgeführt. Auf dem Gerätewagen wurde gleichzeitig die völlig ausreichende Handwinde transportiert.

Nach den Berichten des Oberbefehlshabers hat das durch Artilleristen und Kulis verstärkte Detachement bei der Erkundung in dem unwegsamen, sumpfigen Gelände ausgezeichnete Dienste ge-

leistet, besonders auch aus dem Grunde, weil die Kavallerie nicht
gut vorwärts kam und kleinere Aufklärungstrupps in dem dichten,
unübersichtlichen Bambusgestrüpps häufiger überfallen wurden.

Namentlich bediente man sich der Hilfe des Ballons auf dem
Marsche zur Erkundung der Wege. Bei dem Bombardement der
Stadt Hong-Hoa wurde das Schießen der Artillerie vom Ballon
aus korrigiert, später rechtzeitig das Abrücken des Feindes gemeldet
und der Marsch desselben weiter verfolgt.

Im folgenden Jahre begleitete das Detachement das Streifkom-
mando Negriers nach Kep, wo der General häufig selbst zur
Beobachtung in den Korb stieg.

Ballons auf freiem Felde bzw. in einer vorgefundenen Grube verankert.

Diese erfolgreichen Züge waren die Veranlassung, daß Frankreich seit jener Zeit bei allen kolonialen Kriegen Luftschiffer-Deta-
chements mitgegeben hat. 1895 gingen nach Madagaskar, 1900
nach Taku eine Section d'aérostiers.

Um auch in den Fällen vom Ballon Nutzen zu ziehen, in
welchen keine größeren Aktionen stattfinden, sind die Expeditionen
reichlich mit photographischem Material versehen, damit bei den
meist mit »Ballon hoch« erfolgenden Märschen das Gelände für
topographische Zwecke aufgenommen werden kann. Die gewonnenen Photogramme werden an anderer Stelle zur Herstellung von
Karten eingehend bearbeitet, während man schon im Feldzuge die
einzelnen Bilder zusammenklebte und die entsprechenden Teile
kleineren Detachements, Patrouillen und Meldereitern zu ihrer Orien-

tierung an Stelle von Karten mitgab. Diese Art der Verwendung soll sich sehr gut bewährt haben.

Ferner gelangte bei den Gefechten der Franzosen in Marokko vom September 1907 bis April 1908 eine Luftschifferabteilung zur Verwendung. Es gelang, der bis dahin herrschenden steten Ungewißheit über Stärke und Stellung des Feindes ein Ziel zu setzen. Die feindlichen Lager von Taddert, Sidi-Brehim und Sidi-Aissa wurden trotz Kartenmangels teils nur mittels Kompasses so gut festgelegt, daß sie beim weiteren Vormarsch durch indirektes Schießen zerstört werden konnten. Es gelangen Beobachtungen bis auf 27 km. Zeitweise wurden die Aufstiege bei Tage ausgesetzt, um die eigene Stellung nicht zu verraten.

Nach französischen Berichten ist das Kriegsministerium mit den Leistungen der Luftschiffertruppe in den Kolonien bislang so zufrieden gewesen, daß trotz der hohen Kosten die Verwendung der Ballons auch in Zukunft vorgesehen und schon im Frieden aufs genaueste vorbereitet ist.

In der Organisation der Luftschiffertruppe sind wesentliche Änderungen nicht eingetreten. Die geplanten Vermehrungen der Detachements in den Festungen sind erst bei weiterem Ausbau der Luftflotte zu erwarten. Nachdem die »Patrie« im Jahre 1907 entflogen und die »République« 1909 verunglückt ist, verfügt die Heeresverwaltung augenblicklich nur über die alten Lebaudy-Luftschiffe und die »Ville de Paris«. Dagegen stehen ihr für den Kriegsfall mehrere Neukonstruktionen zur Verfügung. Bemerkenswert ist, daß diese Neukonstruktionen sich wieder dem ältesten Typ von Renard-Krebs, »La France«, nähern, d. h. sie sind unstarr mit langgestreckter Gondel. Der Konstruktion eines starren Typs ist man noch nicht näher getreten, trotzdem sich viele gewichtige Stimmen dafür ausgesprochen haben.

Deutschland.

In Deutschland wurde mit der Organisation der Luftschiffertruppe erst im Jahre 1884 begonnen, nachdem die 1872 bei den Gardepionieren vorgenommenen Versuche kein befriedigendes Ergebnis gehabt hatten. Zwei Jahre vorher war in Berlin der Deutsche Luftschifferverein gegründet worden, welcher sich intensiv mit allen einschlägigen Fragen beschäftigte und viele Offiziere zu seinen Mitgliedern zählte.

Ein kleines, nur 33 Unteroffiziere und Mann starkes Detachement trat mit vier Offizieren: Hauptmann B u c h h o l z , Premierleutnant v. T s c h u d i , den Leutnants v. H a g e n und M o e d e b e c k
bei der Einrichtung einer Versuchsstation für Ballons captifs zunächst
für Zwecke der Fußartillerie zusammen.

Diese kleine Abteilung hatte mit den größten Schwierigkeiten
zu kämpfen, da man zunächst lediglich auf die Erfahrungen des
zugeteilten Berufsluftschiffers O p i t z angewiesen war.

Als erste Wirkungsstätte waren der Truppe die Gebäude des
früheren Ostbahnhofs zur Verfügung gestellt.

Vorderwagen eines modernen Gaswagens.   Hinterwagen eines modernen Gaswagens.

Die Bahnhofshalle diente als Übungshalle, die Wartesäle, Ge-
päckräume usw. als Werkstätten, Geschäftsräume und Unterkunfts-
räume für die Mannschaften. Die langen Perrons endlich wurden
von den Seilern für ihre Arbeit in Anspruch genommen.

Um sofort Offiziere und Mannschaften im praktischen Luftschifferdienste ausbilden zu können, wurde das Material eines im
»S c h w a r z e n   A d l e r « zu S c h ö n e b e r g an Sonntagen sich produ-
zierenden Zivilluftschiffers für die Wochentage in Anspruch genommen. Gleichzeitig ging man an den Bau eigenen Materials.

Von der fieberhaften Tätigkeit des Detachements erhält man
einen Begriff, wenn man vernimmt, daß innerhalb der ersten drei
Jahre bereits elf Ballons fertiggestellt waren; dabei wurden noch
eingehende Versuche vorgenommen mit den verschiedensten Stoffen,
Dichtungsmaterialien, Seilarten, Kabeln, Gas usw.

Das Füllgas wurde den städtischen Gasleitungen entnommen, während für den Feldgebrauch fahrbare Gaserzeuger nach französischem und eigenem Muster für nasses und trockenes Verfahren gebaut waren.

Die Gaserzeugung dauerte aber zu lange: 2—3 Stunden, und man schritt infolgedessen bald zur Einführung der in England erprobten Stahlbehälter mit komprimiertem Gas, welche auch heute noch im Gebrauch sind.

Auf jedem Fahrzeuge befanden sich 20 Stahlflaschen mit je 7 cbm freiem, auf 200 Atm. verdichtetem Gas.

Dem Wunsche nach schnellerem Einholen des Ballons zum Wechsel des Beobachters usw. war Genüge getan durch die Einführung einer Dampfwinde, deren Schwerfälligkeit und ungenügende Betriebsbereitschaft aber bald zum Übergang auf eine Handwinde führte, welche durch eine entsprechende Anzahl von Mannschaften in Bewegung gesetzt wurde.

Allmählich wurde der Bestand der Truppe vermehrt: 1886 betrug er 5 Offiziere, 50 Unteroffiziere und Mann, 1893 6 Offiziere, 140 Mann

Hinterwagen eines Gerätewagens mit oben verpackter Ballonhülle.
(Aus »Geschichte der Luftschiffer-Abteilung«. Verlag Meisenbach, Riffarth & Co.)

und endlich 1901 ein Bataillon zu zwei Kompagnien und eine Bespannungsabteilung.

Der eigene Bestand an Pferden sichert im Frieden eine eingehende Ausbildung für die taktische Verwendung in den Manövern und im Kriege.

Entsprechend der Verwendung als Nachrichtentruppe wurde die Luftschifferabteilung 1887 dem Generalstabe direkt unterstellt und dem Eisenbahnregimente in bezug auf Bekleidung, Disziplin usw. zugeteilt. Während Offiziere und Mannschaften bis dahin von anderen Truppenteilen abkommandiert waren, ging man dazu über, eigenen Ersatz zuzuweisen. Zur Unterscheidung von den Pionieren der Eisenbahntruppe erhielten die Leute ein »L« auf die Achselklappen; die Bewaffnung bestand in einem Karabiner. Für die

Unterbringung wurden auf dem Tempelhofer Felde Baracken aufgestellt.

1890 wurde eine bayerische Luftschifferlehranstalt in München
formiert, welche in der Stärke von 3 Offizieren, 30 Unteroffizieren
und Mann dem Eisenbahnbataillon attachiert und der Inspektion
des Ingenieurkorps und der Festungen unterstellt wurde. Diese
Abteilung wurde später auf den Etat einer Kompagnie gebracht.
Die Unteroffiziere und Mannschaften tragen die Eisenbahnuniform
mit einem »L« auf den Achselklappen, während die Offiziere die
Uniform ihres bisherigen Truppenteils beibehalten.

Eine Anzahl von anderen Waffen abkommandierter Offiziere
erhalten in einer bei der Abteilung eingerichteten Luftschifferschule
theoretischen und praktischen Unterricht.

1895 wurde die preußische Abteilung auch in disziplinärer
Hinsicht selbständig und für die höhere Gerichtsbarkeit usw. der
Eisenbahnbrigade unterstellt; in taktischer Beziehung stand sie
dem Chef des Generalstabes der Armee unmittelbar zur Verfügung.
Als Kopfbedeckung erhielten die Leute den Gardejägertschako, als
Waffe den Karabiner (Gewehr) 91 und das kurze Infanterieseiten-
gewehr 71/84.

Am 1. April 1899 wurde die Truppe der neu errichteten Inspektion der Verkehrstruppen untergeordnet.

Beim Bataillon befinden sich ferner eine Versuchsanstalt für
Photographie und eine Brieftaubenstation.

Vielseitig ist die Verwendung der Luftschifferabteilung in
Preußen und in Bayern. Bei allen größeren Manövern und den
Angriffsübungen finden wir einen Ballon vertreten. Auch auf den
Artillerieschießplätzen sind im Sommer bei den Schießübungen
häufig Luftschifferformationen beteiligt.

Auf Helgoland und in Kiel wurden im Verein mit der Marine Aufstiege zu Erkundungszwecken auf den Kriegsschiffen unternommen.

Bei allen Kaisermanövern wird jeder Partei eine Luftschifferabteilung zugeteilt, beim Oberkommando befindet sich außerdem
ein Signalballon, der einerseits den Standpunkt der Leitung
weithin sichtbar macht und ferner Gewähr dafür leistet, daß die
Signale sehr schnell allen Truppen und namentlich auch einzelnen
Patrouillen bekannt werden. Die Markierung der Befehle erfolgt
durch angehängte, mit Luft aufgeblasene Kugeln und Zylinder,
deren richtige Stellung auch bei starkem Winde durch Anbringung

Ballons für Funkentelegraphie in der alten Ballonhalle der Luftschiffer-Abteilung auf dem Tempelhofer Felde.

eines Schwanzes gewährleistet wird. Die Konstruktion dieses Signalballons war unter unmittelbarer Einwirkung Sr. Majestät des Kaisers
erst nach mannigfachen Versuchen gelungen.

Die Luftschifferabteilung hat von jeher die Wissenschaft und
Technik, wo sich auch immer nur die geringsten Berührungspunkte
darboten, mit allen Kräften und Mitteln unterstützt. Bereitwillig
hat sie sich in den Dienst der Meteorologie gestellt, die seit 1888
stattfindenden Fahrten zur Erforschung der höheren Schichten der
Atmosphäre unterstützt und besonders die wissenschaftlichen Fahrten der Ballons »Humboldt« und »Phönix«, welche durch die
Unterstützung Sr. Majestät des Kaisers ermöglicht wurden, gefördert.

Explodierte Gasbehälter.

Auch die Bedienung und das schwierige Fertigmachen des
8400 cbm großen, mit Wasserstoffgas gefüllten Ballons »Preußen«,
mit dem der Weltrekord mit 10500 m Höhe erreicht wurde, be-
sorgte ein Offizier der Abteilung: Hauptmann v. Tschudi.

Am 11. August 1901 fuhr das Polarschiff »Gauß« von Kiel ab,
um die große deutsche Südpolarexpedition unter Professor v. Dry-
galski in das antarktische Meer zu bringen. Auch zu diesem
wissenschaftlichen Unternehmen durfte die Truppe mitwirken, indem
sie das Ballonmaterial entwarf und beschaffte, welches im Südlichen
Eismeer mehrfache Verwendung gefunden hat.

Dem Deutschen (jetzt Berliner) Verein für Luftschiffahrt hat
die Luftschifferabteilung seit längerer Zeit durch die Unterhaltung
des Materials und Bedienung des Ballons Unterstützung geliehen
und damit in nicht geringem Maße beigetragen zu dem großen Aufschwung, den dieser Verein genommen hat.

Neue Kaserne des Luftschiffer-Bataillons auf dem Tegeler Schießplatze.

Als die Marconische Erfindung der drahtlosen Telegraphie
eben bekannt geworden war, befahl Se. Majestät der Kaiser in
schneller Erkenntnis ihrer Wichtigkeit für militärische Zwecke, daß
die Luftschifferabteilung diese Erfindung für das Landheer prüfen
und ausbauen solle. So entstand mit einem Male ein ganz neuer
Dienstzweig, der viel Studium erforderte, viel Arbeit und Sorge
verursachte. Dank der großen Genialität eines ihrer Offiziere, des
in aller Welt wohlbekannten, leider so früh dahingeschiedenen
Hauptmanns v. Sigsfeld, wurden die grundlegenden Prinzipien
der neuen Telegraphie so genau ermittelt, daß die Ergebnisse der
nach seinem Tode erfolgreich weitergeführten Arbeiten die Einführung der Funkentelegraphie als neues Nachrichtenmittel in der
Armee zur Folge hatten.

Da aber mittlerweile die Aufgaben der Abteilung wieder um ein
erhebliches gewachsen waren, wurde Anfang 1905 die aus abkom-
mandierten Offizieren und Mannschaften zusammengesetzte Funken-
telegraphenabteilung abgegliedert und als fertiges, aus den ersten
Versuchsstadien gekommenes Kriegsmittel der Telegraphentruppe
überwiesen.

Die zur Teilnahme an dem Kriege in Südwest-Afrika formierten
Funkentelegraphenabteilungen, welche unter Einsetzen des Blutes
eines hervorragenden Offiziers und vieler pflichttreuer Soldaten eine
so rühmliche, allseitig anerkannte Tätigkeit entfaltet haben, wurden
zumeist noch vom Luftschifferbataillon aufgestellt.

Die Indienststellung von Motorluftschiffen hat die Vermehrung
des Luftschiffer-Bataillons vorläufig nur um eine (dritte) Komp. zur
Folge gehabt. Eine Neuorganisation des militärischen Luftschifferwesens dürfte aber nach Ablauf des Quinquennats zu erwarten sein.

Bei den Fesselballonabteilungen sind Fernsprechwagen zur
Einführung gelangt.

England.

In England hatte man schon 1862 Versuche mit dem Fesselballon angestellt, aber erst im Jahre 1879 verfügte das Kriegsministerium die Bildung einer Luftschifferlehranstalt in Chatham
unter dem Hauptmann Templer, und im folgenden Jahre wurde
die 24. Geniekompagnie in der Bedienung des Ballons ausgebildet.

Auf dem Truppenübungsplatze Aldershot fanden alljährlich
größere Übungen statt, an denen diese Abteilung teilzunehmen hatte.

Es wurden deshalb dort eine »Balloon-Factory« und »Military School of Ballooning« eingerichtet.[1])

Wie schon mehrfach erwähnt ist, hat man England die Ein-führung der Stahlbehälter mit dem komprimierten Gas zu danken, durch welche die Verwendung der Luftschifferabteilungen im Feld-kriege erst eine allgemeinere geworden ist. Das englische Material zeichnet sich ganz besonders durch seine leichte und gasdichte Hülle aus. Die aus vielfachen Lagen der kleinen Goldschlägerhäutchen zusammengeklebten Ballons haben nur eine Größe von 196—290 cbm und sind weit leichter als die Ballons aller anderen Staaten. Der Preis derselben ist dagegen enorm hoch.

Das Gas wird meist elektrolytisch durch Zersetzung des Wassers gewonnen und in 2,40 m langen, 0,136 m im Durchmesser großen Stahlbehältern auf etwa 120 Atm. komprimiert. Eine solche 36 kg schwere Flasche faßt wegen des geringen Druckes nur 3,6 cbm Gas.

Außerdem sind noch Gaserzeuger für die Herstellung aus Schwefelsäure und Eisen vorhanden.

England besitzt die meiste Erfahrung in Kolonialkriegen, bei denen stets Ballonsektionen mitgeführt werden. In Ägypten und im Betschuanaland, im Burenkriege und in China, überall wurden die Operationen von Ballons begleitet, die häufig sehr wertvolle Dienste geleistet haben.

Gegen die Buren wurden bis zu vier Ballonsektionen in Tätig-keit gesetzt. Von den erfolgreichen Erkundungen wollen wir nur einige wenige herausgreifen.[2])

29 Tage lang stand in Ladysmith ein Beobachtungsballon in der Luft und erkundete namentlich die gut gedeckt aufgestellten Batterien der Buren, deren Feuer vielfach nur den Luftschiffen galten, von denen sie auch mehrere herabgeschossen haben.

Am Spionskop wurde durch den Offizier im Korbe die Buren-stellung als uneinnehmbar bezeichnet, eine Meldung, die dem General Buller so mißfiel, daß er die Sektion außer Tätigkeit setzte. Mit Lord Methuen marschierte die erste Sektion unter Kapitän Jones, der vor Magerfontain vier Tage lang wertvolle Erkundungen vornahm, bis der Aerostat diesmal durch den Sturm zerstört wurde. Später ging er mit Lord Roberts nach Paardeberg und konnte

---

[1]) Moedebeck, Taschenbuch für Flugtechniker und Luftschiffer.

[2]) Illustrierte Aeronautische Mitteilungen 1900 und 1902, The Aeronautical Journal 1901.

hier äußerst wertvolle Dienste durch die genaue Feststellung des Lagers Cronjes leisten und demnächst auch durch die Feststellung der Lage des Artilleriefeuers, das er in den Wagenpark der Buren hineindirigierte. Fünf Tage hintereinander war hier der Ballon im Dienst.

Eine andere Sektion war nach Kimberley und Mafeking gerückt und hatte sich vor Fourteen Streams während einer Beobachtungsserie von 13 Tagen sehr nützlich gemacht.

Besonders schwierig sind die Märsche gewesen, bei denen die Engländer mit »Ballon hoch« vorrückten, um unterwegs photographische Aufnahmen des Geländes für topographische Zwecke vorzunehmen. Namentlich bei Beginn des Krieges war großer Mangel an Karten, und erst infolge der Tätigkeit der einzelnen Luftschifferdetachements war es gelungen, brauchbare Karten herzustellen.

Da bei dem Vorrücken hohe Berge zu überschreiten waren, wurde die Steigkraft des Ballons bei dem verminderten Luftdruck ganz erheblich herabgesetzt, was aus dem in einem anderen Kapitel entwickelten Gesetz hervorgeht.

Das Gas wurde aus England nach Kapstadt gebracht, wo später auch ein Gaserzeuger mit Kompressionspumpe gebaut wurde; von hier ging es nach den einzelnen Zwischendepots.

In China kam die Luftschifferabteilung nicht zur Erkundung von feindlichen Stellungen; aber wiederum wurde sie mit Erfolg verwendet bei der Herstellung des Kartenmaterials durch Photographieren der Marschstraßen, wie es in China die Franzosen ebenfalls gemacht haben.

Auch in England hat man sich von der Nützlichkeit des Ballons in Kolonialkriegen überzeugt und deshalb Vorsorge getroffen, daß im Mobilmachungsfalle sofort mehrere Luftschiffersektionen zu Schiff abgehen können.

An Luftschiffertruppen besitzt England eine Fesselballonkompagnie und 5 Ballonsektionen, die zum Teil mit Codydrachen ausgerüstet sind. Neuerdings sollen auch Flugmaschinen, System Cydy und Wright, eingeführt werden. Mit dem Bau von Lenkballons eigner Bauart hat die Militärverwaltung zunächst nicht viel Glück gehabt. Der im Jahre 1907 fertiggestellte »Nulli secundus« wurde gelegentlich seiner Versuchsfahrten völlig zerstört, aber bald wieder durch ein neues Fahrzeug von größeren Abmessungen ersetzt. Die Probefahrten sind nach anfänglichen Mißerfolgen zur Zufriedenheit

ausgefallen. Es verlautet, daß bei Vickers & Co. ein starres Luftschiff erbaut werden soll, außerdem beabsichtigt man gänzlich unstarre Ballons, Bauart Parseval, einzuführen. Auch private Gesell-
schaften haben sich gebildet, welche die Beschaffung einer Luftflotte
aufs energischste betreiben.

Österreich.

In Österreich gab ein Zivilist nicht nur den Anstoß zu Versuchen mit dem Ballon, sondern derselbe wurde sogar Leiter der
auf seine Anregung hin ins Leben gerufenen militärischen Anstalt.

Nach den schon erwähnten mißglückten Versuchen des den
Artilleristen wohlbekannten Geschützkonstrukteurs Uchatius,
Bomben durch Ballons nach Venedig hineintragen zu lassen,
dachte man erst 1866 wieder an die Aeronautik und baute für das
befestigte Wien einen Ballon, der aber schon beim ersten Exerzieren den haltenden Soldaten entwischte. Bevor ein neuer Ballon
beschafft werden konnte, war der Frieden geschlossen, und der Gedanke an die Verwendung von Ballons zu militärischen Zwecken
wurde nicht weiter verfolgt. Auch die vielfachen Erfolge, welche
die Franzosen 1870/71 mit ihren Ballons erzielten, gaben keinerlei
Anstoß zu erneuerten Versuchen.

Erst 1888 arrangierte der bekannte Sportsmann Viktor Silberer, ein von glühendem Eifer für die Luftschiffahrt beseelter
Amateur, eine sehr umfang- und lehrreiche Ausstellung aeronautischer Gegenstände, die großes Aufsehen in ganz Europa erweckte.
Der Erfolg war ein durchschlagender. Zunächst wurde die übliche
Kommission gebildet und, was jedenfalls das praktischste war, die
Mitglieder derselben wurden nach Berlin, Paris und London entsandt mit dem Auftrage, das Material dieser Länder möglichst eingehend zu studieren. Nach Erledigung und Bearbeitung der umfangreichen Berichte wurde daraufhin 1890 der »erste k. u. k. militär-
aeronautische Kurs« eingerichtet. Leiter dieses Kurses wurde der
erfahrene Viktor Silberer, der eine eigene aeronautische Anstalt im
Prater in Wien angelegt hatte. Silberer stellte diese sowie seine
Ballons »Radetzky« (1100 cbm gefirnißte Seide) und »Budapest«
(600 cbm gefirnißte Baumwolle) in anerkennenswerter Weise für
Zwecke des Kurses zur Verfügung. Der Kurs wurde in diesem
sowie auch im nächstfolgenden Jahre dem k. u. k. technischen

Militärkomitee unterstellt. In den Kurs wurden 7 Offiziere, 2 Unteroffiziere und 24 Mann einberufen.

Neben der praktischen Ausbildung in Fesselaufstiegen und namentlich in Freifahrten wurden von dem Leiter des Kurses die theoretischen Grundlagen durch eingehende Vorträge aus der Luftschiffahrt und ihren Hilfswissenschaften festgelegt. Den Fesselaufstiegen konnte in diesem Jahre noch nicht jenes Augenmerk zugewendet werden, das ihnen von Rechts wegen gebührt hätte, da

Hauptmann Hinterstoißer,
der verdienstvolle Kommandeur
der österreichischen Luftschifferabteilung.

einesteils der Übungsplatz im Prater durch Bäume stark beengt, anderseits die vorhandene Kaptivwinde den Anforderungen nicht ganz gewachsen war.

Die Militärbehörde überzeugte sich von dem Werte dieser Kurse und ordnete für den zweiten Kurs eine Vermehrung des Personales an Unteroffizieren und Mannschaft an.

Es wurden von den im ersten Jahre ausgebildeten Offizieren 4 wiederum zum Kurs kommandiert, Oberleutnant Trieb, Sojka, Leutnant Hinterstoißer und Eckert, ferner noch 2 Offiziere, 3 Unteroffiziere und 38 Mann.

Der Kurs wurde am 17. August vorzeitig geschlossen, da am 15. August ein Ballon in Rußland — Olkus — gelandet war.

Im Jahre 1892 wurde der Kurs nicht wieder einberufen, sondern an der organisatorischen Ausgestaltung einer rein militärischen Anstalt gearbeitet. Oberleutnant Trieb wurde ins technische Militärkomitee kommandiert und mit der Durchführung der betreffenden Vorarbeiten betraut. Unter seiner Leitung wurden in der Nähe des k. u. k. Artilleriearsenales in Wien ein eiserne Ballonhalle, eine Wasserstoffgasfabrik und die nötigen Depots und Materialschuppen errichtet. Oberleutnant Hinterstoißer wurde zu einer Studienreise nach Deutschland entsendet.

Am 21. August 1893 wurde bei gleichzeitiger Unterordnung unter das Festungsartillerieregiment No. 1 die neuerbaute »k. u. k. militär-aeronautische Anstalt« eröffnet. Zum Kommandanten wurde Trieb ernannt. In den gleichzeitig beginnenden Kurs wurden 5 Offiziere und 60 Mann einberufen. In diesem Jahre wurde auch vom Kommandanten der Anstalt der erste Entwurf eines Luftschiffer-reglements ausgearbeitet.

Am 1. Januar 1895 wurden die organisatorischen Bestimmungen für die k. u. k. militär-aeronautische Anstalt herausgegeben, mit denen sie einen, wenn auch geringen endgültigen Bestand am Personal erhielt; die hierüber noch notwendigen Ergänzungsmannschaften wurden aus den technischen Truppen vorübergehend abkommandiert.

Im gleichen Jahre nahm zum ersten Male eine Ballonabteilung an den Truppenmanövern teil. Diese erste, schnell improvisierte Ballonabteilung verfügte über den 1300 cbm großen Kugelballon »Hannover«, der in der Nähe des Manöverfeldes in Budweis mit Leuchtgas gefüllt und dann zum Aufstiegplatz gebracht wurde.

1896 wurde gleichzeitig mit dem Kurs in Wien anläßlich der in Budapest stattfindenden Milleniumsausstellung dort eine Ballonabteilung aufgestellt. Zur Durchführung der Fesselaufstiege auf dem zur Verfügung stehenden engen Raume wurde eine elektrische Winde verwendet, die nach Schluß der Ausstellung in die Anstalt nach Wien überführt wurde und dort noch jetzt sehr gute Dienste leistet.

Im gleichen Jahre nahmen zwei Ballonabteilungen an den großen Festungsmanövern bei Przemysl mit sehr gutem Erfolge teil.

Im Jahre 1897 erhielten die Feldballonabteilungen einen eigenen Wagenpark und wurden auch sonst weiter ausgestaltet. Mit Ende des Jahres wurde Oberleutnant Hinterstoißer zum Kommandanten der Anstalt ernannt. Unter seiner Leitung nahm die Militärluftschiffahrt einen ganz besonders energischen Aufschwung. Er sorgte für vielseitige Verwendung der neuen Truppe bei den Kaisermanövern und anderen großen Übungen und stattete die Festungen mit dem erforderlichen Luftschiffergerät aus.

Von nun an fand jährlich regelmäßig ein Kurs statt, in dem jeweils ca. 20 Offiziere und 200 Mann 5 Monate lang im Luftschifferdienste ausgebildet wurden.

1898 gelangte der Drachenballon zur Einführung.

1903 übernahm Hauptmann Kallab; 1904 Major Starćevic das Kommando der Anstalt. Die geringen zur Verfügung stehenden Mittel verhinderten in diesen und den nächstfolgenden Jahren eine weitere Ausgestaltung der Truppe; dagegen wurden die in den Festungen befindlichen Ballonabteilungen vermehrt.

Im Jahre 1906 gelangte ein neuer Wagenpark nach dem Protzensystem für die Feldballonabteilungen zur Einführung.

November 1907 wurde Oberstleutnant Starčevic, der sich um die Ausgestaltung und Ausbildung der Truppe große und nachhaltige Verdienste erworben hatte, zum Kommandanten eines selbständigen Truppenkörpers ernannt.

An seine Stelle wurde Hauptmann Hinterstoißer, dessen Name auch außerhalb der Grenzen seines Vaterlandes in Luftschifferkreisen rühmlichst bekannt ist, wieder zum Kommandanten der Anstalt ernannt.

Erfreulicherweise wird der Luftschiffahrt in neuester Zeit erhöhte Aufmerksamkeit zugewandt; mehrere Lenkballons sind bestellt und werden spätestens Frühjahr 1910 in Dienst gestellt. Eine neue den modernen Anforderungen entsprechende Luftschifferkaserne wird in Fischamend bei Wien gebaut, und die Truppe wird selbständig gemacht. Der ominöse Titel »Militäraeronautische Anstalt« wird ebenfalls verschwinden.

Die Vorführungen eines kleinen Lenkballons der Gebrüder Renner, die durch die Zeitung »Die Zeit« für Wien gewonnen waren, sowie die von Blériot in Wien und in Budapest ausgeführten glänzenden Flüge haben in Österreich ein gewaltiges Interesse für die Aeronautik ausgelöst, das sicher von weitgehendstem Einfluß auf die Entwicklung der Militärluftschiffahrt sein wird. Der stets rührige Abgeordnete und Sportsmann Silberer hat jetzt mit Erfolg die Parlamente für die Flugfrage interessiert, und der auch von uns Deutschen hochgeschätzte Hauptmann Hinterstoißer wird sicher bald hinreichende Mittel erhalten, seine vielseitigen in anderen Ländern gewonnenen Erfahrungen auch für Österreich zu verwerten.

Rußland.

Nach den mißglückten Versuchen Leppichs 1812 wurde erst 1869 unter General Todleben eine Kommission zum Studium der Luftschiffahrt gebildet, die sich namentlich mit der Verwendung der Ballons zum Signalgeben beschäftigte. Die Marine nahm die Anregungen mit großem Eifer auf und führte Signalballons ein, mit denen bei Tage durch Flaggen, nachts durch elektrisches Licht Zeichen gegeben wurden.

Erst September 1874 kam es zur Bildung eines Luftschifferdetachements in der bescheidenen Stärke von einem Offizier, dem späteren Oberst v. Kowanko, und 22 Mann.

Auch Rußland kaufte seinen gesamten Park an Luftschiffergerät, einschließlich der Gaserzeuger, von französischen Ballonfabrikanten, von denen nacheinander fast alle berücksichtigt wurden: Brisson, Yon, Godard und Lachambre.

Bemerkenswert ist es, daß die Russen 1886 die Firma Yon mit dem Bau eines lenkbaren Ballons beauftragten, den aber die nach Frankreich entsandte Kommission nicht abnahm, weil die Probefahrt kein brauchbares Resultat ergeben hatte. Auch mit einer 3100 cbm großen, von Godard erbauten Montgolfiere wurden in Brüssel Versuche angestellt, die ebenfalls nicht zufriedenstellend ausfielen. Ganz besonders eingehende Übungen wurden in Rußland von 1894 ab von der Luftschifferabteilung in Verbindung mit der Marine angestellt. Die Veranlassung hierzu gab der mißglückte Versuch, das im Finnischen Meerbusen gesunkene Kriegsschiff »Russalka« zu ermitteln.

Die Organisation der Truppe wurde von 1890 ab allmählich, aber konsequent durchgeführt. In Wolkowo Polje bei Petersburg befindet sich ein nach französischem Muster eingerichteter Luftschifferlehrpark, bei dem das gesamte Personal für Armee und Marine ausgebildet und das Material, soweit es nicht vom Ausland kommt, in umfangreichen Werkstätten hergestellt wird. Aus dem Stamme dieser Anstalt — 1 Oberst, 6 Offiziere, 88 Mann — wurden sowohl die Formationen der Feldluftschifferabteilungen für Manöver und Übungen jedesmal nach Bedarf vorübergehend zusammengestellt, als auch die Luftschifferdetachements für die verschiedenen Festungen mit Offizieren versorgt.

Der Wagenpark einer russischen Feldabteilung war bis zu Ausbruch des letzten Krieges ein äußerst schwerfälliger, weil man sich aus unbekannten Gründen nicht zur Einführung der Stahlzylinder nach englischem Muster entschließen konnte.

Bei den Manövern 1893 rückte die Truppe mit nicht weniger als 150 Fahrzeugen aus, die den Vormarsch der übrigen Truppen ganz erheblich belästigten.

Der General Dragomirow, der selbst Erkundungen aus dem Ballon vornahm, fällte deshalb ein höchst absprechendes Urteil über die Tätigkeit der Luftschiffer.

Erst der Beginn des Krieges mit Japan hat die Umgestaltung des Materials zur Folge gehabt; man ging von dem Kugelballon ab und bestellte in Deutschland eine große Zahl Drachenballons für die neu aufzustellenden Feldformationen. Auch die Gaserzeugung

welche bisher in schwerfälligen Apparaten aus Schwefelsäure und
Eisen erfolgte, erfuhr vollkommene Umwandlung. In dem Bestreben,
die gesamten Apparate auf Saumtieren oder zweiräderigen Karren
fortzutransportieren, ging man auf die Wasserstoffgasherstellung aus
Aluminium und Natron über.

Nur 20 Saumtiere waren für alles zu einer Ballonfüllung erforderliche Material nötig.

Für den Feldzug wurde die Formierung eines ostsibirischen
Luftschifferbataillons zu zwei Kompagnien verfügt, die im September 1904 auf den Kriegsschauplatz abrückten. Eine Kompagnie
befand sich bereits bei der ersten Armee unter Linewitsch.

Nach den nur spärlich eingegangenen Berichten haben diese
drei Kompagnien wiederholt Gelegenheit gehabt, durch Feststellung
vorher nicht erkundeter japanischer Verschanzungen den Heer-
führern große Dienste zu leisten. Mehrfach befanden sich ihre
Ballons in heftigem Feuer der feindlichen Artillerie. Das schnei-
dige Vorgehen der zweiten Kompagnie wurde durch die Verleihung
einer Anzahl von Georgskreuzen ganz besonders anerkannt.

Nicht zur Tätigkeit gekommen sind die für Port Arthur bestimmten Formationen der Festungsluftschifferabteilung und der
zum Ballonschiff umgebaute ehemalige deutsche Dampfer »Lahn«.
Das Material der ersteren wurde auf einem Frachtdampfer beschlag-
nahmt und über die »Lahn« ward nichts mehr vernommen.

Rußland ist jetzt nach dem Feldzuge dabei, mit allen Kräften
auch seine Luftschiffertruppe unter Verwertung der im Kriege gewonnenen Erfahrungen zu reorganisieren.

Erwähnt muß noch werden, daß verschiedentlich, namentlich
bei der Marine, Drachen zum Emporheben von Beobachtern in
Anwendung gekommen sind.

Die Petersburger Stammabteilung ist vermehrt worden, ebenso
die Abteilungen in Brest, Litowsk, Warschau, Iwangorod und Nowo-
georgijewski.

Mehrere Versuche, lenkbare Luftschiffe und Flugmaschinen zu
bauen, haben zu keinen greifbaren Resultaten geführt. Dagegen
haben einflußreiche Persönlichkeiten und Privatleute Mittel zum Bau
einer Luftflotte gesammelt. Wegen Ankaufs von Luftschiffen und
Flugmaschinen steht Rußland mit französischen und deutschen Gesell-
schaften in Verhandlung.

Elftes Kapitel

Die Militär-Luftschiffahrt in den übrigen Staaten.

Die nächstgrößte Luftschiffertruppe besitzt Amerika, das von den Ballons, wie schon erwähnt wurde, frühzeitig im Kriege nutzbringenden Gebrauch gemacht hatte. Nachdem 30 Jahre lang das Luftschiff aus der Armee verschwunden gewesen war, hatte man dort 1892 von neuem einen aeronautischen Park eingerichtet und sich zunächst an die Anfertigung von Hüllen aus Goldschlägerhaut verlegt, von denen eine mit Netz und Korb in kardanischer Aufhängung auf der Weltausstellung in Chicago zu sehen war. Mit der Wahrnehmung des Luftschifferdienstes wurde das Signalkorps beauftragt.

Im folgenden Jahre beschaffte man sich komplettes Material nach englischem Muster und baute beim Fort Logan eine Ballonhalle.

Über die gleichzeitig angestellten Drachenversuche des Leutnants Wise wird an anderer Stelle berichtet werden.

Im Amerikanisch-Spanischen Kriege erhielt die Truppe unter Major Maxfield Gelegenheit, sich vor Santiago de Cuba auszuzeichnen. Die spanischen Befestigungen wurden erkundet, und vor allen Dingen gelang es dem Ballonbeobachter, mit Sicherheit festzustellen, daß die Flotte des Admirals Cervera im Hafen lag.

Im weiteren Verlaufe des Feldzuges ließ der im Korbe befindliche Offizier die nötige Vorsicht außer acht, und es gelang der spanischen Kavallerie, im dichten Buschwalde sich heranzupürschen und den Ballon herabzuschießen. Es ist dies eine Lehre für die Luftschiffertruppe, welche oft etwas abseits ohne Bedeckung sich

9*

befindet, auf die eigene Sicherung selbst bedacht zu sein, damit solche unliebsame Überraschungen nicht vorkommen können. Der Beobachter muß von Zeit zu Zeit sein Augenmerk auf die nächste Umgebung richten, auch schon deswegen, um seinem Kommandeur über das Vorrücken der eigenen Truppen Kenntnis zu geben, wenn derselbe keine genügende Verbindung mit dem Oberkommando unterhält, was eigentlich immer der Fall sein müßte.

Nach 1890 entschloß man sich auch in Amerika, das deutsche Drachenballonmaterial einzuführen.

Der jetzige Chef des Signalkorps der Armee, General James Allen, hegt das größte Interesse für die Luftschiffahrt, deren Entwicklung er 1908 auch in Europa studiert hat. Am 1. Juli 1907 wurde eine aeronautische Abteilung gebildet, die den Auftrag erhielt, Lenkballons und Flugmaschinen für die Armee zu beschaffen. Am 23. Dezember 1907 erließ die Behörde ein Ausschreiben für Flugmaschinen. Die Bedingungen waren: Flug mit einem Passagier außer dem Führer, 1 Stunde Flugdauer ohne Zwischenlandung, Geschwindigkeit von mindestens 36 englische Meilen in der Stunde, gemessen auf einer Strecke von 5 Meilen bei zwei Fahrten hin und zurück, mit und gegen den Wind und Mitführung von Betriebsstoff für einen Flug von 125 Meilen. Orville Wright erfüllte diese Bedingungen im Juli 1909 und erzielte sogar eine Schnellfahrt von 42 Meilen/Stunde. Die Station für Flugmaschinen befindet sich in Fort Myer, Virginia nahe Washington D. C. Man beabsichtigt noch die Flugmaschinen von Herring und »June Bug« von der Flugmaschinen-Studiengesellschaft, die unter Leitung von Graham Bell steht, anzukaufen.

Für die Lenkballonabteilung wurde das Luftschiff des Captain Thomas S. Balduin angekauft, das eine Eigengeschwindigkeit von 20 Meilen in der Stunde entwickelt. Der Ballon ist beheimatet im Fort Omaha im Staate Nebraska, wo eine Ballonhalle von 200 Fuß Länge, 84 Fuß Breite und 75 Fuß Höhe erbaut ist.[1]

In Belgien wurde 1886 ein Park bei Lachambre in Paris bestellt und eine Kompagnie der Genietruppe in Antwerpen mit dem Luftschifferdienst betraut. Im Laufe der folgenden Jahre wurde eine Luftschifferschule errichtet und nacheinander Versuche angestellt mit einem Heißluftballon, System Godard, sowie mit

---

[1] Diese Angaben sind einem dem Verfasser durch General Allen zur Verfügung gestellten Bericht des George S. Squier, Major im Signalkorps, entnommen.

Signal- und lenkbaren Ballons. Jetzt ist der Drachenballon eingeführt worden. Der Kommandeur der Luftschiffertruppe Oberst
Le Clement de St. Marq hat selbst einen Lenkballon konstruiert,
der gute Erfolge aufzuweisen hatte. Große Verdienste um die Aeronautik hat sich der belgische Aeroklub — Vorsitzender F. Jacobs —
erworben.

In Bulgarien wurden nur einmal, und zwar während der
Ausstellung in Philippopel, durch den dort vertretenen Eugène
Godard einige Offiziere und Mannschaften im Luftschifferdienst
ausgebildet, zur Einführung von Material ist es bislang noch nicht
gekommen.

China beansprucht bekanntlich für sich die Ehre, schon im
Altertum im Besitze von Montgolfieren gewesen zu sein, aber seine
heutigen Luftschiffereinrichtungen sind noch keineswegs hervorragend.

1886 hatte man bei der Firma Yon in Paris einen kompletten
Park mit zwei Ballons bestellt, die aber erst Monate nach ihrem
Eintreffen in Tientsin zum Aufstieg gebracht werden konnten,
weil die gefirnißte Seide bei der herrschenden Hitze fest zusammen-
geklebt war.

Man hatte inzwischen eine Ballonhalle gebaut und einen Platz
für die Auffahrten hergerichtet. Selbstverständlich war dabei die
Errichtung eines prächtigen Pavillons nicht verabsäumt worden, von
dem der Vizekönig dem Exerzieren zusehen konnte.

Das der Militärbehörde überwiesene Material war nach Beendigung aller Vorbereitungen völlig unbrauchbar geworden, und man
bestellte schleunigst bei derselben Firma, mit der man so schlechte
Erfahrungen gemacht hatte, neues Material, welches 1900 bei der
Einnahme von Tientsin den Russen in die Hände fiel. Bei den
letzten Manövern sind auch Fesselballons in Tätigkeit getreten,
über deren Erfolge aber nichts Zuverlässiges verlautet ist.

In Dänemark hatte man schon in den Jahren 1807—1811
mit einem lenkbaren Ballon erfolglose Versuche gemacht, aber erst
1886 einen Hauptmann nach Belgien, England und Frankreich zum
Studium des Materials entsandt. Das Ergebnis dieser Reise führte
zur Bestellung eines Parks bei Yon in Paris, mit dem so lange
Übungen angestellt wurden, bis das Material verbraucht war. Obgleich die Versuche vollkommen befriedigt hatten, wurden neue
Ballons bislang nicht beschafft.

Auch Italien hatte 1885 seinen gesamten aeronautischen Bedarf von Yon bezogen und eine Feldluftschifferabteilung mit vollständiger Bespannung formiert, die wiederholt bei Übungen in Tätigkeit getreten ist.

1887 ging man zum englischen Material über und beschaffte Goldschlägerhautballons zur Füllung aus Gasflaschen, behielt aber gleichzeitig die französische Gaserzeugungsart bei und ergänzte die Apparate und Seidenballons.

In Abessinien bestand ein italienisches Kriegsluftschifferdepartement die Feuerprobe. Diese Abteilung transportierte die Ballons mit allem Zubehör auf Maultieren und Kamelen.

Nachdem schon 1900 der deutsche Drachenballon bei der Marine zur Signalgebung verwandt worden war, hatte die Regierung 1901 dieses System endgültig für Luftschiffer eingeführt.

In neuester Zeit ist die Luftschiffertruppe nach Bracciano bei Rom verlegt worden.

Unter Leitung des Oberstleutnants Morris, der sich, wie an anderer Stelle ausgeführt werden wird, große Verdienste um die Entwicklung der Ballon- und Fernphotographie erworben hat, ist ein besonderer Luftschifftyp konstruiert worden, welcher sich vor allem durch seine Form und das verwendete Material von anderen unterscheidet. Das nunmehr im Gebrauch befindliche erfolgreiche Luftschiff Nr. 2 hat 3500 cbm Inhalt, nähert sich dem halbstarren System und soll bis 2000 m Höhe verwendungsfähig sein.

Die Anlage von Hallen in Oberitalien scheint in Aussicht genommen zu sein.

Aus Japan werden abenteuerliche Sachen berichtet über einen Mann, welcher 1869 während der Belagerung einer Festung im Drachen hochgestiegen sein und Bomben in die Stellungen des Feindes geworfen haben soll.

Wieder war die Firma Yon 1890 Lieferantin eines Ballonparks, obgleich der japanische Prinz Komatzu 1886 sich bei der preußischen Luftschifferabteilung durch den Augenschein von der Vorzüglichkeit des deutschen Materials überzeugt hatte. Die Japaner machten dieselben schlechten Erfahrungen wie die Chinesen mit den gefirnißten Seidenhüllen, die bald völlig unbrauchbar wurden.

In der Folgezeit stellten sie selbst einige Versuche an mit Ballonstoffen, Dichtungsmitteln usw. und schickten Offiziere nach Deutschland, welche beim Militär und in den Fabriken sich ein-

Zur Füllung ausgelegter Kugelballon.

gehend informieren sollten. Es wurde sodann der deutsche Drachenballon bezogen.

Der Ausbruch des letzten Krieges überraschte sie noch bei den
Versuchen. Ballons und Drachen der verschiedensten Formen wurden
daher in Dienst gestellt. Über die Erfolge ist nur bekannt geworden, daß bei der Beschießung von Port Arthur das Feuer vom
Ballon aus in die Munitionsräume und Magazine der Russen dirigiert
worden ist.

Die Luftschiffertruppe soll nun nach dem Vorbilde europäischer
Truppen ausgestaltet werden. Ein Ausschuß, bestehend aus General-
leutnant Nagaoka als Vorsitzenden und drei Professoren sowie zehn
Offizieren des Heeres und der Flotte sollen Vorschläge ausarbeiten.
Auch eine Flugmaschinenabteilung, der gemeinsamen Aufsicht der
Heeres- und Marineverwaltung unterstehend, ist ins Leben gerufen.
Dieser Ausschuß hat sich bislang aber nur auf die Prüfung von Er-
findungen beschränken müssen.

Die Marokkaner, deren Gesandtschaft sich in Berlin die Einrichtungen der preußischen Luftschiffer eingehend angesehen hatte,
bestellten 1902 bei Surcouf in Paris ihren gesamten Bedarf an
aeronautischem Gerät mit einer neuen, von Schneider & Co. in
Creusot konstruierten Dampfwinde.

Auch die Niederlande bezogen aus Frankreich von Lachambre im Jahre 1886 ihr Material, das der Genietruppe in Utrecht überwiesen wurde. In Batavia trat ein Luftschifferdetachement in Tätigkeit.

Nachdem ein Offizier bei der österreichischen Luftschiffertruppe Gelegenheit gehabt hatte, das deutsche Gerät kennen zu lernen, wurde 1902 der Drachenballon in den Niederlanden eingeführt.

1908 und 1909 waren Offiziere der Marine und des Landheeres — Oberleutnant zur See Rambaldo und Hauptmann Wallard Sacré — in Deutschland, um die Fortschritte der Luftschiffahrt zu studieren.

In Norwegen ist man bei der Formation einer Luftschiffertruppe, die mit deutschem Gerät ausgerüstet wird.

Dieselbe Entwicklung machte man in Rumänien durch. 1893 wurden von Godard rumänische Offiziere im Ballondienst unterwiesen, und das Material dieser Firma wurde für eine dem Genieregiment in Bukarest unterstellte Luftschiffertruppe angekauft.

1902 lernte dann ein nach Deutschland und Österreich entsandter Offizier den Sigsfeld-Parsevalschen Fesselballon kennen und veranlaßte die Einführung dieses Systems. 1908 ist eine Abteilung mit deutschem Material in Bukarest aufgestellt worden.

Auch Schweden erging es ähnlich wie Rumänien und den Niederlanden. 1897 erhielt eine in der Festung Vaxholm von der Artillerie abgezweigte Luftschiffertruppe das aeronautische Gerät von Godard und Surcouf in Paris, und ein Offizier der Fußartillerie wurde 1900 zum Studium des Dienstes der französischen Aerostiers nach Versailles kommandiert.

Der ein Jahr später nach Wien entsandte Oberleutnant Saloman setzte aber bald die Einführung des deutschen Geräts durch, und 1905 erlernte Leutnant Freiherr v. Rosen während eines mehrmonatlichen Kommandos bei dem Luftschifferbataillon in Berlin den aeronautischen Dienst. Bei der Marinehochschule wird jetzt ein Lehrer für Luftschiffahrt kommandiert werden.

Besonders bemerkenswert ist das Ballonschiff der schwedischen Marine, welches 1903 in Dienst gestellt wurde. Der 700 cbm große deutsche Drachenballon wird aus dem im Schiff elektrolytisch erzeugten Wasserstoffgas gefüllt. Das Gas wird an Bord in Stahlbehältern komprimiert.

Das Schiff muß in Schlepp genommen werden und soll hauptsächlich der Küstenverteidigung dienen.

In der Schweiz hatte man 1897 eine mit französischem Gerät ausgerüstete Luftschifferabteilung formiert, die in Bern stationiert wurde und mit vollkommener Bespannung an vielen Übungen teilnahm.

1901 ging man auch hier zu deutschem Gerät über.

Man geht aber jetzt damit um, die Luftschiffertruppe zu vermehren und neu zu organisieren.

Serbien hat 1888 mehrere Signalballons eingeführt und geht jetzt daran, auch Beobachtungsballons zu beschaffen.

Sehr tätig ist die Luftschiffertruppe Spaniens. Hier hatte man schon 1884 die Frage erwogen, aeronautisches Material anzufertigen, aber sich fünf Jahre später entschlossen, von Yon Ballons und Gaserzeugungsapparate zu beziehen.

Am 27. Juni 1889 ist zum ersten und einzigen Male der Fall vorgekommen, daß eine regierende Königin einen Ballonaufstieg unternommen hat. Ihre Majestät die Königin Maria Christina machte in Madrid die erste Auffahrt in dem nach ihr benannten Ballon mit.

In späteren Jahren wurden verschiedentlich Offiziere entsandt nach Deutschland, England, Frankreich, Italien, Österreich und die Schweiz zum Studium aller aeronautischen Einrichtungen.

Deutschland ging als Sieger aus der Konkurrenz hervor. 1900 wurde der Drachenballon Sigsfeld-Parseval bei der nunmehr in Guadalajara stationierten Luftschifferabteilung eingeführt. Sie besteht aus zwei Kompagnien mit je einem Kapitän — Hauptmann Kindelañ und Gardejuela — sowie den nötigen Offizieren, Unteroffizieren und Mannschaften. Außerdem besteht noch eine Festungskompagnie, die im Frieden nur eine geringe Stärke besitzt, und eine Depotkompagnie. Der Abteilung liegt auch der Bau des aerologischen Observatoriums in den Cañadas am Pik de Teyde auf Teneriffa ob.

Der jetzige Kommandeur Oberst Vives y Viches hat große Verdienste um die Weiterentwicklung der Militäraeronautik; die Einrichtungen seiner Truppe sind mustergültig. Auch Ballonphotographie und Brieftaubenwesen, sowie meteorologische Luftschiffahrt finden in ihm eifrigste Unterstützung; gelegentlich der letzten Sonnenfinsternis konnten Meteorologen und Astronomen sich von dem großen Entgegenkommen des spanischen Obersten mit Freude überzeugen. Auch den Lenkballons hat Oberst Vives y Viches große

Aufmerksamkeit zugewandt. Der spanische Ingenieur Torres Quovedo hat im Verein mit Hauptmann Kindelañ einen Lenkballon gebaut, der einige Erfolge erzielt hat. Nach dem Studium deutschen und französischen Materials hat man in Frankreich ein Luftschiff von der Bauart Clément Bayard erworben, geht aber mit der Absicht um, auch einen Parsevalballon anzukaufen.

Wenn wir an der Hand dieser kurzen Aufzeichnungen die Ergebnisse zusammenfassen, so geht daraus unzweifelhaft hervor, daß nach Ansicht der meisten Nationen das deutsche Ballonmaterial den Vorzug vor dem englischen und französischen hat. Wenn das nicht der Fall wäre, würde nicht fast überall der deutsche Drachenballon eingeführt sein.

Zwölftes Kapitel

Die Entwicklung der lenkbaren Luftschiffe.

Es ist bezeichnend für das rastlose, fast nervös zu nennende Vorwärtsstreben des menschlichen Geistes, daß die meisten Leute, die sich in jener Zeit der allerersten praktischen Erfolge mit der Luftschiffahrt beschäftigten, noch ehe sie in das Wesen der neuen Erfindung völlig eingedrungen waren, darangingen, den Ballon durch besondere Konstruktionen in willkürlich gewählter Richtung zu lenken. Groß ist die Zahl der zu diesem Zwecke tatsächlich gebauten Fahrzeuge, Legion die Reihe der Projekte. Die Brauchbarkeit aber steht in umgekehrtem Verhältnis zu ihrer Menge.

Beim Studium eingehender Werke über die Aeronautik fällt auf, daß man immer wieder denselben Ideen begegnet, sind sie auch noch so unsinnig! Von fast allen guten oder schlechten Konstruktionen der Neuzeit kann man sagen, daß sie in irgendeiner ähnlichen Form schon einmal dagewesen sind.

Den Behörden oder Luftschiffervereinen gehen täglich Schriftstücke zu, in denen die Erfinder, wie es in beliebten Schlagwörtern heißt, endlich das »Problem der Lenkbarkeit gelöst« haben. Der tollste Unsinn, den je eine menschliche Phantasie zu ersinnen vermag, überrascht selbst in unserer aufgeklärten Zeit nicht.

Aus den Sagen des Altertums ist uns die Erzählung von dem Perserkönige überliefert, der seinen Thron durch Adler in die Lüfte tragen ließ. In solchen Gedanken der ältesten Zeiten finden wir nichts Auffallendes; aber überrascht wird man über den Titel eines erst im vorigen Jahrhundert, im Jahre 1801, vom Österreicher Kaiserer herausgegebenen Werks: »Über meine Erfindung, einen

Luftballon durch Adler zu regieren«. Auch damit könnte man sich
abfinden; aber kaum glaublich erscheint es, daß noch heute solche
Ideen allen Ernstes auftauchen können. Ein Deutscher hat 1899 in
zahlreichen Eingaben bis an die Allerhöchste Stelle seine Erfindung
in Wort und Bild verteidigt, die Lenkbarkeit eines Ballons durch
eine größere Anzahl vorgespannter Tauben zu erzielen. Die Zeichnungen waren bis ins Detail ausgeführt — selbst die zu verwendende
Trense war nicht vergessen — und die Bilder zeugten von großer
Geschicklichkeit des Mannes im Malen und Zeichnen.

In Anlehnung an diese Ideen existiert sogar eine deutsche
Patentschrift.

Ebenso absurd ist der in den achtziger Jahren aufgetauchte
Vorschlag, einen Ballon so groß zu bauen, daß er bis zu einer Höhe
steigen könne, in welcher die Anziehungskraft der Erde keine Wirkung mehr habe; alsdann könne eine Erdumseglung in längstens
24 Stunden ausgeführt werden.

Leute aus allen Ständen und Berufen erachten sich für befähigt,
eine für die Luftschiffahrt hervorragende Erfindung vorzuschlagen.

Im folgenden soll die Geschichte der lenkbaren Ballons und
Flugmaschinen chronologisch verfolgt werden, wobei teilweise auch
Bauten und Projekte berücksichtigt werden, die nur sehr geringe
brauchbare Idee aufzuweisen haben.

Man wird erkennen, daß fast immer dann, wenn sich ernste,
wissenschaftlich und technisch gebildete Männer in den Dienst der
Aeronautik gestellt haben, wenigstens etwas dabei herausgekommen
ist und man wird ferner aber auch feststellen können, daß die
Fortschritte, die in den ersten 120 Jahren nach Erfindung der Brüder
Montgolfier gemacht waren, außerordentlich geringe gewesen sind.

Der nächstliegende Gedanke war, die Ballons nach dem Beispiele der Schiffe im Wasser mit Hilfe von Segeln, Rudern und
Steuer zu lenken.

Es stellt der wissenschaftlichen Bildung der Gebrüder Montgolfier das beste Zeugnis aus, daß Joseph in einem Briefe an
seinen Bruder diese Idee als eine »Chimäre« bezeichnete und ihm
zu beweisen suchte, daß es aussichtslos wäre, selbst eine größere
Anzahl von Menschen an einem Ruderapparat arbeiten zu lassen,
da auch bei windstillem Wetter kaum eine größere Geschwindigkeit
als 7 bis 8 km pro Stunde erzielt werden könne.

Man muß sich eben klar machen, daß die kleine Fläche der
Ruder die Vorwärtsbewegung erzielen soll durch den Druck auf

Ballon mit Segel und durch Flaschenzug bewegbarem Schlepptau.
(Aus »Leipziger Illustrierte Zeitung«.)

dieselbe Luft, die der großen Fläche der Hülle usw. auch entsprechend größeren Widerstand entgegensetzt. Dieser Druckunter-
schied kann nur durch die Schnelligkeit des Ruderns, natürlich in
Verbindung mit einer zweckmäßigen Form des Ballons und der

Ruder, überwunden werden. Der Geschwindigkeit der Menschenkraft ist aber bald ein Ziel gesetzt, und da der Luftwiderstand
außerdem im Quadrat mit der Geschwindigkeit wächst, so kann
schon bei gering zu nennenden Windströmungen der Widerstand
nur durch sehr große Umdrehungsgeschwindigkeiten von Schrauben
übertroffen werden.

Die Wirkung der Steuerorgane ist dagegen, wenn Eigengeschwindigkeit vorhanden ist, ähnlich wie im Wasser.

Eine völlige Unkenntnis mit der Theorie der Ballons verraten
die Vorschläge, durch vertikale Segel eine Eigenbewegung erzielen
zu wollen. Wenn eine mit Gas gefüllte Hülle in der Luft im
Gleichgewicht schwebt, so wird sie auch mit allen ihren Teilen mit
der Strömung in derselben Schnelligkeit davongetragen. Das Segel
hängt demnach ebenso schlaff herunter wie bei Windstille.

Etwas anderes ist es dagegen, wenn man dem Luftschiff auf
irgendeine Art eine andere — kleinere oder größere — Bewegung
geben könnte, als die Luft sie gerade hat. In diesem Falle findet
ein Druck auf die Segelfläche statt.

In einfachster Weise hat der Polfahrer Andrée diesen Umstand
zu verwerten gesucht. Er wollte mit Hilfe der Reibung mehrerer
am Boden schleppender Taue sein Fahrzeug etwas anhalten und
dann den Wind auf das der gewünschten Abweichung entsprechend
gestellte Segel einwirken lassen. Wie Versuche des Verfassers und
anderer ergeben haben, kann man durch geschicktes Manövrieren
mit einem in seiner Lage an der Gondel oder am Ringe verschieb-
baren Schlepptau und einem ebenfalls verstellbaren Segel eine gewisse Abweichung von der Windrichtung erzielen.

Ferner ist es möglich, mit Hilfe von Flächen, welche in einem
Winkel zur Horizontalebene geneigt werden, beim Steigen und Fallen
eine kleine Eigenbewegung des Ballons zu erreichen.

Schon Stephan Montgolfier hat dies gewußt und in einer Konstruktion zum Ausdruck gebracht. Nach ihm haben verschiedene
Gelehrte diesen Gedanken weiter verfolgt und eingehende Versuche
darüber angestellt, ohne aber zu praktischen Ergebnissen zu gelangen.

1883 hat der durch seine aerodynamischen Arbeiten weiteren
Kreisen bekannte Professor Wellner von der Technischen Hochschule in Brünn das Projekt eines Segelballons veröffentlicht. Da
schiefe Flächen beim Fallen schräg herabsinken, beim Steigen schräg
emporsteigen, wollte er durch abwechselndes Heben und Senken der

Fläche in lavierendem Wellenfluge nach bestimmter Richtung vorwärts kommen. Die erforderliche vertikale Bewegung gedachte er durch abwechselnde Erhöhung und Verminderung der Ballonwärme durchzuführen.

Seine Berechnungen ergaben, daß er mit einem 15 m im Querschnitt messenden, 45 m langen »Fischballon«, welcher vorn eine senkrechte und hinten eine wagerechte Schneide besaß, eine Geschwindigkeit von 5 km pro Stunde erreichen könne.

Tatsächlich haben auch seine Versuche in Brünn bei einmaligem Aufstiege und Herabfallen eine Abweichung von 3 Meilen gegen die Windrichtung ergeben.

Den ersten Segelballon baute 1784 Guyot, ohne natürlich einen Erfolg erreichen zu können. Bemerkenswert ist sein Werk nur deshalb, weil er der Hülle die längliche Gestalt eines Eies gab, dessen Längsachse in der Luft horizontal mit dem dicken Ende nach vorn gestellt wurde.

Allmählich brach sich die Erkenntnis der Unzulänglichkeit der Ruder Bahn, und der Physiker Carra schlug vor, mit größeren Flächen in der Form von Schaufelrädern zu arbeiten, die an einer Achse zu beiden Seiten der Gondel arbeiten sollten.

Die Wirkung war schon etwas größer, genügte aber bei weitem nicht.

Der große Einfluß, den eine zweckmäßige Ballonform auf die Verminderung des Luftwiderstandes ausübt, wurde bald erkannt, und von nun an begegnet man meist nur Körpern länglicher Gestalt. Den Anfang machte die Akademie von Dijon, welche durch den Physiker Guyton de Morveau ein großes Projekt ausarbeiten ließ. Die Luft sollte an einer vorn befindlichen, keilförmigen Fläche möglichst leicht abfließen, während man die Steuerung durch ein an der entgegengesetzten Seite angebrachtes Vertikalsegel zu erzielen gedachte.

Diese Art von Steuer ist bis auf den heutigen Tag vorbildlich geblieben und hat bei allen Versuchen genügende Wirkung gezeigt.

Einen Erfolg hatte die Akademie mit ihrer Konstruktion nicht, weil die Antriebskräfte, die durch Ruder und zwei um eine Horizontalachse auf und nieder klappbare Segel hervorgerufen wurden, natürlich zu gering waren.

Projekte in Unzahl tauchten in schneller Folge hintereinander auf, aber alle basierten auf denselben Bewegungsmitteln, und die meisten kamen deshalb nicht zur Ausführung.

Neu und sehr geistreich war die Montgolfiere der Priester
Miollan und Janinet. Das 28 m breite, 32 m hohe Fahrzeug
sollte nach einer schon durch Joseph Montgolfier erörterten Idee durch
die Reaktion ausströmender heißer Luft in entgegengesetzter Richtung vorwärts getrieben werden. Zu diesem Zwecke war am Äquator
der Hülle eine Öffnung von 35 cm Durchmesser angebracht, durch
welche die heiße Luft, die andauernd durch das Feuer einer in der
Gondel befindlichen Glutpfanne in das Balloninnere geschickt wurde,
entweichen sollte.

Noch eine ganze Reihe Verbesserungen, die uns aber nicht
weiter interessieren, waren beim Bau vorgenommen.

Leider kam der Versuch nicht zustande, das Fahrzeug wurde
von dem Pöbel, der die Abfahrt nicht erwarten konnte, vorher
zerstört.

Ein jeder kennt die Wirkung, die man durch die Reaktion
ausströmender Gase oder Flüssigkeiten erzielen kann, und die einfache Form einer »Turbine« sieht man bei den Rasensprengvor-
richtungen.

Durch Reaktion einer Kraft wollen noch heutigentags Erfinder
die Eigenbewegung von Luftfahrzeugen gewinnen. Der absurdeste
Gedanke liegt in der Mitführung kleiner Kanonen, welche durch
den Rückstoß beim Abfeuern der Geschosse die Gondel in entgegengesetzter Richtung fortschleudern sollen.

Einen ganz hervorragenden Fortschritt machte man mit der
Einfügung von Luftsäcken in das Balloninnere nach den von
dem Leutnant, späteren General Meusnier gemachten Angaben.
Noch heute spielt das »Ballonet« bei Fessel- und lenkbaren Ballons
eine außerordentlich große Rolle.

Die erste Fahrt eines mit Luftsack ausgerüsteten Aerostaten hätte
allerdings beinahe gerade durch diese neue Einrichtung ein unglück-
liches Ende genommen.

Die schon genannten Gebrüder Robert hatten in ihrem länglichen Fahrzeug den Luftsack in der Nähe der Öffnung zum Entweichen des überschüssigen Gases angebracht. Bei der Auffahrt
gerieten sie in einen heftigen Luftwirbel, der ihnen Ruder und Steuer
abriß und die Leinen, mit denen das Ballonet im Innern befestigt
war, löste. Der Stoff legte sich unglücklicherweise gerade auf die
genannte Öffnung und verstopfte dieselbe derart, daß das bei dem
rapiden Steigen sich stark ausdehnende Gas nicht zu entweichen
vermochte. In 4800 m Höhe besaß der mitfahrende Herzog von

Chartres die Geistesgegenwart, mit seinem Degen ein 3 m langes Loch in die Hülle zu stoßen und dadurch den Ballon, der unzweifelhaft bald geplatzt wäre, zum schnellen Sinken zu bringen. Dank dem in genügender Menge zur Verfügung stehenden Ballaste wurde der Aufprall auf den Erdboden hinreichend gebremst, so daß die Insassen ohne Verletzungen davonkamen.

Obgleich die Mitfahrenden nur der Umsicht des Herzogs ihr Leben zu danken hatten, wurde er von der großen Menge in Spottgedichten ob seiner Feigheit verhöhnt.

Zeitlich folgen nach diesen Versuchen die Erfindungen einiger Aerodynamiker, deren Eifer sich nach den vielen mißglückten Aufstiegen von Aerostaten wieder regte. Wir wollen jedoch an dieser Stelle zuvor die wirklich ausgezeichneten Pläne von Meusnier besprechen, dessen Anordnungen zumeist auch heute noch vorbildlich geblieben sind.

Dieser wissenschaftlich und technisch gleich hervorragend gebildete Offizier ging mit großem Eifer an das Studium der einschlägigen Fragen und baute alle seine Vorschläge auf der Grundlage praktischer Versuche auf.

Zunächst beschäftigte ihn der Einfluß des Luftwiderstandes und die Feststellung, welche Flächen sich für die Überwindung desselben am geeignetsten erweisen würden.

Auf Grund dieser Erfahrungen hielt er die elliptische Gestalt für die beste, und um den Druck noch mehr zu verringern, dachte er auch daran, die kahnförmige Gondel mit ihrer schmalen Seite in die Bewegungsrichtung zu stellen.

Meusnier war der erste, der eine sichere und unverrückbare Verbindung der Gondel mit dem Ballonkörper als unerläßliche Bedingung eines lenkbaren Aerostaten bezeichnete.

Wenn auch alle Bewegungs- und Steuerorgane an oder unmittelbar unter der Hülle angebracht sind, so muß doch allemal der Antrieb durch die Motoren von der Gondel aus erfolgen. Für die Übertragungen ist es nun sehr wesentlich, daß beide Teile ihre Lage zueinander nicht wesentlich verändern können.

Zur Fortbewegung des Fahrzeuges befanden sich in der Mitte zwischen Gondel und Hülle drei Propeller, deren Wellen durch die Kraft von Menschenhänden in Drehung gesetzt werden sollten. Meusnier war sich wohl bewußt, daß auf diese Weise nur eine verhältnismäßig geringe Leistung erzielt werden könne, und hatte deshalb 80 Leute als Bemannung vorgesehen, denn Motoren gab es zu jener Zeit noch nicht.

Eingehende Versuche waren auch zur Ermittelung des Gasdrucks angestellt, und mit eigens hierzu gebauten Apparaten hatte er zahlenmäßig den Einfluß desselben auf die Hülle festgestellt.

Auch die horizontalen Flächen zur Stabilisierung, die wir bei allen Lenkballons wiederfinden, sind in Meusniers Projekt geplant, ebenso wie besondere Einrichtungen, die im Falle einer Wasserlandung ein Untergehen der Gondel verhindern sollten.

Die hervorragendste Erfindung Meusniers ist, wie gesagt, das Ballonet, auf dessen Art und Wirkung wir hier seiner eminenten Wichtigkeit halber näher eingehen wollen.

In seiner Denkschrift gibt er verschiedene Zwecke und Konstruktionen an für einen »besonderen Raum, bestimmt zum Einschließen von atmosphärischer Luft«.

Die wichtigste Rolle spielt diese Einrichtung bei der Forderung, die äußere Form eines lenkbaren Ballons zu erhalten. Jeder Erfinder baut seinen Aerostaten in einer Gestalt, von der er sich den geringsten Luftwiderstand verspricht, und deshalb muß er dafür sorgen, daß diese Gestalt sich nicht verändern kann.

Bei starren Körpern bleiben die Umrisse immer dieselben, bei schlaffen aber nicht.

Wir haben gesehen, daß nicht nur durch Diffusion fortgesetzt Gasverluste eintreten, sondern daß auch durch Temperaturunterschiede und Wechsel der Fahrthöhe jedesmal Volumenänderungen des Gases eintreten müssen. Vergrößerungen des Gasinhalts kann man ohne weiteres durch automatische Ventile begegnen, aber Verminderungen markieren sich sofort durch Zusammenschrumpfen der Hülle.

Das im Innern entstehende Manko kann man aufheben durch Einpumpen von Luft. Würde man dieselbe aber direkt in das Gas bringen, so verschlechtert man dieses auf Kosten der Fahrtdauer. Außerdem entsteht allmählich ein äußerst explosibles Gemisch.

Das beste wäre natürlich, wenn man Gas auf irgendeine Weise nachfüllen könnte. Es ist aber z. B. unmöglich, dasselbe im komprimierten Zustande mitzuführen, weil die Gewichtsvermehrung durch die erforderlichen Stahlbehälter unverhältnismäßig groß ist. Es werden aber in neuester Zeit Versuche angestellt, flüssiges Gas für Ballonzwecke brauchbar zu machen, um den Fehlbetrag durch dessen Verdunsten auszugleichen.

Es bleibt also nur noch die Einrichtung von Luftbehältern übrig, aus denen bei Vergrößerungen des Volumens, soweit man demselben nicht durch Ventile begegnet, die Luft herausgedrückt wird, die hingegen bei Gasverlusten durch Ventilatoren gefüllt werden müssen.

Das Einbauen des Ballonets kann in dreifacher Weise erfolgen.

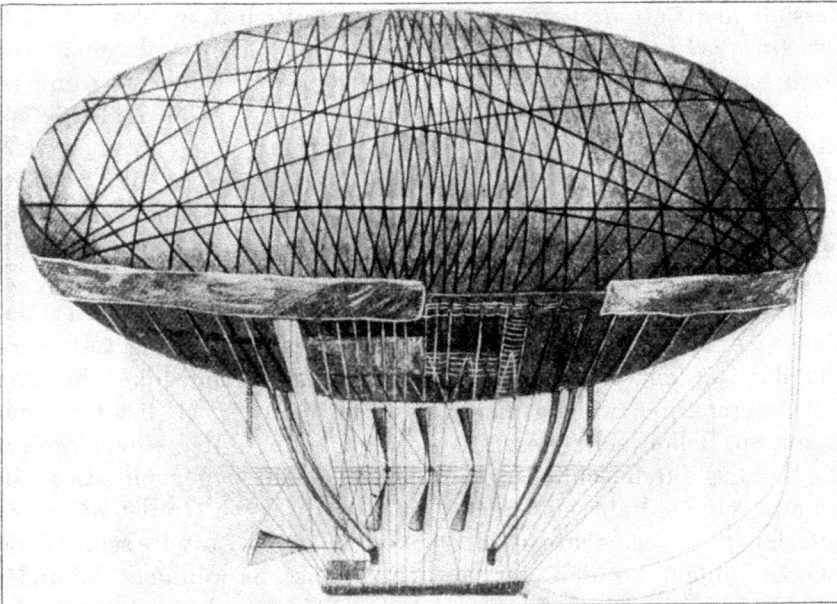

Der geplante Ballon des General Meusnier.

Die Ballonhülle wird in einem Teile, der Hälfte oder weniger, verdoppelt. In diesem Falle liegen die beiden Stoffhüllen fest aufeinander, wenn der Gasraum prall gefüllt ist. Man kann dabei, wenn man Gasverlusten vorbeugen will, den zweiten Raum auf der Erde mit einer Luftmenge füllen, die der Volumenzunahme des Gases bis zur beabsichtigten Fahrthöhe entspricht. Es tritt dann das Ventil erst in Tätigkeit, wenn diese Höhe überschritten wird.

Die gebräuchlichste Art ist die Einfügung besonderer Säcke in das Balloninnere. Die Größe derselben richtet sich nach dem Maße, um welches sich das Gas bis zum Erreichen der größtmöglichen

Höhe ausdehnt. Eine Anwendung solcher Ballonets haben wir bei der Fahrt Roberts mit dem Herzog von Chartres gesehen.

Bei der letzten Form umgibt man eine innere Gashülle mit einer zweiten größeren Lufthülle, der Zwischenraum wird mit Luft gefüllt. Das Projekt Meusniers sah diese Konstruktion vor.

Bei allen Ballonets müssen die Ventilatoren beim Abstieg in Tätigkeit treten, weil dann das Gas stark zusammengedrückt wird.

Die Erhaltung der Ballonform ist nicht der einzige Zweck, den ein Ballonet erfüllen kann. Meusnier beabsichtigte, durch Kompression der Luft in seinem Innern das Luftschiff in seiner Gleichgewichtslage zu halten. Bei vielen Lenkballonkonstruktionen wird durch Einpumpen von Luft in die Ballonets die Höhensteuerung bewirkt. Beschwert man beispielsweise einen vorn in der Hülle befindlichen Luftsack mit mehr Luft als einen hinten eingebauten, so wird durch das größere Gewicht die Spitze des Ballons gesenkt und das Fahrzeug wird dynamisch nach unten gedrückt. Umgekehrt wird, wenn das Hinterteil auf dieselbe Weise gesenkt wird, das Luftschiff durch Drachenwirkung nach oben gedrückt.

Wichtig ist ferner die Benutzung des Ballonets für die Wahl der Fahrthöhe. Durch Zusammendrücken der Luft kann man das Gewicht erhöhen und den Aerostaten zum Sinken bringen. Die Gasersparnis, welche man auf diese Weise erzielt, ist für einen lenkbaren Ballon sehr wesentlich. Man kann ferner einem Steigen des Ballons durch schnelles Einfüllen von Luft begegnen. Lebaudy hat aus seinem Fahrzeug Säcke im Gewichte von Granaten herausgeworfen und vermochte in der Sekunde 1 cbm Luft in seine Ballonets zu füllen, so daß der Gewichtsverlust in wenigen Sekunden wieder ausgeglichen war.

Meusnier hatte zur Füllung des Luftraums zwei durch Menschen zu treibende Blasebälge in der Gondel angebracht.

Zum Schutze der eigentlichen Hüllen hatte er über dieselben noch eine dritte, etwas kleinere Stofflage geplant, die er mit einem Gurtennetz überspannen wollte; durch Aufhängeleinen wurden Netz und Gondel miteinander verbunden.

Eigenartig ist auch seine Ankervorrichtung, die in einer Ankerharpune bestand, die sich durch schnellen Fall tief in die Erde einbohren sollte.

Meusniers Projekt, das wegen seiner hohen Kosten nicht ausgeführt werden konnte, ist das hervorragendste, das bis jetzt von einem Einzelnen selbständig ausgedacht worden ist.

Es soll nicht unerwähnt bleiben, daß Meusnier 1793 bei Mainz
(Mayence) durch eine preußische Kugel gefallen ist, und daß der
König von Preußen zu Ehren dieses tüchtigen Generals das Feuer
während seines Leichenbegängnisses einstellen ließ.

Das Interesse für die Luftschiffahrt ließ nun in der folgenden
Zeit bei wissenschaftlich und technisch gebildeten Leuten nach, weil
sie einsahen, daß die Versuche, aerostatische Fahrzeuge lenkbar zu
machen, an dem Mangel einer geeigneten Betriebskraft vorläufig
scheitern mußten.

Schon deshalb fällt von 1786 ab der Luftsport fast ausschließlich in die Hände von Spekulanten, die ein Gewerbe aus den Aufstiegen machten und durch besondere Kunststücke das Publikum
heranzuziehen suchten.

Wenn auch die Projekte lenkbarer Ballons nicht ganz aufhören,
so bieten alle Veröffentlichungen über dieselben nichts, was des
weiteren Interesses besonders wert wäre. Die Zeit bis zum Jahre 1852
kann deshalb füglich übergangen werden.

Dreizehntes Kapitel

Die Lenkballons von 1852—1872.

Die Fortentwicklung der lenkbaren Ballons datiert vom Jahre 1852, in welchem der Maschineningenieur Giffard mit einem länglichen Aerostaten auf den Plan trat. Giffard ist später — 1858 — berühmt geworden durch die Erfindung des ersten brauchbaren Injektors für Dampfkessel.

Giffard hatte sich frühzeitig mit der Theorie der Aeronautik beschäftigt und sich bei einigen Auffahrten mit Eugen Godard auch praktische Erfahrungen in der Führung angeeignet.

Als es ihm 1851 gelungen war, eine kleine Dampfmaschine von 3 PS in dem geringen Gewichte von 45 kg zu bauen, faßte er den Plan, diesen Motor für ein Luftschiffprojekt zu verwenden.

Das Fahrzeug, das er mit Hilfe zweier junger Ingenieure erbaute, hatte die Form einer Spindel mit vollkommen symmetrischen Enden. Die Länge betrug 44 m, der Durchmesser in der Mitte 12 m und der Inhalt 2500 cbm. Über der Hülle lag ein engmaschiges Netz, dessen Auslaufleinen nach einer dicken, 20 m langen, horizontal liegenden Stange führten. Am hinteren Ende dieses »Kiels«, wie Giffard sich ausdrückte, befand sich das Steuer in Form eines dreieckigen Segels. 6 m unterhalb des Holzes hing an einigen wenigen Leinen die Gondel mit dem Motor und den Schrauben.

Der 3 PS-Motor wog mit Kessel 159 kg und trieb eine dreiflügelige Schraube von 3,40 m Durchmesser, die 110 Touren in der Minute machte.

Das Gesamtgewicht des Fahrzeuges mit einem Passagier und
einem Auftrieb von 10 kg betrug
1560 kg, so daß es nach der
Tragfähigkeit des Füllgases noch
248 kg an Wasser und Kohlen
mitführen konnte.

Aus den angegebenen Zahlen
geht hervor, daß das Gewicht
der Dampfmaschine im Ver-
hältnis zu seiner Wirkung auf
die Schraube viel zu groß war,
um eine hinreichende Kraft
hervorzurufen.

Giffard war sich darüber
auch klar gewesen und hatte
2—3 m Eigengeschwindigkeit
pro Sekunde für seinen Ballon

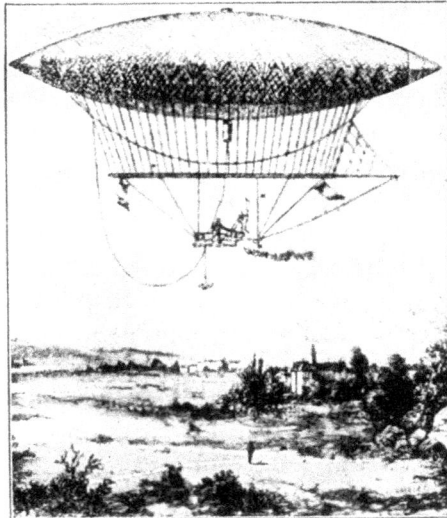

Giffards lenkbarer Ballon von 1852.

berechnet, eine Zahl, die bei einem Versuche auch tatsächlich erreicht worden ist.

Besonders zu erwähnen sind die Schutzvorrichtungen,
die er gegen die Entzündung des Ballongases angebracht hatte:
feines Drahtgeflecht nach Art desjenigen bei Sicherheitslaternen
befand sich vor dem Feuerungsraum, und der Schornstein war in
einem Winkel bis unter die Gondel geführt.

Wie wichtig solche Vorsichtsmaßregeln sind, werden wir später
an der Konstruktion Wölferts und Severos sehen, die beide durch
Ignorieren dieser Einrichtungen
ihr Leben eingebüßt haben.

1855 probierte Giffard einen
zweiten Ballon, den er zur Ver-
minderrung des Stirnwiderstan-
des schlanker gemacht hatte. Bei
nur 10 m größtem Durchmesser
besaß derselbe eine Länge von
70 m bei 3200 cbm Inhalt.

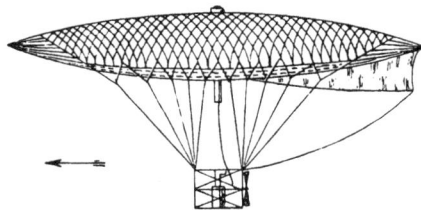

Giffards zweiter Ballon 1855.

Um die äußere Form besser zu erhalten, hatte er im oberen
Teil der Hülle in der Längsrichtung eine der Gestalt entsprechende
Versteifung angebracht, an welcher das Netz festgemacht war. Die
Auslaufleinen gingen diesmal direkt bis zu den vier Ecken der

Gondel, der Motor war derselbe geblieben, aber der Schornstein nach seitwärts rechtwinklig umgebogen. Durch tiefere Lage der Gondel gedachte er Gasexplosionen zu vermeiden. Bei dem Versuche, den er zusammen mit dem bekannten Ballonfabrikanten Yon machte, soll es gelungen sein, das Fahrzeug trotz seiner Größe doch wegen seiner schlankeren Gestalt etwas gegen einen schwachen Wind vorzubringen.

Da beim Aufstieg nach den schon entwickelten Gesetzen das überschüssige Gas entwichen war, wurde beim Abstieg das Volumen verringert, das noch vorhandene Gas strömte in eine Spitze des Ballons und stellte denselben mit seiner horizontalen Achse vertikal. Durch die schwere Gondel wurde dann das Netz von seiner Stange gerissen, der Ballon platzte, und die Maschine wurde im Fall zertrümmert. Die beiden Insassen kamen glücklicherweise mit leichteren Verletzungen davon.

Der Mangel eines Ballonets war schuld an diesem Unglück.

Trotz dieses Mißgeschicks plante Giffard einen dritten Aerostaten, dem er die ungeheure Länge von 600 m bei 30 m größtem Durchmesser geben wollte. Der Motor dieses 220000 cbm großen Ballons sollte 30000 kg wiegen und eine Eigengeschwindigkeit von 20 m pro Sekunde hervorrufen.

Infolge der großen zum Bau erforderlichen Kosten kam diese Konstruktion nicht zustande, und Giffard wandte sich dem Bau kleiner Dampfmaschinen wieder zu. Seine schon erwähnte Erfindung des Injektors brachte ihm ein großes Vermögen, das ihm ermöglichte, seine Luftschiffversuche wieder aufzunehmen.

Er baute 1867 die erste Dampfwinde für Fesselballons und ließ ein Jahr darauf auf der Londoner Ausstellung einen Ballon von 12000 cbm steigen, dessen Anfertigung ihn 700000 Frank gekostet hatte. 1878 finden wir in Paris einen solchen von 25000 cbm, und danach plante er den Bau eines 50000 cbm großen, lenkbaren Aerostaten, welchen er mit zwei Kesseln auszurüsten gedachte. Die Kosten sollten sich auf 1 Mill. Frank belaufen.

Es kam aber nicht zur Durchführung der vollkommen ausgearbeiteten Pläne, Giffard erblindete und nahm sich 1882 auch in geistiger Umnachtung das Leben.

Nach dem mißglückten zweiten Versuche Giffards wurden erst während der Belagerung von Paris durch die Regierung weitere Arbeiten angeregt. Der Marine-Ingenieur Dupuy de Lôme erhielt den Auftrag, einen lenkbaren Ballon zu bauen, welchen er aber erst nach dem Feldzuge im Jahre 1872 probieren konnte.

Es berührt eigentümlich, zu hören, daß dieser Mann von Ruf die Schrauben wieder durch die Kraft von acht Menschen in Bewegung setzen wollte.

Infolge einer im übrigen sehr geschickten Bauart erreichte er doch 2,8 m Eigengeschwindigkeit, also nicht viel weniger, als Giffard mit seinem Motor erzielt hatte.

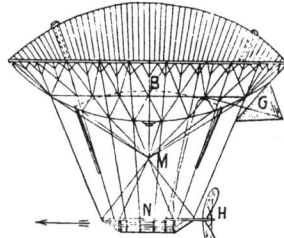

Dupuy de Lome 1872.

Die spindelförmige Hülle hatte bei 36 m Länge und 14,8 m größtem Durchmesser einen Inhalt von 3450 cbm.

Bemerkenswert ist die aus der Zeichnung ersichtliche Netzkonstruktion, die eine Verschiebung der Gondel zur Hülle bei der Arbeit der Schrauben verhindern sollte. Zu diesem Zwecke über-

Der lenkbare Ballon des deutschen Ingenieurs Paul Haenlein.

kreuzte sich ein Teil der Auslaufleinen etwa in der Mitte zwischen Gondel und Hülle, während der Rest direkt an den Rand des kahnförmigen Baues führte.

Die Bemannung betrug 14 Personen, die zum Drehen der Schraubenwellen und der Ventilatoren zum Aufblasen des Ballonets gebraucht werden sollten.

Es lohnt sich nicht, näher auf die Konstruktion einzugehen, weil der Versuch keinerlei Fortschritte ergab.

Inzwischen hatte auch in Deutschland ein sehr genialer Mann sich mit der Konstruktion eines Ballons beschäftigt. Der erst im Jahre 1905 verstorbene Ingenieur Paul Haenlein baute ein Luftschiff, dem er die Rotationsgestalt der im Wasser befindlichen Kiellinie eines Schiffes gab. Eingehende hydrostatische Versuche hatten ihn zu dieser seltsamen Form geführt, die in der Mitte einem Zylinder entspricht, der an seinen Enden in mehr oder minder spitze Kegel ausläuft.

Bei einer Länge von 50 m und 9,2 m größtem Durchmesser betrug der Inhalt 2408 cbm.

Die Gondel war sehr nahe an die Hülle herangebracht, damit eine möglichst gute Versteifung dieser Teile gewährleistet wurde.

Zum ersten Male in der Luftschiffahrt kam eine Gasmaschine (System Lenoir) zur Anwendung. Vier horizontalliegende Zylinder lieferten ca. 6 PS bei einem Gasverbrauch von 7 cbm pro Stunde. Das Speisegas sollte dem Ballon selbst entnommen und das Manko durch Aufblasen des Ballonets mit Luft ersetzt werden.

Die Aufhängung der durch Längsträger gebildeten Gondel erfolgte an deren Ränder durch tangential auftreffende Leinen.

Die Dichtigkeit der seidenen Hülle war durch eine dickere Kautschukschicht im Innern und eine dünnere äußere genügend erreicht.

Infolge zu schweren Leuchtgases konnten die Versuche nur an Haltetauen vorgenommen werden, deren Enden an der Erde lose von Soldaten gehalten wurden. Die erreichte Geschwindigkeit wurde auf 5 m pro Sekunde festgestellt und somit ein Fortschritt von 2 m gegen die französischen Versuche geschaffen.

Infolge Geldmangels konnten keine weiteren Versuche angestellt werden, und das wirklich anerkennenswerte Projekt ist mit den von Haenlein geplanten mannigfachen Veränderungen nicht wieder zur Ausführung gekommen.

Vierzehntes Kapitel

Die Lenkballons von 1883—1897.

Nach zehnjähriger Pause bringt uns Frankreich eine bemerkenswerte Konstruktion der Gebrüder Gaston und Albert Tissandier in Paris, von denen der erstere während des Krieges bekannt geworden ist durch seine vergeblichen Versuche, mittels eines Freiballons wieder in die eingeschlossene Stadt zu gelangen.

Das Modell dieses elektrisch angetriebenen Aerostaten war schon 1881 während der Elektrizitätsausstellung zu sehen gewesen und hatte beide ermutigt, die Kosten an einen großen Bau zu wagen.

Die dem Ballon Giffard nachgebildete spindelförmige Hülle hatte eine Länge von 28 m bei 9,20 m größtem Durchmesser und 1060 cbm Inhalt. Sie bestand aus gefirnißtem Baumwollstoff.

Die Gondel des lenkbaren Ballons der Gebrüder Tissandier 1883.

Ein Siemensscher Elektromotor mit Batterie von 24 Bichromatelementen von je 7,8 kg Gewicht war in ein Gestell aus Bambusstäben eingebaut.

Bei Anwendung aller Elemente erreichte er eine Tourenzahl von 180/min. und einen Zug von 12 kg.

Die Versuche ergaben als Höchstleistung eine Eigenbewegung von 3—4 m bei einer Leistung des Motors von $1^1/_2$ PS.

Besonders Bemerkenswertes ist über die Konstruktion, für die beide Brüder 50000 Frank verausgabt hatten, nicht zu erwähnen.

Man hatte sich nun so allmählich daran gewöhnt, nur von mißglückten Versuchen mit lenkbaren Aerostaten zu vernehmen, und betrachtete die Erfindung eines solchen bald als Utopie.

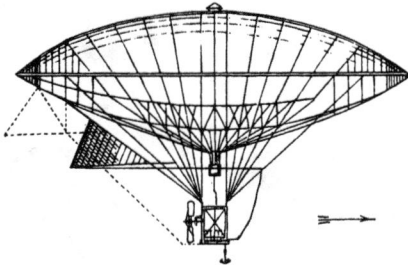

Der lenkbare Ballon der Gebrüder Tissandier.

Um so mehr war man in der ganzen Welt überrascht, als 1884 die Kunde verbreitet wurde, daß es zwei französischen Offizieren, den Hauptleuten Renard und Krebs, gelungen sei, mit einem Ballon aufzusteigen und wieder zur Abfahrtsstelle zurückzukehren, nachdem eine »8« durchfahren war.

Schon seit 1878 hatte Charles Renard im Verein mit seinem Kameraden la Haye an den Vorstudien für einen lenkbaren Ballon gearbeitet und versucht, durch Vermittlung des Chefs der Ingenieure, Oberst Laussedat, das nötige Geld vom Kriegsministerium zu erhalten. Nachdem ihm dieses im Hinweis auf die 1870 vergeblich geopferten Summen rundweg abgeschlagen war, suchten die beiden Gambetta für ihre Pläne zu gewinnen und erlangten auch eine Audienz, in der sie ihre Projekte vortragen konnten.

Gambetta interessierte sich sehr für dieselben und versprach 200000 Frank.

Charles Renard führte sodann mit dem Nachfolger von la Haye, dem Hauptmann Krebs, die Pläne aus.

Der Aerostat hatte die Form eines Torpedos, vorn dicker als hinten, seine Länge betrug 50,42 m, der größte Durchmesser 8,40 m, der Inhalt 1864 cbm.

Die aus Bambusstäben zusammengesetzte Gondel war 33 m lang, 2 m hoch und 1,40 m breit und mit Seide umschlossen.

Ein aus Akhumulatoren gespeister Elektromotor von 8,5 PS trieb die an der Vorderseite der Gondel befindliche, 7 m lange,

zweiflügelige Schraube aus Holzleisten, die mit gefirnißter Seide überzogen war.

Eine Beschädigung der gekrümmten Schaufelflächen sollte durch
Hochklappen ihrer Achse kurz vor dem Herunterkommen auf die
Erde verhindert werden.

Den Landungsstoß gedachte Renard durch Benutzung eines
schweren S c h l e p p t a u e s zu mildern.

Die Wirkung eines solchen Taues wird ohne weiteres erkennbar, wenn man sich die Vorgänge beim Abstieg eines Ballons klar-
macht. Ein im Fallen begriffener Aerostat nimmt allmählich eine beschleunigte Bewegung an, die den Korb ohne Gegenmaßregeln sehr

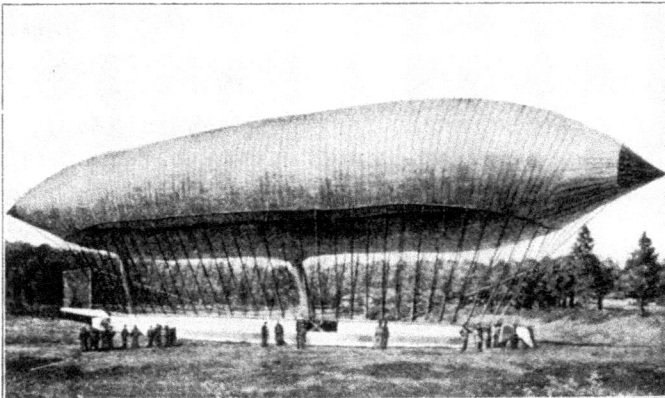

»La France« von Renard und Krebs.

heftig auf den Boden bringen würde. Es ist nun schwierig, diesen
Fall durch Ballastauswerfen nur so weit zu mäßigen, daß er einerseits unschädlich für Insassen und Material ist, daß aber anderseits
ein Wiederaufsteigen durch zu große Gewichtsverminderung vermieden wird. Ein schweres, etwa 60—100 m langes Schlepptau
legt sich vor dem Aufprall der Gondel auf den Boden und entlastet
dadurch den Ballon. Der Stoß wird durch diese Gewichtserleichterung vermindert. Sobald aus irgendeinem Grunde der Auftrieb
wieder vermehrt wird, muß das steigende Luftschiff das Gewicht
des Taues in die Luft nehmen und wird durch diese vermehrte
Belastung wieder herabgezogen. Solche automatische Wirkungen
spielen kurz vor der Landung und bei einer Fahrt unmittelbar über
der Erde eine große Rolle. Außerdem verringert der Schleppgurt

durch seine Reibung an der Erde die Schnelligkeit der Fahrt und gibt dem Anker mehr Zeit, zu fassen.

Außer einem Anker hatte Renard in der Gondel noch ein sog. Laufgewicht, das Gewichtsverschiebungen, die durch Umhergehen der Luftschiffer hervorgerufen werden, durch entsprechende Änderung seiner Lage begegnen sollte.

Das Gesamtgewicht des Fahrzeuges mit Insassen und etwas Ballast betrug 2000 kg.

Die hinten zwischen Gondel und Hülle befindliche Steuerfläche hatte rechteckige Form und trapezförmigen Querschnitt, durch welchen ein einseitiges Aufbauschen unmöglich wurde. Zur Drehung um die vordere, vertikale Achse liefen zwei Zugleinen über zwei an den Seiten der schmalen Gondel überragende Balken.

Besonders bemerkenswert ist eine zur Dämpfung der Schwingungen des Ballons um die horizontale Achse bestimmte horizontale Fläche. Renard ist der erste gewesen, der darauf hingewiesen hat, daß ein langer in der Luft bewegter Körper bei einer gewissen Geschwindigkeit sein Gleichgewicht verliert und zu pendeln beginnt. Er nannte die Schnelligkeit, bei der dies eintritt, die »kritische Geschwindigkeit« des Luftschiffes. Gleichzeitig fand er aber in den horizontalen Flächen das Mittel, diesen Schwingungen zu begegnen. Lange Zeit hat er dies aber geheim gehalten, und niemand erkannte die Bedeutung der Dämpfungsfläche.

Fast zwei Monate lang warteten die Erbauer auf windstilles Wetter, und am 9. August, 4 Uhr abends, stieg endlich »La France« bei ganz geringem Auftrieb mit Renard und Krebs an Bord in die Höhe.

Sobald sie über die mit Bäumen bewachsenen Höhen der Umgebung von Chalais hinweggekommen waren, setzten sie ihre Schrauben in Bewegung und hatten die große Freude, zu sehen, daß das Fahrzeug unmittelbar darauf eine beschleunigtere Bewegung annahm und auch kleinen Veränderungen in der Steuerstellung gehorchte. Die Fahrt wurde nun zunächst von Norden nach Süden bis zur Straße von Choisy nach Versailles gerichtet und dann nach Westen umgebogen.

Es war zunächst nicht beabsichtigt gewesen, auch direkt gegen den nur mäßigen Wind anzufahren; aber das Vertrauen der beiden Ingenieure stieg allmählich, und 4 km von Chalais entfernt stellten sie das Steuer um und vollführten die Kehrtwendung in dem sehr kleinen Winkel von 11 Grad bei einem Kreisdurchmesser von etwa 300 m.

Nach einer kleinen Rechtsabweichung, der wieder durch veränderte Steuerstellung begegnet wurde, gelangte der Aerostat bald 300 m hoch über seine Abfahrtstelle, und ein leichtes Ventilziehen unter gleichzeitigem Vor- bzw. Rückwärtsarbeiten der Maschine brachte ihn in die geeignetste Stelle, 80 m über dem Exerzierplatz. Mannschaften ergriffen das Schlepptau, zogen das Luftschiff vollends herunter und brachten es in seine Halle.

7,6 km Weg hatte »La France« in 23 Minuten zurückgelegt.

Bei der zweiten Auffahrt hatten die Erfinder weniger Glück. Durch einen etwas lebhaften Wind wurde der Ballon in dessen Richtung fortgetrieben, und zu allem Überfluß erlitt der Motor eine Havarie und versagte. Die Landung vollzog sich in 5 km Entfernung sehr glatt, der Rücktransport nach Chalais machte keinerlei Schwierigkeiten.

Bei dem dritten Aufstieg am 8. November ging der Kurs zunächst nach NNO gegen den Wind bis in die Höhe von Billancourt. Zur Feststellung der Windgeschwindigkeit ließ Renard hier die Maschine stoppen und den Ballon in der Luftströmung forttreiben. Er

Capitain Charles Renard,
Konstrukteur des »La France«.

stellte fest, daß der Wind mit einer Stärke von 8 km die Stunde oder 2,2 m pro Sekunde wehte. Die Eigenbewegung betrug 23 km die Stunde oder 6,4 m die Sekunde. Die Landung erfolgte diesmal wieder am Aufstiegorte.

Unter sieben Malen war es fünfmal gelungen, zur Abfahrtsstelle zurückzukehren.

Bei der fünften Fahrt hatte ein Wind von 7 m geweht, den der Ballon mit seiner geringeren Eigengeschwindigkeit natürlich nicht zu überwinden vermochte. Bemerkenswert sind die sechste und siebente Fahrt des »La France«, bei denen der Stadt Paris ein Besuch abgestattet wurde.

Es war allen Zweiflern unwiderlegbar bewiesen, daß der lenkbare Ballon nunmehr in das Stadium praktischer Erfolge getreten war.

Trotz des günstigen Ausfalles der Fahrten haben die Franzosen doch den Renardschen Ballon nicht eingeführt, weil seine Geschwin-

digkeit von 6,4 m pro Sekunde noch zu gering und dann, weil die Fahrtdauer eine zu beschränkte war.

Die ferneren Versuche der Gebrüder Renard, ein größeres Fahrzeug zu bauen, sind gescheitert.

In Deutschland hatten schon 1879 der Oberförster Baumgarten und Dr. Wölfert einen Ballon mit einem Daimlerschen Benzinmotor gebaut, mit welchem sie 1880 in Leipzig die ersten Probefahrten unternahmen. Das Fahrzeug sollte schwerer als die Luft sein und demnach durch die Gasfüllung nur teilweise entlastet werden; im übrigen waren Schrauben zum Heben und seitwärts anzubringende Flügel zur Fortbewegung in der Horizontalen vorgesehen.

Schon bei den ersten Vorversuchen im Jahre 1880 wäre Baumgarten beinahe verunglückt. Das Luftschiff hatte drei Gondeln. Eine ungleichmäßige Belastung war dadurch erfolgt, daß der Passagier in einer der äußeren Gondeln aufgestiegen war. Der lange Ballonkörper richtete sich vollkommen auf, platzte und stürzte zu Boden; der Insasse kam aber ohne Schaden davon.

Der lenkbare Ballon des Dr. Wölfert vor der Katastrophe.

Der Schwarzsche Aluminiumballon nach der Landung.

Später nahm nach dem Tode Baumgartens Wölfert allein die Versuche wieder auf, und nach angeblich erfolgreichen Probeauffahrten wurde am 12. Juni 1897 auf dem Tempelhofer Felde zu einer letzten entscheidenden Probe geschritten.

Der Ballon stieg auf 200 m und wurde in der Windrichtung fortgetrieben. Plötzlich sahen die Zuschauer eine Flamme am Motor, welche in die Höhe zur Hülle hinauflief; eine Explosion erfolgte mit dumpfem Knall, und brennend stürzten die Gondel und die Reste des Stoffes zur Erde. Wölfert und sein Begleiter lagen mit zerschmetterten und verbrannten Gliedern in den Trümmern des Fahrzeuges.

Die Ursachen der Katastrophe lagen in jeglichem Mangel einer Sicherheitsvorrichtung am Benzinvergaser, so daß beim Steigen des Ballons das aus dem übrigens sehr niedrig angebrachten Ventil ausströmende Gas, durch Vermischung mit der atmosphärischen Luft explosibel geworden, zur Entzündung gelangte.

Man hätte nun meinen können, daß dieser Unglücksfall für spätere Erfinder eine Lehre gewesen wäre; aber wir werden sehen, daß wenige Jahre später der Franzose Severo wegen der gleichen Nachlässigkeit umkam.

Bemerkenswert durch seine starre Hülle ist der Ballon des österreichischen Ingenieurs Schwarz, der 1897 einen verunglückten Versuch auf dem Tempelhofer Felde unternahm.

Der Gedanke, den Körper aus Metall zu bauen, war schon 1831 und 1844 durch Marey Monge und Dupuis Delcourt gefaßt und ausgeführt worden. Die geringe Festigkeit und mangelhafte

Dichtigkeit des zur Verwendung gelangten Kupfer- bzw. Messing-
bleches führten aber zu völligem Scheitern der Versuche mit diesen
Luftschiffen.

Das Schwarzsche Fahrzeug war aus 0,2 mm starkem Aluminiumblech auf eine starke Gitterröhrenkonstruktion aus demselben Metall,
in der sich die Gondel mit dem Motor befand, aufgenietet. Es bewies auch in ungefülltem Zustande genügende Festigkeit.

Auffallend ist die eigentümliche Form, welche so gar nicht den
bisherigen, durch mannigfache Versuche für die Überwindung des
Luftwiderstandes als die besten erkannten Typen entsprach. Wahrscheinlich hat dieselbe ihren Grund aber in Konstruktionsschwierig-
keiten gehabt.

Bei der Auffahrt am 3. November 1898, die ein nie zuvor im
Freiballon gewesener ehemaliger Luftschiffersoldat unternahm, wurde
der Ballon in der Windrichtung fortgetrieben. Die Treibriemen der
Propeller glitten aber nacheinander von ihren Wellen ab, und das
Luftschiff landete infolge seiner großen Undichtigkeit nach kurzer
Zeit ca. 6 km von der Aufstiegstelle entfernt. Beim Aufprall auf
die Erde wurden Gondel und Aluminiumhülle stark verbogen und
demnächst durch auftretenden Wind völlig zerstört; der Insasse
hatte sich kurz vor dem Aufstoß durch einen Sprung in Sicherheit
gebracht.

Die nicht sehr einfachen Füllmethoden starrer Körper müssen
näher erläutert werden.

Man kann das Gas nicht direkt in den Innenraum einlassen,
weil dann ein Gemisch von Gas und Luft entstehen würde.

Der Schwarzsche, 47,5 m lange, 3700 cbm fassende Ballon wurde
vom Hauptmann von Sigsfeld in der Weise gefüllt, daß mehrere
genau der Form des Körpers entsprechende Stoffhüllen in sein
Inneres gebracht und mit Gas gefüllt wurden. Die Hüllen wurden
nach Beendigung der Füllung zerrissen und herausgezogen.

Bei einer anderen Methode leitet man das Gas zwischen Aluminium und Tuch und drückt dadurch die vorher in die Hüllen
geblasene Luft aus diesen heraus. Nach Beendigung des Füllens
müssen dann die Hüllen herausgezogen werden, damit das tote Gewicht nicht unnötigerweise vergrößert wird.

Zwei für die Praxis unbrauchbare Verfahren sollen nicht unerwähnt bleiben: man läßt heißen Wasserdampf in den Körper, der
sich während der Füllung kondensiert und als Wasser abläuft, oder
aber man führt die ganze Manipulation unter Wasser aus.

Man erkennt, daß auch die ersten beiden Methoden schwierig sind und viel Zeit und Aufmerksamkeit beanspruchen.

Wenn wir einen Rückblick auf die Entwicklung der in diesem Abschnitt beschriebenen Luftschiffe werfen, so sehen wir, daß die Fortschritte in diesen 45 Jahren nur klein gewesen sind, und daß namentlich hinsichtlich der erreichten Eigengeschwindigkeit die zu stellenden Forderungen noch lange nicht erfüllt sind. Aber ebenso sind eine Menge Vorfragen von Bedeutung gelöst, und die Welt konnte sich überzeugen, daß die Herstellung eines praktisch brauchbaren Ballons nicht mehr in so weiter Ferne liegen konnte. Infolgedessen finden sich von nun an Leute, welche die zum Bau eines lenkbaren Aerostaten unbedingt nötigen Geldmittel zur Verfügung stellen. In Deutschland war man allerdings zunächst nicht so freigebig wie in Frankreich, um dann aber nach der dem Zeppelinschen Luftschiff bei Echterdingen zugestoßenen Katastrophe eine beispiellose Opferwilligkeit für die Sache zu entwickeln.

Fünfzehntes Kapitel

Die Lenkballons von 1898—1909.

Der durch seinen schneidigen Patrouillenritt im Kriege 1870/71 weiteren Kreisen rühmlichst bekannt gewordene General Graf v. Zeppelin widmete sich nach seinem Abschiede dem schon lange gefaßten Plan, einen lenkbaren Ballon zu bauen. Nachdem seine Pläne infolge des ablehnenden Urteils einer Sachverständigenkommission nicht die Unterstützung des preußischen Kriegsministeriums gefunden hatten, bildete er zur Beschaffung des erforderlichen Kapitals eine Aktiengesellschaft und begann 1898 mit der Durchführung seiner Konstruktion. Von allen bisher gebauten Fahrzeugen war es das größte an Rauminhalt und das längste an Gestalt. Ein starkes Aluminiumgestell, das mit Pegamoidleinwand bzw. Seide überzogen war, nahm im Innern 17 in besonderen Abteilungen untergebrachte Stoffballons auf, welche im ganzen etwa 11 000 cbm Wasserstoffgas faßten. Von Spitze zu Spitze maß das Luftschiff 128 m; sein Durchmesser betrug dabei nur 11,6 m. Zwei Gondeln trugen je eine Maschine von 16 PS, welche völlig unabhängig voneinander die an dem starren Gerüst des Ballonkörpers angebrachten Schrauben in Bewegung setzten. Vertikale und horizontale Steuer dienten zum Manövrieren nach seitwärts bzw. nach oben und unten.

Um den Ballon mit seiner Spitze auf- bzw. abwärts zu richten, war unterhalb desselben ein Laufgewicht angebracht, das mittels einer Kurbel auf einer Stahltrosse nach rück- oder vorwärts verschoben wurde. Hierdurch wurde es ermöglicht, während der Fahrt den Ballon durch Drachenwirkung innerhalb gewisser Grenzen ohne Ballastausgabe oder Ventilöffnen zum Steigen oder Fallen zu bringen.

Da für die Landung eines so großen, noch dazu starren Ballons
nur die beim Schwarzschen Luftschiff gemachten Erfahrungen vor-
lagen, so wurde als Versuchsfeld die weite Fläche des Bodensees
gewählt. Auf demselben befand sich auch die schwimmende Halle.

Eine besonders wichtige Rolle fiel der äußeren Hülle zu. Sie
gab dem ganzen Luftschiff eine glatte Oberfläche und schützte die
Gasballons vor Beschädigungen und Witterungseinflüssen. Außerdem
wurden durch die isolierend wirkende Luftschicht zwischen ihr und

Der lenkbare Ballon des Grafen Zeppelin 1900.

den Ballons die schädlichen Temperaturschwankungen etwas eingeschränkt. Es hat sich herausgestellt, daß man diesem Punkte noch
weit größere Aufmerksamkeit widmen muß, als bisher geschehen ist,
weil man, um größeren Gasverlusten vorzubeugen, das Luftschiff
bei starker Strahlung mit nach unten gerichteter Spitze fahren und
auf diese Weise dynamisch tief halten muß und ferner umgekehrt
bei Abkühlung und dadurch bedingtem Auftriebverlust mit der Spitze
nach oben fahren und damit durch Drachenwirkung nach oben
bringen muß. Durch diese Maßnahmen verlieren die Luftschiffe an
Geschwindigkeit und damit an Aktionsradius.

Im Juli 1900 wurde mit den Versuchen begonnen. Man kann
nicht gerade sagen, daß Graf Zeppelin bei denselben von besonderem
Glücke begünstigt wurde, oder daß man an seinen Erfolg glaubte.

Den Gedanken des Grafen Zeppelin brachte man auch in
Fachkreisen kein Vertrauen entgegen, insbesondere warf man
dem starren Luftschiff seine riesige Größe vor und sprach die
Ansicht aus, daß es keine glatten Landungen auf festem Boden durchführen könne. Das Gegenteil ist in der Folge durch die Praxis
bewiesen worden. Ebenso wie die Führung ist auch die Landung
eines Lenkballons schwierig und von der eines gewöhnlichen Freiballons durchaus verschieden. Auch bei Führung und Landung
der verschiedenen Bauarten, der Starr- und Ballonetluftschiffe, muß
man verschieden verfahren, wenn auch die Hauptgrundsätze dieselben
sind. Durchweg muß der Führer vor der Landung das Luftschiff
genau im Strich des Windes gegen den Wind steuern und rechtzeitig eine gewisse, bei jedem Ballon durch die Erfahrung festzu-
stellende Entfernung langsamer fahren und in genügender Entfernung von dem Erdboden eine möglichst horizontale Lage des Schiffes
erreichen. Alsdann werden die Fangleinen abgeworfen, und je nach
der herrschenden Windstärke wird die Tätigkeit der die Leinen auf-
nehmenden Leute durch Motorkraft unterstützt. Dies Verfahren
klingt recht einfach, verlangt aber doch einige Übung und ruhig
Blut; Hasterei und Nervosität tragen leicht zum Mißlingen der
Landung bei.

Unter Berücksichtigung dieser Hauptgrundsätze wird bei den
einzelnen Bauarten verschieden verfahren. Bei den »Zeppelin«-
Luftschiffen, in der Folge »Z«-Schiffe genannt, führt man die Landungen auf dem Wasser oder, wie in neuester Zeit meistens, auf
dem festen Boden aus. Wenn man auf einer Seefläche niedergehen
will, hat man es leichter, da das Aufsetzen der Gondeln auf dem
Wasser nichts schadet; man kann deshalb unbedenklich bis auf
2—3 m über die Wasseroberfläche herabgehen. Beim Herabgehen
auf festen Boden muß der Führer vor Abwerfen der Fangleinen
eine Höhe von 50—60 m absolut halten, da andernfalls leicht infolge
von Böen das Luftschiff plötzlich auf die Erde gedrückt werden
kann, wobei Verletzungen sehr wahrscheinlich sind. Demnach verfährt man bei den »Z«-Schiffen wie folgt: in langer Linie fährt man
gegen die Landungsstelle an, wobei nach und nach mittels der
Höhensteuer die tiefste Flugbahn erreicht wird. Das Luftschiff
wird alsdann rechtzeitig in die horizontale Lage gebracht und je

nach den Verhältnissen ein Motor — meist der hintere zuerst — gestoppt. Hierbei wird die Höhensteuerwirkung länger beibehalten, nötigenfalls der Motor wieder voraus befohlen. Es ist zu bemerken, daß man hier unter Motorstoppen nicht das eigentliche Stoppen des Motors versteht, sondern vielmehr das Ausschalten der Propeller. Aus diesem Grunde darf man auch das rechtzeitige Abstellen des Motors nicht vergessen, weil sonst Warmlaufen leicht eintrat.

Bei den »Parseval«-Ballons wird die Landung durch Luftverschiebung in den Ballonets eingeleitet und in Schrägstellung niedergegangen. Auch hier muß man für rechtzeitige Horizontalstellung besorgt sein und aufmerksam den Innendruck beobachten. Ventilgebrauch zum Gasauslassen wird zweckmäßigerweise vermieden, da

»Zeppelin I« verankert.

hierdurch leicht Deformierung eintreten kann und die Steuerwirkung beeinträchtigt wird. Aufsetzen des Aerostaten auf den festen Boden schadet diesem unstarren Ballon wenig oder gar nicht.

Bei den halbstarren Ballonetluftschiffen ist ein Aufsetzen des Fahrzeugs auf den Boden schon bedenklicher. Deformationen des Gaskörpers infolge von Druckverlust treten jedoch nicht so leicht auf, da die Form durch den Versteifungsbalken länger gewahrt bleibt. Das Niedergehen erfolgt mittels Höhensteuerung durch besonderes Steuer und Luftverschiebung.

In jener Zeit hatte man in den Landungen großer Motorluftschiffe noch keinerlei Erfahrung, und so kann die Ansicht der Fachleute nicht überraschen.

Bei der ersten Auffahrt, bei der als aerostatischer Führer Baron v. Bassus tätig war, zerbrach bald die oben erwähnte Laufgewichtskurbel, und der ganze Ballon wurde mit dem Laufsteg, der die Verbindung zwischen den beiden Gondeln möglich machen sollte, um ca. 27 cm vertikal verbogen, so daß die Schrauben nicht axial arbeiten konnten. Dies hatte natürlich sofort zur Folge, daß das Luftschiff seine volle berechnete Fahrgeschwindigkeit nicht erreichen konnte. Das Maximum betrug an diesem Tage nur 4 m pro Sekunde. Auch die Steuerfähigkeit, die anfangs vorhanden war, wurde bald aufgehoben, weil die Steuerleinen sich verschlangen; alles Übelstände, deren Abstellung nicht die geringsten Schwierigkeiten hatte. Die Landung auf dem See vollzog sich vorschriftsmäßig; durch Antreiben an einen Pfahl wurde allerdings eine kleine Havarie herbeigeführt. Ende September war der Schaden wieder behoben. Da Baron v. Bassus gerade eine Verletzung erlitten hatte, wurde Verfasser vom Grafen Zeppelin gebeten, bei den folgenden Versuchen die aerostatische Führung zu übernehmen. Die Militärbehörde — Verfasser war inzwischen von der Artillerie zur Luftschifferabteilung nach Berlin versetzt — bewilligte aber leider nicht den erforderlichen Urlaub, und aus diesem Grunde wurde die Führung Hauptmann v. Krogh übertragen. Am 21. Oktober gelang es, mit dem Luftschiff nach vorher angesagtem Plane zu manövrieren und eine Geschwindigkeit von 9 m pro Sekunde zu erreichen. Mit Berechtigung sagt Zeppelin, daß die Maschine noch nicht alles hergegeben hätte, weil das Fahrzeug fortgesetzt gewendet wurde und daher nicht in gerader Richtung seine volle Geschwindigkeit entfalten konnte. Die Messungen waren von dem Direktor des meteorologischen Instituts von Elsaß-Lothringen, Prof. Dr. Hergesell, vorgenommen. Derselbe hatte am Lande mehrere trigonometrische Stationen eingerichtet, von denen aus fortgesetzt der Standpunkt des Ballons festgelegt wurde. Die erforderliche Feststellung der Windgeschwindigkeit erfolgte durch Registrierung eines hochgelassenen Fessel-Drachenballons. Damit war erwiesen, daß mit 9 m/Sek. Geschwindigkeit die Leistungen aller bisherigen Motorluftschiffe übertroffen waren, so Renard und Krebs um fast 3 m.

Fünf Jahre vergingen, bis der unermüdliche, allen Mißgeschicken trotzende Graf wieder die erforderlichen Mittel beschafft hatte, die für den Bau eines zweiten Luftschiffes erforderlich waren. Unter Zugrundelegung der 1900 gewonnenen Erfahrungen wurde 1905 das neue Motorschiff in fast allen seinen Teilen verbessert. Der wesentlichste Fortschritt bestand in der Verstärkung der Motorkraft bei fast gleichem Gewicht. Jede der beiden in den zwei Gondeln eingebauten Maschinen besaß 85 PS bei 400 kg Gewicht. Die Länge des Schiffes war um 2 m vermindert, der Durchmesser etwas vergrößert: bei 126 m Länge betrug der letztere etwa 11,7 m.

16 Gashüllen faßten 10 400 cbm Wasserstoffgas, also 900 cbm weniger als im Jahre 1900. Dafür betrug das zu hebende Gesamtgewicht mit 9000 kg über 1000 kg weniger als damals.

Die vier Propeller waren etwas vergrößert.

Vorn und hinten befanden sich drei vertikale Leinwandflächen für die Steuerung im horizontalen Sinne, zwischen diesen und den Gondeln aeroplanartig übereinander angeordnet, horizontale Flächen für die Lenkung im vertikalen Sinne.

Die Bedienung der Steuerorgane erfolgte von der vorderen Gondel aus.

Am 30. November 1905 fand der erste Versuch auf dem Bodensee statt. Das Luftschiff war auf einem Floß verankert, das durch einen Schlepper aus seiner Halle weiter in den See in die Windrichtung gefahren werden sollte. Der niedrige Wasserstand ließ aber eine Verwendung des Flosses nicht zu, und der Ballon wurde deshalb mit Hilfe von Pontons, auf denen die beiden Gondeln ruhten, herausgefahren und von einem Motorboot ins Schlepptau genommen. Nun faßte aber der vom Lande wehende starke Wind den Aerostaten und trieb ihn so schnell vorwärts, daß er das Boot überholte. Infolgedessen wurde das Schlepptau sofort gekappt, blieb aber mit einem auf unerklärliche Weise entstandenen Knoten am Ballon hängen und zog die Spitze desselben herab. Gleichzeitig wurden durch den Wind das Hinterteil und etwas weniger auch das mit 155 kg überlastete Vorderteil hochgehoben.

Sobald dann die Schrauben in Bewegung gesetzt wurden, schoß das Luftschiff mit der nach unten gerichteten Spitze in den See, und der Führer mußte durch Ventilziehen auch die hintere Gondel ins Wasser bringen.

Da einige Beschädigungen entstanden waren, wurden die Versuche abgebrochen und erst am 17. Januar 1906 wiederholt.

Dr. ing., Dr. Ferd. Graf v. Zeppelin, General der Kavallerie, Generaladjutant Sr. Maj. des Königs von Württemberg.

An diesem Tage hatte der Ballon zu viel Auftrieb erhalten und kam erst in der großen Höhe von 450 m ins Gleichgewicht. Es war beim Ingangsetzen aller Schrauben in den niedrigeren Luftschichten gelungen, gegen den Wind anzufahren. In der Höhe wehte aber eine sehr starke südwestliche Strömung, der das Fahr-

zeug nur gewachsen war, wenn es mit seiner Längsachse genau in die Windrichtung gebracht wurde. Dies gelang aber aus Mangel an Erfahrung immer nur kurze Zeit, weil die Steuer so kräftig wirkten, daß stets wieder ein Überdrehen hervorgerufen wurde.

Inzwischen war der Ballon über Land gekommen und trieb mit dem Winde fort, nachdem die Maschinen aus verschiedenen Gründen gestoppt waren.

Die Landung vollzog sich ohne wesentliche Beschädigung des Schiffes, obgleich der Anker in dem gefrorenen Boden nicht faßte; durch Streifen eines Baumes wurde ein Schaden am Stoffbezuge hervorgerufen.

In der Nacht nach der Landung beschädigte ein plötzlich aus-brechender Gewittersturm das Luftschiff sehr stark. Graf Zeppelin hatte bei der Fahrt die Ansicht gewonnen, das Schiff habe in be-zug auf die an ihm errechnete Schnelligkeit nicht genügend geleistet und ordnete aus diesem Grunde den Abbruch des Fahrzeuges an.

Sobald Zeppelin aber seinen Irrtum erkannt hatte, ging er so-fort wieder mit Energie an die Vorbereitungen zu einem Neubau. Durch selbstlose Aufopferung seines Vermögens und durch die Muni-fizenz weitblickender Leute gelang es ihm, ein drittes Luftschiff bis zum Herbst 1906 fertigzustellen. Bei einem Fassungsvermögen von ca. 11000 cbm, 128 m Länge, 11,7 m Durchmesser war die Konstruk-tion einer nur kleinen, aber wesentlichen Änderung unterworfen worden: am hinteren Ende waren zwei Paare wagerechter Dämp-fungs-Stabilisierungsflächen angebracht. Am 9. und 10. Oktober machte dieses Schiff allseitig bewunderte mehrstündige Fahrten über den Bodensee, in denen sich Stabilität und Steuerfähigkeit als gut erwiesen. Die Fahrten hatten den Erfolg, daß eine Lotterie zur Be-schaffung der erforderlichen Mittel für das weitere Unternehmen er-laubt wurde, und daß die Reichsregierung den Bau einer schwim-menden Ballonhalle versprach, die im Jahre 1907 fertiggestellt wurde. Mittlerweile wurde an der weiteren Ausbesserung der Steuerapparate gearbeitet. Da sie unter dem Schiff leicht Beschädigungen ausge-setzt waren, wurden sowohl Seiten- wie Höhensteuer höher gelegt, und zwar die Seitensteuer zwischen die Stabilisierungsflächen, die Höhensteuer so, daß sie mit der Unterseite des Ballons abschnitten. Hierdurch wurde besonders die Wirkung der Höhensteuer kräftiger, während die Frage der Seitensteuerlage erst bei weiteren Bauten zur vollen Zufriedenheit gelöst wurde.

In der Zeit vom 24. September bis 1. Oktober 1907 fanden von der neuen Ballonhalle aus mehrere ausgezeichnete Fahrten statt, von denen die letzte durch achtstündige Dauer und durch die zurückgelegte Entfernung von 350 km hervorragt. Sowohl der Kronprinz des Deutschen Reiches wie der König von Württemberg als auch der Erzherzog Franz Salvator bekundeten ihr Interesse für die Leistungen dadurch, daß sie sich das Luftschiff bei einem besonderen Aufstieg vorführen ließen.

Das Unternehmen bedurfte nun aber einer tatkräftigen Geldunterstützung. Helfend trat der deutsche Reichstag durch Bewilligung von reichlich zwei Millionen in die Schranken. Hierfür sollte das fertige Luftschiff und ein noch zu erbauendes größeres käuflich erworben werden. Die Abnahmebedingungen gipfelten in einer 24 stündigen Fahrt, in der Erreichung von 1200 m Höhe und in der Ausführung von Landungen auf festem Boden.

Graf Zeppelin gedachte diese Bedingungen mit seinem im Juni 1908 fertiggestellten vierten Luftschiff zu erfüllen. Es war 136 m lang und faßte 15000 cbm bei 13 m Durchmesser. An Konstruktionseigentümlichkeiten sind Bug- und Hecksteuer, eine dritte Gondel — Passagierkabine — und ein nach der Oberseite durch den Luftschiffkörper führender Schacht hervorzuheben. Letzterer sollte die Vornahme astronomischer Ortsbestimmungen von der Oberseite des Ballons aus ermöglichen.

Bei den ersten Probefahrten bewährte sich das Bugsteuer nicht und wurde fortgenommen; deshalb wurde das Hecksteuer vergrößert und die Seitensteuer zwischen den Stabilisierungsflächen durch Kastensteuer ersetzt.

Am 1. Juli 1908 machte dieses Luftschiff eine Fahrt, welche die gesamte Kulturwelt in Staunen und Begeisterung versetzte. Die Abfahrt erfolgte 8 Uhr vormittags von Manzell. Über Konstanz und den Rheinfall ging es südwärts in die Schweiz. In sieghafter Fahrt wurden Vierwaldstättersee und Zugersee überflogen. Um 3 Uhr war das Luftschiff in Zürich. Die Rückfahrt nahm es über Frauenfeld nach dem Bodensee, wo noch dessen östliche Hälfte umfahren wurde. Bei Sonnenuntergang war die glatte Landung und Bergung erfolgt.

Der allgemeinen und namentlich in Deutschland herrschenden Begeisterung gab eine von den Tübinger Studenten dargebrachte Huldigung den gebührenden Ausdruck.

Der König von Württemberg und seine Gemahlin waren die ersten fürstlichen Gäste, die sich schon zwei Tage nach der Schweizer Fahrt der sicheren Führung des Grafen anvertrauten.

Nunmehr sollten die Abnahmebedingungen des Kriegsministeriums erfüllt werden. Durch Anbringung senkrechter Flossen am Hinterende des Luftschiffes hatten die Stabilisierungsorgane eine weitere Verbesserung erfahren. Die große Dauerfahrt mit Mainz als Ziel wurde am 4. August um 7 Uhr morgens angetreten. Das Luftschiff flog das Rheintal entlang über Basel, Straßburg, Mannheim, Worms unter begeisterter Teilnahme der Bevölkerung. Dann mußte aber eine Zwischenlandung zur Ausbesserung eines Motorschadens auf dem Rhein erfolgen, wo die Verankerung zwischen einigen Bunen unweit Nierstein vor sich ging. Als gegen Abend die Ausbesserung beendigt war, wurde Mainz erreicht und die Rückfahrt über Mannheim—Heidelberg angetreten. Schon in der Nacht hatte man mit kräftigem Südwind zu kämpfen gehabt. Als daher südlich Stuttgart am Morgen des 5. August wieder ein Motordefekt eintrat, und durch die in der Nacht erreichten Höhen — bis 1800 m — eine Nachfüllung des Gases erforderlich wurde, landete das Luftschiff bei Echterdingen. Hiermit wurde unfreiwillig die Bedingung der Landung auf festem Boden einwandfrei erfüllt. Aber nicht lange sollte sich der Graf seines bisherigen Erfolges erfreuen. Ein Gewittersturm entriß das Luftschiff seiner Verankerung und brachte es durch elektrische Entladungserscheinungen zur Explosion. Zum zweiten Male stand der schwergeprüfte Graf vor den Trümmern eines hervorragenden Werkes. Aber die Fortführung seines Unternehmens wurde jetzt Ehrensache der Nation. Aus Gaben von hoch und niedrig kamen fast 6 Millionen als Nationalspende zusammen. Mit diesem Kapital wurde die Luftschiffbau-Zeppelin-Gesellschaft gegründet.

In rastloser Arbeit ging Graf Zeppelin sofort an die Umänderung des noch vorhandenen dritten Luftschiffes. Es wurde durch Verlängerung auf 13000 cbm Inhalt und 136 m Länge gebracht. Die Steuerorgane waren die gleichen wie die des verunglückten Luftschiffes.

Am 27. Oktober 1908 unternahm Prinz Heinrich eine Fahrt über den Bodensee, am 7. November folgte der deutsche Kronprinz seinem Beispiel und konnte während seiner sechsstündigen Fahrt den nach Donaueschingen fahrenden Extrazug seines kaiserlichen Vaters begrüßen. Schon am 10. November wohnte der deutsche Kaiser einem

Aufstiege bei und verlieh dem verdienstvollen Grafen die hohe Aus-
zeichnung des Ordens vom Schwarzen Adler.

Unter Anerkennung der guten Leistungen dieses Luftschiffes
wurde seitens des Kriegsministeriums von der Erfüllung der alten
Bedingungen abgesehen. Das Luftschiff ging im Frühjahr 1909 als
»Z I« in den Besitz der Heeresverwaltung über. Im März und April

»Zeppelin II«, Heckansicht.

hatte es teilweise unter militärischer Führung in nur Monatsfrist bei
über 20 Fahrten seine Brauchbarkeit nochmals dargetan. Unter diesen
Fahrten verdient die Fahrt nach München besondere Beachtung, obgleich die bei München geplante Landung wegen starken Windes
nicht hatte ausgeführt werden können. Bei Loiching in Nieder-
bayern wurde bei einer Windgeschwindigkeit von etwa 12 m/Sek.
eine glatte Landung auf festem Boden vollzogen und die Verankerung so gut ausgeführt, daß das Luftschiff bis zu seiner Fahrtbereit-
schaft am nächsten Tage unbeschädigt liegenblieb. Es hatte dabei
Windstärken von 20 m/Sek. standgehalten.

Anfang Juli wurde das Luftschiff nach Metz überführt. Auch hierbei hatte es eine unfreiwillige Landung — diesesmal bei strömendem Regen — und Verankerung auf mehrere Tage durchzumachen. Aber dank der bei Loichingen gesammelten Erfahrungen blieben fahrthemmende Beschädigungen aus. Mittlerweile wurde ein neues Luftschiff — »Z II« — fertiggestellt.

Bei 136 m Länge und 13 m Durchmesser besitzt es einen Inhalt von 15 000 cbm. Seine Leistungen sind erheblich größer als die der früheren Konstruktionen. Am 29. Mai unternahm es eine große Fernfahrt, die sich bis Bitterfeld erstreckte. Auf der Rückkehr wurde eine Zwischenlandung bei Göppingen vorgenommen. Durch Zufall wurde das Vorderteil bei der Landung stark durch einen Baum beschädigt, nachdem es in ununterbrochener Fahrt von 38 Stunden Dauer 1100 km zurückgelegt hatte. Aber auch dieses Mißgeschick wurde zu einem Beweis der Leistungsfähigkeit Zeppelinscher Luftschiffe, da es gelang, mit einer provisorischen Spitze den Heimatshafen zu erreichen.

Vom Deutschen Kaiser eingeladen und von der Bevölkerung der Reichshauptstadt mit Sehnsucht erwartet, unternahm »Z II« Ende August eine Fahrt nach Berlin. Bei einer Zwischenlandung in Bitterfeld bestieg der Graf Zeppelin die Gondel und führte trotz Fehlens eines auf der Fahrt verloren gegangenen Propellers sein Luftschiff nach Berlin.

Wenn auch auf der Rückfahrt weitere Defekte, die wohl auf die versuchsweise neu angeordnete Stahlübertragung vom Motor zum Propeller zurückzuführen sind, nicht ausblieben und eine Ballonkammer durch einen abfliegenden Propeller zerstört wurde, konnte doch der Eindruck dieser erneuten großen Fahrt nicht abgeschwächt werden. Weitere wesentliche Erfolge erzielte der »Z II« durch seine Fahrt nach Frankfurt zur internationalen Luftschiffahrtsausstellung und durch die von dort aus unternommenen Ausflüge nach Mannheim und in das rheinisch-westfälische Industriegebiet.

Werfen wir einen Rückblick auf die geschilderten Luftschiffe und ihre Fahrten, so ist hervorzuheben, daß sich die Motorkräfte von 16 PS auf 110 PS pro Motor gesteigert haben. Dank dieser Steigerung ist eine wachsende Eigengeschwindigkeit der Luftschiffe zutage getreten. Wenn man berücksichtigt, daß die Mitteilungen der Tagespresse betreffs der Eigengeschwindigkeit meist übertrieben waren, so ist wohl anzunehmen, daß »Z II« jetzt die Maximalgeschwindigkeit von 15 m pro Sekunde sicher erreicht. Die prinzi-

pielle Anwendung von zwei Motoren gibt den Luftschiffen einen
verhältnismäßig hohen Grad von Betriebssicherheit. Da das Luftschiff während der Fahrt keine Formveränderung erleiden kann,
so sind Beschädigungen, abgesehen von fortfliegenden Propeller-
stücken, auf besondere Unfälle bei der Landung beschränkt. Unschwer wird sich eine weitere Vergrößerung des Inhaltes und damit
der Tragkraft erzielen lassen. Damit wächst die Möglichkeit, stärkere
Motore, größere Benzinvorräte und mehr Passagiere mitzunehmen.
Letzteres ist bei längeren Fahrten schon zur Ablösung der Bedienung nützlich. Bei wachsender Fahrtdauer gewinnt die aeronautische
Navigation ständig an Bedeutung, welche bei den »Z«-Schiffen
durch ungehinderten Ausblick von der auf der Oberseite befindlichen Plattform aus vorgenommen werden kann. Wenn man voraus-
setzt, daß die Zukunft ein Netz von Luftschiffhallen über dem Kontinent entstehen lassen wird, so daß die Schiffe unabhängig vom
Heimatshafen werden, so kann man die Bildung regelrechter Luft-
schiffverkehrslinien nicht mehr als eine Utopie bezeichnen.

Da außerdem neuerdings Versuche mit Funkentelegraphie von
den »Z«-Schiffen aus angestellt werden und die Möglichkeit vorhanden ist, alle Metallteile leitend untereinander zu verbinden, so
darf man sich der Hoffnung hingeben, daß die Erwartungen, die
Graf Zeppelin in Wort und Schrift ausgesprochen hat, bei fort-
schreitender Betriebssicherheit und Weiterentwicklung der Technik
erfüllt werden. Wesentliche Erfahrungen hierfür wird die geplante
Expedition in die Polargegenden zeitigen, in denen nach Ansicht
der Polarforscher günstige aerostatische Bedingungen vorliegen sollen.

Die bei Echterdingen erfolgte Explosion des Zeppelin-Luft-
schiffes legte den Gedanken nahe, die Versteifung starrer Luftschiffe
durch Holz zu bewirken. Regierungsbaumeister Rettich brachte
daher ein Gerippe in Vorschlag, welches dadurch entsteht, daß man
Bretter zu vierkantigen hohlen Stangen zusammenleimt. Diese lassen
sich dann beliebig verlängern und sind so biegsam, daß man durch
gegenläufige Spiralen ein elastisches und in sich selbst tragendes
Gerippe herstellen kann. Die Ausführung eines solchen Luftschiffes
ist noch nicht zustande gekommen. Technisch schwieriger zu lösen
ist der Gedanke desselben Erfinders, ein Luftschiff ganz aus Holz
herzustellen, um dadurch sämtliche Stoffhüllen entbehrlich zu machen
und eine bislang nicht erzielte Gasdichte zu erreichen.

Eine andere Holzkonstruktion geht augenblicklich ihrer Voll-
endung entgegen. Der Professor und Hochschullehrer Schütte aus

Danzig baut bei der Firma L a n z in Mannheim ein etwa 18 000 cbm fassendes Luftschiff mit Holzgerippe System H u b e r. In diesem Gerippe sind die Träger hochkant gestellt, so daß eine Isolationsschicht hergestellt werden kann, wenn mau das Gerippe innen und außen mit Stoff bekleidet. Die hierdurch entstehende Steigerung des Eigengewichtes wird durch den Vorteil gerechtfertigt, daß durch die Isolationsschicht Schwankungen der Gastemperatur eingeschränkt werden. Das Luftschiff soll mit Motoren von etwa 500 PS versehen werden. Eine Besonderheit dieser Konstruktion liegt darin, daß der zwischen den einzelnen Kugelballons freibleibende Raum zur Einlagerung ringförmiger Ballons ausgenutzt wird.

Unvermutet haben die starren Luftschiffe einen Vorteil gezeitigt, der militärisch ins Gewicht fällt: die Außenhülle bedarf nicht absoluter Gasdichtheit und kann daher in der Farbe beliebig gehalten werden. Dadurch wird das Auffinden lenkbarer Luftschiffe am Horizont und ihre Beschießung durch Artillerie erschwert. Ballonetluftschiffe dagegen können die weithin sichtbare gelbgefärbte Hülle nicht verbergen. Eine dankbare Aufgabe für die chemische Industrie besteht darin, eine andersfarbige Hülle zu schaffen, die den Gummi ebenso gut vor Zersetzaug schützt wie die Gelbfärbung.

Zu derselben Zeit, in welcher Zeppelin sein erstes Luftschiff baute, tauchte in Paris ein junger Brasilianer namens S a n t o s D u m o n t auf, der die ganze Welt mit seinem Ruhm erfüllte. Dieser Mann wurde bald der populärste auf dem Felde der Luftschiffahrt. Seine vorher angesagten und meist mit vielem Glücke ausgeführten Fahrten imponierten dem großen Publikum ganz gewaltig.

Unterstützt durch ein großes Vermögen, ausgestattet mit hohem persönlichen Mut und großer Ausdauer, hat er es im Laufe der Jahre zur Konstruktion von 15 Ballons gebracht, die mit mehr oder minder glück-

Santos Dumont.

lichem Erfolge auch tatsächlich aufgestiegen sind. Ohne selbst je Erfahrungen gemacht zu haben, ohne die Erfahrungen seiner Vorgänger zu kennen, hat er mit dem Bau seines ersten Ballons begonnen.

Wenn auch die Luftschiffe von Santos Dumont praktische Bedeutung nicht erlangt haben, so ist ihm das große Verdienst zuzu-

Die Luftschiffe von Santos Dumont.

Nr. des Typs	Form	Volumen in cbm	Länge in m	Größter Durchm. in m	Gewicht	Art des Motors	Motorkraft in Pferde-stärken
I	Zylinder, vorn und hinten konisch	180	25	3,5	123	Dion Bouton	3
II	„	200	25	3,8	130	„	„
III (Für Leuchtgas-füllung)	Spindel	500	20	7,5	185	„	„
IV	Zylinder, vorn und hinten konisch	420	29	5,1	?	Buchet	7
V	„	550	33	5,0	?	? 4 Zylinder	12
VI (Mit Nr. VI wurde der Eiffelturm um-kreist u. der große Deutsch-Preis ge-wonnen)	Ellipsoid, in der Mitte verlängert	630	„	6,0	?	„	„
VII (In St. Louis zer-schnitten)	„	1257	50	8,0	?	Neuer Petro-leummotor C. G. V. (120 kg)	60
VIII (Sollte von einem Amerikaner gekauft werden, hat aber nur eine Fahrt gemacht)	?	?	?	?	?	?	?
IX (Luft-Balladeuse von Santos Dumont genannt)	Eiförmig, mit dickem Ende vorn	220 nach Umbau 260	15,1	5,5	197	Clément (12 kg)	3
X (Luft-Omnibus genannt)	Ellipsoid	2010	48	8,5	?	?	20
XI (Von einem Ameri-kaner gekauft)	„	1200	34	?	?	? 4 Zylinder (Gewicht 170 kg)	16
XII (Anscheinend der Militärbehörde zur Verfügung gestellt)	?	?	?	?	?	?	?
XIII	Eiförmig, mit birnenförmigem Ansatz 7 m unter der Hülle	1902	19	14,50	?	?	Sehr geringe Stärke
XIV	Sehr spitze Spindel	186	41	3,4	43	Peugeot (26 kg)	14—16
„ nach Umbau	Eiförmig	?	kürzer	größer	?	„	„
XVI nach Umbau (XV war Flugmasch.)	Sehr spitze Spindel	99	21	3	wenig über 100 kg	Gutheil & Chalmers	2 zu je 6—8

erkennen, Fluß in die Propaganda für die lenkbare Luftschiffahrt hineingebracht zu haben, besonders in Frankreich und England.

Während das Zeppelinsche Fahrzeug Vertreter des starren Typs ist, zeigen die Konstruktionen von Santos eine schlaffe Hülle mit geringer Versteifung, bei der die unbedingt erforderliche Erhaltung der Form durch ein Ballonet gewährleistet wird.

Nach dem heutigen Brauch unterscheidet man Starr- und Ballonetluftschiffe. Bei den letzteren wiederum gibt es »halbstarre« und unstarre Fahrzeuge. Bei den halbstarren Ballons befindet sich unter der Hülle eine Plattform oder ein langer Träger, die das gänzliche Einknicken des Stoffes bei Gasverlusten verhindern. Bei den unstarren Typen hat man den Einbau starrer Teile nach Möglichkeit vermieden, um dadurch schnelle An- und Abmontierung sowie leichte Verpackbarkeit zu erzielen. Alle Ballonetluftschiffe benötigen zur Erhaltung ihrer Form Luftsäcke, die immerhin zu ihrer Bedienung große Aufmerksamkeit erfordern und schon mehrfach Veranlassung zu Abstürzen gegeben haben.

Im folgenden werden die verschiedenen Ballonetluftschiffe halbstarrer und unstarrer Bauart besprochen werden.

Die Aerostaten von Santos Dumont unterscheiden sich auch in ihren Abmessungen ganz gewaltig von den Zeppelinschen, wobei aber bemerkt werden muß, daß allmählich immer größere Typen entstehen, eine Folge der Verwendung von allmählich kräftiger werdenden Motoren, die zur Steigerung der ungenügenden Eigengeschwindigkeiten eine Notwendigkeit wurden.

Stärkere Motoren bedingten eine Gewichtsvermehrung, die ihrerseits wieder Vergrößerung der Tragkraft, also der Gashülle, erforderte.

Es ist äußerst interessant, einige der Fahrten Santos Dumonts zu verfolgen und dabei zu sehen, wie er fast bei jeder etwas zulernt und, ohne an seinem Ballon unpraktische Flickereien vorzunehmen, mit aller Energie ein vollkommen neues Fahrzeug baut.

Namentlich mit den ersten Luftschiffen wurden stets nur wenige Versuche ausgeführt, weil sich ihre Unzweckmäßigkeit immer bald herausstellte und einschneidende Konstruktionsänderungen erforderlich wurden.

Mannigfaltig sind die Unglücksfälle, die der Führer bei seinen Probefahrten erlitt, und häufig hatte er Gelegenheit, seine Befähigung als Lenker von Motorluftschiffen aufs glänzendste zu erweisen.

Landungen auf Bäumen, im Wasser und auf Häusern wechselten in bunter Folge; stets hat er aber den glücklichen Ausgang seiner eigenen Unerschrockenheit zu danken gehabt.

Unter sehr ungünstigen Auspizien begannen die Fahrten: sofort beim ersten Versuch wurde das Luftschiff gegen die Bäume geschleudert und zerrissen.

Nach zwei Tagen war der Schaden behoben und nach einigen, in geringer Höhe willkürlich ausgeführten Manövern gewann er solches Vertrauen, daß er auf eine Höhe von 400 m ging und den Kurs über Paris nach Longchamps nahm. Anfangs ging alles gut.

Der zweite Ballon von Santos Dumont knickte am 11. Mai 1899 zusammen.

Sobald aber der Ballon fiel und das Gas sich zusammenzog, erwies sich das Ballonet in seiner Größe als ungenügend. Das lange Fahrzeug, nicht mehr prall voll Gas, klappte in der Mitte wie ein Taschenmesser zusammen und stürzte zu Boden. Hier zeigt sich zum ersten Male die Geistesgegenwart des Brasilianers. Er rief einigen auf dem Felde spielenden Knaben zu, schnell sein Schleppseil zu fassen und damit so rasch als möglich gegen den Wind zu laufen. Dies geschah rechtzeitig, und durch den sich beim Laufen ergebenden Luftwiderstand wurde der Sturz so gemildert, daß der Insasse keinerlei Schaden erlitt.

Ein Neubau war im Frühjahr 1899 beendet. Das in der Mitte befindliche Ballonet wurde diesmal durch einen kleinen rotierenden Ventilator mit Luft beschickt, während es bei dem ersten Modell durch eine Luftpumpe in der bei Automobilfahrern gebräuchlichen Art gefüllt wurde.

12*

Wieder knickte die Hülle in der Mitte ein, weil der Ventilator der durch starke Abkühlung hervorgerufenen Volumenverminderung des Gases nicht entgegenwirken konnte.

Ein heftiger Absturz erfolgte, welcher aber durch Aufprallen auf die Bäume des Jardin d'Acclimatation gemildert wurde.

Sofort ging es an den Bau von Nr. III, der eine von den früheren Konstruktionen abweichende Gestalt erhielt und für Leuchtgasfüllung bestimmt war, damit Santos, unabhängig von der Wasserstoffgasbereitung, die Aufstiege überall stattfinden lassen konnte. Das völlige Durchbiegen des langen Körpers suchte er durch eine lange Bambusstange zu vermeiden, welche zwischen Gondel und Hülle angebracht war. Dieselbe vermittelte gleichzeitig die Verbindung der Gondel und des Ballons. Damit ging er zum halbstarren Typ über.

Der dritte Ballon von Santos Dumont.

Am 13. November 1899 wurde der erste Probeaufstieg mit dem neuen Fahrzeug unternommen. Dieser befriedigte außerordentlich, weil es gelang, vom Marsfeld aus mehrere Male in weitem Abstande den Eiffelturm zu umkreisen. Die Landung erfolgte wegen der ungünstigen Lage des inmitten einer lebhaften Stadtgegend mit hohen Schornsteinen gelegenen Abfahrtsortes — Etablissement Vaugirard — auf freiem Felde an derselben Stelle, an welcher der erste Absturz sich ereignet hatte.

Um sich für die Zukunft eine günstigere Aufstiegs- und Landungsstelle zu schaffen, baute sich Santos Dumont auf dem Gelände des Aeroklubs eine Ballonhalle mit Anschluß an die Leuchtgasleitung und einen besonderen Gaserzeuger für Wasserstoffgas.

Nachdem inzwischen noch einige Probefahrten mit Nr. III ausgeführt waren, ging er an den Bau von Nr. IV, der im September 1900 der in Paris tagenden Internationalen Kommission für wissenschaftliche Luftschiffahrt vorgeführt wurde.

Bemerkenswert ist die große Einfachheit der Gondel, die kaum so aussah wie eine richtige Gondel. Der Führer saß auf einem ge-

wöhnlichen Fahrradsattel und hatte seine Füße auf den Antrieb-
pedalen des neuen Motors. Die Lenkstange stand mit dem Steuer-
ruder in Verbindung.

Die Versteifung der Hülle mit dem Motor war schon etwas
ergiebiger geworden.

Als wesentliche Änderung verdient die Montierung des Propellers
am Vorderteil anstatt am Hinterteil des Gestells erwähnt zu werden.

Mit dieser Nr. IV hat Santos Dumont viele befriedigende Auffahrten auf dem Gelände des Aeroklubs in Saint-Cloud unternommen.

Santos Dumont hielt die Kraft seines Motors noch für viel zu
gering, und er baute eine Vierzylindermaschine ein, deren größeres
Gewicht ihn zwang, den Ballon durch Einsetzen eines Stückes in
der Mitte zu verlängern.

Gleichzeitig arbeitete er sich eigenhändig einen regelrechten Kiel
in Gestalt eines 18 m langen Gestells aus Pinienholz von dreieckigem
Querschnitt, welchen er mit Klaviersaitendraht umwickelte. Solcher
Draht ist für Luftschifferzwecke von dem Amerikaner R o t c h eingeführt, welcher ihn zuerst als Haltekabel bei Drachenaufstiegen
verwendet hat.

Als wesentliche Neuerung für das Luftschiff wurde ein ver-
schiebbares Schlepptau adoptiert. Durch Vor- oder Zurückziehen
desselben sollte der Ballon aus seiner Gleichgewichtslage gebracht
und vorn oder hinten mehr belastet und demnach die Spitze nach
unten oder oben gerichtet werden. Unter dem Einfluß der Schrauben,
die übrigens wieder hinten angebracht waren, gedachte der Brasilianer
ohne Ventilziehen oder Ballastgeben herabzusteigen oder in die Höhe
zu gehen.

Am 12. Juli 1901 begannen die Aufstiege mit dem umgebauten
Fahrzeug. Nach zehnmaliger Fahrt um die Rennbahn von Longchamps und Zurücklegung einer Strecke von 35 km wurde der Kurs
zum Eiffelturm gerichtet. Eine unterwegs gerissene Zugschnur des
Steuers wurde im Trocaderogarten repariert und dann der Plan, den
Eiffelturm zu umkreisen, ausgeführt. Nach einer Fahrt von 1 Stunde
6 Minuten erfolgte die Landung an der Ballonhalle.

Für den folgenden Tag rief Santos Dumont die Kommission
zusammen, welche die Jury bildete für den von D e u t s c h d e l a
M e u r t h e ausgeschriebenen Preis von 100 000 Frank, die derjenige
erhalten sollte, dem es gelingen würde, in 30 Minuten den Eiffelturm zu umkreisen und zur Auffahrtsstelle nach St. Cloud zurückzu-

kehren. Die Fahrt mißglückte infolge Versagens des Motors, und
es erfolgte ein Absturz auf einen Kastanienbaum im Garten des
Herrn v. Rothschild.

Am 8. August wurde der Versuch noch einmal wiederholt und
endete mit dem vierten Absturz von Santos Dumont. Dieses Mal
wäre beinahe eine Katastrophe erfolgt, da der Ballon geplatzt war
und das Gestell über die Dächer eines Hauses des Trocaderoviertels
in den Lichthof stürzte. Die Feuerwehr befreite den Luftschiffer
aus seiner gefährlichen Lage durch Herablassen von Tauen von
den Dächern aus. Die Hülle des Ballons bestand nur noch aus
Fetzen.

Es ist bezeichnend für die Tatkraft des Mannes, daß er noch
an demselben Abend, an dem das Unglück passiert war, den Plan
für seinen sechsten Ballon ausarbeitete. Unermüdlich betrieb er
die Fertigstellung desselben, und nach 22 Tagen schon konnte ein
neuer Aufstieg erfolgen.

Bei diesem Typ war ganz besondere Sorgfalt den Ventilen,
deren Undichtigkeit den letzten Absturz verschuldet hatte, und den
Teilen gewidmet, von deren Funktionieren die Starrheit der Form
abhängig war. Dem Ballonet wurde deshalb ständige Luft durch
einen Ventilator zugeführt, deren überschüssige Menge durch ein
automatisches, auf bestimmten Druck eingestelltes Ventil entweichen
konnte.

Nach einigen mißglückten Versuchen gelang es Santos Dumont,
mit der Nr. VI den Eiffelturm zu umkreisen und dafür den Deutsch-
preis zu erlangen. Die erreichte Geschwindigkeit betrug 6,5—7 m
pro Sekunde, also nicht viel mehr als die von Renard und Krebs
schon 1885 erzielte.

Die Regierung seines Heimatlandes ehrte den kühnen Brasilianer
durch die Übersendung einer großen goldenen Medaille und einer
Summe von 125000 Frank, die er zum weiteren Ausbau seiner Motorluftschiffe verwendet hat, nachdem er den größten Teil des Deutsch-
preises dem Polizeipräfekten zur Verteilung für die Armen überwiesen hatte.

Für den Winter setzte Santos Dumont seine Versuche in Monaco fort, woselbst ihm der Fürst Albert an der Küste eine große
Ballonhalle erbaut hatte.

Nach einigen wohlgelungenen Fahrten über dem Mittelländischen
Meere bei schönem Wetter kippte am 14. Februar 1902 der Ballon
hoch, weil es wieder einmal nicht gelungen war, mit dem Ballonet

den Fehlbetrag an Gas auszufüllen. Das Fahrzeug stürzte ins Meer, und der Luftschiffer wurde durch ein Boot an Land gebracht. Sein Aerostat wurde erst am andern Tage aufgefischt und mußte nach Paris zur Reparatur gesandt werden.

Für die Folge war ein weiterer Typ im Innern in Kammern eingeteilt, durch die zwar infolge der Diffusion das Gas ungehindert hindurchgehen kann, während aber ein plötzliches Abströmen zur Spitze oder zum Ende ausgeschlossen ist.

Noch besonders zu erwähnen ist Nr. XIII, die eine Art Roziere vorstellte. Unten an der eiförmigen Hülle saß ein birnenförmiger Ansatz, der einen weiten bis zur Gondel reichenden Schlauch hatte. Durch eine zweiflammige eigenartige Petroleumheizvorrichtung sollte Steigen und Fallen des Aerostaten hervorgerufen werden. Erfolge hat er aber mit dieser Bauart nicht erzielt.

Nach den an anderer Stelle angegebenen Gesetzen über Diffusion muß auch in diesen Sack allmählich das Füllgas geraten, demnach explosibles Gemisch entstehen.

Über die Versuche mit den letzten Ballons ist nicht viel zu sagen, es ist immer dasselbe: die Geschwindigkeit der Fahrzeuge bleibt zu gering, und deshalb werden die an ein kriegsbrauchbares Fahrzeug zu stellenden Anforderungen nicht erfüllt.

Die größte Popularität hat der Brasilianer sich durch seine Nr. IX erworben. Er ist mit derselben auf der Rennbahn in Longchamps erschienen, hat gewettet, sich die Rennen angesehen und ist wieder aufgestiegen. Bei einer anderen Fahrt ist er auf dem Trottoir vor seiner Wohnung gelandet, hat $\frac{1}{2}$ Stunde gefrühstückt und ist dann weitergefahren. Bei einer Truppenrevue durch den Präsidenten der Republik, Loubet, erschien Santos Dumont, hielt gegenüber den Tribünen und salutierte durch einige Detonationen seines Motors.

Noch eine Menge ähnlicher Fahrten hat er ausgeführt und dadurch das Interesse für die Luftschiffahrt in so weite Kreise getragen wie nie jemand vor ihm.

Interessant sind noch die einzelnen Bemerkungen, die er über die Motoren macht.

Die ersten Versuche hat Santos mit den gewöhnlichen Dreiradmotoren angestellt und die zwei Zylinder zweier Motoren übereinander in der Weise montiert, daß sie nur eine Pleuelstange in Bewegung setzten und dabei aus einem Karburator gespeist wurden. Dieses »Motortandem«, wie er es nannte, erprobte er in einem Straßenrennen, wo es sich bewährte.

Um nun festzustellen, ob nicht beim Montieren unter einer Ballonhülle zu großes Stampfen entstehen würde, hängte er seinen Motor an die Zweige eines Baumes im B o i s - d e - B o u l o g n e und setzte ihn in Betrieb. Er stellte hierbei fest, daß bei langsamem Gang etwas, bei schnellster Bewegung aber überhaupt keine Vibrationen eintraten.

Über die Endzündungsgefahr des Ballongases äußerte sich Santos dahin, daß er eine solche überhaupt nicht fürchte, weil ein lenkbarer Ballon immer in Bewegung sei und daher das ausströmende Gas niemals an den Motor gelangen könne. Seine Motoren hätten

Doppelballon von Roze.

schon Flammen bis zu $\frac{1}{2}$ m Länge ausschlagen lassen, und es sei doch nichts passiert.

Mehr Besorgnis hege er vor kalten Explosionen, die bei einem im Innern auftretenden Überdruck bei mangelhaftem Funktionieren der Ventile entstehen könnten.

Bei den Petroleummotoren müsse man sehr auf der Hut sein vor Entzündung der Petroleumbehälter. Bei Nr. IX sei durch die aus dem Motor herausschlagenden Verbrennungsgase einer derselben in Brand geraten, den er aber durch Ausschlagen des Feuers mit seinem Panamahut wieder rechtzeitig hätte löschen können.

Die Ansicht, daß das Füllgas bei lenkbaren Ballons nicht an den Motor gelangen könne, hat sich in der Folge durch die Erfahrungen als unzutreffend erwiesen. Es kann nämlich beim Steigen des Aerostaten doch gelegentlich einmal vorkommen, und es muß unbedingt als Leichtsinn bezeichnet werden, wenn die nötigen Sicherheitsmaßregeln vernachlässigt werden.

Der Landsmann von Santos Dumont, Severo, hat diesen Leichtsinn mit dem Tode büßen müssen.

Der Ballon desselben, »Pax« genannt, hatte eine ziemlich gedrungene Gestalt, die ihren Halt an einem inneren Verstärkungsgerüst erhielt. Der Inhalt betrug 2400 cbm.

Die Konstruktion ist bemerkenswert durch zwei Schrauben an den Enden der Längsachsen des Luftschiffs. Die eine hintere von 6 m Durchmesser sollte die Antriebs-, die vordere, 4 m im Durchmesser große Schraube die Luftverdrängungsarbeit leisten. Über-

Der verunglückte Ballon »Pax« des Brasilianers Severo vor der Abfahrt.

dies befand sich am hinteren Teile der Gondel noch eine dritte, 3 m messende Kompensationsschraube. Zwei Buchetmotoren von 16 und 24 PS waren symmetrisch in die aus Bambus-, Stahl- und Aluminiumrohren hergestellte Gondel eingebaut.

Am 12. Mai 1902 stieg Severo, der bislang drei Aufstiege in einem Freiballon, davon einen als Führer, unternommen hatte, mit seinem Mitarbeiter Saché zu einem Probeversuch auf. Die Wirkung der Schrauben war wenige Tage vorher in dem an Fesseltauen gehaltenen Ballon erprobt.

Kurz nach dem Aufstieg sahen die Zuschauer mehrfaches Ballastwerfen und bemerkten, daß die Schrauben abwechselnd stillstanden. Nach ca. 15 Minuten erschien am hinteren Gondelende eine Feuererscheinung, welcher ein starker Knall folgte.

Unmittelbar darauf wurde an der Mitte des unteren Ballonteiles eine helle Flamme gesehen, welche eine kräftige Detonation hervorrief. Aus 400 m Höhe stürzte das brennende Fahrzeug herab, Severo und sein Begleiter waren zerschmettert und verbrannt.

Es ist äußerst merkwürdig, daß Severo die von ihm zur Sicherung gegen Gasentzündungen vorgesehenen Umhüllungen mit Drahtgazen plötzlich vor der Auffahrt als unnötig entfernt hat.

Die brasilianische Regierung, die ihr Interesse an den Landsleuten im Auslande schon einmal bei Santos Dumont bekundet hatte, hat die von Severo hinterlassene Witwe mit ihrer Familie versorgt und den Angehörigen Sachés 25 000 Frank auszahlen lassen.

Das Jahr 1902 war für die Luftschiffahrt überhaupt ein Unglücksjahr; es hat viele Opfer gefordert. Am 1. Februar fand der berühmte Miterfinder des Drachenballons, Hauptmann Bartsch von Sigsfeld von der preußischen Luftschifferabteilung, bei einer Landung bei Antwerpen seinen Tod; es folgte ein französischer Marineoffizier, der bei Luftschifferübungen in Lagoubran mit dem Ballon ins Wasser stürzte und ertrank, dann Severo und endlich der deutsche Baron v. Bradsky, der in Paris eine Auffahrt mit einem lenkbaren Luftschiff unternahm und mit seinem Begleiter durch Absturz den Tod fand.

Baron v. Bradsky-Laboun hatte einen Aerostaten gebaut, bei dem die Gashülle nur so groß war, daß sie gerade das Gewicht des Fahrzeuges heben konnte; die Auf- und Abwärtsbewegung desselben sollte durch eine vertikal wirkende Schraube, die Vorwärtsbewegung durch eine horizontal wirkende erfolgen, die Lenkung in der üblichen Weise durch ein senkrechtes Steuer.

Ein Ballonet besaß der 34 m lange, 850 cbm fassende Ballon nicht. Ein einseitiges Abströmen des Gases wurde durch zwei Querwände verhindert, welche das Innere in drei Teile zerlegten.

An einem zur Längsachse parallelen Rahmen waren Tragflächen zu 34 m Fläche angebracht, welche niedergeklappt werden konnten.

Die Gondel war durch 50 Klaviersaitendrähte mit diesem Rahmen verbunden, dagegen waren nur wenige Verspannnungen in schräger Richtung vorhanden[1]).

Am 13. Oktober erhob sich Bradsky mit seinem Ballon zu einer Probefahrt in die Luft. Als Begleiter befand sich in der Gondel ein junger Ingenieur namens Morin, der bislang drei Fahrten als Passagier eines Freiballons unternommen hatte, während v. Bradsky sogar nur zweimal aufgestiegen war.

---

[1]) Illustrierte Aeronautische Mitteilungen 1, 1903.

Nach vorher bekanntgegebenem Plane wurde beabsichtigt, nach Südwesten gegen den herrschenden schwachen Wind anzufahren. Dies gelang nicht, das Fahrzeug wurde vielmehr nach Nordosten getrieben und durch die Wirkung der einen Hubschraube um seine Vertikalachse gedreht. Außerdem bewegte sich der Ballon in einer weit bedeutenderen Höhe, als ursprünglich vorgesehen war.

Bradsky schien seinen Versuch aufgeben und landen zu wollen. 100 m über der Erde rief er einen Feuerwehrleutnant an und fragte ihn nach günstigem Landungsterrain. Nachdem diese Auskunft erteilt war, sah man, daß Morin auf Bradsky zuging, der Ballon hob sich vorn hoch, und unter der Arbeit der Schrauben drehte sich die Gondel unter knatterndem Geräusch vom Rahmen ab und stürzte zu Boden. Beide Insassen waren tot. Der Grund liegt hier nach der Ansicht des Generals Neureuther lediglich in dem Fehlen einer Versteifung von Gondel und Hülle, die Klaviersaitendrähte waren geknickt und verdreht.

Diese Unglücksfälle vermochten aber nicht wie in früheren Jahren die Entwicklung der Lenkballons aufzuhalten, und bald gelang es den Brüdern Lebaudy, durch ihren Ingenieur Julliot ein brauchbares Kriegsluftschiff herzustellen. Julliot hatte 1896 mit den Vorarbeiten begonnen und trat 1899 in die Dienste der »Zuckerkönige«. Zwei Jahre später wurde der Bau des Ballons begonnen, und am 13. November 1902 wurden unter Führung des bekannten Ballonfabrikanten Surcouf die ersten Versuchsfahrten im freien Fluge unternommen.

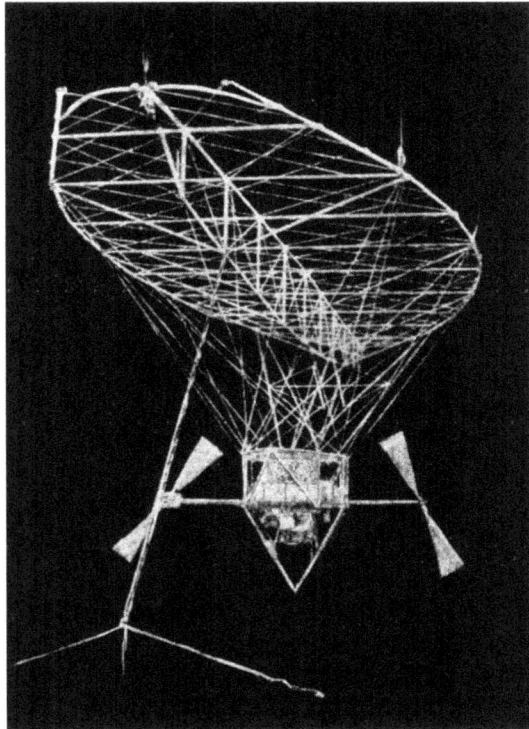

Gerippe und Gondel des lenkbaren Ballons von Lebaudy.
(Aus den Illustrierten Aeronautischen Mitteilungen.)

Der »Le Jaune«, so genannt nach dem bei ihm zum ersten
Male in Frankreich zur Verwendung gelangten, in Hannover angefertigten, chromgelb gefärbten Baumwollenstoff, hatte eine Länge
von 57 m, einen Durchmesser von 9,8 m und faßte 2284 cbm Gas.

Der Daimlermotor hatte 40 PS, das Gesamtgewicht des Fahrzeuges mit Luftschiffer und 650 kg Benzin, Wasser und Ballast betrug 2530 kg.

Bis Juli 1903 wurden 29 Auffahrten unternommen, bei denen
der Ballon 28 mal an seinen Auffahrtsort zurückkehrte und als
Höchstleistung eine Geschwindigkeit von 11 m pro Sekunde erreicht
haben soll, eine Zahl, die allerdings vielfach bestritten ist.

Da die Hülle, die 70 Tage hintereinander in Dienst gestellt war,
gelitten hatte, wurden die Versuche unterbrochen und erst im November nach Ausbesserung des Stoffes wieder Auffahrten unternommen. Vom Champs de Mars in Paris fuhr der ständige Führer
des »Lenkbaren«, der Aeronaut Juchmés, in Begleitung des Mecha-
nikers Rey nach Chalais Meudon zur Luftschifferabteilung. Bei der
Landung wurde das Fahrzeug durch einen Windstoß gegen einen
Baum geschleudert und die Hülle zerstört.

Der Motor war intakt geblieben und der Bau einer neuen Hülle
wurde sofort in Angriff genommen.

Auf den Typ des »Lebaudy 1904«, der vorbildlich geblieben
ist, wollen wir etwas näher eingehen.

Die unsymmetrische Form des ersten Ballons war beibehalten,
aber das hintere zugespitzte Ende wurde durch eine elliptische Abrundung in seinem Inhalte etwas vergrößert und die Längsachse auf
58 m verlängert. Der Kubikinhalt betrug darnach bei 1300 qm
Oberfläche 2666. Die Hülle wog 550 kg.

Da sich der deutsche Stoff in hohem Grade bewährt hatte, so
wurde er wiederum beim Neubau in Anwendung gebracht. Die
Dichtung war genau wie bei den deutschen Ballons mit einer dünnen
Gummischicht zwischen den beiden diagonal gelegten Lagen erfolgt,
außerdem aber hatte er eine solche Kautschukschicht auch in seinem
Innern.

Der Grund hierzu war folgender:

Die Franzosen benutzen bei ihren Ballonfahrten meist Wasserstoffgas, das aus Schwefelsäure und Eisen gewonnen wird, und nicht,
wie es in Deutschland die Regel ist, chemisch reines Gas, das elektrolytisch durch Zersetzen von Wasser bereitet wird. Bei dem ersten
Verfahren kann es nicht vermieden werden, daß Schwefelsäure in

geringen Mengen in das Balloninnere gerissen wird, und deshalb muß der Stoff durch eine Kautschukdichtung, die von der Säure nicht angegriffen wird, vor der Zerstörung geschützt werden.

Das Ballonet war auf 500 cbm Inhalt vergrößert und in drei Teile zerlegt, der Ventilator zu seiner Füllung leistungsfähiger gemacht und näher an die Hülle herangebracht. Die Luftkammern wurden beim ersten Typ von der Gondel aus durch einen langen Schlauch gespeist, eine An-ordnung, welche sich aus dem Grunde als unpraktisch erwies, weil bei voller Fahrt der Luft-druck auf den Stoff so stark war, daß die Füllung sehr er-schwert wurde. Außerdem er-blickte man in der Verbin-dung der Hülle mit dem Füh-rerstand durch den langen Schlauch mit Recht eine große Gefahrenquelle in dem Falle, wenn am Motor ein Brand entstehen würde.

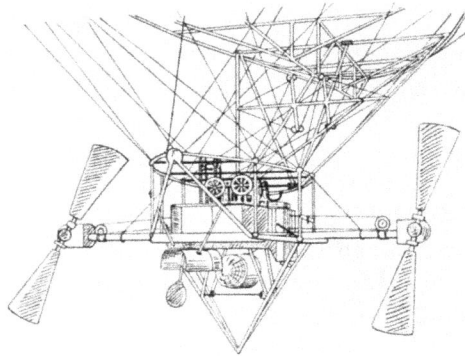

Gondel des Ballons der Gebrüder Lebaudy.

Der Antrieb des Ventilators erfolgte durch den Motor oder beim Stillstand desselben durch eine kleine Dynamomaschine, die durch Akkumulatoren betätigt wurde.

Außer einem Manövrierventil besaß der Ballon noch zwei Sicher-heitsventile, die unter 35 mm Druck das Gas abbliesen.

Zwei kleine Fenster gestatteten einen Einblick in das Balloninnere.

Die verschiedensten Vorkehrungen waren getroffen, um die Sta-bilität des Ballons zu gewährleisten.

Unter dem aus Nickelstahl gefertigten festen Gestell des Ballons war eine 98 qm große horizontale Fläche aus blauer Seide in ovaler Form gespannt, welche unter sich wieder einen senkrechten Stoff-kiel von kleineren Abmessungen hatte.

Hinter der ersteren, aber noch vor dem beweglichen Horizontal steuer befand sich eine keilförmige, im Querschnitt kreuzähnliche Vorrichtung aus horizontalen und vertikalen Flächen.

An der hinteren elliptischen Abrundung zog sich ferner hori-zontal um die Hülle eine ca. 22 qm große Stoffbahn in Form eines Taubenschwanzes herum, die in der Mitte durch eine kleinere ver-tikale Fläche gekreuzt wurde.

An Stelle eines Steuers wurden bei Typ II, etwas mehr nach rückwärts, zwei kleine, trapezförmige Horizontalsteuer angebracht. Dieselben waren drehbar um eine horizontale Achse und hatten zusammen die Form eines V, dessen Spitze nach vorn zeigt.

Im Ruhezustand stabilisierten sie bei Wind selbsttätig, weil infolge ihrer Form die eine Fläche der Luft mehr Widerstand entgegensetzte, wenn die andere dem Druck nachgab. Der Führer konnte sie übrigens von der Gondel aus nach Belieben bewegen.

Ferner konnte ein schräges horizontales Segel über den vorderen geneigten Rahmen gespannt und dadurch ein Einfluß auf die Neigungen des Ballons ausgeübt werden.

Für das Steuern in der horizontalen Ebene war nur eine bewegliche vertikale Fläche von 12 qm vorgesehen, welche um eine leicht nach hinten geneigt stehende vertikale Achse drehbar war.

Die Gondel in der Form eines Kahnes mit flachem Boden hatte eine Länge von 4,80 m, eine Breite von 1,60 m und eine Höhe von 1 m. Ihr Gerippe bestand aus Stahl, die Bekleidung aus dünnem Aluminiumblech.

Zur Erhöhung ihrer Versteifung und zum Abfangen des Stoßes bei der Landung hatte der Boden der Gondel eine Schutzvorrichtung aus Stahlröhren in der Form einer mit der Spitze nach unten zeigenden Pyramide.

Schlepptau, Stabilisator für eine etwaige Wasserlandung und ein Radanker vervollständigten die Landungsorgane.

Die Versteifung der nur 3 m unter der blauen Horizontalfläche befindlichen Gondel war vermittelst Stahldrähten von 5—6 mm Dicke erfolgt.

Der 40 PS-Motor machte im Maximum 1200 Touren und verbrauchte 14 kg Benzin in der Stunde; 220 l konnten im ganzen mitgeführt werden.

An der vorderen Spitze der Gondel befand sich eine hellleuchtende Azetylenlampe, die bei Tage durch einen photographischen Apparat ersetzt wurde, dessen Spiel auf elektrischem Wege erfolgte.

Die Höhe des Ballons von der Spitze der Pyramide bis zum Rücken betrug 13,5 m.

Am 4. August begann die Reihe der Versuche, die zunächst am 28. ein jähes Ende fanden, als das Fahrzeug nach der Landung, in der Nähe der Ballonhalle an einem Baum festgemacht, durch einen heftigen Windstoß losgerissen wurde und ohne Führer und

Passagier davonflog. Nach vierstündiger Fahrt war die Landung erfolgt, und es wurde festgestellt, daß nur geringer Schaden an einigen Versteifungen entstanden war; die Hülle hatte nicht gelitten.

»Le Jaune« hatte in diesen 25 Tagen 12 Aufstiege gemacht, die Gesamtzahl derselben betrug 63. 26 verschiedene Personen waren mitgefahren, unter ihnen die beiden Frauen der Gebrüder Lebaudy. Im ganzen waren bei allen Fahrten 195 Passagiere befördert worden.

Die längste Fahrt hatte am 24. Juni 1903 bei Moisson stattgefunden; in 2 Stunden 46 Minuten waren 98 km Weg zurückgelegt.

Die erforderlichen Reparaturen waren bald ausgeführt, und am 11. Oktober 1904 stand der Ballon zu ferneren Versuchen bereit, welche am 29. begannen.

»Le Lebaudy« hatte inzwischen einige Verbesserungen erfahren. Ein neuer aufrollbarer horizontaler Plan von 3,60 m Länge, 1,50 m Breite war unter dem Gerüst, vor der Gondel, zur Erzielung von Bewegungen in vertikaler Richtung ohne Ballastwerfen oder Gasauslassen angebracht. Derselbe hatte später seine Brauchbarkeit erwiesen.

Ferner waren die Beleuchtungsvorrichtungen verbessert, welche in der Nacht vom 23./24. Oktober in Benutzung genommen wurden: Kleine Lampen hatte jeder der Passagiere an seiner Kleidung befestigt, zwei durch eine kleine Dynamomaschine gespeiste elektrische Lampen von je 100 Kerzenstärke erleuchteten die Gondel und den unteren Teil des Ballonkörpers. Die Helligkeit der Scheinwerfer-Azetylenlampe war auf 1 000 000 Kerzen erhöht.

Bis zum 22. Dezember wurden weitere 18 Fahrten unternommen.

Die Lenkbarkeit des Ballons wurde erwiesen, die Stabilität war eine vorzügliche, die Landung ging stets leicht und ohne Zwischenfälle vor sich.

Der Typ 1904 wurde wiederum neuen Verbesserungen unterzogen und der Querschnitt der Hülle um 5% vergrößert.

Inzwischen hatte das französische Kriegsministerium die Versuche mit Aufmerksamkeit verfolgt und hielt die Zeit für gekommen, festzustellen, ob der Motorballon militärischen Anforderungen genügen könne.

Eine Kommission wurde zu diesem Zwecke im Kriegsministerium ernannt; sie bestand aus dem Kommandeur der Luftschifferabteilung Bouttiaux, dem Major Viard und dem Kapitän Voyer.

Den Gebrüdern Lebaudy wurde ein bestimmtes Programm vor-
geschrieben. Von Moisson sollten sie ins Truppenlager nach C h a -
l o n s fahren und dort einige Versuche anstellen; demnächst hatten
sie ihr Fahrzeug nach T o u l und V e r d u n zu schaffen und Erkundungen auszuführen.

Drei Monate lang sollte der Ballon in Tätigkeit bleiben und
immer im Freien verankert werden. Um das letztere zu ermög-

Der Lenkballon der Gebrüder Lebaudy.

lichen, waren von Ingenieur J u l l i o t und Major B o u t t i a u x besondere Einrichtungen am Gerüst angebracht, die sich aber in der
Folge nicht bewährt haben.

Am 3. Juli 1905, 3,43 Uhr früh, fuhr der Ballon von M o i s s o n
ab und gelangte am 6. Juli, wie aufgetragen, in Chalons an. Die
beiden Nächte war er in Meaux und Sept-Forts verankert.

Das in Chalons an Bäumen verankerte Fahrzeug wurde kurze
Zeit nach der Landung durch einen über die weite Ebene des
Truppenübungsplatzes mit ungeschwächter Kraft hereinbrechenden
Sturm von der Seite gefaßt, nach Zerreißen der Verankerungen
300 m weit über Telegraphendrähte geschleift und schließlich mit

aller Gewalt gegen Bäume geschleudert. Die Hülle wurde dabei vollständig zerstört, aber drei in der Gondel als Wache zurückgelassene Soldaten hatten keine besonderen Verletzungen erlitten.

Zur sofortigen Ausführung der Reparaturen stellte der Kriegsminister den Gebrüdern Lebaudy in Toul Material, Räumlichkeiten und Personal zur Verfügung.

Es ist erstaunlich, in welch kurzer Zeit die Herstellung des Ballons vor sich ging.

Eine Reitbahn des 39. Artillerieregiments wurde sofort als Ballonwerkstatt eingerichtet.

Da eine Halle nicht so schnell errichtet werden konnte, wurde noch eine zweite Reitbahn zur Verfügung gestellt. In dieser grub man den Boden in schräger Richtung so tief ab, daß der Ballon mit seiner Gondel in dem gewonnenen Raume bequem Platz hatte.

Neben diesem improvisierten »Hangar« wurde die Gasanstalt angelegt, das erforderliche Eisen und die Schwefelsäure, Wäscher, Trockner usw. bereitgestellt.

Dank der gut ineinander greifenden fieberhaften Tätigkeit von ca. 150 Personen konnte am 21. September, also nur 11 Wochen nach dem Unfalle, mit der Füllung des wiederhergestellten und noch verbesserten Fahrzeuges begonnen werden.

Am 8. Oktober begann die neue Reihe der Versuchsfahrten, die durchweg außerordentlich befriedigten. Fernerhin wurden nun den Luftschiffern bestimmte Aufgaben gestellt. Besonders interessant waren hierbei die fernphotographischen Aufnahmen und die Versuche, Sandsäcke im Gewichte eines Geschosses abzuwerfen.

Mit Hilfe des Ventilators, der in der Sekunde 1 cbm Luft in die Luftkammern zu blasen vermochte, wurde der durch Abwerfen von 20 kg Ballast bedingte Gewichtsverlust mit 18 cbm Luft schnell wieder ersetzt und der Ballon so am Steigen gehindert.

Bei einer Reihe von Aufstiegen fuhren Generale, Adjutanten höherer Stäbe und Luftschifferoffiziere mit; kein Zwischenfall ereignete sich trotz des häufig nicht gerade ruhigen Wetters.

Bei der 79. Fahrt wurde durch Abwerfen von 320 kg Ballast in 1370 m Höhe — 1120 m über der Erde — gegangen und dann dynamisch das Fahrzeug auf 1010 m gebracht.

Am 10. November wurde der Ballon außer Dienst gestellt und verblieb nach einer wahrhaft glänzenden Kampagne in Toul in Winterquartier.

Hier blieb es zunächst, nach seinem Ankauf das erste Militärluftschiff der Welt, bis es 1908 als Schulschiff nach Chalais-
Meudon überführt wurde. Inzwischen waren nämlich nach gleichem
Typ zwei Militärluftschiffe, die »Patrie« und »République«, konstruiert
und abgenommen worden, die beide von einem tragischen Geschick
getroffen sind.

Die »Patrie« hatte 3600 cbm Inhalt, 10,3 Durchmesser, 60 m
Länge und einen Motor von 70 PS. Besondere Beachtung war den

» La Patrie .

Stabilisierungsflächen und der Höhensteuerung geschenkt. Für die
Durchbildung der wagerechten und senkrechten Stabilisierungsflächen
waren die Untersuchungen maßgebend, die Oberst Renard über
kritische Geschwindigkeiten für Luftschiffkörper angestellt hatte.

Die »Patrie« hatte 1906—1907 viele gute Fahrten ausgeführt
und wurde nach ihrer Abnahme von Chalais-Meudon nach Verdun
überführt. Den 240 km langen Weg legte das Fahrzeug in 7 Stunden
zurück. Bei einer Übungsfahrt am 30. November 1907 wurde das
Luftschiff durch Motordefekt zu einer Zwischenlandung gezwungen.
Die Nacht hindurch wurde es von Mannschaften gehalten. Eine
am Morgen einsetzende schwere Bö schleuderte das Luftschiff hin

und her und entriß es der haltenden Mannschaft. Wahrscheinlich ist es im Atlantischen Ozean untergegangen.

Dieses Unglück ist nach Ansicht einiger Fachleute darauf zurückzuführen, daß die Gondel an ihrer Unterseite auf einem nach dem Erdboden spitz zulaufenden Gestell ruhte. Bei den Schwingungen um dieses Gestell entfiel der Ballast der Gondel, so daß der wachsende Auftrieb durch die Haltemannschaften nicht mehr bewältigt werden konnte. Dieses Gestell war angebracht worden, um die seitwärts der Gondel liegenden Propeller bei Landungen vor Beschädigungen zu schützen. Der Unfall war aber insofern lehrreich,

Ville de Paris.

als sich zeigte, daß Luftschiffe nur mit der Spitze gegen den Wind freischwingend verankert werden können.

Das Schwesterschiff der »Patrie«, die »République« führte am 24. Juni 1908 seine erste Fahrt aus und wurde als Militärluftschiff abgenommen. Das Fassungsvermögen war auf 3900 cbm gebracht und der Motor auf 80 PS verstärkt; das Seitensteuer war vergrößert und weiter zurückgesetzt, auch das Höhensteuer war verstärkt worden. Nachdem das Luftschiff an den Manövern 1909 teilgenommen hatte und von Lapalisse nach Paris zurückfuhr, wurde die Hülle durch einen abfliegenden Propellerflügel derart aufgeschnitten, daß der Ballon entleert zu Boden sank. Vier tapfere Offiziere und Mechaniker fanden auf diese Weise einen ehrenvollen Luftschiffertod. Ein weiterer Bau desselben Typs ist bisher nicht zur Ausführung gelangt.

13*

Auch ein 8000 cbm fassendes Luftschiff, das von Julliot nach ähnlichen Grundsätzen erbaut werden sollte, ist nicht fertiggestellt.

Schon nach Verlust der »Patrie« war von dem bekannten Sportsmann Deutsch de la Meurthe das in seinem Auftrage von der
Firma Surcouf erbaute Luftschiff »Ville de Paris« der Heeresverwaltung als Ersatz angeboten und nach Verdun überführt. Es
ist 60 m lang, faßt 3200 cbm und hat einen Durchmesser von 10,5 m.
Es ist insofern nicht halbstarr zu nennen, als die ganze Versteifung
durch eine langgestreckte Gondel erzielt wird. Damit ist der alte
Typ »La France« wieder zu Ehren gekommen.

»Clément Bayard«.

Auffallend sind die eigenartigen Stabilisierungsorgane, die dem
Hinterteil als 4 Paare Stoffzylinder aufgesetzt sind. Sie geben dem
Äußeren ein etwas plumpes Aussehen.

Ein Motor von 70 PS treibt eine große Zugschraube von 6 m
Durchmesser, die vorn an der langgestreckten Gondel angebracht
ist. Höhensteuer liegen nahe dem Motor hinten am Gerüst.

Nach gleichem Prinzip sind »Clément Bayard« und »Ville de
Bordeaux« fertiggestellt, Colonel Renard für die Heeresverwaltung
im Bau. Diese von der Luftschiffbaugesellschaft Astra gebauten
Ballons erhalten durch die kegelförmigen Stabilisierungskörper ein
eleganteres Aussehen. Die Motorkraft ist auf 120 PS gewachsen.
Beim »Clément Bayard« ist eine Holzschraube von 5 m Durchmesser

zur Verwendung gelangt. Wesentliche Verbesserungen sollen am Ballonet vorgenommen sein. Der Inhalt ist auf 3500 cbm und mehr gestiegen. Die Höhensteuer sind nach vorn genommen und verstärkt.

Nachdem in Frankreich die halbstarren Luftschiffe der Gebrüder Lebaudy seit 1904 nennenswerte Erfolge erzielt hatten und auch die französische Konstruktionsabteilung sich mit dem Bau eines lenkbaren Luftschiffes eigener Konstruktion unter dem hochverdienten verstorbenen Obersten Renard anschickte — die Konstruktion wurde später wieder aufgegeben —, lag für die preußische Heeresverwaltung der Gedanke nahe, gleichfalls an die Bauausführung

Das deutsche Militärluftschiff 1909.

einer eigenen Konstruktion heranzugehen. Als der verstorbene Kommandeur des Luftschiffer-Bataillons, Oberstleutnant v. Besser, die Anregung hierzu gab, war einerseits das Luftschiff des Grafen Zeppelin, allerdings damals noch ohne nennenswerte Erfolge, auf dem Plan erschienen, anderseits warf die Konstruktion des Parsevalluftschiffes bereits ihre Schatten voraus. Se. Majestät der Kaiser regte nach Beiwohnung eines Vortrages, den Hauptmann R. v. Kehler im Berliner Verein für Luftschiffahrt über die Entwicklung der Motorluftschiffahrt gehalten hatte, die Gründung der Motorluftschiff-Studiengesellschaft an, die sich eingehend zunächst mit allen Vorfragen zu beschäftigen hatte. Aber auch die Militärverwaltung, von dem begreiflichen Wunsche getrieben, der aufblühenden Motorluftschiffahrt eine möglichst vielseitige Entwicklung zu geben, trat dem Bau eines Ballonet-Luftschiffes näher. Mit den Vorarbeiten wurde durch Oberstleutnant v. Besser der damalige Hauptmann und spätere Kommandeur des Luftschifferbataillons, Major Groß, betraut. Nach den Konstruktionszeichnungen eines eigens hierfür beim Bataillon angestellten Ingenieurs, Basenach, wurde ein Versuchsluftschiff von nur 1800 cbm Inhalt und einem Motor von 24 PS erbaut, das im Jahre 1907 für einige Zeit den Rekord einer ununterbrochenen Dauerfahrt von 9 Stunden errang. Die mit diesem Fahrzeug 1907/08 bei 60 Aufstiegen gesammelten Erfahrungen ermutigten zum Fortschreiten auf dem betretenen Wege. Im Jahre 1908 wurde das erste deutsche Militärluftschiff fertiggestellt.

An diesem liegen die Propeller, wie schon beim Versuchsluftschiff, zu beiden Seiten des Versteifungsgerüstes. Letzteres wurde aber schmäler und knickfester ausgeführt und mit Höhensteuern versehen. Die Hülle erhielt zwei Ballonets, die Gondel zwei Motoren à 75 PS.

Major Sperling und Oberingenieur Basenach, unter deren Leitung das Luftschiff erbaut war, unternahmen 1908 eine Reihe wohlgelungener Fahrten, von denen die wichtigste am 11. September eine 13stündige, ununterbrochene Dauerfahrt war, mit der auch dieses Luftschiff auf längere Zeit den Weltrekord halten sollte. Zwei unfreiwillige Landungen im Grunewald und Stettiner Haff brachten dem Luftschiff keinen nennenswerten Schaden.

Seit Frühjahr 1909 verfügt die Heeresverwaltung noch über ein zweites vergrößertes Militärluftschiff, das auch mit Einrichtungen zur drahtlosen Telegraphie versehen wurde.

Außer dem deutschen Kronprinzen und dem Prinzen Heinrich von Preußen beteiligten sich der Kriegsminister, der Chef des Generalstabes, der Inspekteur der Verkehrstruppen und mehrere kommandierende Generale an Auffahrten.

Es sind Vorrichtungen getroffen, daß die Luftschiffe im Freien gefüllt, durch Reißvorrichtung zur Landung gebracht, auseinandergenommen und auf Fahrzeugen verpackt werden können.

Ihre Eigengeschwindigkeit ist auf 13—14 m zu schätzen. Das Militärluftschiff 2, »M II« genannt, beteiligte sich mit Erfolg an den Kaisermanövern 1909. Zu seiner Unterbringung diente eine transportable Zelthalle.

Die oft geäußerte Ansicht, daß die deutschen Kriegsballons Nachahmungen der französischen Lebaudy-Schiffe sind, ist nicht richtig. Schraubenlage, Steuerorgane und Versteifung geben dem Luftschiff einen selbständigen Charakter.

Eine gleichfalls selbständige Konstruktion Ballonet-Bauart hat die italienische Luftschifferabteilung entworfen. Unter Leitung des Kommandeurs, Oberstleutnant Moris, hatten Hauptmann Ricaldoni und Leutnant Crocco 1908 ein Versuchsluftschiff fertiggestellt, das bei seinen Probefahrten voll befriedigte.

Bei einem Inhalt von 2500 cbm und 60 m Länge erhielt die Hülle eine ausgeprägte, hinten spitz zulaufende Torpedoform. Ein dicht unterhalb der Hülle befindlicher Kiel von halber Schiffslänge sorgt für Erhaltung des Kurses — der seitlichen Stabilität — und trägt Höhen- und Seitensteuer. Die Hülle ist aus Mailänder Seide gefertigt und daher sehr leicht.

Im Jahre 1909 wurde ein größeres Luftschiff erbaut, dessen Inhalt ca. 5000 cbm betragen soll.

Glänzend sind die neuesten Aufstiege in Italien verlaufen. Es wurden ausgedehnte Fahrten unternommen, die sich unter anderen auch bis Neapel ausdehnten. Leider fand am 1. November Leutnant Bovetti einen ehrenvollen Luftschiffertod. Bei der Abfahrt von Neapel wollte er die begeistert zuströmende Menge zurücktreiben und geriet dabei der sich mit großer Tourenzahl drehenden Schraube zu nahe. Der Kopf bis zum Unterkiefer wurde ihm mit einem Schlag abgetrennt.

Zu erwähnen ist hier noch das ebenfalls in Italien gebaute Luftschiff des Grafen A m e r i c o d a S c h i o.

Dieser will auf eigenartige Weise ohne Ballonet sowohl einem Gasverlust beim Steigen des Aerostaten vorbeugen, als auch beim Herabgehen die Form des Luftschiffes erhalten.

Graf Americo da Schio hat zuerst eine spindelförmige Hülle von 39 m Länge, 6 m Durchmesser und 1208 cbm Inhalt aus gefirnißter Seide gebaut. Im unteren Teile befindet sich eine breite Bahn aus elastischem Kautschuk, die sich von 1,45 auf 3,40 m Breite bei steigendem Gasdruck auszudehnen vermag. Ein Sicherheitsventil soll in Tätigkeit treten, bevor dieser Teil bis auf Platzen beansprucht wird.

Da bei den Ende 1905 vorgenommenen Probefahrten das Verhalten des Fahrzeuges ein ausgezeichnetes gewesen sein soll, ist er mit weiteren Verbesserungen beschäftigt. Bezüglich der Verwendung der Bahn aus Kautschuk hat Dr. d e Q u e r v a i n, stellvertretender Direktor des Meteorologischen Instituts zu Zürich, darauf aufmerksam gemacht, daß eine elastische Gummimembrane der anfänglichen Dehnung den größten Widerstand entgegensetzt und den während der Ausdehnung abnehmenden Widerstand erst wieder kurz vor dem Zerplatzen ansteigen läßt. Hieraus folge, daß ein automatisches Ventil in Funktion treten würde, wenn die Dehnung gerade begänne; zum Ausdehnen des Kautschuks könnte es also gar nicht kommen.

Von der Tatsache dieses Einwandes kann sich jeder leicht beim Aufblasen der kleinen Hohlpfeifen mit Gummiblasen überzeugen, welche auf Jahrmärkten als Kinderspielzeug zu haben sind und ohrenbetäubende Töne von sich geben, wenn nach dem Aufpusten der ausgedehnte Gummi sich wieder zusammenzieht. Ganz deutlich kann man bemerken, daß die anfängliche Dehnung die größte Lungenkraft erfordert.

Eigenartig ist bei diesem Ballon noch das in neuester Zeit bei Firnißballons vielfach geübte Bestreuen der Hülle mit feinem Aluminiumpulver, durch welches die Sonnenstrahlung möglichst vermindert werden soll.

Zum Typ der Ballonetluftschiffe »halbstarrer« Bauart können auch die in England gebauten Ballons gerechnet werden. Hier konstruierten Oberst Capper und Mr. Cody bei der Luftschifferabteilung in Aldershot ein Luftschiff aus Goldschlägerhaut von nur 2000 cbm Inhalt und 35 m Länge. Die Gondel hing an einem Netz, das durch breite Seitengurte verstärkt wurde. Mit dem Netz war unter dem Ballon ein kielartig verlaufendes Gerüst verbunden. Hinten trug der Kiel die Stabilisierungsorgane. Der »Nulli Secundus« machte im September 1907 nur wenige Fahrten. Kurz nach der wegen Motordefekt erfolgten Landung zerriß die empfindliche Hülle, so daß das Luftschiff an Ort und Stelle vernichtet wurde.

Ein neues Fahrzeug, Nulli Secundus II, wurde im Laufe des Jahres 1908 fertig. Infolge verschiedener Verbesserungen der Steuerapparate hat dieses Schiff schon weit bessere Erfolge erzielt.

Einen halbstarren Ballon erhielt 1909 auch Belgien. Dieser, bei Godard in Paris erbaute Aerostat trägt eine verhältnismäßig lange Gondel mit Schrauben vorn und hinten. Die Hülle zeigt bei 2700 cbm Inhalt eine schlanke spindelartige Form. Ein durch einen Privatmann, Goldschmidt, in Belgien selbst fertiggestelltes Luftschiff hat nach den Zeitungsberichten gute Manövrierfähigkeit und genügende Geschwindigkeit entwickelt.

Die Ballonetluftschiffe »u n s t a r r e r B a u a r t« sind speziell in Deutschland vorbildlich ausgebaut. Die schon erwähnte Motorluft-schiff-Studiengesellschaft kaufte das von dem Miterfinder des Drachen-ballons, System Parseval-Sigsfeld, vom bayerischen Major v. Parseval erdachte Motorluftschiff an und bildete die Luftfahrzeug-Gesellschaft.

Ein ganz besonderer Vorteil des Parsevalschen Luftschiffes ist es, daß es nur in der Gondel und in einigen wenigen Teilen der Steuer- und Stabilisierungsflächen starre Teile besitzt, so daß es innerhalb einiger Stunden zusammengelegt und transportiert werden kann. Durch diesen Umstand wird die Kriegsbrauchbarkeit sehr erhöht.

Auch in der Form unterscheidet sich der deutsche Ballon wesentlich von den anderen Luftschiffen. Ein langer Zylinder geht vorn in eine Halbkugel, hinten in einen eiförmigen Körper über. Die Gesamtlänge beträgt 48 m, der Inhalt 2500 cbm.

Die außerordentlich einfache Bauweise ist aus den Bildern ohne weiteres erkennbar.

Im Innern der Hülle befinden sich zwei Ballonets, je eines vorn und hinten. Die Luftsäcke werden andauernd durch den von einem eigenen Motor betätigten Ventilator beschickt. Die überschüssige Luft vermag durch Sicherheitsventile zu entweichen.

Durch besondere, vom Führerstand aus zu bedienende Klappen-einrichtung vermag der Führer das Zuströmen der Luft zu den Ballonets zu regeln. Je nachdem, ob ein Heben oder Senken des Vorderteils beabsichtigt wird, läßt er die Luft nach hinten oder vorn strömen, wodurch entweder das Hinter- oder Vorderteil des Ballons schwerer gemacht wird. Neuartig ist auch die Einrichtung der Stabilisierungs- und Steuerflächen. Dieselben erhalten erst durch Aufblasen mit Luft ihre pralle Form. Hierdurch wird außerdem eine günstigere Stabilisierung beim Fahren erzielt.

Der erste, von Daimler gelieferte Motor entwickelt gebremst 90 PS bei etwa 1000 Umdrehungen in der Minute. Er befindet sich im hinteren Teile der 5 m langen Gondel.

Das Gewicht der Gondel mit Motor, Schraube etc. beträgt 1200 kg.

Die vierflügelige Schraube ist aus starkem Stoff gefertigt, der erst in der Bewegung seine richtige Gestalt annimmt. Ihr Durch-messer beträgt 4,2 m.

Der Ventilator befindet sich über dem Motor, ein langer Schlauch stellt die Verbindung mit der Hülle her.

Der erste Lenkballon des Major von Parseval. ‚Aus ‚Welt der Technik‘.

Durch Schrägstellen der Ballonachse wird die Auf- und Abwärtsbewegung des Luftschiffes bewirkt, ohne daß Ballast oder Gas geopfert zu werden braucht. Die Drachenwirkung auf die Ober- oder Unterseite des Ballons ist bei rascher Fahrt so bedeutend, daß vertikale Kräfte von mehreren hundert Kilogramm entstehen.

Im Herbst 1907 wurden 18 lehrreiche und meist gelungene Aufstiege durchgeführt.

Die Einfachheit der Parsevalschen Konstruktion und die geringen Abmessungen des Luftschiffes hatten von vornherein das militärische Interesse wachgerufen. Nach den ersten glücklichen Fahrten war nicht mehr zu bezweifeln, daß es die an einen kleinen Kriegsballon zu stellenden Anforderungen: zehnstündige Fahrt, Mitnahme einiger Beobachter und Erzielung von Höhen bis zu 2000 m erfüllen könne.

Die Motorluftschiff-Studiengesellschaft, die sich die Ausbildung Parsevalscher Luftschiffe besonders angelegen sein ließ, bewirkte bald den Bau eines zweiten Typs, mit dem die militärisch behufs Ankauf aufgestellten Bedingungen erfüllt wurden.

Diese Konstruktion unterschied sich von der früheren durch die länglichere und spitzere Form des Hinterteils und durch den größeren Inhalt von 3800 cbm bei ca. 65 m Länge und 9,4 m Durchmesser.

Am 14.—15. September führte das Luftschiff eine $11\frac{1}{4}$ stündige Fahrt nach Magdeburg, Genthin, Wolmirstedt und zurück über Burg, Potsdam aus. Am 16. September sollte es Sr. Majestät dem Kaiser auf dem Bornstedter Feld vorgeführt werden. Bei starkem Gegenwind gelangte es aber nur bis zum Grunewald. Dort brach eine Stange der Stabilisierungsflächen und stieß ein Loch in die Hülle. Die Landung erfolgte zwischen Bäumen und Häusern des Grunewalds ohne Schaden. Der Abtransport bewies, daß das Luftschiff unschwer auf einigen Fahrzeugen verpackt werden kann.

Die weiteren Abnahmfahrten dehnten sich bis zum November 1908 aus. Es wurde hierbei eine Füllung des Luftschiffes im Freien und eine einstündige Fahrt in 1500 m Höhe gezeigt.

Seine Landungsfähigkeit durch Zerreißen der Hülle nach Art der Freiballons hatte das Luftschiff schon bei anderen Fahrten bewiesen. Nachdem noch die Eigengeschwindigkeit auf 12—13 m festgestellt war, ging das Luftschiff in den Besitz der Heeresverwaltung über.

An den Steuerorganen war eine Änderung insofern eingetreten, als die ursprünglich nur aus Luftkissen bestehenden Flächen durch doppelt bespannte Stoffrahmen ersetzt wurden, die sich während der Fahrt selbsttätig aufblasen. Nach dem Bruch des Rahmens am 16. September wurde das Holzrahmengestell durch Stahlrohre ersetzt. Der neue Motor hatte 114 PS.

Schon im Jahre 1908 war von der Luftfahrzeug-Gesellschaft der Bau eines größeren Parseval-Luftschiffes geplant. Sein Inhalt wurde auf 5600 cbm gebracht, die Gondel erhielt zwei N.A.G.-Motore von je 100 PS und zwei Propeller bisheriger Art. Die Gondel wurde zur besseren Verteilung der Last auf die Hülle noch 1 m tiefer gelegt.

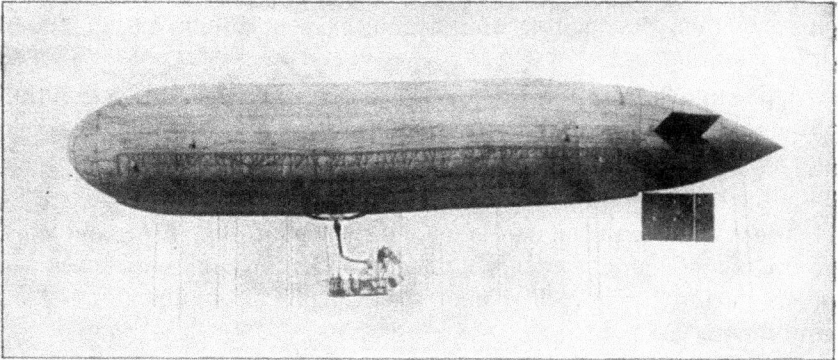

Parseval III 1909.

Am 18. Februar 1909 unternahm das neue Luftschiff seine erste Probefahrt von der inzwischen fertiggestellten Ballonhalle in Bitterfeld aus. Nach weiterer Fortführung der Versuche konnte das Luftschiff im August zur internationalen Luftschiffausstellung in Frankfurt entsandt werden, wo es sich durch eine Reihe wohlgelungener Passagierfahrten bald allgemeiner Beliebtheit erfreute. Unter diesen Fahrten dehnte sich die längste über Augsburg bis München aus.

Bei mehrfachen Zwischenlandungen zur Betriebsstoffeinnahme und bei Verankerungen im Freien bewies das Luftschiff unter der umsichtigen Führung des Oberleutnants a. D. Stelling seine vorzüglichen Eigenschaften. Auch bei einem Unfall, der am 12. August durch vorzeitiges Ergreifen des Schlepptaues seitens übereifriger Helfer in den Häusern von Frankfurt entstand, nahmen weder Luftschiff noch Passagiere Schaden.

Die Eigengeschwindigkeit dieses Luftschiffes beträgt 14—15 m.

Bei allen Konstruktionen wurde die dem Parseval-Luftschiff eigene Vorrichtung zum Ausgleich des Kippmomentes beim Anfahren beibehalten. Da nämlich die Gondel mit Luftschraube sehr tief hängt, würde beim Anfahren die Spitze des Luftschiffes aufkippen, wenn sie nicht in diesem Augenblick nach unten gezogen würde. Deshalb sind unter der Gondel in der Längsrichtung des Luftschiffes zwei Stahldrähte gezogen, auf welchen die Gondel mittels Rollen sich nach vorn bewegen kann. Hierdurch wird das Gondelgewicht bei der Abfahrt so verteilt, daß das Luftschiff ohne Aufkippen abfährt.

Die Erfolge des Parsevalschen Luftschiffes gaben den Siemens-Schuckertwerken den Anstoß zu dem Gedanken, ein weiteres Luftschiff in erheblich größeren Dimensionen auszuführen, in der Hoffnung, daß man dadurch eine weit größere Tragfähigkeit und Eigengeschwindigkeit erzielen könne als bei Luftschiffen starrer Bauart. In Biesenthal bei Berlin wurde eine drehbare Halle errichtet, in der sich seit Herbst 1908 die Hülle eines (12000 cbm ?) großen, langgestreckten Ballons zur Montage befindet. In dem langgestreckten Ballonkörper mußte Fürsorge getroffen werden, daß das Gas nicht unnötig hin und her fließt. Wie dies im einzelnen erreicht worden ist, kann der Öffentlichkeit erst übergeben werden, wenn die Versuchsfahrten begonnen haben. Zu erwarten ist, daß die ersten Fahrten noch Ende 1909 beginnen.

Auch in Frankreich hat man erkannt, daß das schnelle und leichte Zusammenlegen der lenkbaren Ballons sehr von Wichtigkeit ist, wenn die Luftschiffe mit kleinem Aktionsradius bei den Feldarmeen verwendet werden sollen. Der bekannte Luftschiffer Graf de la Vaulx in Paris hat deshalb ebenfalls einen Motorballon gebaut, der rasch zerlegt und in vier Pakete zusammengelegt werden kann. Das erste Paket von 1 cbm Rauminhalt enthält die Hülle, das zweite die Gondel mit einer Bodenfläche von 2×1 qm und endlich das dritte und vierte Paket je einen Teil des Kiels.

Graf de la Vaulx.

Die Bauart des Ballons geht aus der schematischen Zeichnung hervor. Es ist nur weniges noch näher zu erläutern.

Graf de la Vaulx benutzt deutschen, diagonal gelegten, gelbgefärbten Baumwollstoff, weil derselbe in Frankreich noch nicht in der unbedingt erforderlichen Güte hergestellt wird.

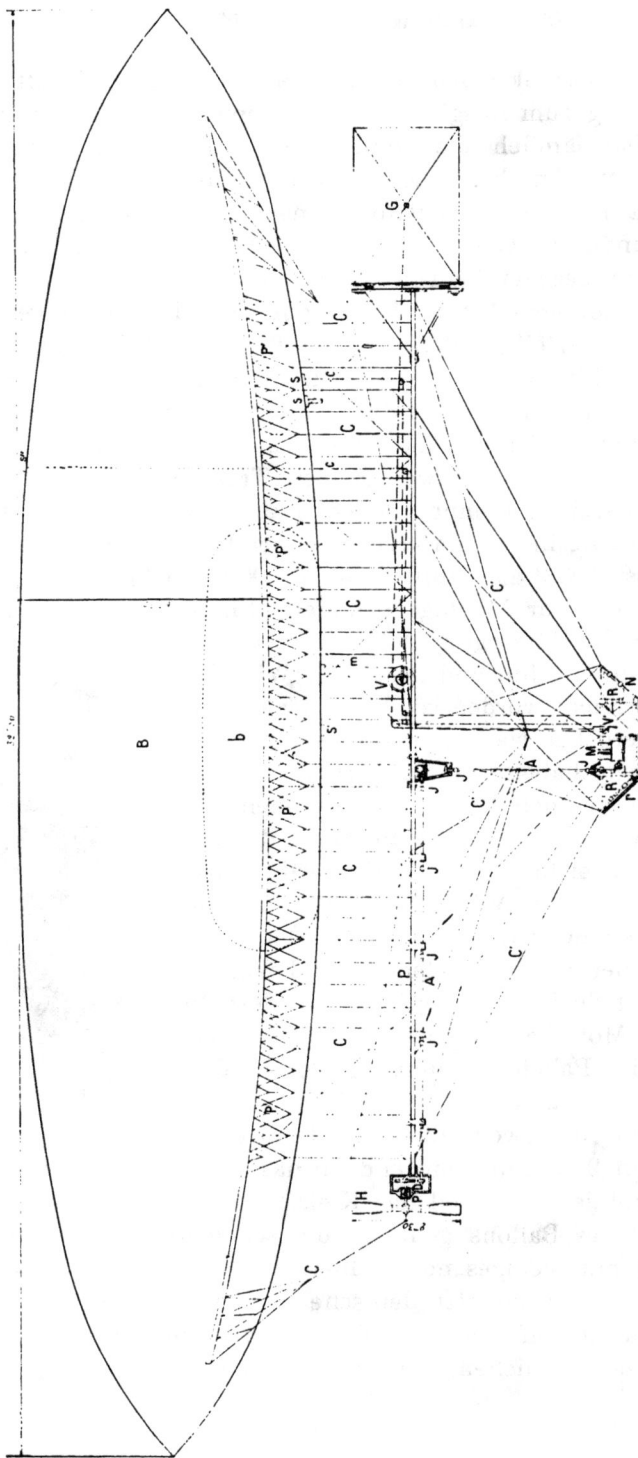

Schematische Zeichnung des ersten lenkbaren Ballons des Graf de la Vaulx.

(Klischee des »Aérophile«.)

B Ballon 720 cbm. — b Ballonet 120 cbm. — P' P' P' Hanfnetz. — CCC Vorspannungen. — H Schraube. — P Holzraa. — V Ventilator; m Schlauch des Ventilators. — A A' Wellen vom Motor zur Schraube. — G Steuer. — C C C Spanndrähte für Gondelaufhängung. — M Motor. — R' Wasserbehälter. — R Benzinbehälter. — S S S' S' Ventile.

Während aber gewöhnlich nur zwischen den beiden Stofflagen eine Gummischicht eingewalzt ist, hat das Luftschiff von de la Vaulx auch an der Außenseite Kautschuk. Hierdurch soll das Ansaugen von Feuchtigkeit vermieden werden.

Das Luftschiff ist mit einer Reißvorrichtung versehen.

Da die ersten Versuche zur Zufriedenheit ausgefallen sind, wurde nach dem Typ des Grafen de la Vaulx ein verbessertes Luftschiff zu Reklamezwecken für eine Pariser Zeitung gebaut. Ähnliche unstarre Ballons mit und ohne Ballonets sind in den verschiedensten Ländern fertiggestellt. Dieselben haben vornehmlich sportlichen Wert und dienen zur Wachhaltung und Anregung des Interesses für die Aeronautik. Hierhin gehören die mehr als primitiven Fahrzeuge der Brüder Renner in Österreich, von Baldwin — der übrigens, wie an anderer Stelle erwähnt, für die amerikanische Militärverwaltung einen brauchbaren Kriegsballon gebaut hat —, Beachy und anderen in Amerika.

In Deutschland haben in neuester Zeit noch verschiedene Konstrukteure den Bau kleinster Motorluftschiffe aufgenommen. So hat die Rheinisch-Westfälische Motorluftschiff-Gesellschaft unter Mitwirkung bekannter Aeronauten und Techniker ein den Clement-Bayard-Schiffen ähnliches Fahrzeug herausgebracht, das Oktober 1909 mit den ersten Probefahrten begonnen hat. Eine große, auch für andere Luftschiffe bestimmte Halle ist zur Unterbringung dieses Ballons erbaut.

Die Rheinisch-Westfälische Motorluftschiff-Gesellschaft ist auf Veranlassung des durch seinen Gordon Bennett-Sieg in Amerika als Luftschiffer bekannt gewordenen Oskar Erbslöh im Dezember 1908 ins Leben gerufen. Bei den Arbeiten für den »Erbslöh« benannten Lenkballon beteiligten sich die Luftschiffer Paul Meckel, Frowein, Peill, Selve, Toelle und Bucherer. Der alte Typ der »La France« ist in gewisser Beziehung wieder zu Ehren gekommen. Das torpedoförmige Fahrzeug besitzt einen Inhalt von 2900 cbm bei 53 m Länge und 10 m größtem Durchmesser. Im unteren Sechstel der Hülle befindet sich das Ballonet von linsenförmigem Querschnitt.

Neu ist die Einrichtung, daß die durch den Kühler erhitzte Luft abgesaugt und in den Luftsack gepumpt werden kann. Hierdurch soll das Gas künstlich erhitzt werden, um die Temperaturschwankungen einzuschränken. Die am Hinterteile angebrachten Dämpfungsflächen und die Bauchflosse haben dreieckige Gestalt. Auf beiden Seiten der Hülle erstreckt sich ein Traggurt, an dem

mittels 64 Drahtseilen die Gondel hängt. Diese hat eine Länge
von 27 m und besteht aus vier parabelförmig gebogenen Eschen-
holzträgern, die vorn und hinten in je eine Spitze auslaufen und in
der Mitte eine größte Höhe von 2 m und eine Breite von 1,5 m
haben. Die Gondel ist in 21 Felder eingeteilt, von denen die
mittleren 7, auf Gleitkufen montierten Teile die Maschinenanlage,
Führer- und Maschinistenstand sowie den Passagierraum für vier
Personen enthalten.

An der Spitze der Gondel befindet sich ein Propeller aus
Mahagoniholz von 4,5 m Durchmesser, der von einem 110 pferdigen
Benzmotor getrieben wird.

Das Luftschiff »Erbslöh« der Rheinisch-Westfälischen Motorluftschiff-Gesellschaft m. b. H.

Der Führer kann von seinem Platze aus die ganze Maschinenanlage übersehen und gleichzeitig die Seiten- und Höhensteuerung
bedienen. Erstere wird durch ein Handrad und Bowdenkabel betätigt, letztere durch ein neues Verfahren in der Weise, daß mittels
einer schnell rotierenden Pumpe Wasser aus einem an der Spitze
der Gondel befindlichen Behälter in einen solchen an der anderen
Spitze gepumpt wird, also durch Gewichtsverschiebung.

Die Gondel kann leicht in drei oder nötigenfalls in sieben Teile
zerlegt werden, ohne daß die Maschinerie entfernt zu werden braucht.
Hierdurch wird leichte Transportfähigkeit erzielt.

Beim ersten Aufstieg, der im Oktober 1909 stattgefunden
hat, erlitt das Luftschiff, infolge Reißens der Haltetaue gegen
einen Berg abgetrieben, Havarie, die jedoch bald wieder behoben
worden ist.

Während der Frankfurter Luftschiffahrtsausstellung waren ferner
noch zwei kleine Luftfahrzeuge in Betrieb, die von Ruthenberg in

Lenkballon der Ballonfabrik Franz Clouth in Köln-Nippes schräg von vorn gesehen.

Luftschiff »Clouth« von der Seite gesehen

Weißensee bei Berlin und von der Ballonfabrik Franz Clouth in Köln-Nippes erbaut sind.

Auf den Clouthschen Aerostaten soll hier noch näher eingegangen werden, weil er einige sehr bemerkenswerte Eigenheiten aufweist.

Die Erbauer haben sich von der Tatsache, daß durch Vergrößerung des Inhaltes die Handlichkeit der Ballons verliert, und daß ferner die Kosten für die Instandsetzung außerordentlich wachsen,

Ballon »Ruthenberg«.

bestimmen lassen, ein verhältnismäßig kleines und unstarres Fahrzeug zu erbauen.

Die Hülle zeigt die Form einer unsymmetrischen Spindel, deren hinteres Ende spitzer gehalten ist, um die Entstehung von Luftwirbeln zu verringern. Im Innern lagert ein Ballonet, das durch eine Scheidewand in zwei Teile getrennt ist, um ein Hin- und Herfließen der Luft bei Schrägstellung zu verhindern. Am Boden der Hülle — des Gasraums und des Ballonets — sind die Überdruckventile angeordnet, Manövrierventil und Reißbahn auf der oberen Seite.

Die Aufhängung, einer der schwierigsten Punkte bei unstarren Schiffen, ist hier auf besondere Weise gelöst durch zwei hölzerne Träger, die an einem Gurte befestigt sind. Von diesen Trägern laufen die Aufhängepartien nach der Gondel. Hierdurch wird eine

14*

Angaben über einige ältere Ballontypen.

Namen des Erbauers	Form	Größe in cbm	Länge in m	Größt. Durchmesser in m	Motor	Pferde-Stärken	Besondere Einrichtungen	Versuche
Barton	Geschoßform zum größten Teil zylindrisch	4400	54,8	12,5	3 Petroleummotoren System Buchet	150	Mit 30 Gleitflächen ausgerüstet, 3 Kammern Ballonet von 1200 cbm Inhalt	Kein Erfolg
Beedle	Torpedoform	706	28	7	Petroleummotor Blake-System	15	—	Keine besonderen Erfolge
Danilewsky	Zylinder mit kegelförm. Spitze u. abgerundetem Hinterteil	Mehrere Ballons von verschiedenem Inhalt und verschiedener Größe	—	—	Ohne Motor	—	Beruht auf dem Prinzip teilweiser Entlastung des Gewichts. Bewegung durch Flügel	Versuche ohne Unfälle, aber auch ohne Erfolg verlaufen
Deutsch de la Meurthe (Maurice Mallet) »La ville de Paris«	Ellipsoid	2000	58	8,2	4 Zylinder-Motor	63	2 Hüllen (Meusnier) Ballonet von 200 cbm Laufgewichte	August 1903 eine Füllung Neue Versuche Ende 1906
Albert de Dion	Spindelförmig	—	—	?	Dion Bouton 2 Motoren	?	Eine große Anzahl Schrauben befinden sich an besonderem Gerüst unter der Hülle. Gondel weit unter Ballon	Von den Versuchen ist nichts Besonderes bekannt geworden
Favata »Aeronave«	Fischförmig	?	?	?	?	?	2 Hüllen Aeroplan-Flächen	Entwurf
Français I	Torpedoform	500	25	6	?	?	Laufgewicht	Für Marine Nicht fertiggestellt
François und Contour (Ältere Knabensnue war Führer) Von Godard gebaut	Ellipsoid	1850	32	10,8	Prosper Lambert	24		Einige Auftlüge, durch welche nichts erwiesen ist

					Elektromotor		Innere Durchbohrung	Entwurf
Giuliani »Aeronave«	Spindel	950	26	6		16	—	Einige Versuche ohne wesentliche Erfolge
Goudron Beckmann	Fischform	368	20	5,2	3 Motoren, 1 Viertakt-Hamiltonmotor m 2 Zylindern zu 2 Zweitaktmotoren zu	5 / 2,5	Kein Ballonet	Über Versuche nichts bekannt geworden
José de Patrocinio »Santa Cruz« (Erbauer Louis Godard)	Zylinder mit ogivalen Spitzen	3900	45	9	?	40	Flügel an den Seiten. 9 Schotten	Nichts bekannt geworden
Pacini »Aerovado«	Ellipsoid	800	25	?	?	?	Hülle dreiteilig Drachenflieger	In Militärwerkstätten gebaut, deshalb nichts bekannt geworden
Renard	Länglicher Körper	3000	25	4 mal so groß wie Durchmesser	Elektromotor eigener Art	?	Deutscher Ballonstoff	Über Versuche nichts bekannt geworden
Robert-Pillet (Surcouf Erbauer)	Länglicher Körper	2000	ca. 36	9	?	35	Deutscher Stoff Ballonet	Über Versuche nichts bekannt geworden
Rozo	2 zigarrenförmige Hülle	2800	45	7,5	Petroleummotor Buchet mit 4 Zylindern	20	Aluminiumröhrengerüste mit je 6 Abteilungen Hüllen verbunden durch Röhren. Gondel 2 Etagen zwischen Ballons	Versuche ohne Erfolg
Stahlballon in Wien	Halbe Spindel m. ab gerundeten Enden	68·0	20	10	Körtingmotor	90	3 Kammern, Gondel 2 Etagen Bessemerstahlblech	Es kam zu keinem Versuch, weil Aufstieg mitten in Wien verboten wurde
Stanley-Spencer	Zylinder mit 2 kegelförmigen Enden	850	Zylinder 28,2	7,3	Petroleum	24	Aus Aluminium Gashülle hat 6 Abteile mit je 1 Ballon (wie Zeppelin) Drachenflächen a d. Seite	Mehrere Versuche, um den Kristall-Palast in London zu fahren, mißglückten
Stevens	Zylinder mit kegelförmigen Enden	800	26	5,6	Regent Automobile Company Mehrere Motoren bauen ehem. Angestellte Buchets und Clemens	Allmählich steigend 7,5; 35; 70	Äußere Hülle und innerer Gassack (Meusnier) Ventilator, welcher andauernd läuft Laufgerüst (Zeppelin)	Dynamisches Steigen und Fallen durch schräge Flächen beabsichtigt, was bei den Versuchen gelungen ist. Auch in horizontalem Sinne ist Lenkbarkeit erreicht.

gleichmäßige Verteilung der Last erreicht und die Prallhaltung der
Form unterstützt. Die Drahtseile der Aufhängung können an das
Gondelgerüst angeknebelt und durch Spannvorrichtung nachgezogen
werden.

Die Gondel erleichtert durch ihre verhältnismäßig große Länge
die Aufhängung und verringert die Möglichkeit des Einknickens
der Hülle.

Sie besteht aus Stahlröhren, die durch Muffen miteinander verbunden sind. In der Mitte ruht ein 40 PS-Motor, dessen Kraft
durch Kegelräder auf die beiden zweiflügeligen Holzschrauben übertragen wird. Die Übertragung wird wesentlich erleichtert dadurch,
daß die Schrauben auf einem Bock angebracht sind, der mit dem
Gondelgerüst verbunden ist. Von der Übertragungswelle aus wird
auch der Ventilator, der das Ballonet mit Luft versieht, auf der
Spitze des Bockes betätigt. Im vorderen Teil der Gondel ist der
Stand für den Führer, der durch zwei Handräder die kastenartigen
Höhen- und Seitensteuer bedient. Das Höhensteuer ist unter der
vorderen Spitze in der Aufhängung angeordnet. Das Seitensteuer
liegt am hinteren Ende einer senkrechten Fläche, die unter der
Hülle sitzt. Seitlich an der Ballonhülle ruhen ein paar kastenartige
Flächen, die zur Dämpfung seitlicher Schwingungen dienen.

Der Ballon kann einschließlich des Führers und des Maschinisten vier Personen mitführen, sowie Betriebsmittel für 10 Stunden.
In der kurzen Zeit seiner Tätigkeit ist das Schiff natürlich noch
nicht in vollem Umfange erprobt, besonders sind erschöpfende
Proben seiner Leistungsfähigkeit noch nicht erbracht. Indessen
berechtigen seine bisherigen Fahrten zu guten Hoffnungen. Es
würde sich dadurch ein kleines Luftschiff entwickeln lassen, daß
bei geringem Anschaffungspreis und verhältnismäßig geringen Be-
triebskosten größeren Klubs und Vereinen die Möglichkeit bietet,
Luftreisen zu unternehmen.

Für militärische Zwecke scheint es durch seine außerordentliche
Transportfähigkeit besonders geeignet und würde als wertvolle Ergänzung zu den großen Luftschiffen dienen können.

Wenn wir nun einen Rückblick auf die neueste Entwicklung
der Lenkballons werfen, so muß auffallen, wie gewaltig der in
den letzten drei Jahren erzielte Fortschritt gewesen ist. Die verschiedenen Bauarten weichen erheblich voneinander ab, wenngleich
sich auch zwei ganz bestimmte Typen herausgebildet haben: die

»Starrluftschiffe« und die »Ballonetluftschiffe«. Während die letztere Art, sowohl in halbstarrer als auch in starrer Form, auf die verschiedenste Weise ausgebildet ist, so haben wir doch in den nächsten Jahren noch immer neue sich wesentlich an den bisherigen Schiffen unterscheidende Fahrzeuge zu erwarten. Insbesondere gilt dies aber von den Starrluftschiffen, da man schon in England begonnen hat und in Frankreich und Amerika beginnen will, sich diesem Typ zuzuwenden.

Sechzehntes Kapitel.

Fallschirme und Gleitflieger.

Von Regierungsrat a. D. J o s. H o f m a n n in Genf[1]) unter Benutzung des Textes der 1. Auflage neu bearbeitet und erweitert.

Beim Übergang vom Ballon zur Flugmaschine, vom »Leichter als die Luft« zum »Schwerer als die Luft« treffen wir zunächst auf Luftfahrzeuge, Schirme, die lediglich den Zweck haben, Menschen in langsamem Falle, also gefahrlos, von höher gelegenen Punkten zu tiefer liegenden zu führen. Hat der Schirm hierbei die Gestalt eines wie üblich mit dem Stiel nach unten gehaltenen Regenschirms, wobei der Stiel selbst durch Zugseile (siehe Bild S. 217) ersetzt sein kann, so schlägt er in ruhiger Luft eine ungefähr lotrechte und bei Wind eine mehr oder minder flach geneigte Fallrichtung ein. Ist der Schirm ganz eben oder nur soweit gekrümmt, wie etwa ein zwischen vier Stangen gespanntes Stück Leinwand unter dem Luftdruck sich aufbläht, so kann er nur bei genau wagerechter Haltung lotrecht zur Erde fallen; bei der geringsten Schiefstellung schlägt er auch in ruhiger Luft eine weit vom Lot abweichende schräge Fallbahn ein und bildet somit einen Gleitflieger.

Es ist nun merkwürdig, daß der älteste nachweisbare Fallschirm, der in einem 1617 von F a u s t o V e r a n z i o in Venedig herausgegebene Sammelwerk über Maschinen abgebildet ist (siehe Abb. S. 3),

---

[1]) Regierungsrat a. D. Jos. Hofmann, der bekannte deutsche Flugtechniker, der seit etwa 35 Jahren sich theoretisch und praktisch mit der Flugfrage beschäftigt hat.

schon einen als Gleitflieger verwendbaren Fallschirm darstellt, während
der Apparat, mit dem der Physiker Sébastien Lenormand 1783
sich vom Turm des Observatoriums in Montpellier herabstürzte, die
ganz unvollkommene Pilzgestalt hatte, die dann auch Blanchard
für seine den Parisern zugedachten Geflügelsendungen aus seinem
Ballon und schließlich, 22. Oktober 1797, Jacques Garnerin für
seinen ersten Absturz vom Ballon ihren Fallschirmen gaben. Auch
Leonardo da Vinci hatte um das Jahr 1500 herum an einen zelt-
oder betthimmelarti-
gen Fallschirm ge-
dacht und dessen vier
Grundseiten sowie die
Höhe zu je zwölf
Armlängen angegeben
(Saggio delle Opere di
L. d. V. Milano 1872).
Von einer Ausführung
dieses Apparates ist
aber nichts bekannt.
Garnerin schnitt sich
bei seinem Versuch in
1000 m Höhe vom
Ballon ab. Der Ab-
sturz erfolgte unter
heftigen Pendelungen,
weil die durch den
Fall im Hohlraum des
Schirmes verdichtete
Luft ganz unregel-
mäßig, bald an dieser,

Fallschirm im Fluge.

bald an jener Stelle des Umfangs zu entweichen suchte. Für spätere
Abstürze gab man daher den Fallschirmen in der Mitte eine kleine
Öffnung.

Wenn es auch wohl noch nie vorgekommen ist, daß solche Fallschirme, abgesehen von Schaustellungen, als lebenrettende Werk-
zeuge Verwendung fanden, so haben doch geplatzte oder sonst un-
absichtlich aufgerissene Frei- und Lenkballons, wenn unter dem
tragenden Netz die sich entleerende Hülle sich fallschirmartig nach
oben legen konnte, schon oft das Leben ihrer Besatzung gerettet.
Die Geschwindigkeit eines so herabfallenden Ballons übertrifft selten

Todessturz Cockings mit dem Fallschirm.

6 m in der Sekunde[1]), d. h. die Endgeschwindigkeit eines aus Manns-
höhe (1,8 m) frei herabspringenden Menschen. Dabei beträgt die
Belastung des Ballons etwa 7 kg auf das Quadratmeter Grundfläche.

    [1]) Verfasser dieses Werkes machte mit Prof. Dr. Miethe von der Technischen
Hochschule zu Charlottenburg im Juni 1902 eine wissenschaftliche Ballonfahrt,
bei welcher der Aerostat vor der Landung in ein urplötzlich eintretendes Gewitter geriet. Durch wirbelnde Luftbewegung wurde das Fahrzeug mehrfach von
100 m zu 2200 m gerissen und dabei das Gas fast völlig aus der Hülle gedrückt. Der Fall, der glücklicherweise in einen hohen Buchenwald ging, hatte
laut Ausweis des Barographen eine Geschwindigkeit von 10,5 m/Sek. gehabt.

Käthchen Paulus macht sich zum Absturz mit dem Fallschirm bereit.

Der Fallschirm von Lenormand hatte 4,5 m Durchmesser und 2 m Kegelhöhe, also eine unmittelbar gedeckte Fläche von rund 16 qm.

Im Jahre 1810 hatte der Physiker Sir Cayley bei einer Besprechung von Garnerins Fallschirm geäußert: »Diese Maschinen, die doch sicher aus dem Gesichtspunkte entworfen sind, einen Abstieg im Gleichgewicht zu ermöglichen, haben wunderbarer Weise die schlechteste aller Formen erhalten, die für

Käthchen Paulus mit ihrem Doppelfallschirm.

den gedachten Zweck zu erfinden wären.« (Nicholsons Journal.)

Nach längeren Untersuchungen über die Stabilität kommt Cayley zum Schluß: »Die konische Form mit der Spitze nach unten ist die Grundbedingung für jedes Gleichgewicht in der Luftschiffahrt.«

Der erste, der einen Fallschirm nach diesen Grundsätzen baute und versuchte, war Cocking. Er ließ sich am 27. September 1836 von Green an seinem Ballon hochnehmen und in 1000 m Höhe abschneiden. Der Fallschirm, dessen auf Druck beanspruchte Teile offenbar

nicht genügend ausgesteift waren, klappte aber sofort zusammen
und stürzte in 1¹/₂ Minuten mit Cocking zur Erde (siehe Abbildung
S. 218). In den Nachrufen, die Cocking und seinem Apparat galten,
wurde mit den Ausdrücken »Dummheit« und »Wahnsinn« etc. nicht
gespart,· und trotzdem stand die Wahrheit auf Seite Cockings bzw.
Sir Cayleys.

Ehe ich hierauf näher eingehe, mag noch auf einen »Doppelfallschirm« Lattemanns hingewiesen werden, mit dem das in
Deutschland bestens bekannte Fräulein Käthe Paulus des öfteren
zu Werk geht. Beide Fallschirme hängen zusammengerollt untereinander an einer am Ballon befestigten Trapezstange. Der obere
löst sich beim Absprung von selbst vom Ballon und entfaltet sich,
während der zweite erst dann in Tätigkeit tritt, wenn der Fall ein
ruhiger geworden ist. Die Auslösung erfolgt durch Abziehen eines
Holzknebels mit einer am Trapez der Luftschifferin befestigten Leine.

Bedingung ist bei der Anwendung von Doppelfallschirmen, eine
größere Höhe abzuwarten.

Fräulein Paulus hat bei etwa 400 freien Ballonfahrten gegen
hundert Fallschirmabstürze ohne schwerere Unfälle vollführt. Die
Landung ist allerdings nicht immer »sehr glatt« verlaufen.

Um mit dem Wesen der Stabilität von Flächen und Körpern,
die dem freien Falle überlassen sind, etwas vertraut zu werden, nehme
man nur eine ebene Platte,
z. B. eine Postkarte und
lasse sie aus der Hand
fallen. Die Karte wird, wenn
sie nicht ganz horizontal
gehalten wurde, und bei
einiger Fallhöhe immer in
eine Zickzack- oder in eine
Drehbewegung um sich
selbst übergehen, während
ihr Schwerpunkt in mehr
oder weniger steiler Bahn
sich dem Boden nähert.

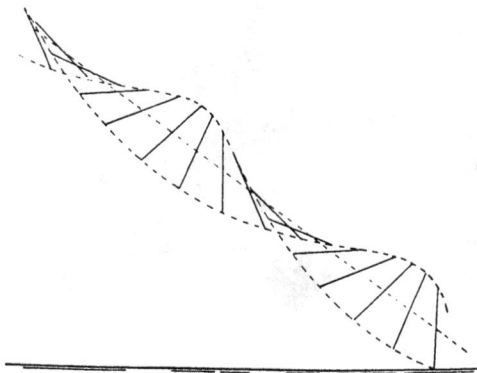

Drehfall ebener Platten.

Dieser Versuch wurde 1893
von Jarolimek zum Gegenstand einer Abhandlung in der Zeitschrift des Österr. Arch.- und Ing.-Vereins gemacht.

Biegt man die Karte in der aus der Figur Seite 221 ersichtlichen
Form einmal nach den beiden Mittellinien und dann entgegengesetzt

hierzu nach den beiden Diagonalen, so erhält man eine federnde achteckige Platte, deren Mittelpunkt durch einen kleinen Druck sich nach oben oder unten schnellen läßt. Und nun kann man die Karte so dem freien Fall überantworten, daß die ursprünglich geraden Seiten wie abc dachartig in b hoch (1 und 2 der Figur) oder sattelartig in b tief (3 und 4) liegen.

In allen vier Fällen hat man einen Fallschirm, der, wenn die Plattenmitte nach unten vortritt (1 und 3), stabil zu Boden sinkt, der aber, wenn die Plattenmitte nach oben vertritt, sofort sich auf den Rücken wirft und meist in den Drehfall übergeht.

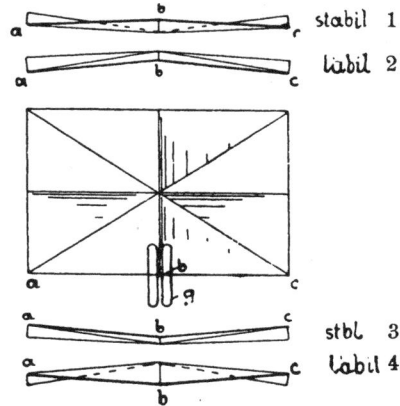

Gefaltete und exzentrisch belastete Postkarte zur Erklärung der Flugstabilität.

Rückt man den Schwerpunkt der ebenen oder der gefalteten Platte durch Anbringen von Gewichten (Aufschieben von Briefklemmen g) exzentrisch nach vorn (siehe die Abbildung), so geht die ebene Platte, wie die gefaltete Platte nach 1 und 3 obenstehender Figur sofort in schönen Gleitflug über, während die Platte nach 2 und 4 über Kopf stürzend sich auf den Rücken wirft und dann in umgekehrter Richtung stabil weiter gleitet.

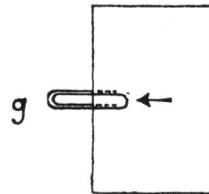

Herrichten einer Postkarte für den Gleitflug.

Man sollte nun meinen, daß heute, 100 Jahre nachdem Sir Cayley diese Dinge richtig gestellt hat, Einigkeit darüber herrschen müsse. Davon sind wir aber noch weit entfernt, und zwar deshalb, weil man zwei Dinge, die Stabilität und die Tragkraft durch die Luft gleitender Schirme durcheinander wirft, oder der größeren Tragkraft die selbsttätige Stabilität opfert. Damit kommen wir sofort auf den deutschen Altmeister des Gleitflugs, den Berliner Ingenieur Otto Lilienthal.

Vor Lilienthal war der Gleitflug mit ebenen oder schwach nach unten konkaven Tragflächen schon geübt worden von Meerwein 1781, von Mouillard 1865 (siehe Abbildung S. 222), von Wenham 1866, mit nach vorn und hinten ziehbaren Flügeln von Koch (1891) (siehe Abbildung S. 222), in kleinen Modellen 1855 von Joseph Pline. Aber erst mit Lilienthal kam »Zug in die Sache«.

Schon als Knabe von 13 Jahren hatte Lilienthal das Fliegen mit den primitivsten angebundenen Flügeln in Klappenform bei Nacht auszuüben versucht, indem er einen Hügel herunterlief. Als gereifter Mann ging er dann systematisch bei der Verbesserung seiner Flugvorrichtungen vor.

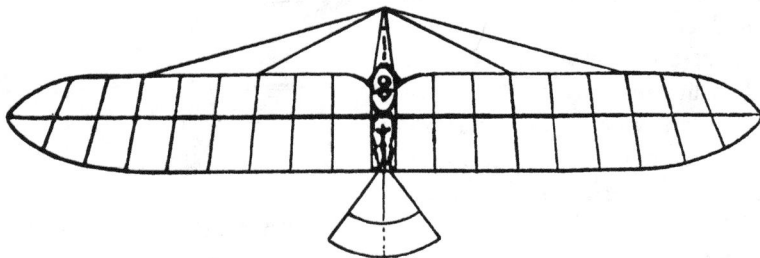

Gleitflieger von Koch, 1891.

Zunächst führte er seine Flugversuche, bei denen ihn oft sein Bruder tatkräftigst unterstützte, mit ganz einfachen, gewölbten Segelapparaten aus, welche den ausgebreiteten Fittichen eines schwebenden Vogels glichen, indem er von erhöhtem Standpunkte gegen den Wind abschwebte. Als Gestell diente ihm Weidenholz, als Bezug mit Wachs getränkter Schirting.

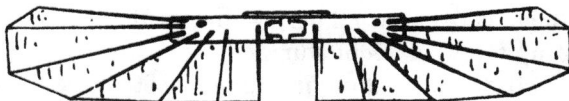

Gleitflieger von Mouillard, 1865.

Das Festhalten und Lenken des Apparats erfolgte durch Einlegen beider Unterarme in entsprechende Polsterungen des Gestells. Bei lebhafterem Winde schwebte er häufig hoch über den Köpfen einer staunenden Menge fort, unter Umständen sogar momentan in der Luft auf einer Stelle in Schwebe bleibend.

Diesen einfachen Segelflächen fügte Lilienthal sodann später Steuerflächen hinzu, um hierdurch eine bessere Einstellung gegen den Wind zu erreichen (siehe Abbildung S. 223).

Sehr unangenehm empfand er bei seinen Flügen stärkere, plötzlich auftretende Windstöße, weil bei ihnen die Gefahr vorlag, daß sie — wenn auch nur einen Augenblick — den Apparat von oben treffen könnten, wodurch er unfehlbar in die Tiefe gestürzt und zerschellt worden wäre.

Als Höchstbetrag für die Segelflächen fand er Flächen von 14 qm, 7 bis 8 m Breite von Spitze zu Spitze gemessen, da größere die Stabilität einbüßten. Gleichzeitig wurde ihm auch die Landung bei stärkeren Winden und größeren Flächen sehr bedenklich. Wie Lilienthal selbst sagt, hat er oft in der Luft einen förmlichen Tanz aufführen müssen, um, vom Winde hin und her geworfen, das Gleichgewicht zu behaupten; aber stets gelang es ihm doch, glücklich zu landen. Er wurde hierdurch aber notgedrungen zu den Versuchen geführt, die Lenkbarkeit und leichtere Handhabung zu verbessern.

Anfänglich hatte er die Lenkung durch einfaches Verlegen des Schwerpunktes mit seinem Körper bewirkt, was ihm unter Anwen-

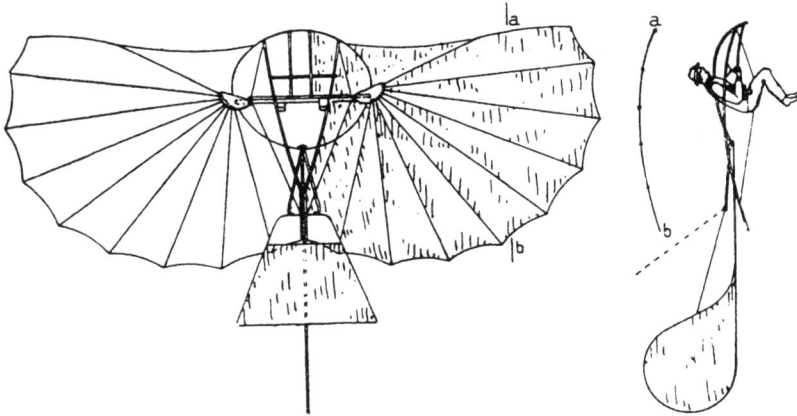

Gleitflieger von Lilienthal, 1893.

dung kleinerer Flügelflächen bei Winden von 6 bis 8 m in der Sekunde vollkommen gelungen war. Es stellte sich aber für schwächere Winde die Notwendigkeit heraus, die Tragflächen zu vergrößern, und er schuf deshalb einen Doppelapparat von 5 1/2 m Spannweite mit zwei je 9 qm großen Flächen (siehe Abbildung S. 224).

Die Schwerpunktsverlegung mittels des Körpers wirkte hier ebenso günstig wie früher. Durch Verlegen desselben nach links wurde sofort das infolge eines stärkeren Windstoßes gehobene linke Flügelpaar gesenkt und umgekehrt.

Die erreichten Höhen wurden ganz bedeutend größer, oft wurde der Abfliegepunkt um ein erhebliches Stück überflogen, sobald Windstöße bis über 10 m/sek. auftraten.

Zur Durchführung der Landung bei schwachem Winde wurde der Apparat durch Zurücklegen des Körpers vorn gehoben. Als-

Lilienthal mit seinem Gleitflieger im Fluge.

dann mußten unmittelbar über dem Boden die Beine, wie beim Sprunge, schnell vorgeworfen werden, weil sonst der Körper einen sehr unangenehmen Stoß erhielt. Bei etwas stärkerem Winde dagegen senkte sich der Apparat sehr sanft zur Erde.

Bei seinen Übungen hat Lilienthal stets die hebende Kraft des Windes deutlich gespürt. Er glaubt sogar, bemerkt zu haben, daß der Wind auch eine Bewegung, ähnlich dem Kreisen der Vögel, eingeleitet hätte, wodurch dem Apparat eine Neigung nach links oder rechts gegeben wäre; infolge der Nähe des Berges, von dem er abgeflogen sei, hätte er sich aber auf die Durchführung der Drehungen nicht einlassen dürfen.

Als Übungsgelände hatte er sich verschiedene Hügel in der Umgebung Berlins ausgesucht, bis er sich schließlich, um die weiten Wege zu sparen, bei Gr.-Lichterfelde einen Hügel von 15 m Höhe und 70 m unterer Breite baute, der oben zur Aufnahme der Flugapparate eingerichtet wurde.

Lilienthal hatte bereits große Sicherheit im Fliegen erlangt und wollte gerade dazu übergehen, mit Hilfe eines kleinen Motors den Ruderflug der Vögel nachzuahmen, d. h. Flügelschläge auszuführen; er hatte diesen neuen Apparat im Gewichte von 40 kg auch bereits im gewöhnlichen Segelfluge versucht (Prometheus 1894, S. 10 und 1895, S. 170), als den kühnen Mann das Schicksal am 9. August 1896 hinwegraffte.

Es kam ihm bei den noch geplanten Versuchen darauf an, die Stellung des Horizontalsteuers willkürlich durch eine Kopfbewegung zu ändern. Ob er nun dabei eine falsche Bewegung ausgeführt hat oder ob sonst etwas in Unordnung geraten war, ist nicht aufgeklärt. In 15 m Höhe kippte der Apparat nach vorne um, schoß pfeilschnell

zur Erde, und mit gebrochenem Rückgrat wurde Lilienthal unter
den Trümmern hervorgezogen.

Hinsichtlich der Versuche, den Gleitflug durch motorische
Kraft zu strecken, hatte Lilienthal einen Vorgänger in Letur,
der seinen Flug 1854 von einem Ballon aus unternehmen wollte,
sich aber nicht rechtzeitig abschneiden konnte, geschleift wurde und
an inneren Verletzungen gleich nach der Landung starb. (Sun.)

Wenn die flugtechnische Bedeutung Lilienthals, soweit es sich um
die persönliche Betätigung im Gleitflug, oder, wie er selbst sagte, um

Der Lilienthalsche Abflughügel.

den Kunstflug handelt, gar nicht hoch genug geschätzt werden
kann, schon wegen des guten Beispiels, das er in einer Zeit gab, die
sich zwar für aufgeklärt hielt, aber den Vogelflug mystisch erklärte,
so bedürfen anderseits seine Angaben über die Tragkraft hohler
Flächen und den Nutzen hohler Flächen doch einer wesentlichen
Einschränkung.

Ich selbst war, so lang ich zu Lebzeiten Lilienthals in der
Gaebertschen Fabrik mit gefesselten Modellen arbeitete, ganz ein Anhänger seiner Lehren, und in meinem Vortrag vom 2. November 1896
im Berliner Verein zur Beförderung des Gewerbfleißes sagte ich noch
Folgendes: »Daß nicht die Ebene, sondern nur die Hohlfläche die

richtige Drachenfläche ist (siehe untenstehende Figur), das haben die Versuche Lilienthals und Wellners unzweifelhaft dargetan. Aller-

Tragflächen-Querschnitt nach Lilienthal.

dings wird es mir, wenn ich das Schalenkreuz (siehe untenstehende Figur) ansehe, und wenn die mit $1/_3$ Windgeschwindigkeit umlaufen-den Mittelpunkte der Schalen mich zwingen zu sagen, daß der Winddruck auf die hohle Halbkugel gleich ist dem doppelten des Winddrucks auf die Fläche des größten Kreises, oder gleich ist dem Vierfachen des Wind-drucks auf die konvexe Halbkugel, schwer zu glauben, daß der Winddruck auf die Hohlfläche (siehe obenstehende Figur) mehr als das Vierfache des auf die Sehnenebene entfallenden Druckes betragen kann. Lilien-thal hat für Flächen mit einer Wölbung, Stich zur Sehne $= 1/_{12}$ und eine Neigung der Sehnen-ebene zur Windrichtung von 3° als Vergröße-rungsfaktor aber die Zahl 4,8 gefunden.«

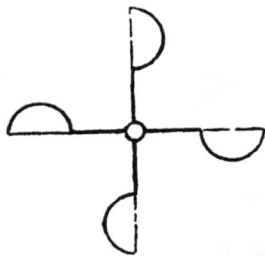

Schalenkreuz (Windmesser.)

(Lilienthal, der Vogelflug, Berlin 1889; Winter, der Vogelflug, München 1895.)

Mehr Bedenken hatte ich bezüglich der Lilienthalschen Versuche im großen. Denn es ist ganz selbstverständlich, daß, wenn man dem Wind entgegen von einer Anhöhe hinabfliegt, man nur Wind treffen kann, der den Berg heraufläuft, also direkt hebt. Da mir dies für meinen Drachen-flieger von 1895 nicht den nötigen Anhaltspunkt gab, so versuchte ich vorher den Gleitflug in ruhiger

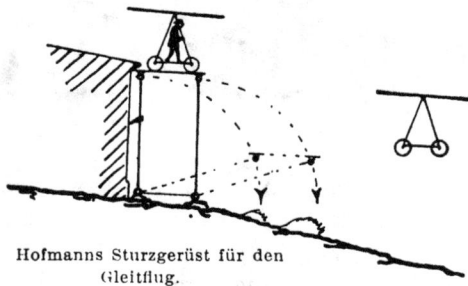

Hofmanns Sturzgerüst für den Gleitflug.

Luft, indem ich ein aus Bambusstäben von 5 m Länge hergestelltes Parallelogrammgerüst etwas hinter dem Totpunkt an die Mauer eines kleinen Fabrikgebäudes auf dem Rauhen Berge bei Berlin lehnte und mich mit Tragfläche und Fußgestell darauf stellte (siehe obige Figur). Dann hatten zwei Arbeiter nur die hinteren Bambusstangen ein wenig über den Totpunkt nach vorn zu schieben, worauf langsam der Fall des Gerüstes begann, und ich mit dem Gleitflieger abschwebte.

Als ich aber 1897 von den gefesselten Modellen zu freien Modellen überging, da wurde alles anders. Da erkannte ich, daß die Winkel und die Tragflächenkrümmungen, welche Lilienthal die vorzüglichen Werte geliefert hatten, überhaupt unanwendbar sind, und daß schon bei viel schwächeren Krümmungen die Erhaltung der Stabilität eine recht schwere Aufgabe wurde. Lilienthal selbst hatte Mitte der neunziger Jahre seinem Ärger darüber, daß sich seine ausgestopften Vögel im Gleitflug immer überschlugen, durch die Erklärung Luft gemacht, daß Modellversuche überhaupt keinen Wert haben; R i e d i n g e r, v. S i g s f e l d und v. P a r s e v a l in Augsburg waren aus ähnlichen Erwägungen vom »Schwerer als die Luft« zum »Leichter als die Luft« übergegangen; und ich quälte mich mit Fallversuchen von Platten aus Aluminium, Pappelholz und Zeichenpapier.

Weil die gleichen Fehler immer wieder gemacht werden, weil auch heute noch aller Orten die Vorzüglichkeit der hohlen d. h. nach unten konkaven, Tragflächen vorbehaltlos gepredigt wird, und weil dieses Buch ja gerade die Aufgabe hat, Jüngern der Luftschiffahrt als Wegweiser zu dienen, so möchte ich auf ein paar solcher (Postkarten-)Versuche, die jedermann leicht nachmachen kann, noch etwas eingehen.

Während man bei einer ebenen Postkarte (siehe die nebenstehende Figur) durch Aufschieben von Briefklemmen auf die kurze Symmetrieachse, also durch Verlegung des

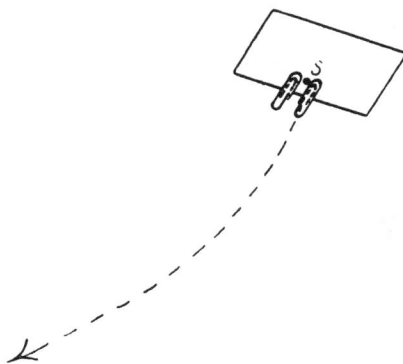

Exzentrisch belastete Postkarte im Gleitflug.

Schwerpunktes S nach vorn, in ruhiger Luft stets einen schönen gestreckten Gleitflug erzielen kann, schießt eine zylindrisch gebogene, mit der geraden Langseite voran dem Fall überlassene Platte sofort über Kopf und fliegt nun auf dem Rücken um so rascher zu Boden, je stärker die Krümmung ist. Gibt man aber der Karte durch Ausschneiden und Biegen z. B. die Form der nebenstehenden Figur, d. i. eine Form, bei der die Symmetrieachse ein V mit der Spitze nach unten

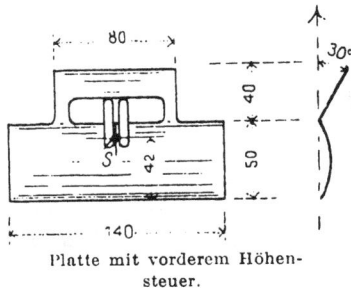

Platte mit vorderem Höhensteuer.

15*

bildet, so erhält man auch mit der nach unten konkaven Tragfläche
einen schönen Gleitflug. Diese Grundform des Gleitfliegers hat sowohl
Lilienthal selbst als auch
sein wie er 1899 zu Tode
gestürzter Schüler Percy
Pilcher verwendet.

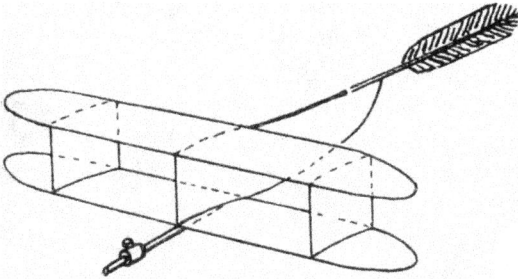

Gleitflugmodell (Doppeldecker) von Lilienthal,
1895.

Der amerikanische In-
genieur O. Chanute und
sein Schüler Herring
hielten sich weniger an den
bemannten Lilienthalschen
Gleitflieger, als vielmehr an
dessen Modell (siehe nebenstehende Figur), das ein-
zige, das Lilienthal Freude
machte (»Prometheus« 1895, S. 169), und bildeten den Pfeilschwanz
oder die Fiederung als zwei sich kreuzförmig schneidende Kielflächen
aus, so daß die Fiederung nicht nur sich selbst trug und die vorderen
Tragflächen pfeilartig ausrichtete, sondern auch bei seitlichen Wind-

Voisin im Fluge mit einem Gleitflieger System Chanute.

stößen den Apparat gegen den Wind einstellte (siehe die untenstehende Figur links).

In gleicher Weise arbeitete der Gleitflieger von Voisin (siehe
Abbildung S. 228), der statt des kreuzförmigen Pfeilschwanzes einen
kastenförmigen verwendete (1905).

Man kann nun die Längsstabilität einer konkaven Tragfläche
auch dadurch herbeiführen, daß man die kleine das $\vee$ bildende

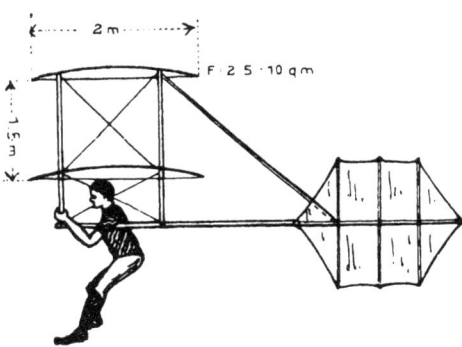

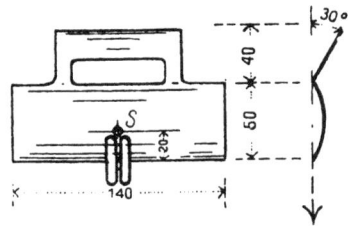

Platte mit hinterem Höhensteuer.

Fläche vor die Tragfläche
setzt (siehe die obenstehende
Figur rechts). Damit erhält
man das Stabilitätsschema
für den Gleitflieger der Brüder
Wright. Bei dem Aufsehen,
das die späteren Flüge der
Wrights hervorriefen, ist wohl
eine kurze Bemerkung über
deren Lebensgang gestattet.
Wilbur, geboren 1867, und
Orville, geboren 1871, sind
die Söhne des Bischofs Mil-
ton Wright in Dayton, Ohio,
U.St.A. Mit 14 Jahren verließ Wilbur die Schule. Mit
21 Jahren gab er auf einer
selbstgefertigten Drucker-
presse eine Zeitung heraus,
Im Jahre 1893 gründete er
mit seinem Bruder Orville

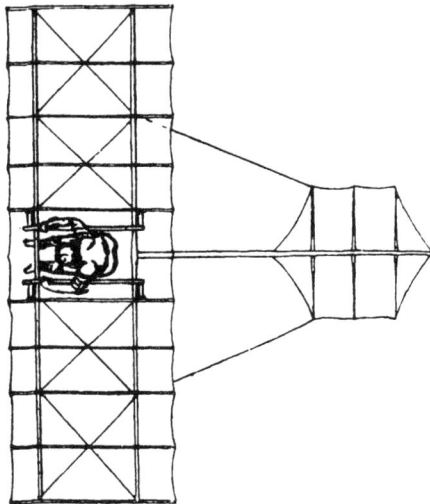

Gleitflieger von Chanute, 1896.

eine Flickanstalt für Fahrräder, die sich sehr bald zu einer guten
Ruf genießenden Fahrradfabrik erweiterte. 1904 gaben die Brüder
das Fahrradgeschäft auf und widmeten sich ganz der Flugmaschine.

Über letztere wird in einem späteren Kapitel zu sprechen sein.
Gleitflugversuche machten die Brüder Wright unter Chanutes Anleitung von 1900 bis 1903 in den Kill Devil-Dünen bei Kitty Hawk,
Nord Carolina, Atlant. Ozean, wo sie sich drei Hügel von 10, 20
und 30 m Höhe ausgesucht hatten. Im Anfang entsprach ihr Apparat
ganz dem Muster der Figur S. 229 rechts; nur war die Tragfläche in
zwei übereinander liegende Flächen zerlegt (Doppeldecker). Auch
hatten sie den Armstütz von Lilienthal und Chanute aufgegeben und
sich wie K o c h in München mit dem Bauch in die Maschine gelegt.
Dies ergab für den Gleitflieger eine Verminderung des schädlichen

Abflug mit dem Gleitflieger. (Aus »Leipziger Illustrierte Zeitung«.)

Luftwiderstands und eine wesentliche Verbesserung der Schwerpunktslage. Allerdings konnte zur Regelung der Schwerpunktslage das Vor-
und Zurückkriechen nicht so schnell erfolgen, wie im Armstütz die
Beine zu schwenken waren; und namentlich vermochte der den Gleitflug Übende nicht mehr selbst anzulaufen, sondern mußte sich von
zwei Mann in die Luft werfen lassen (siehe obige Figur). In den
Jahren 1900 und 1901 hatte der Gleitflieger noch keinen Schwanz.
Die kleine Hilfsfläche vor den Tragflächen war zum Höhensteuer ausgebildet und konnte für Seitenbewegungen windschief verdreht werden,
wie mein hinter der Maschine liegendes Höhensteuer von 1897, und
da dies nicht genügte, wurden auch noch die Flügel verzogen, wie
bei Ader 1894, der überhaupt nur mit den Flügeln steuerte. 1902
wurde dann gegen seitliche Windstöße der Maschine ein Schwanz in

Gestalt einer festen lotrechten Kielfläche (siehe untenstehende Abbildung) gegeben, die bald darauf um eine lotrechte Achse beweglich gemacht und so als Seitensteuer ausgebildet wurde.

Die Tragfläche betrug 1900 15 qm, 1901 27 qm und 1902 28 qm; das Gewicht des Apparates wenig über 50 kg. Damit flogen sie mehrfach über Strecken von 100 m. Im Jahre 1903 gelang es den Brüdern Wright, sich zwischen den Dünen im aufsteigenden Luftstrom zu wiegen (auch Lilienthal war ja dahin gekommen, sich in

Der Gleitflieger im Fluge. (Aus »Leipziger Illustrierte Zeitung«.)

der Höhe wiegend mit den Untenstehenden zu unterhalten, wie sie ihn photographieren sollten); und einmal, als sie bei einem Winde von 10 bis 12 m/Sek. sich dem Gleitflug überlassen hatten, gelang es ihnen, 62 Sekunden in der Luft zu bleiben, ohne im ganzen mehr als 30 m vorzurücken. (Brief von Chanute an Hptm. Ferber vom 22. November 1903.) Solche Leistungen legen die Frage nahe, wie sie wohl zustande kommen mögen. Die Antwort ist einfach.

Denken wir uns (siehe Figur S. 232), ein Körper vom Gewichte G_1 rolle einen Abhang hinunter, der zum Horizont unter einem Winkel α geneigt ist, dann ist die Kraft, die den Körper den Abhang hinuntertreibt K_1 oder gleich der Mittelkraft K_1 aus dem Gewichte G_1 und dem erzeugten Bodendruck L_1. Wollen wir den Körper am Hinabrollen hindern, so brauchen wir nur in der Richtung der Kraft K_1 eine

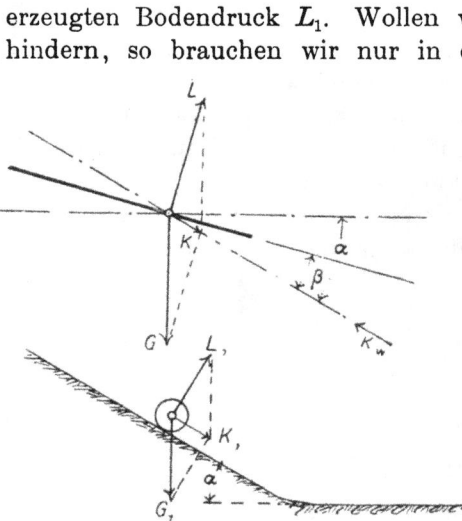

Gleitflieger im Gegenwind.

ihr gleich große und entgegengesetzte Kraft anzubringen. Ganz ähnlich verhält es sich mit dem Gleitflug eines Körpers. Wenn der Gleitflieger vom Gewichte G in ruhiger Luft einen Fallflug unter dem Winkel α zum Horizont machen soll, so muß die Tragfläche etwa unter dem Winkel $(\alpha-\beta)$ zum Horizont eingestellt sein. Dann ist die Mittelkraft aus dem Gewicht G und dem erzeugten Luftdruck L auf die Tragfläche gleich K. Nimmt man nun an, daß ein Wind K_w genau in der Stärke und Richtung K die Düne hinaufläuft, so kommt der Gleitflieger im Gegenwind fallend zur Ruhe. Wechselt Stärke und Richtung des Gegenwindes K_w, so kann der Gleitflieger, immer fallend, über seinen Ausgangsort gehoben werden, vorwärts gleiten oder auch abgetrieben werden, und das ist eine der Arten, wie Vögel ohne Flügelschlag in der Luft segeln können.

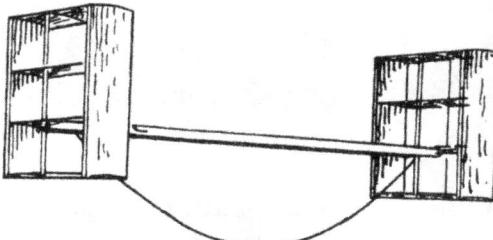

Kastendrachen- und -Gleitflieger von Hargrave, 1893.

Zum Schluß des Kapitels sei noch an die der Wrightschen Bauart nachgebildeten Gleitflieger des französischen Hauptmanns Ferber, an die Doppelkasten-Gleitflieger des australischen Ingenieurs Hargrave (s. nebenstehende Figur) sowie daran erinnert, daß der Gleitflug als Sport neuerdings durch den Schlesischen Verein für Luftschiffahrt belebt wurde. Dieser Verein hat eine Gleitbahn mit 7 m Plattformhöhe gebaut, so daß ein die schiefe Ebene herabkommender Rollwagen dem darauf gestellten Gleitflieger etwa 10 m Anfangsgeschwindigkeit verschaffen kann.[1]

---

[1] Die Benutzung dieser Gleitbahn ist aber neuerdings wieder aufgegeben, weil so viele Unfälle beim Heruntergleiten vorkamen.

Siebzehntes Kapitel.

Drachen.

Der Ursprung des Drachen ist aller Wahrscheinlichkeit nach in die Zeit zwei Jahrhunderte vor Christi Geburt zu verlegen, aus welcher uns von seiner Anwendung beim Heere berichtet wird. Der chinesische General Han-Sin soll mit einem solchen der Besatzung einer belagerten Stadt, zu deren Entsatz er herangerückt war, die Richtung angegeben haben, in welcher er unter Benutzung eines unterirdischen Ganges in das Innere des Ortes eindringen wollte. Zu jener Zeit muß man demnach schon die Geeignetheit dieses Geräts für den Flug gekannt haben[1]).

Acht Jahrhunderte später verfiel ein anderer chinesischer General, Kommandant der belagerten Stadt King-Thai, auf eine eigenartige Verwendung der Drachen, um sich mit seinen heranrückenden Verbündeten in Verbindung zu setzen. Er ließ eine große Anzahl Drachen anfertigen, an denen Briefe mit der Bitte um schleunige Hilfe befestigt waren. Der Stand der Drachen gab die Richtung an, in der das Entsatzheer heranrücken sollte. Erst nach geraumer Zeit kam der feindliche General dahinter, was für eine Bewandtnis es mit diesem sonst nur dem Vergnügen dienenden Sport hatte.

Ein ähnlicher Versuch soll später von Engländern und Spaniern gemacht sein.

Moedebeck hat durch einen japanischen Offizier Nachforschungen anstellen lassen über das Vorkommen des Drachen in

---

[1]) Lécornu, Les Cerfs-Volants, Paris 1902.

Maikarpfen der Japaner.
(Aus Illustrierte Aeronautische Mitteilungen 1905.
Verlag K. J. Trübner.)

diesem Lande und teilt mit, daß ein fischförmiger Drache, »Maikarpfen« genannt. schon seit Begründung des Maifestes, etwa um das Jahr 500 n. Chr. G., am 5. Mai an denjenigen Häusern an einer Stange hochgelassen worden sei, deren Bewohnern im Laufe des Jahres ein Sohn geboren war.

Eigentümlicherweise wurde dieser uralte, aber in seinen physikalischen Grundlagen nicht ganz einfache Drache des Landes der aufgehenden Sonne vor ein paar Jahren im Abendlande neu erfunden. Der in weiten Kreisen durch sein werktätiges Interesse für die Luftschiffahrt bekannte Engländer Mr. Patrik Y. Alexander hatte einen Drachen konstruiert, den er Aërosac nannte und von dem man sich am besten ein Bild macht, wenn man sich einen zum Trocknen aufgehängten Bettbezug vorstellt, dessen Einschiebeöffnung durch einen Reifen aufgesperrt ist. Wenn ein solcher Drache mit der Öffnung an einer Stange gegen den Wind gehalten wird, so springt er gegen den Wind an, ebenso wie der Maikarpfen der Japaner bei Windstößen gegen seinen Festpunkt in der Luft hinschwimmt. Die Erscheinung, deren Erörterung uns hier zu weit führen würde, ist in den Illustrierten Aeronautischen Mitteilungen durch Ahlborn, Moedebeck und Hofmann zu erklären versucht worden.

Benjamin Franklin hatte 1752 festgestellt, daß man vermittelst einer hohen, im freien Felde isoliert aufgestellten Metallstange Elektrizität ansammeln konnte, und kam auf den Gedanken, die Elektrizität aus den Wolken zur Erde zu leiten.

Franklin und auf seine Anregung hin fast gleichzeitig Romas fertigten nun nach Art der damals gebräuchlichen Kinderspielzeuge Drachen an, welche mit Seide bespannt und mit einer Metallspitze versehen waren. Vermittelst der durch den Regen feucht gewordenen oder später mit Draht durchflochtenen Schnur verbanden sie die Spitze mit einem isolierten Konduktor, aus dem sie 3 m lange, scheinbar zollstarke Funken herausziehen konnten.

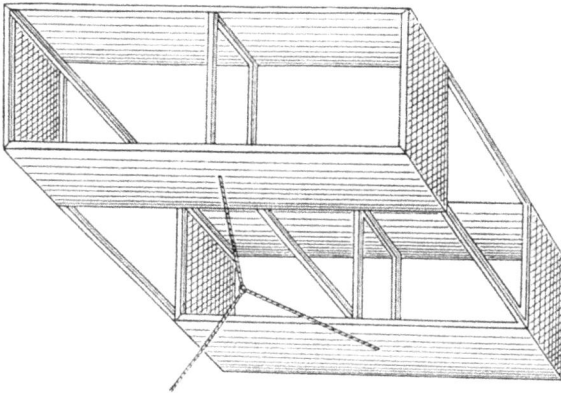

Hargravedrachen.

Nach dem Beispiele dieser beiden haben eine große Anzahl Gelehrter fortlaufend Drachen zum Studium der elektrischen Erscheinungen in die Luft steigen lassen, und in Philadelphia bildete sich sogar ein Klub, »Franklin Kite Club«, zur Ausübung dieses Sports.

Die ersten wissenschaftlichen Studien über die Gesetze und das Wesen des Drachensteigens hat 1756 der berühmte Mathematiker Euler veröffentlicht, und vor einiger Zeit Marvin noch ein-

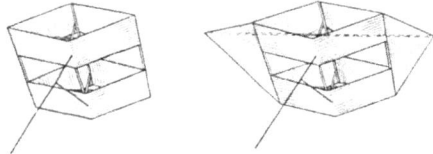

Veränderte Hargravedrachen.
Diamantdrachen nach Köppen.

mal auf Grund der jüngsten Forschungen alle einschlägigen Fragen eingehend erörtert.

Welche große Rolle die Drachen heutzutage in der Meteorologie spielen, werden wir an anderer Stelle erörtern.

Auch beim Militär findet man vielfach ihre Verwendung zu den verschiedensten Zwecken.

In vielen Fällen strebt man mit ihnen den Ersatz des Fesselballons an, wenn die Benutzung des Ballons infolge zu starken Windes außer dem Bereiche der Möglichkeit liegt. Wird dieser Zweck erreicht, so bedeutet er gleichzeitig die Ersparnis der erheb-

lichen Kosten, welche die Anwendung und Unterhaltung des Fesselballons jedesmal bedingen, außerdem die völlige Unabhängigkeit vom
Gelände und Gaswagen bzw. von der Nähe der Orte, in denen Gas
in größeren Mengen erzeugt wird.

    Ferner wird der Drachen vom Militär in der ausgedehntesten
Weise zur Übermittlung von Signalen und zu photographischen Aufnahmen aus der Höhe benutzt.

Codyscher Drachen als Ersatz des Fesselballons.

    Daß diese Absichten bald in glänzender Weise erfüllt wurden,
ist nicht zum wenigsten dem Umstande zuzuschreiben, daß Staat
sowohl als auch Privatleute die reichlichsten Geldmittel zur Verfügung gestellt haben.

    Die großartigsten Versuche wurden von den amerikanischen
Meteorologen Rotch, Marvin, Fergusson, Clayton, Eddy u. a.
und von dem Artillerieoffizier Wise angestellt.

Da es nicht möglich ist, mit einem einzelnen Drachen große Höhen zu erreichen, so knüpft man immer mehrere Drachen hintereinander an die Leine, ca. 3 bis 9. Auf diese Weise wird das Gewicht des Drahtes und das der Registrierinstrumente mit Leichtigkeit in der Luft gehalten.

Sehr mannigfaltig ist die Verwendung der Drachen durch die amerikanischen Militärbehörden; namentlich der bereits erwähnte Leutnant Wise hat Versuche für Militärzwecke angestellt.

Im Signalwesen wurden dabei bislang die besten Resultate erzielt. In Anbetracht des Umstandes, daß die wirklich windstillen Tage oder Nächte verschwindend gering sind, und daß bei schwachem Winde mehrere Drachen leichtester Konstruktion es stets möglich machen, eine ausreichende Höhe von einigen 100 m zu erreichen, kann man diesen Experimenten nicht genug Aufmerksamkeit schenken.

Eines unserer Bilder zeigt, wie drei Eddydrachen dazu benutzt werden, einen Bambusstab zu halten, an welchem Flaggen gehißt werden können. Es ist hierdurch also möglich, bei Tage — vorausgesetzt, daß klares Wetter herrscht — die sämtlichen Signale der Marine zu geben. Bei Nacht muß daß Licht zu Hilfe genommen werden. Das

Drachen zum Signalgeben.

Einfachste hierbei ist die Anwendung einiger Laternen von verschiedener Farbe, deren Stellung zueinander verändert werden kann; es sind so bei Verwendung der weißen, roten und grünen Farbe sechs Kombinationen schon für einreihige Signale möglich.

Eine andere Abbildung läßt erkennen, wie vermittelst eines hohlen Stabes bengalische Flammen von verschiedener Farbe verwendet werden.

Am besten jedoch und am weitesten sichtbar ist das elektrische Licht z. B. in der Weise, daß ein dreizelliger Drachen benutzt wird, bei dem jede Zelle eine andere Farbe hat, deren Beleuchtung durch

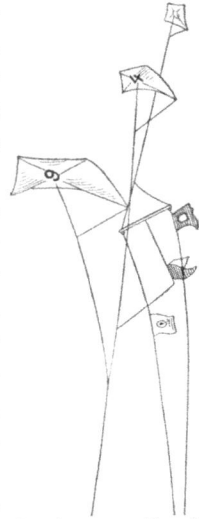

Lichtsignale am Drachen.

den Auflaßdraht reguliert wird. Oder aber es werden verschieden
gefärbte Gläser genommen, die den Zweck haben, stets eine Farbe
sichtbar zu machen, falls das Licht der anderen etwa absorbiert
werden sollte. Man kann auf diese Weise eine vollständige Telegraphie ermöglichen, indem ein längeres Aufleuchten einen Strich,
ein kürzeres einen Punkt bezeichnet.

Über die Entfernung, auf welche dieses Licht sichtbar ist, wurden
ebenfalls eingehende Versuche angestellt, die ergaben, daß das elektrische Licht noch sehr deutlich auf 19 km zu erkennen war.

Der Amerikaner Wise durch Drachen
hochgehoben.

Versuche, Beobachter mit hochzu-
nehmen, sind zuerst in England durch
Baden-Powell angestellt worden, der
schon 1894 eine Höhe von 80 m erreichte. In Amerika und dann in Rußland folgte man seinem Beispiele. In
Amerika wurden diese Experimente zunächst mit einer entsprechenden Stroh-
puppe angestellt, und am 27. Januar
1897 ist das erste Mal ein Offizier, auf
einem Bambusgestell sitzend, mit in die
Luft geführt worden. Die Windgeschwindigkeit betrug 7 m pro Sekunde. Es
kamen hierbei zur Verwendung vier
Hargravedrachen von verschiedener,
ansteigender Größe; der erste hatte
ca. 2 qm Fläche, der zweite 3,6, der
dritte 8 und endlich der größte, unter
welchem die sehr primitive Sitzgelegen-
heit für den Beobachter sich befand, 14,4 qm; insgesamt ein
Flächeninhalt von 28 qm.

Dieser tragenden Fläche stand an Gewicht gegenüber: vier
Drachen 26,5 kg, Draht 9 kg, Sitz und Mann 67,5 kg, in Summa
103 kg.

Leutnant Wise ließ sich ca. 15 m hochtragen, so daß er über
den nächstgelegenen Häusern schwebte, und hätte nach seiner Ansicht noch höher steigen können, begnügte sich indessen bei diesem
ersten Versuche mit dieser geringen Höhe.

Bei einer von Millet ausgeführten Konstruktion wurde der
Korb für den Beobachter nur an einem eigenartig eingerichteten

Drachen befestigt. Bei diesem sollte es möglich sein, im Falle die
Leine reißen oder durchgeschossen würde, sofort einen Fallschirm
herzurichten.

Bemerkenswert sind ähnliche Versuche des englischen Majors
Baden Powell, des russischen Leutnants Ulljanin und des
russischen Korvettenkapitäns Bolscheff.

Es würde zu weit führen, auch auf deren Konstruktionen näher
einzugehen.

Eigenartig ist die Benutzung der Drachen zur Fortbewegung
von Fahrzeugen. Ein gewisser G. Pococh[1]) in Paris ließ durch
einen leichten, mit zwei Flugdrachen bespannten, vierrädrigen
Wagen im August 1825 drei
Reisende von Bristol nach London fahren. Der mit Musselin
und farbigem Papier überzogene,
20 Fuß große Hauptdrache
schwebte in einer Höhe von
160 Fuß. Über diesem befand
sich ein kleinerer Steuerdrache,
der so geleitet werden konnte,
daß er auch den anderen über
Hindernisse, Türme, Bäume usw.
hinwegführte. Bei günstigem
Winde vermochte Pococh oft
20 englische Meilen i. d. Stunde
zurückzulegen und damit gelegentlich in einer Wettfahrt
alle konkurrierenden Wagen zu
schlagen.

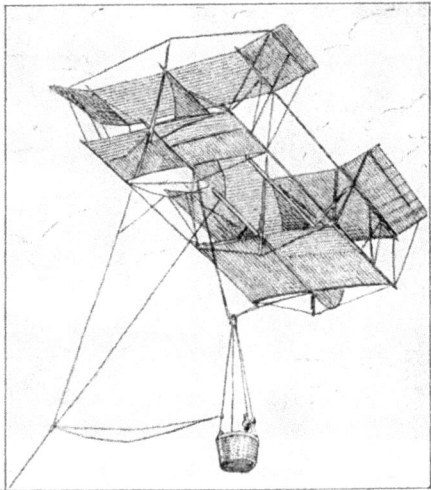

Drachen Millets zum Heben von Beobachtern.

Solcher Sport läßt sich natürlich nur auf großen, freien Plätzen
oder auf Straßen, die nicht mit Bäumen bewachsen sind, bei entsprechender Windrichtung betreiben.

Aufsehen erregten — meist auch infolge der großen Reklame —
die Fahrten des Amerikaners Cody, Vetter des in Deutschland unter
dem Namen Buffalo Bill bekannt gewordenen Sportsmannes.

Dieser hatte sich ein leichtes Faltboot von 4 m Länge 1 m Breite
gebaut, welches mit Stoff überspannt war und nur in der Mitte ein

---

[1]) Weltpost und Luftschiffahrt von Dr. Stephan, S. 35.

Loch für seinen Insassen besaß. An den Mast dieses Bootes wurde ein ca. 170 m hoch schwebender Drache zum Ziehen befestigt.

Am 6. November 1903 ist es ihm tatsächlich gelungen, in 13 Stunden von Calais nach Dover zu fahren. Ein ihn begleitendes Ruderboot mit fünf Mann Besatzung vermochte ihm nicht zu folgen und kam bald außer Sicht.

Vielfach hat man die Verwendung des Drachen für die Schifffahrt als Hilfsmittel zur Rettung Schiffbrüchiger vorgeschlagen, denen man vom Lande aus bei entsprechendem Winde mit seiner Hilfe

Ein Aeroplan von Blériot wird durch ein schnellfahrendes Motorboot hochgeführt.

Rettungsleinen zuführte, oder aber man verband umgekehrt das in Not befindliche Schiff auf diese Weise mit dem Lande. In manchen Fällen hat hier der Drache schon großen Segen gestiftet.

Endlich sei noch erwähnt, daß er auch bei Polarexpeditionen in Aufnahme kommen soll. Ganz abgesehen von meteorologischen Forschungen, die man mit seiner Hilfe anstellen will, soll er dazu dienen, Schlitten zu ziehen und so die Hunde zu ersetzen.

Der Umstand, daß der Drache eine Übergangsform vom Fallschirm zum Gleitflieger bzw. zur Flugmaschine bildet, hat schon mehrfach Veranlassung gegeben, solche Maschinen zunächst als Drachen zu versuchen. So hat Blériot 1905, durch Archdeacon veranlaßt, mehrere seiner Maschinen ohne Motor auf der Seine durch

ein Petroleumboot schleppen lassen, bis sie sich als Drachen in die
Luft erhoben, wo sie allerdings, durch einen gelegentlichen Windstoß gefaßt, über Kopf wieder ins Wasser schossen.

Auch die Brüder Wright aichten ihre Gleitflieger, ehe sie sich
ihnen anvertrauten, stets als Drachen. Dies geschah nach einem
Vortrag von Wilbur Wright in der Western Society of Engineers
vom 24. Juni 1903 in der Art, daß versucht wurde, mit welcher
Neigung der Tragflächen zum Horizont im schräg ansteigenden
Luftstrom die Haltetaue des als Drachen gefesselten Gleitfliegers

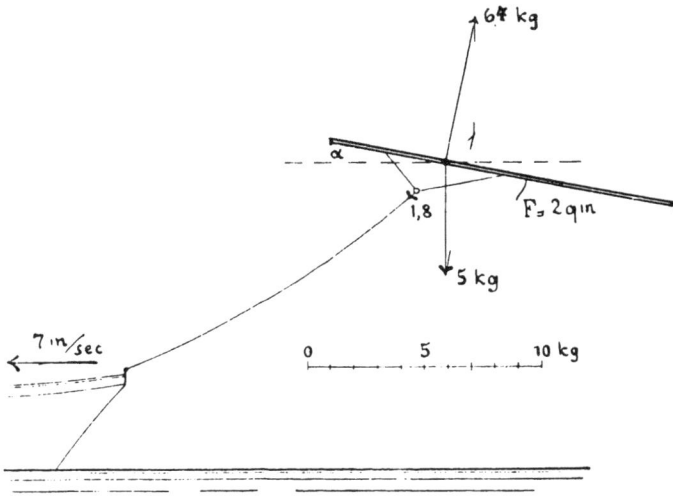

Von einem Schiff in ruhiger Luft gezogener Drache.

lotrecht standen. Es ist nicht recht ersichtlich, wie dieser Zweck
anders als mit ungefähr wagerecht stehenden Tragflächen sollte erreicht werden können, wenn auch die Krümmung der Tragflächen
und die Einstellung des Höhensteuers diese Lage etwas verschieben
mögen. Jedenfalls kann man schließen, daß ein ruhig im Wind
stehender richtig gefesselter Drache auch im Gleitflug gleichmäßig
fallen wird. Gerade für Klarstellung solcher Verhältnisse würden
sich Anstalten wie die in Kutschino von der russischen Regierung,
in Göttingen von der Motorluftschiff-Studiengesellschaft begründete,
vorzüglich eignen.

Zur Versinnlichung der Art, wie Gleitflieger, Drachen und Drachenflieger zusammenhängen, kann man für wagerechte Winde die Betrachtung immer auf einen Drachen zurückführen, der mit bestimmter

Geschwindigkeit von einer Kraft in ruhiger Luft geschleppt wird.
Nehmen wir an, ein Drache biete, hinter einem mit 7 m Geschwin-
digkeit in der Sekunde fahrenden Dampfer herziehend, das in der
Figur auf S. 241 gezeichnete Bild, wobei der etwa 2 qm große,

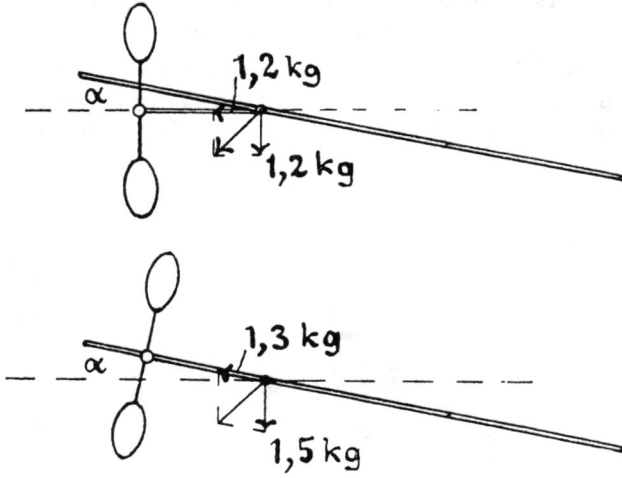

5 kg wiegende Drache
durch den vom Damp-
fer ausgeübten, oben
unter 45° angreifen-
den Schnurzug im Be-
trage von 1,8 kg und
durch den erzeugten
Luftdruck von 6,4 kg
in Schwebe gehalten
wird, so würde jede
Geschwindigkeitsver-
größerung des Damp-
fers ein Steigen, jede
Geschwindigkeitsver-
minderung ein Sinken
des Drachen hervor-
rufen, weil ja von

Freiliegend gedachter Drache.

den drei Kräften, die am Drachen angreifen, nämlich dem unver-
änderlichen Eigengewicht 5 kg, dem veränderlichen Schnurzug (1,8 kg)
und dem veränderlichen Luftdruck (6,4 kg) immer eine Kraft die

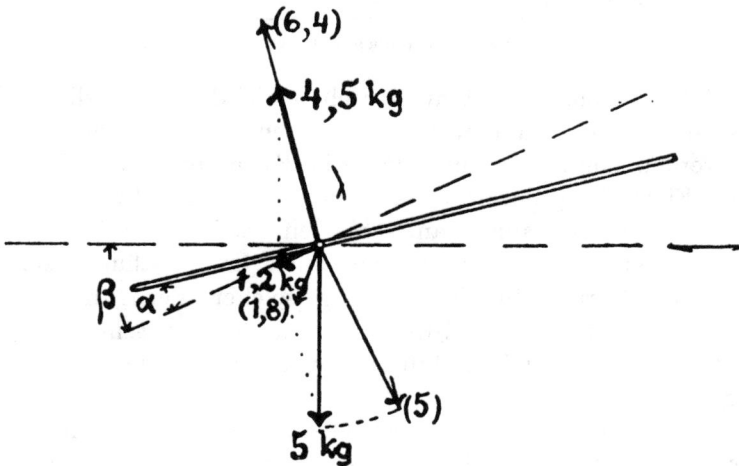

In den Gleitflug übergehender Drache.

beiden anderen im Gleichgewicht halten muß (siehe **Figur auf Seite 241**).

Schneiden wir die den Drachen schleppende Schnur oben durch und überlassen diesen sich selbst, so geht er unter dem Einflusse seines Gewichtes, mit der Spitze sich neigend, sofort in den **Gleitflug** über; und wenn der unter dem Winkel α zum Horizont vorher eingestellte Drache diese Einstellung sowie seine Geschwindigkeit auf der neuen zum Horizont unter dem Winkel β geneigten Gleitbahn zufällig beibehalten sollte, so ergäbe sich die in der Figur S. 242 unten angedeutete Änderung in den Kräften für den **Gleitflieger**.

Schneiden wir die Schnur wie vorher durch, überlassen aber den Drachen nicht sich selbst, sondern bringen die von der Schnur vorher ausgeübte Kraft in der gleichen Größe (1,8 kg) und in der

Freiliegend gedachter Drache.

gleichen Richtung (45° zum Horizont) im gleichen Punkte an, so muß der Drache mit der gleichen Geschwindigkeit (von 7 m) dem Dampfer folgen. Dies könnte dadurch geschehen, daß wir die schräge Kraft von 1,8 kg durch einen Benzinmotor ersetzen, der mit wagerecht liegendem Propeller 1,2 kg wiegt und wagerecht 1,2 kg Zugkraft äußert (siehe oben auf Seite 242 stehende Figur), oder daß wir einen Benzinmotor einbauen, der mit Propeller 1,5 kg wiegt, wobei die Propellerwelle aber parallel zur Tragfläche gelagert wäre und 1,3 kg Zugkraft hätte. Die so erhaltene Maschine heißen wir einen **Drachenflieger**.

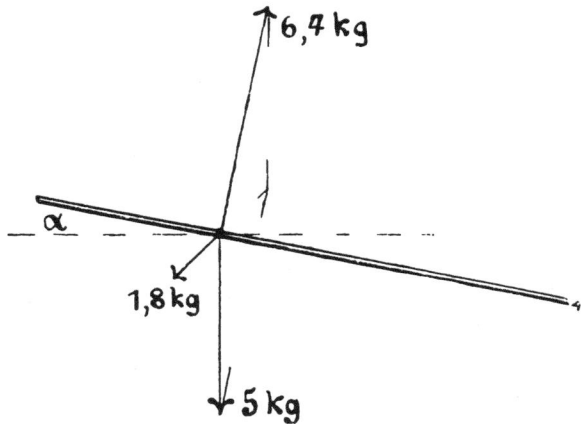

Achtzehntes Kapitel.

Drachenflieger und andere Flugmaschinen[1]).

Nachdem wir am Schlusse des vorigen Kapitels gesehen haben, was ein Drachenflieger (aéroplane à moteur, planeur, von Langley Aërodrome, von Pénaud planophore, von Louvrié aéroscaphe, von Ader avion und vom Akademiker Lavedan Aéro genannt) eigentlich ist, so empfiehlt es sich zunächst, unter den älteren Drachenfliegern etwas Umschau zu halten, um das heute Geschaffene richtiger zu würdigen.

Den ersten durch Motorkraft getriebenen Aeroplan hat der Engländer Henson im Jahre 1843 gebaut.

Über einen starken, aber leichten Holzunterbau von 30 m Breite und 10 m Länge war starker seidener Stoff derart gespannt, daß der Rahmen eine leichte Neigung in seinem vorderen Teile nach oben erhielt. Ein vogelschwanzförmiges Steuer von 15 m Länge sollte zur Steuerung in vertikaler Richtung dienen.

Unter den Haupttragflächen befand sich die Gondel für die Dampfmaschine und die Mitfahrenden. Den Antrieb sollte das Fahrzeug durch zwei zu beiden Seiten des Führerstandes angebrachte Schraubenräder erhalten, die gleichzeitig bei entsprechend einseitig zu regelndem schnelleren oder langsameren Gang eine Abweichung des Fliegers nach rechts oder links hervorrufen konnten.

Die sehr leichte Dampfmaschine vermochte eine Kraft von 20 PS zu entwickeln.

---

[1]) Von Regierungsrat a D. Jos. Hofmann in Genf unter Benutzung des Textes der 1. Auflage neu bearbeitet.

Bei den Versuchen mit dieser ernst zu nehmenden und großes Aufsehen erregenden Konstruktion ist es Henson nur gelungen, in absteigender Bahn sich vorwärts zu bewegen.

Nach andern Nachrichten ist diese Maschine überhaupt nicht fertiggebaut worden. Henson soll vielmehr 1844 mit seinem Freunde Stringfellow ein durch Dampf getriebenes Modell seines Drachen- fliegers im Gewichte von 14 kg mit einer Klafterung von 6 m gebaut haben, das genügend Kraft entwickelte, aber sich beim freien Fluge

Drachenflieger von Henson 1843.

nicht im Gleichgewicht hielt. Jedenfalls lieferte das Modell zum erstenmal den Beweis, daß man Dampfmaschinen zum Fliegen bringen kann. (Chanute, Progress in flying machines S. 86.)

Der Schiffsleutnant du Temple nahm 1857 ein französisches Patent auf einen geschickt erdachten, durch Dampf mittels einer einzigen Schraube zu treibenden Drachenflieger, kam aber in 20 Jahren über Versuche mit kleinen Modellen, die durch Uhrfedern getrieben wurden, nicht hinaus.

Im August 1871 führte Alphonse Pénaud, Student an der École navale ein 16 g schweres Maschinchen (siehe nebenstehende Abbildung) im freien Fluge vor, das ihn für alle Zeit berühmt gemacht hat. Das Maschinchen bestand aus einem Stock von 50 cm Länge, unter dem ein paar Kautschukschnüre lagen, deren Verdrehung die Triebkraft für die einzige, hinten angeordnete Schraube lieferte. Die vordere eigentliche Tragfläche hatte 45 cm Klafterung und 11 cm größte Ausdehnung in der Flugrichtung. Hinten, unmittelbar vor der Schraube lag noch eine kleine Tragfläche, die zum Horizont flacher eingestellt war als die vordere Tragfläche. Sonach bildeten die Sehnen der beiden Tragflächen ein $\vee$ mit der Spitze nach unten. Das Modell bewahrte im Fluge stets sein Gleichgewicht und ist das Urbild der Stabilitätslösung für fast alle heutigen französischen und deutschen Drachenflieger geworden (»Pénaud-Schwanz«).

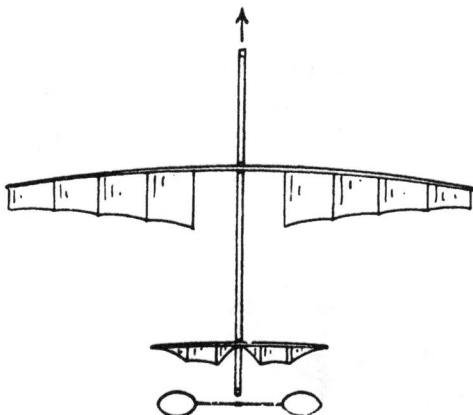

Drachenflieger von Pénaud, 1871.

Pénaud mußte wegen eines Hüftleidens die Offizierlaufbahn aufgeben und trat 1873 mit zwei um die Flugsache hochverdienten Ärzten, dem Dr. Hureau de Villeneuve und dem Professor vom Collège de France, Marey, über Augenblicksaufnahmen fliegender Vögel in Beziehung. Zur Ausführung seiner Maschine im Großen fand er aber kein Geld, und entmutigt starb er 1880, noch nicht 30 Jahre alt.

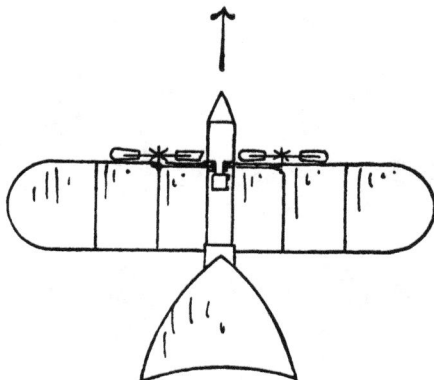

Tatin, 1879.

Im Jahre 1879 zeigte V. Tatin, damals Assistent von Marey, im freien Fluge einen kleinen Drachenflieger (s. vorstehende Figur) von 2 m Klafterung, die Flügel quer zur Flugrichtung, und Flügel mit Schwanz

i n der Flugrichtung ein \/ mit Spitze nach unten bildend. Das Maschinchen hatte als Rumpf einen Stahlbehälter, der Preßluft unter 7 Atm.
Druck enthielt. Dadurch wurden mittels zweier schwingender Zylinder ein paar gegenläufiger Schrauben bewegt, die das nicht ganz 2 kg
schwere Maschinchen durch Anlauf auf drei Rädern in die Luft führten.
Zu einer Ausführung im Großen kam es nicht.

Einen eigenartigen Flieger hat 1884 bis 1892 Horatio Phillips
gebaut. Derselbe gleicht einem sehr großen Jalousierahmen mit offenen
Holzrippen. Die Höhe des aus 50 Flächen bestehenden Gestells betrug 2,85 m, seine Breite 6,6 m. Diese Tragflächen waren auf einem

Flugmaschine von Phillips.

bootähnlichen, aus zwei Planken zusammengebogenen Wagen von
7,5 m Länge aufgebaut, der sich mit drei Rädern auf einer kreis-
förmigen, 185 m langen Holzbahn fortbewegen sollte. Der 148,5 kg
schwere Flugapparat wurde durch eine kleine Dampfmaschine von
Luftschrauben mit 400 Umdrehungen in der Minute angetrieben.

Bei den Versuchen erhoben sich die Vorderräder des in der
Mitte des Kreises gefesselten Fahrzeuges mit einem toten Gewicht
von 32,4 kg bis zu 90 cm in die Luft, ein Beweis, daß das Prinzip
der Konstruktion ein richtiges war.

Den größten Drachenflieger hat der bekannte Kanonenkönig Sir
Hiram Maxim 1888 bis 1893 unter Mitwirkung des jüngst verstorbenen Professor Langley mit einem Aufwand von 408 000 M.
gebaut und versucht. Er bestand aus einer großen und mehreren
rechts und links von derselben befindlichen kleineren Tragflächen

aus Ballontuch von insgesamt 360 qm. Durch ein reichliches Rahmenwerk aus dünnen Stahlröhren, die sich kreuz und quer herumziehen, waren die Flächen mit einer Plattform von 2,4 m Breite und 12 m Länge verbunden. Auf der Plattform befanden sich der Kessel, die Dampfmaschine usw. sowie der Stand für den Führer und zwei Mann Bedienung.

Die Heizung des Kessels erfolgte durch einen Gasbrenner, dessen Speisegas aus Naphtha entwickelt wurde. Der Brenner selbst bestand aus einem Zylinder, von dem viele kleine horizontale Röhren mit ca. 7650 kleinen Öffnungen ausgingen.

Der Durchmesser der Schrauben betrug 5,35 m.

Die Höhensteuerung der Flugmaschine wurde durch zwei horizontale Steuerflächen, eine vorn und eine hinten, bewerkstelligt. Zur seitlichen Steuerung sollten die unter 7,5° eingestellten Drachenflächen an einer Seite gehoben, an der anderen gesenkt werden, wodurch die Tragfläche windschief geworden wäre; außerdem waren die Motoren der beiden Schrauben durch ein Dreiwege-Ventil so mit dem Dampfzufuhrrohr verbunden, daß die eine oder die andere Schraube zu langsamerem Gang gezwungen werden konnte.

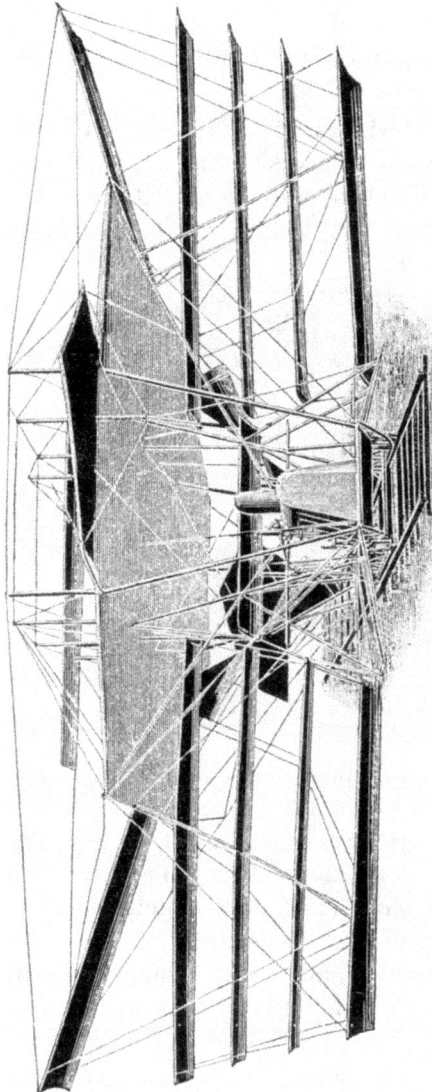

Der große Drachenflieger von Hiram Maxim.

Nach einem Briefe von Sir H. Maxim vom 21. Februar 1893 an Mr. Chanute über den vorletzten Versuch hatte die zwischen einem oberen und unteren Schienengleis laufende 2600 kg schwere

Maschine unter einem Dampfdruck von 14 Atm. und bei einer Geschwindigkeit von 48 km/Std. am Dynamometer einen Auftrieb von 2700 kg gezeigt. Beim letzten Versuch brach eine obere Schiene; die Maschine entgleiste und wurde zerstört.

Während der Weltausstellung in Paris im Jahre 1900 war ein ganz eigenartiger Flieger zu sehen, der wie eine riesige Fledermaus

Der Flieger des Franzosen Ader.

aussah. Der französische Elektriker A d e r hatte diese Maschine 1892 bis 1897 mit Unterstützung des Kriegsministeriums gebaut und insgeheim erprobt.

Die Flügel waren als Tragflächen gedacht und konnten von vorn nach hinten zusammengelegt werden; zur Vorwärtsbewegung dienten zwei große vierflügelige, durch Motorkraft getriebene Schrauben. Auch dieser bemannt fast 500 kg wiegende Apparat hat sich bei den Versuchen frei vom Boden erhoben, ist aber bald umgekippt und in seinen Hauptteilen stark beschädigt worden.

Einen Drachenflieger in noch größerem Maßstabe hat der Ingenieur W i l h e l m K r e ß in Wien gebaut, der sich lange Jahre für Luftschifferei interessierte und, um seiner Lieblingsidee sich mit vollem Verständnis widmen zu können,

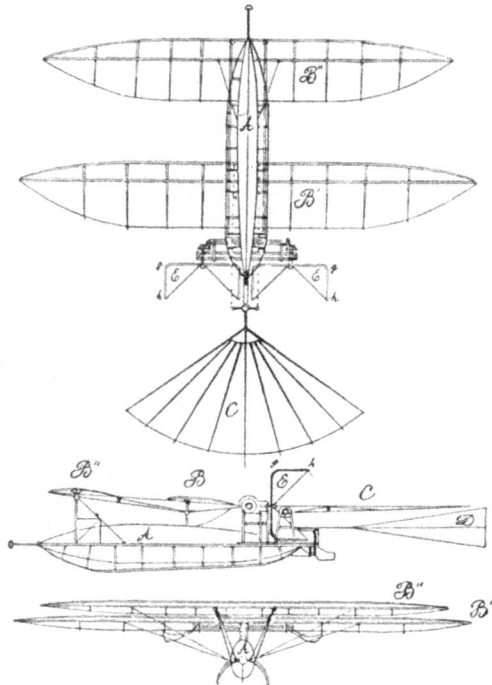

Drachenflieger des Ingenieur Kreß.

Der Drachenflieger von Kreß vor dem Versuche.

erst in späteren Jahren dem Studium der Ingenieurwissenschaften sich hingab. Kreß hatte schon seit 1879 kleine mit Gummischnüren getriebene Modelle vorgeführt — die Figur auf S. 249 unten zeigt ein Maschinchen von 1892 — und konnte im Juni 1901 die ersten Versuche mit seiner großen Flugmaschine auf dem Tullner See anstellen. Das Ganze ruhte auf zwei schmalen Aluminiumbooten, die als Schwimmer oder Schlittenkufen dienen konnten (Anlauf auf Wasser oder Eis).

Der Drachenflieger sollte etwa 650 kg wiegen, wurde aber infolge der Unzulänglichkeit der Motoren 200 kg schwerer. Das gab schon auf dem Wasser eine Überlastung der Aluminiumboote und bei der ersten scharfen Wendung kenterte der Drachenflieger.

In der Gefahr, von den Rippen der Konstruktion erdrückt zu werden, sprang Kreß ins Wasser, kletterte dann auf die gekippte Gondel und rief den Wächter, der mit einem Boot sich für etwaige Unglücksfälle bereit halten sollte, um Hilfe. Der Tapfere wagte sich aber nicht an die treibende Maschine heran, sondern rief erst Leute vom Ufer herbei, so daß Kreß, den seine Kräfte bald verlassen hatten, fast ertrunken wäre.

Der Drachenflieger wurde erst nach langem Suchen am anderen Tage gefunden; der Motor war völlig unversehrt geblieben, das übrige war nur noch eine unkenntliche Masse von verbogenen Röhren und Drähten.

Solche Versuche auf dem Wasser geben ein ganz falsches Bild von dem wirklichen Verhalten in der Luft. Bei dem im Wasser fahrenden Schlittenboot befindet sich der Stützpunkt unten und der Schwerpunkt oben, in der Luft aber ist der Stützpunkt oben und der Schwerpunkt unten.

Gerade diejenigen Einrichtungen, die unter Umständen beim freien Fluge die Stabilität erhöhen, also alle vertikalen Flächen, müssen auf dem Wasser das Umkippen bei Windstößen erleichtern.

In Österreich hat man sich sehr bemüht, das für den Neubau erforderliche Geld zusammenzubringen, um Kreß weitere Versuche mit seiner Erfindung zu ermöglichen. Diese Bemühungen scheinen aber bislang fruchtlos gewesen zu sein.

Ebenfalls über einer Wasserfläche hat der amerikanische Professor Langley seine Versuche angestellt.

Der Anfang März 1906 verstorbene Gelehrte war Leiter des bekannten Smithsonian-Instituts zu Washington. Schon 1896 hat er am Potomakflusse freiliegende Modelle erprobt, von denen »Aerodrom« Nr. 5 und Nr. 6 ein befriedigendes Resultat ergeben haben. Langley

ließ seine Modelle durch eine besondere Ablaßvorrichtung, die aus
einem schwingbaren Tisch bestand, in die Luft gleiten. Die Versuche
wurden von einem Schiffe aus angestellt, und beim besten Versuche
legte das Luftschiff nach dem Zeugnis von Mr. Frank Carpenter
im Bericht vom 12. Dezember 1896 im Washington Star 1600 m in
1 Minute 45 Sekunden vollkommen stabil zurück und landete heil
auf der Wasserfläche.

Langley hatte Bau und Versuche mit einem dichten Schleier
des Geheimnisses umgeben. Daß vor diesem Versuche, dem Mr. Car-

Abflughaus für den Drachenflieger des Professor Langley.

penter aus Zufall beiwohnte, schon zwei gelungene Versuche statt-
fanden, bezeugt Dr. Bell in der Nature, London, vom 28. Mai 1896.
Eine maßstäbliche und eine schaubildliche Skizze im Aeronautical
Annual 1897, S. 27, lassen erkennen, daß das Drachenluftschiff oder
Aerodrom Nr. 5 Langleys folgende Maße hatte: ganze Länge ohne
Steuer 2,6 m, Klafterung 4,5 m. Die Tragfläche war in zwei Paar
Flügel aufgelöst. Länge jedes Flügels 0,8 m. Zwei durch Dampf von
10 Atm. getriebene gegenläufige Schrauben hatten je etwa 1 m Durch-
messer. Das Gewicht des Ganzen betrug ungefähr 13 kg. Über das

Aerodrom Nr. 6 war nur zu hören, daß es beim ersten oder zweiten Versuch verunglückte. Das gleiche Mißgeschick traf den hernach gebauten bemannten Flieger.

Dieser letzte Drachenflieger hatte an jeder Seite zwei breit ausladende, unbewegliche Flügel, die durch ein Rahmenwerk aus Stahl mit einem Metallboot starr verbunden waren. Die Breite der Maschine betrug ca. 14 m, ihre Länge 10 m. Ihre Fortbewegung erhielt sie durch zwei an den Seiten sitzende Schrauben.

Mit dieser großen Maschine sollte Professor M a n l e y, der Assistent Langleys, eine Fahrt über dem Potomakflusse antreten, und zwar

Der Drachenflieger Langleys
im Momente des Abflugs.

in folgender Weise: Die Bauwerkstätte trug ein 10 m über die Wasserfläche reichendes Gerüst mit einer wagerechten Plattform. Der Drachenflieger wurde auf ein wagenförmiges Gestell gesetzt und mit ihm durch starke Federn und Kolben in schnelle Bewegung gebracht. Sobald der Wagen das dem abgebildeten entgegengesetzte Ende der Plattform erreicht hatte, wurde er gebremst, während der Flieger in der Bewegung verharren und nach kurzem Senken eine nach aufwärts gerichtete Bahn einschlagen sollte.

Nach den Mitteilungen des Smithsonian-Instituts ist das Fahrzeug zwar richtig auf seiner Abgleitbahn heruntergerutscht, hat aber im Momente des Heruntergleitens eine Hemmung erfahren, so daß es ins Wasser fiel.

Durch verschiedene hohle metallene Schwimmkörper in Zylinder-
form wurde die Maschine vor dem Versinken bewahrt, und Manley
rechtzeitig aus dem Wasser herausgefischt.

Die Ablaßvorrichtung ist eines der wichtigsten Hilfsmittel für
den Beginn der Flüge.

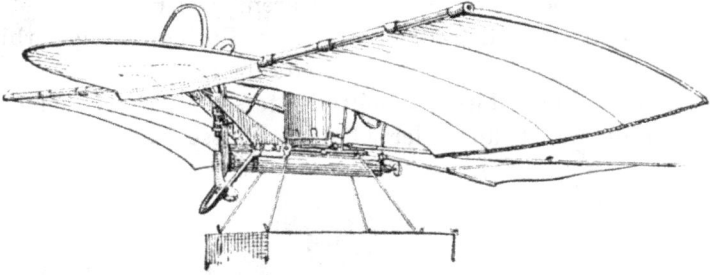

Erstes Modell eines Aeroplans mit Kohlensäuremotor von Regierungsrat Hofmann.

Das Streben muß aber dahin gehen, sich von derartigen Bauten
frei zu machen, weil sonst der Aktionsradius der Flieger zu gering
würde.

»Diese Forderung hat der Erbauer eines anderen Drachenfliegers
berücksichtigt, und am Apparat selbst eine Einrichtung getroffen,

Das oft freiliegend gezeigte Modell des Drachenfliegers von
Regierungsrat Hofmann in Berlin.

welche die nötige lebendige Kraft im Fallen schaffen soll. Regierungsrat Hofmann in Berlin hat seiner Flugmaschine Beine oder
Stelzen gegeben. Das Prinzip derselben wird bei der Betrachtung
der Abbildungen klar.

In der Laufstellung auf dem Boden sind die Beine an den Flug-
körper herangelegt und die Flügel nach der Mitte zusammengefaltet.
Unmittelbar vor Beginn des Fluges hat man die Tragflächen ausgebreitet und die Beine steiler gestellt, den Schwerpunkt des Ganzen
also gehoben. Die Maschine soll in dieser Stellung in Gang gesetzt
werden, so daß die Propeller zu arbeiten beginnen. Sobald nun eine
gewisse vorher errechnete Geschwindigkeit erreicht ist, was sehr rasch
eintritt, weil die Tragflächen
bei dieser Maschine parallel
zum Boden liegen, schnellt
eine Auslösvorrichtung die
Beine vom Boden gegen den
Körper, die Maschine ist
der Schwerkraft überliefert,
fängt an zu fallen und dreht
sich hierbei so, daß jetzt die
Tragflächen schief zum Boden stehen, während die
Propeller sie durch ihre
Bewegung vorwärts treiben.
Aber kaum eine Se-
kunde soll dieser schräg
nach abwärts gerichtete Fall
dauern; bald muß sich nämlich unter den weit nach
seitwärts ausladenden Flügeln so viel Luft verdichtet
haben, daß die Maschine mit
ihrem ganzen Gewicht von
ihr getragen wird. Fort-
während werden neue Luft-

Der große Drachenflieger des Regierungsrat Hofmann
im Bau. Links der Konstrukteur Hofmann, rechts der
bekannte Engländer Mr. Alexander.

massen bei der Vorwärtsbewegung unter den Flügeln verdichtet, wodurch der Auftrieb der Luft eine Größe erreicht, daß die Maschine
bald nach dem Abfluge nicht nur getragen wird, sondern sogar in
gleichmäßigen steigenden Flug übergeht.

Ein etwaiger Fall der Flugmaschine soll, wie bei allen Drachenfliegern, deren Tragflächen eine einzige Ebene bilden, durch die
Größe dieser Tragflächen gemildert werden.

Daß der hier zum Ausdruck gebrachte Gedanke auch wirklich
richtig ist, haben die vielen Flüge eines kleinen, im Maßstab 1 : 10

ausgeführten Modells bewiesen, welches Hofmann häufig in der geschilderten Weise in einem großen Saale zum freien Fluge gebracht hatte.»

Indem ich selbst zu dem oben Berichteten das Wort nehme, möchte ich anführen, daß die gelungenen Versuche von 1900/01 drei Förderer der Flugsache, nämlich Ingenieur Patrick Alexander, Fabrikbesitzer Herm. W. Noelle und den leider mittlerweile verstorbenen Freiherrn v. Hewald bestimmten, mir eine beträchtliche Summe zum Bau eines bemannten Modells für einen Verkehrszwecken dienenden größeren Drachenflieger zur Verfügung zu stellen. Die Vorversuche mit Motoren und Propellern verschlangen aber bereits soviel von dem Gelde, daß ich weder mehr die gewünschte Auswechslung des 7 kg auf die Pferdekraft wiegenden Dampfmotors gegen einen Benzinmotor, noch die Fertigstellung der (faltbaren) Flügel erreichte, zu Flugversuchen also überhaupt nicht gekommen bin.

Gerade in der Zeit, während ich baute, 1902—1906, hatte die Automobilindustrie endlich Motoren geschaffen, die nur 2—4 kg auf die Pferdekraft wogen, während im Jahre 1900 noch kein Benzinmotor unter 15 kg/PS zu haben war. Wo aber ein Motor leichter schien, da konnte man nicht die nötige Stärke erhalten. B u c h e t hatte es 1900 nur bis auf 3 PS, P e u g e o t 1904 auf 12 PS und die A n t o i n e t t e gesellschaft (Levavasseur) 1905 auf 24 PS gebracht. Wie es mit den leichten Motoren in Deutschland aussah, kann man in dem Werkchen von K r e ß, Aviatik, Wien 1905 nachlesen.

Als nun der leichte Motor da war, da fingen die Menschen auch an zu fliegen, zuerst in Amerika die Brüder W r i g h t, in Europa Santos D u m o n t und F a r m a n.

Die Brüder Wright kamen nach ihrem Bericht an das Century Magazin vom September 1908, S. 649, am 17. Dezember 1903 zu einem Flug von 260 m in 59 Sekunden gegen einen Wind von 36 km in der Stunde. Das wäre eine reine Geschwindigkeit von 14 m/sek. Das Jahr 1904 brachte ihnen wenig befriedigende Versuche. Dagegen erreichten sie im Jahre 1905 nach ihrem Briefe vom 9. Oktober an Hauptmann Ferber mit einer neuen Maschine, in der sie auch s a ß e n, statt auf dem Bauch zu liegen, eine Reihe glücklicher Flüge, darunter einen Flug über 39 km in 38 Minuten (5. Okt.). Damit hörten die Flüge auf. Seinerzeit konnte man aber über die Flüge oder die wahre Gestalt der Maschine nichts erfahren bis Ende 1907. Beglaubigt ist nur ein Flug über 1200 m durch O. Chanute. Als dann in Paris durch Vermittlung von Hart O. Berg sich das Weiller-Syndikat bildete, und Wilbur

Wright in Le Mans vom 8. bis 13. August nur Flüge zwischen 15 Sekunden und 8 Minuten 13 Sekunden fertig brachte, während Delagrange in Rom schon 15 km in 16 Minuten zurückgelegt hatte, da konnte man erst recht an den behaupteten vorgängigen Leistungen zweifelhaft werden; denn von alters her hat es als Regel gegolten, daß derjenige als Erfinder oder Entdecker einer Sache angesehen wird, der die Beweise hierfür beibringt oder mangels solcher zuerst damit in die Öffentlichkeit getreten ist.

Als einen solchen nachträglich gelieferten Beweis in bezug auf die Konstruktion betrachte ich es, daß die Zeitschrift l'Auto, die einen ihrer Schriftleiter (M. Coquelle) nach Dayton geschickt hatte, am 24. Dezember 1905 das in Fig. 64 des Werkes von Ferber, L'Aviation, und am 7. Februar 1906 das in Fig. 65 des gleichen Werkes nachgedruckte Bild veröffentlichen konnte. Das Ferbersche Werk ist aber erst 1909 erschienen.

Ich habe diese Sache etwas ausführlicher erzählt, weil man meine früher hierzu geäußerten Zweifel als Ausfluß von Neid hinzustellen beliebte, und weil Hauptmann Ferber die Abb. 64 aus dem Auto noch mit folgender Bemerkung begleitet: »Diese Zeichnung hat eine große Wichtigkeit, sie zeigt uns die letzten Einzelheiten, die wir noch nicht kannten; und gerade sie ist auch die Ursache, daß die ersten Drachenflieger von Delagrange und Farman, Februar und Juni 1907, das zellenartige Vordersteuer erhielten.«

Die Wrightsche Maschine ist ein Doppeldecker mit zwei um 1,8 m der Höhe nach voneinander abstehenden Tragflächen zu je 2 m Länge und 12,5 m Klafterung, im ganzen also zu 50 qm. Das um 3,5 m vor den Tragflächen liegende Höhensteuer ist ebenfalls doppelt und hat im ganzen 6 qm Steuerfläche. Das um 2,5 m hinter der Tragfläche liegende Seitensteuer, auch doppelt, hat im ganzen 2 qm Steuerfläche. Der linke Arm bedient das Höhensteuer, der rechte Arm das Seitensteuer. Da aber beim nach rechts oder links Fliegen es nicht damit getan ist, oder nicht getan sein sollte, nur wie bei Schiffen zu steuern, sondern auch die lotrechte Körperachse geneigt werden muß, wie ein scharf um die Ecke laufendes Pferd oder ein rasch sich wendender Vogel sich nach dem Innern der beschriebenen Kurve neigt, so kann der rechte Handhebel außer der Bewegung nach vorn und hinten noch eine Bewegung nach rechts und links machen. Mit letzterer Bewegung werden die Tragflächen windschief verdreht. Das geschieht auf folgende Weise: die die

Wilbur Wright mit seinem Flieger über dem Schießplatze Auvours bei Le Mans 1908.

Vorderkanten der beiden Tragflächen bildenden Holzstäbe
sind durch Holzstützen und Diagonalen aus Klaviersaitendraht nach Art eines Brückenträgers aus Fachwerk der
Höhe nach starr verbunden, bleiben daher immer gerade.
Die Hinterkanten der beiden Tragflächen aber werden nur
im Mittelfeld durch ein etwa 1,4 m hinter dem vorderen
Träger liegendes Fachwerk ausgesteift. Die Außenfelder
dieses Trägers enthalten nur Stützen ohne Schrägbänder.
Dafür laufen vom rechten Handhebel aus schräge Drähte
zu den Außenstützen, so daß eine Bewegung des Hand-
hebels nach rechts die rechte hintere Stütze und damit
die betreffenden Ecken der Tragflächen hebt und die
linke hintere Stütze mit den anstoßenden Tragflächen-
teilen senkt. Die ganze Maschine
muß sich also auf der rechten Seite
neigen, und wenn durch Vorwärtsbewegung des gleichen Hebels auch
noch das Seitensteuer für Rechts-
wendung eingestellt wird, sich nach
rechts drehen. Sinngemäß ist die
Linkswendung. Windschiefstel-
lungen ohne Seitensteuerung richten
den Drachenflieger aus einer falschen
Neigung auf.

Die Wrightsche Maschine hat
kein Räderuntergestell, sondern nur
federnde Kufen; sie kann also auch
nicht auf gewöhnlichem Boden durch
Anlauf sich in die Luft erheben,
sondern braucht dazu eine besondere
Einrichtung. Diese besteht, wenn
das Gelände wellig ist oder Wind
herrscht, mindestens aus einer ins
Gefälle bzw. gegen den Wind gelegten
Holzschiene *a* (siehe nebenstehende
Abbildung), auf der der Drachenflieger mit kleinen Spurrollen *b*
fahrradartig anläuft. In der Regel
aber braucht der Drachenflieger
von Wright noch ein Bockgestell

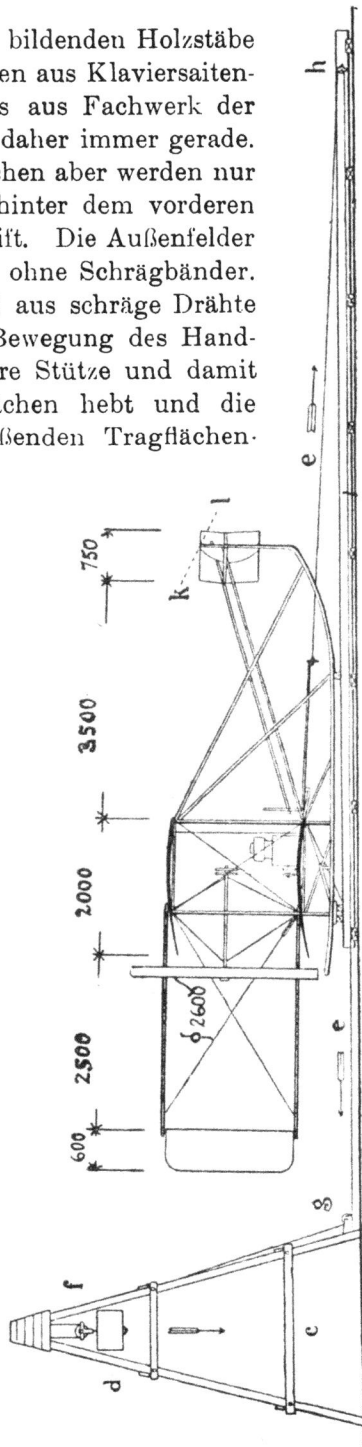

Abflugvorrichtung für den Wright'schen Drachenflieger.

mit einem etwa 700 kg schweren Fallgewicht d, das vor dem Versuch
mittels Flaschenzuges f und Seil e hochgezogen und durch Sperre gehalten wird. Das Seil läuft hierbei unter einer Führungsrolle g am
Bock nach dem vorderen Ende der Schiene und von da über eine Führungsrolle h zurück zur Maschine, wo es auf einen Abziehhaken auf-
gesteckt wird. Soll der Drachenflieger abfliegen, so läßt Wright den
Motor angehen, während zwei Mann die Maschine halten. Ist die
Umdrehungszahl erreicht, so klinkt der Führer das Gewicht aus, so
daß der Drachenflieger unter der beschleunigenden Wirkung dieses
Gewichtes und seiner eigenen durch einen 28 pferdigen Motor getriebenen Schrauben nach vorn schießt, während das Höhensteuer
etwa die Stellung KL einnimmt; die entgegengesetzte Steuerstellung
führt dann den Drachenflieger in die Luft.

Während der Ausbildung der Wrightschen Maschine in Amerika
war in Europa, und zwar in Frankreich der Brasilianer Santos Dumont vom Lenkballon zur Flugmaschine übergegangen und hatte
durch Archdeacon und Levavasseur sich wenigstens so weit beraten
lassen, daß er statt eines hundertmal schon vorher aufgetauchten und
natürlich immer wieder auftauchenden Flugmaschinengebildes aus
Horizontal- und Vertikalschrauben einen Drachenflieger baute. Die
Maschine war auch ein Doppeldecker, etwa 11 m klafternd, mit sehr
spitz, unter 158° im $\vee$ gestellten Flügeln von im ganzen 50 qm Tragfläche und 6 Zwischenwänden (Kielflächen). Nach vorn erstreckte
sich ein 7 m langer Hals, an dessen Spitze als Kopf ein nach allen
Seiten beweglicher, mit seinen wagrechten und lotrechten Wänden
als Höhen- und Seitensteuer wirksamer Kasten steckte. Dumont
wollte den ersten Flugversuch von seinem verankerten Lenkballon
Nr. 14 aus unternehmen und gab der Maschine daher den Namen
14bis. Aber er merkte sehr schnell, daß die Ankertaue seinem Drachenflieger nur gefährlich sein konnten, und hängte diesen dann mit
Laufkatzen an Seile, die zwischen Böcken verspannt waren. Endlich
machte er sich von all dem Gerümpel frei und versuchte, durch
Anlauf auf drei Rädern hochzukommen. Da glückte ihm ein
Sprung. Schließlich, sobald er sich Herr des Gleichgewichts nach
der Längsaxe fühlte, nahm er das Hinterrad weg, baute einen
stärkeren Motor ein (50 PS Antoinette) und gewann am 23. Oktober
1906 den Archdeacon-Preis für einen Flug über mehr als 50 m.
Am 12. November 1906 machte er dann mit dieser betriebsfertig
ohne Führer etwa 250 kg wiegenden Maschine den längsten Flug
von 220 m.

Santos Dumonts Flugmaschine 14 bis, mit der er den ersten öffentlichen Flug in Europa vollführte.

Die Anordnung des Seitensteuers vor den Tragflächen, die außer
Santos Dumont auch noch Blériot bei seiner Maschine mit nach
Art der Schmetterlingsflügel hochklappbaren Tragflächen hatte, ist
glücklicherweise jetzt überall aufgegeben. April 1907 schrieb ich
darüber in der Welt der Technik, Berlin:

»Jeder Vogel, der ahnungslos von einem seitlichen Windstoß
getroffen wird, dreht sich, weil das statische Moment des Winddrucks
hinter dem Schwerpunkt dasjenige vor dem Schwerpunkt übertrifft,
ganz selbsttätig gegen den Wind. Daher muß ein Drachenflieger
Hintersteuer haben, wenn ein seitlicher Windstoß neben der
unvermeidlichen Abtrift diese Drehung hervorbringen soll.«

Nach einigen unglücklichen Versuchen mit einem neuen Doppeldecker ging S. Dumont auf einen Eindecker über, der allerdings noch

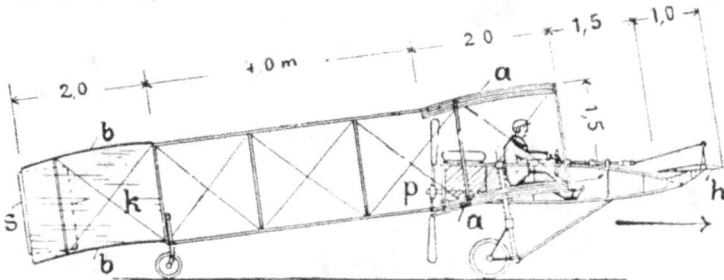

Drachenflieger, mit dem Farman den ersten Kreisflug vollführte.

ein stark ausgeprägtes V zeigte, aber durch den Sitz des Führers
unter der Tragfläche und die Anordnung des Motors über der
Tragfläche eine gute Massenverteilung bekam.

Höhen- und Seitensteuerung lagen im Sinne der Pfeilfiederung
weit hinter den Tragflächen und waren mit dem Rumpf durch eine
Bambusstange verbunden. Mit dieser Maschine, die im wesentlichen
das Vorbild für den heutigen deutschen erfolgreichen Eindecker von
Ingenieur Grade sein könnte, machte S. Dumont im November 1907
einen schönen Flug; in seiner Bewerbung um den Deutsch-Arch-
deacon-Preis von 50000 Frs. für den ersten geschlossenen Kilometerkreisflug kam ihm aber Farman mit einem von Voisin gebauten
Doppeldecker zuvor.

Die Abmessungen der damaligen Farmanschen Maschine in der
Längsrichtung sind aus obenstehender Figur zu erkennen. Senkrecht
zur Flugrichtung hatten die Flügel a eine Klafterung von 10 m, der
Schwanz b von 2,7 m, das Höhensteuer h von 5 m. Das Seitensteuer S
lag wie bei den Voisin-Apparaten auch jetzt noch in der Mitte des

Eindecker des deutschen Ingenieurs Grade bei der Bewerbung um den Lanzpreis auf dem Flugplatze der Deutschen Flugplatz-
gesellschaft zu Johannisthal-Adlershof bei Berlin am 30. Oktober 1909.

Hinterkastens. Farman hat zuerst der Höhe und der Quere nach federnde, möbelrollenartig sich in die jeweilige Laufrichtung einstellende Räder verwendet. Dies ist, wenn die Landung nicht genau gegen den Wind erfolgt, von Wichtigkeit, weil der landende Drachenflieger mit seiner Längsachse immer in der Diagonale stehen wird, die seiner Eigengeschwindigkeit und der Windgeschwindigkeit entspricht, auf dem Lande weiterlaufend aber nur sich nach seiner Längsachse bewegt. Also muß das Rad mit seiner Ebene sich einstellen können oder brechen.

Den Abflug bewerkstelligte Farman in der Weise, daß er die Luftschraube *p* mit seinem 50pferdigen Antoinette-Motor angehen ließ, während vier Mann die Maschine hielten. Wenn diese losließen, schoß die Maschine in der gezeichneten Lage auf ihren vier Möbelrädern vorwärts, wobei sich unter dem Druck der Luft auf die Flächen *b* sehr bald der Schwanz vom Boden abhob. Nun lief die Maschine noch ein Stück auf ihren Vorderrädern allein, beschleunigte sich, da die Flächen *a* und *b* jetzt weniger Luft schöpften, rascher und wurde durch Verstellung des Höhensteuers *h*, indem der Fahrer das Handrad nach hinten zog, in die Luft gehoben.

Mit dem Kilometerkreisflug von Farman war das Eis gebrochen, das natürliche Anschauungskälte und künstliche Abkühlungsmittel wie Hohn und Spott um alle diejenigen getürmt hatten, die ohne Ballon fliegen wollten. Als dann Wilbur Wright in Le Mans am 31. Dezember 1908 einen Flug von 2 Stunden 20 Minuten fertig brachte, als Farman, Delagrange und Wright bei ihren Flügen Fahrgäste mitnahmen, als Farman und Blériot ihre Drachenflieger aus dem Nest holten und über Stadt und Land dahinzogen (30. und 31. Oktober 1908) und als schließlich der Kanalflug gewagt wurde, der Blériot am 25. Juli 1909 glückte, da fing man auch an, daran zu denken, daß diese Flugmaschinen vielleicht noch zu Besserem auf der Welt sein könnten, als bloß zur sportlichen Unterhaltung.

Zunächst hatten die sportlichen Veranstaltungen einer Flugwoche in Reims (22.—29. August), einer Flugwoche in Berlin (26. September bis 3. Oktober) usw. jedenfalls das große Verdienst, die ganze Fliegerei vielen Hunderttausenden von Zuschauern menschlich nahe zu rücken. Gleichzeitig erzielte der Wetteifer höhere Leistungen:

Curtiss (Wrightflieger mit Pénaud-Schwanz) eine Geschwindigkeit von beinahe 19 m/sek (74 km in der Stunde) über 30 km;

Farman eine Flugdauer von 3 Stunden 4 Minuten über 180 km;

Farman Flug mit zwei Fahrgästen während 10 Min. 39 Sek.;

Latham (Antoinette-Flieger) Flug in 155 m Höhe.

Seitdem sind diese Leistungen nach Höhe und Geschwindigkeit von Wright in Potsdam und von Latham in Blackpool weit übertroffen. Auch die Flugdauer ist durch Farman am 3. November bei Châlons auf 4 St. 17 Min. 53 Sek. (232,212 km) gebracht worden.

Ich möchte nun an der Hand des Berichtes, den ich über die Berliner Flugwoche in den Verhandlungen des Vereins zur Beförderung des Gewerbfleißes erstattet habe, die Hauptarten der dort im Wettbewerb gewesenen Flieger kurz erörtern. Dies waren Doppeldecker von V o i s i n und von F a r m a n , und Eindecker von B l é r i o t und von L e v a v a s s e u r (Antoinettegesellschaft).

Die Voisin - Flieger (s. nebenstehende Figur) wiesen zwar in den Ausmaßen, in der Stärke der Motoren, in der Anordnung der Kühler geringe Unterschiede auf, im wesentlichen aber entsprachen sie dem hier gezeichneten Bilde. Der Führer saß stets v o r dem mit wagerechten Waben oder lotrechten Röhren

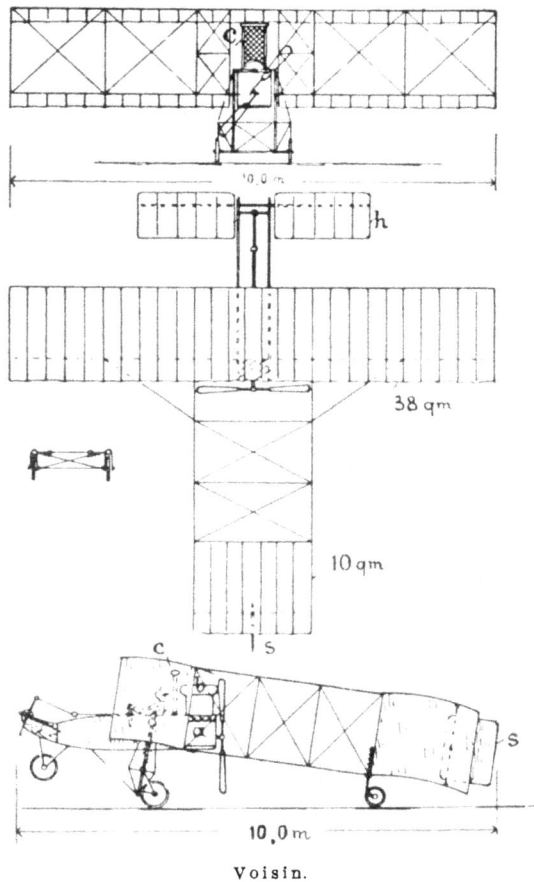

Voisin.

ausgestatteten Kühler und stellte durch Vor- oder Zurückschieben eines Handrades das Höhensteuer h, und durch nach Rechts- oder Linksdrehen dieses Handrades das Seitensteuer s in der gewünschten Weise ein. Zur selbsttätigen Drehung der Spitze gegen den Wind bei seitlichen Windstößen sind (wie auch bei Farman) die Seitenwände der Schwanztragflächen mit Stoff bekleidet. Um in den Kehren beim Fluge nicht zu weit abgetrieben zu werden, sind bei den Voisin-Apparaten auch

noch die die beiden übereinanderliegenden Tragflächen verbindenden
Außenwände und die diesen benachbarten Querwände mit Stoff bekleidet, so daß vier Kielflächen gegen Abtrift arbeiten. Eine geringe
Neigung des Drachenfliegers gegen den Mittelpunkt der Flugkurve
läßt sich durch entsprechende Schwerpunktsverlegung des Oberkörpers
des Führers erreichen. Auf alle Fälle lassen sich mit diesen Fliegern
scharfe Kehren nicht nehmen, und der Nutzen, den die vier Kielflächen zwischen den Haupttragflächen für ruhige Luft oder mäßigen
Wind haben, verwandelt sich bei Windstärken über 5 m/sek in sein
Gegenteil. Immerhin läßt sich in der Hand eines schneidigen Führers
auch mit diesen unbeholfenen Kästen etwas erreichen. Denn Rougier
gewann mit einem solchen Apparat nach Einbau eines neuen 60 bis
80pferdigen E.N.V.-Motors in der Berliner Flugwoche alle ersten
Preise mit Ausnahme des Geschwindigkeitspreises.

Auf dem Lande laufen die Voisin-Flieger mit vier Lenkrädern
(möbelrollenartig), von denen die zwei hinteren sich bei rascher Fahrt
wie für den Abflug nötig, unter dem Druck der Luft auf die Tragflächen des Schwanzes stets recht bald vom Boden abheben. Unter
dem Höhensteuer ist noch ein fünftes Rad mit fester Achse angeordnet,
das lediglich Landungszwecken dient. Das Dienstgewicht der Maschine
mit Führer wurde zu 600 bis 700 kg angegeben. Die Maschine von
Rougier zeigte mit dem neuen E.N.V.-Motor, im Schuppen mit offenen
Toren arbeitend, am Dynamometer 160 bis 220 kg Zugkraft.

Beim Drachenflieger von Farman (siehe Abbildung S. 267) fielen
zunächst die im Ruhestande lotrecht herunterhängenden äußeren
Teile d der Tragflächen auf. Die Klappen d legten sich im Lauf
und im Flug unter dem Druck der Luft sofort in die Verlängerung
der festen Tragfläche, so daß diese als eine ungeteilte Fläche erschien,
während beim Kurvenflug z. B. nach links die beiden Seitensteuer s
nach links verstellt und gleichzeitig die beiden rechtsseitigen Klappen
ein wenig nach unten gezogen wurden, so daß der rechte Flügel gegen
den linken etwas anstieg. Da auch das Höhensteuer h bedient werden
mußte, so waren für die drei Bewegungen ein wagrecht drehbarer
Fußhebel g und ein vorwärts und rückwärts und nach rechts und links
stellbarer Handhebel f vorgesehen, von deren entgegengesetzten Enden
die Stahldrähte zu den Hebeln der Klappen bzw. der Steuer liefen.

Die Farmansche Maschine hatte einen 7-zylindrigen Gnom-Motor a
auf der Propellerwelle, der, wenn er gut imstande war, der Schraube
natürlich einen hohen Grad von Gleichförmigkeit im Umlauf erteilte,
sich auch genügend durch Luft kühlte, aber, wie man aus dem Öl-

behälter, der nicht viel kleiner als der Benzinbehälter b war, sehen konnte, Schmieröl schluckte, wie wenn es nichts kostete. Meine Frage, ob die Kreiselwirkung des Motors die Steuerwirkung im Fluge merkbar beeinträchtige, wurde von Farman bejaht.

Für den Lauf auf dem Lande hatte der Farmansche Drachenflieger 6 Räder, von denen die beiden hinteren wie gewöhnliche

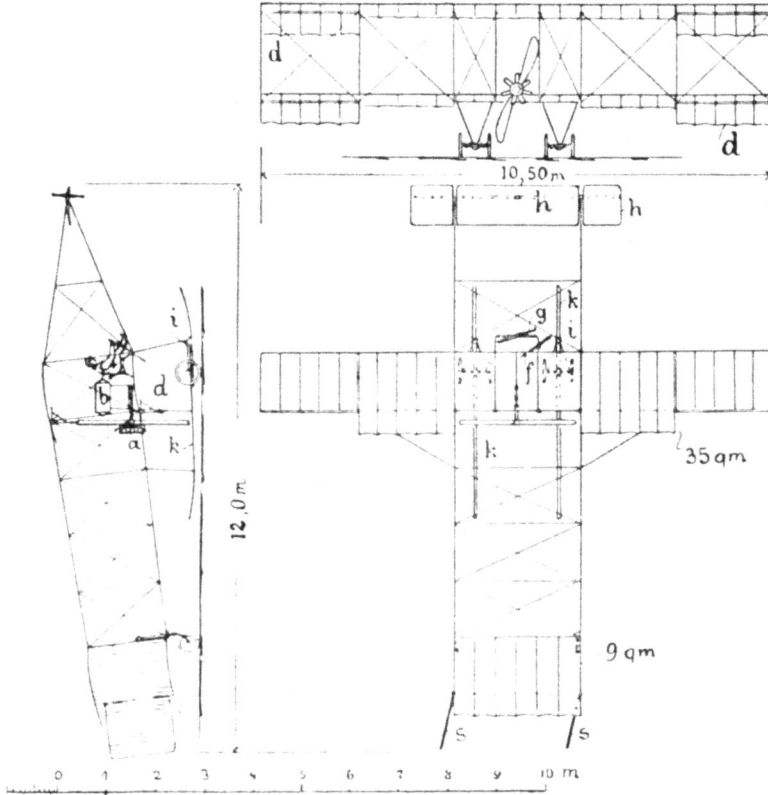

Farman 1909.

Möbelrollen sich einstellten, während von den vorderen je zwei zu einem Drehgestell verbunden waren, das um den Punkt i schwingen konnte. Schraubenfedern auf den Radachsen, die sich einerseits gegen die Naben, anderseits gegen Kufen k stützten, führten die Drehgestelle in ihre Ausgangslage zurück. Die Kufen k sind zweiteilig, so daß, wenn beim Landen die vordere schneeschuhartige Spitze abbricht, sie sofort durch eine neue ersetzt werden kann.

Die Blériot-Flieger (siehe nachstehende Abbildung) zeigten gegenüber dem Kanalmodell nur unbedeutende Veränderungen. Die Vorder-
kante der Tragfläche dieser Flieger ist durch zwei Paar flachliegender
Stahlbänder von unten und zwei Paar Stahldrähte von oben kräftig
ausgesteift, während der hintere Teil der Tragfläche nur innen steif

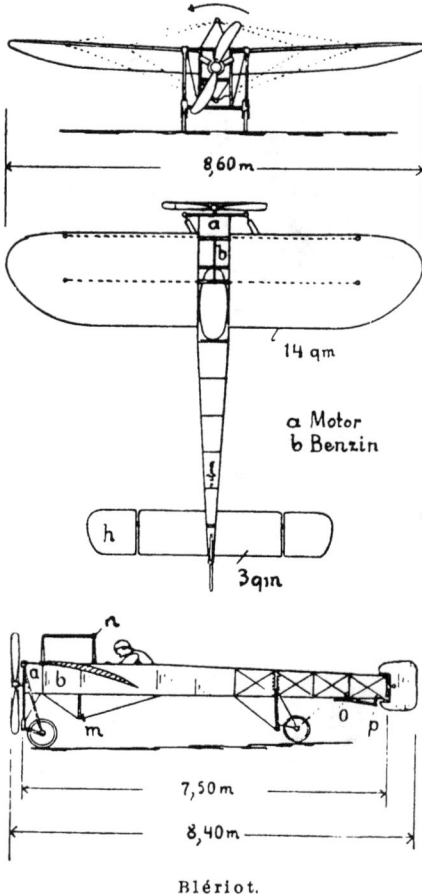

ist, an den Außenenden aber durch
die Spanndrähte für den Kurvenflug windschief verwunden werden
kann. Diese Art der Windschief-
machung ist natürlich eine ganz
andere als bei den Wright-Fliegern,
wenn auch der Gedanke ganz
derselbe ist. Der Führer einer
Blériot-Maschine verfügt über einen
wagerecht drehbaren, das Seitensteuer bedienenden Fußhebel und
einen nach allen Richtungen drehbaren, für den Gradaus-Flug lotrecht stehenden Handhebel. Der
letztere wirkt als Winkelhebel (siehe
Abbildung S. 269 oben) (Glocke mit
vier Drahtanschlüssen) durch Vor-
und Rückwärtsstellen auf die Bewegung des Höhensteuers h und
durch Rechts- und Linksstellen auf
einen Wagebalken m unter dem
Sitz des Führers. So zieht der eine
der unteren hinteren Spanndrähte
den zugehörigen Flügel herab (ver-
windet ihn), so daß der Spanndraht
auf der anderen Seite schlapp würde,
wenn nicht der obere Spanndraht
des herabgezogenen Flügels, durch
eine Öse n über dem Führersitz
gleitend den anderen Flügel hochzöge, d. h. im entgegengesetzten
Sinne windschief machte.

Die Maschine läuft auf drei Lenkrädern, von denen das hintere zur
Ausschlagbegrenzung federnd an den Rumpf angeschlossen ist, während
die beiden vorderen wie bei den Voisin-Fliegern (Einzelgrundriß S. 265)
durch eine federnde Dreiecksverbindung unter sich gekuppelt sind

Im übrigen ist die Blériot-Maschine sehr leicht auf- und abzu-
bauen, da die beiden Flügel der Haupttragfläche vorn einfach mit
Zapfen in eine den Rumpf durchquerende Röhre
gesteckt werden, während sie hinter der Mitte mit
einem Zapfen durch die Seitenwand des Rumpfes
durchtreten und dort verbolzt werden. Die hintere
kleine Tragfläche wird mit zwei Augen o an die
Seitenwand des Rumpfes angelenkt und ist in ihrer
Neigung zum Horizont bzw. zur vorderen Tragfläche
bei p einstellbar. — Der Motor des Blériot-Fliegers
ist von Anzani gebaut und hat drei luftgekühlte
Zylinder. Seine Stärke wird zu 25 PS angegeben.

Der von Levavasseur gebaute und von Latham
geführte Antoinette-Drachenflieger (siehe Abbildung
S. 270), macht in der Luft den gleichen künstlerisch
befriedigenden Eindruck wie der Blériot-Flieger, ja
er erscheint sogar, obwohl er breiter und länger

Steuerhebel von Blériot
mit den früheren An-
schlüssen zum Motor.

ist, noch schlanker als dieser. Der im Querschnitt dreieckige Rumpf
ist in seiner hinteren Hälfte mit Stoff bekleidet; in der vorderen
Hälfte wird die Wandung c aus Aluminiumröhren gebildet, die als
Kühler für den aus dem 8 zylindrigen Antoinette-Motor kommenden
Wasserdampf wirken. Die Flügel bilden durch Pfosten q und (nicht
gezeichnete) Drähte verspannte Platten, die mit dem Rumpf durch
die punktiert angedeuteten Drähte verbunden sind. Hiervon sind die
vorderen starr, die hinteren sind unten durch eine Gliederkette verbunden, die vom linken Handrad aus durch Zahnrad nach rechts
oder links verschoben wird, so daß die Flügel windschief werden.
Gleichzeitig damit werden auch durch Drahtzüge die Seitensteuer s
verstellt. Das rechts vom Führer liegende Handrad stellt das Höhensteuer h ein. Die Maschine läuft auf zwei zu einer Karre verbundenen,
durch einen Preßluftzylinder abgefederten Rädern.

Abgesehen von den in der Berliner Woche gezeigten Drachenfliegern sind zu nennen: die französischen Eindecker von R. Esnault-
Pelterie[1] und von Santos Dumont (»La demoiselle«[1]) sowie
der Zweidecker des verunglückten französischen Hauptmanns Ferber[1]),
der des Dänen Ellehammer[1]) und des Hannoveraners Jatho[1]).

Die Propeller der Voisin-Apparate und des Levavasseur-Fliegers be-
standen aus Aluminiumschaufeln, die auf die entsprechend verbreiterten

---

[1]) Siehe die Abbildungen im Kapitel Sport.

aus Stahlröhren gebildeten Arme mit Kupfernieten befestigt waren. Beim Flieger von Levavasseur wurden diese Röhren in ein die Propellerwelle schneidendes mittleres Rohr eingesteckt, bei den Voisin-fliegern wurden die Arme seitlich von der Propellerwelle in ein

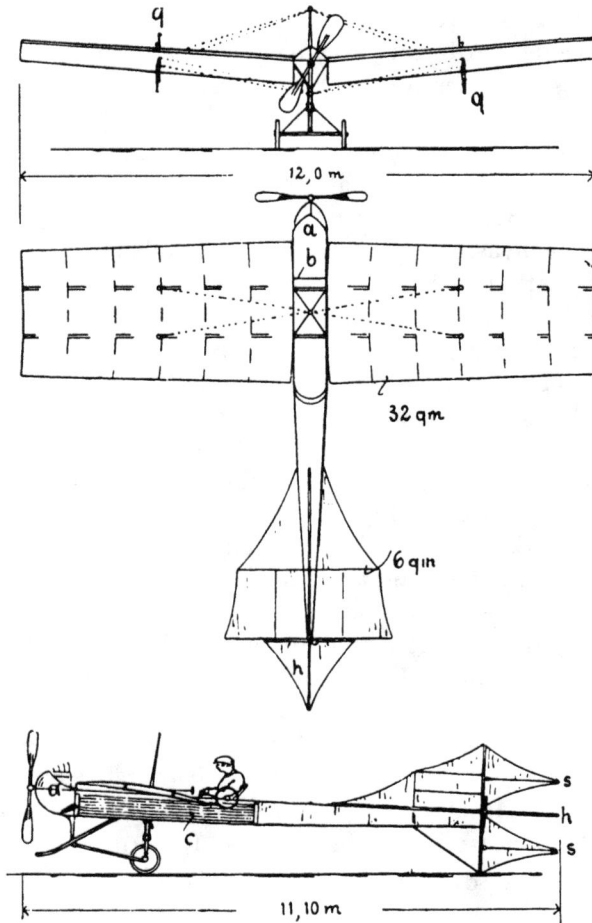

q

q

12,0 m

a
b

32 qm

6 qm

h

d

c

s
h
s

11,10 m

Levavasseur.

Nabenstück so eingesteckt, daß beim Betrieb die Fliehkraft die Biegungsspannungen verminderte. Die Blériot-Flieger und der Farmansche Apparat hatten wuchtige durch Übereinanderleimung von hölzernen Latten hergestellte Schrauben (Chauvière) in der Art der Schiffsschrauben, die durch ihren ruhigen Gang überraschten. Alle

	Name	Spannweite (Klafterung) m	Länge über alles m	Motor PS	Gewicht mit Führer kg	Tragfläche qm	Last qm	Flügelstellung	Längsstabilität	Einrichtung zum Wenden: Seitensteuer und
Doppeldecker	Wright	12	8,50	30 (2 Schrauben)	425	48	9			Verwindung der Tragflächen
	Curtis	9	?	25 (1 Schraube)	350	27	14			zwei kleine stellbare Flächen zwischen den Tragflächen
	Voisin (Farman)	10	11,50	30—54	575—725	45	13—16			Lotrechte Kielflächen zwischen den Tragflächen
	Ferber									Schrägflächen in den Flügelspitzen
Eindecker	Antoinette	12,80	11,70	50	500	30	16			Verwindung
	Blériot	8,60	7,80	25	300	14	21			Verwindung
	R. Esnault-Pelterie	10,60	8,60	35	460	20	23			Rückenflossen
	Santos-Dumont (Demoisella)	5,20	6	?	172	?				?

Maschinen hatten nur je einen Propeller mit je zwei Schaufeln, deren
äußerste Punkte Kreise von 2,0 m (Blériot) bis 2,6 m (Farman) beschrieben.

Über die Gewichte der Maschinen konnte ich in Berlin keine
genauen Angaben erhalten; ich führe daher mit einigen Vervoll-
ständigungen die Zahlen an, die Honoré der Pariser Illustration vom
21. August über die Flugwoche in Reims berichtet hat (s. S. 271).

Wie weit sind wir nun jetzt mit der Erfassung des
Flugproblems, insbesondere mit dem Bau des Drachenfliegers?

Die Antwort hierauf läßt sich nicht in einem Atemzuge geben.
Was den Motor anlangt, so haben wir nicht mehr nötig, einen
leichteren zu suchen. Antoinette wiegt 2,50 kg/PS, Anzani 3 kg,
E.N.V. 3,10 kg, Gnom 3,24 kg, Wright 3,60 kg, Vivinus 4 kg auf
die Pferdestärke. Das genügt. Was nottut, das ist, den Benzin-
und Schmierölverbrauch zu vermindern und die Motoren betriebssicher
zu machen.

Mit den Treibschrauben können wir auch schon ziemlich zufrieden sein, und außerdem wird sich aus Versuchsanlagen, wie der
festen von Dr. Bendemann in Lindenberg, der laufenden von
Béjeuhr (Prof. Prandtl) in Frankfurt a. M., noch Besseres heraus-
schälen.

Wenn Wright das »Schwergewicht« des Herrn Bollée mitnimmt,
also eine Nutzlast von 110 kg auf 425 kg Gewicht der Maschine mit
Führer; wenn Farman zwei Fahrgäste, d. h. 160 kg Nutzlast auf
700 kg Gewicht der Maschine mit Führer mitnimmt, so ist das ein
Verhältnis von rund $^1/_4$, wie es beim Automobil auf der Straße auch
nicht viel besser ist. Mit der Tragkraft können wir uns daher
vorläufig recht wohl bescheiden.

Wenn wir aber die besonderen flugtechnischen Gesichtspunkte
ins Auge fassen, so müssen wir bekennen:

Wir haben noch nicht einmal eine angemessene Sportmaschine
hergestellt, geschweige denn, daß wir an die Aufgabe herangingen,
den Drachenflieger zu dem auszubilden, was er seiner Natur nach
später werden muß, das ist die Maschine zur Bewältigung des
Schnellverkehrs für Personen und Postsachen über die
ganze Erde.

Da ist zunächst die falsche Lösung der Stabilitätsfrage. Ich
wiederhole, was ich schon oft gesagt habe: Wer sich den Pfeil mit
seiner Fiederung zum Vorbild für einen stabilen Flug gewählt hat,
der darf sich nicht wundern, wenn seine Maschine bei raschem Abstieg

aus der Luft sich ebenfalls wie ein Pfeil verhält, d. h. mit der Nase auf den Boden stößt und die Fiederung hinten hoch hält. Wie oft hat sich dieses Bild in Johannisthal dem Beschauer dargeboten, namentlich mit den Maschinen von Latham und Blériot, die den Pfeilcharakter am reinsten zeigen! Wie hätte ich allen diesen Pfeilverehrern gewünscht, mit mir Zeuge eines Versuchs zu sein, bei dem Wright wegen Bruch am Motor zunächst in raschem Gleitflug sich dem Boden näherte, aber unmittelbar vor dessen Berührung die Maschine vorn aufrichtete, so daß sie landete wie ein Vogel!

Bleibt man beim Pénaud-Schwanz, so läßt sich ein solches Aufrichten auch dann nicht erreichen, wenn man die große Tragfläche selbst in ihrer Neigung veränderlich macht. Denn die weit hinten liegende kleine Tragfläche verhindert eine rasche Drehung. Rückt man aber die kleine Fläche des Pénaud-Schwanzes an die große Tragfläche heran, so wirkt sie regelnd nur mehr beim Aufbäumen, nicht aber beim Überkopfschießen, weil in letzterem Falle die kleine Fläche in den Windschatten der großen kommt. Darum muß man, wenn man Vogel-Stabilität erreichen will, die kleine Fläche dahin rücken, wo sie auch der Vogel durch seine Brustfläche hat, nämlich vor die große Tragfläche. Diese kleine, mit den Flügeln einen konvexen Winkel nach unten bildende Fläche empfängt immer Druck, ob sich ein Vogel oder ein Drachenflieger aufbäumen oder über Kopf stürzen will und wirkt daher immer regelnd. Gibt man einem solchen Drachenflieger nach Art der Flugtiere noch ein Höhensteuer hinter der großen Tragfläche, so hat man meine Konstruktion von 1897; vereinigt man die kleine Tragfläche vor der großen direkt mit dem Höhensteuer, so hat man die Konstruktion von Wright 1903.

Ob die Tragflächen in einer Ebene liegen oder in zwei, drei oder mehr Ebenen übereinander, ist für den Flug selbst, genügenden Abstand der Tragflächen voneinander vorausgesetzt, ziemlich gleichgültig. Beim Landen aber ist es ein großer Unterschied, ob die sich aufrichtende Tragfläche in ihrer ganzen Größe zur Bremsung dient wie beim Eindecker, oder ob die oberen, d. h. in der Fallrichtung hinteren Tragflächen in den Windschatten der unteren kommen.

Wenn man allerdings die prächtigen Strömungsbilder (siehe Abbildungen S. 274 u. 275) von Prof. Ahlborn in Hamburg ansieht und findet, wie auch beim anderthalbfachen Abstand der Flächen gegenüber der Länge (Nr. 3) noch eine merkliche gegenseitige Beeinflußung stattfindet, so wird man den bei Wright, Voisin usw. üblichen Abstand

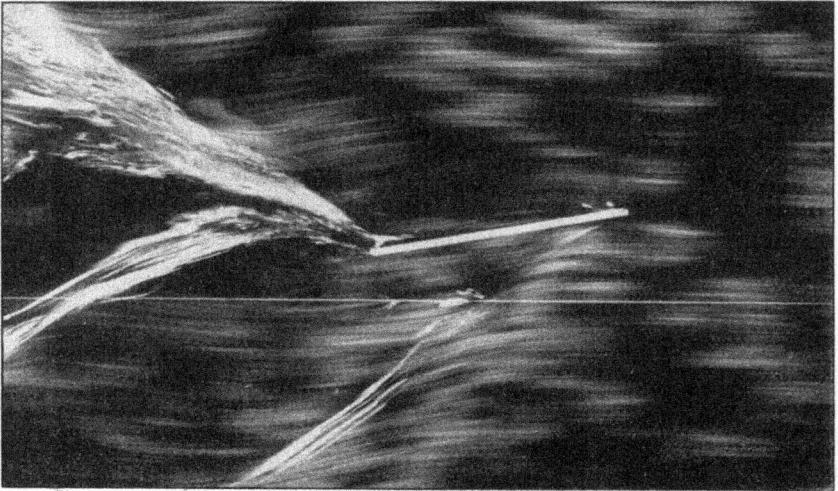

Nr. 1. Strömungen an einer ebenen, rechteckigen Fläche bei 10° Neigung. Nach den Untersuchungen von Prof. Dr. Ahlborn.

der Tragflächen noch nicht als genügend annehmen dürfen. Es ist daher zu wünschen, solche Bilder in gleicher Art für strömende Luft zu gewinnen.

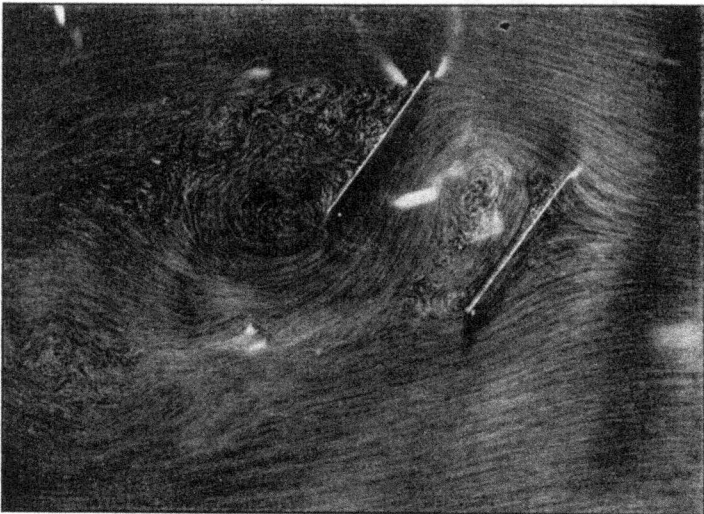

Nr. 2. Gegenseitige Beeinflussung (Interferenz) zweier ebenen, steilstehenden Drachenflächen. (Ahlborn).

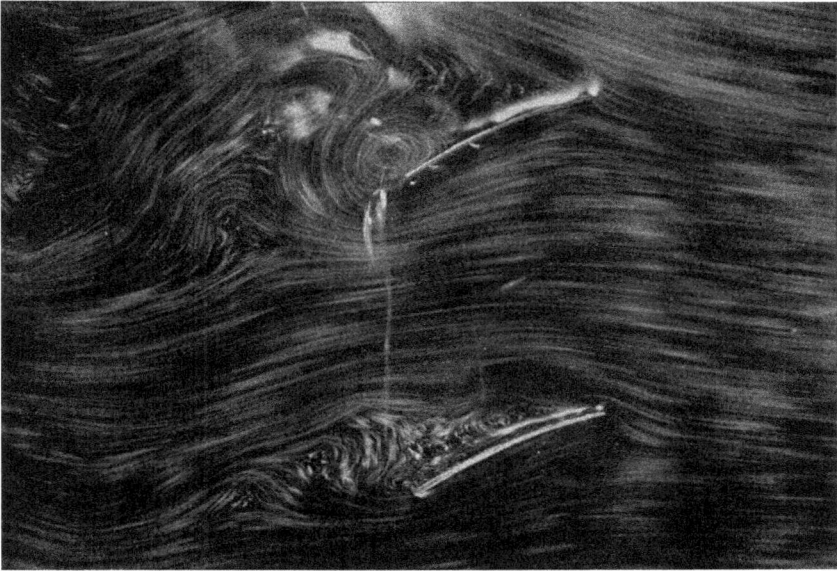

Nr. 3. Strömungen an zwei benachbarten flachgewölbten Drachenflächen von gleichem Neigungswinkel. (Ahlborn.)

Nr. 2 der Ahlbornschen Bilder würde der Bremsstellung eines Doppeldeckers entsprechen, während Nr. 1 eine häufig vorkommende Betriebslage eines Eindeckers darstellen könnte. Zu beachten sind bei dieser Stellung Nr. 1 namentlich der Einfluß des Stirnwiderstands und das Aufhören der Wirbelungen hinter der Platte.

Daß eine Flugmaschine mit ihren eigenen Betriebsmitteln zum Abflug kommen muß, sei es aus dem Stand (v. Sigsfeld, siehe Abbildung S. 276 oben, Hofmann, siehe Abbildung S. 276 unten), sei es durch Anlauf, ist eine Überzeugung, die sich glücklicherweise immer mehr durchringt. Auch wird derjenige, der in Reims oder Berlin gesehen hat, welche riesige Schuppen mit fünf oder sieben Falltoren nötig waren, um einen Drachenflieger für einen oder zwei Menschen zu beherbergen, es verstehen, wenn ich meine alte Forderung aufrecht erhalte, daß eine Flugmaschine mindestens in Schultergelenken drehbare Flügel haben muß, um in einem gewöhnlichen Schuppen oder Torweg übernachten zu können. Das gleiche Mittel hilft dann auch dazu, den Drachenflieger auf der Straße mit eigener Kraft laufen und in der Luft der Windstärke entsprechend mit veränderter Flügelstellung fliegen zu lassen. An-

18*

scheinend kommen meine Patente jetzt wenigstens »moralisch« zu
Ehren. Denn in der »Revue de l'Aviation« vom 1. August 1909 lese
ich: »enfin on va pou-
voir s'attaquer main-
tenant aux recherches
sur l'évolution des
aéroplanes dans le vent
violent. Je vais étu-
dier un appareil à sur-
faces variables, a dit
Blériot.«

Erfreulich ist es
auch, daß man den
Schwerpunkt jetzt fast
allgemein hochlegt.
Immerhin zeigen ein
paar neue deutsche
Drachenflieger ebenso
wie der französische
vom Kriegsministe-
rium gebaute, eine
bedenkliche Tieflage

Abflugvorrichtung für Drachenflieger
von August Riedinger und H. v. Sigsfeld, 1893.

des Schwerpunkts. Alle Verehrer einer solchen Schwerpunktsanord-
nung lade ich ein, folgenden Versuch zu machen (siehe Abb. S. 277):
Man klebe auf eine Postkarte in der angegebenen Weise Streifen
aus starkem Papier und belaste den so gebildeten Ausleger vorn

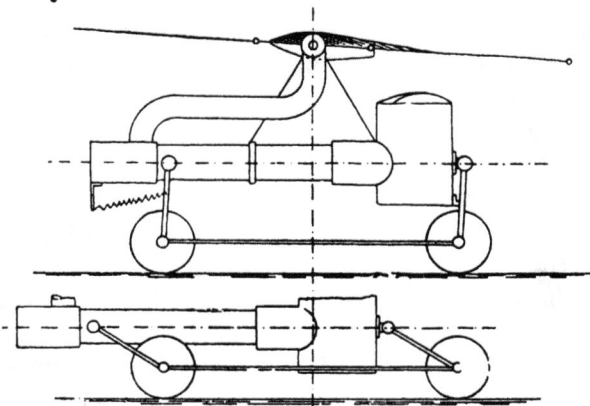

Abflugvorrichtung von Hofmann, 1895.

mit ein paar Brief-
klemmen. Läßt man
die als Tragfläche die-
nende Postkarte selbst
eben, so erhält man
zwar einen stabilen
aber in steiler Bahn
zur Erde sinkenden
Gleitflieger, folglich,
da der Winkel des
Gleitflugs stets maß-
gebend ist für die An-
forderungen im wage-
rechten Flug, einen

schlechten Drachenflieger. Macht man aber die Tragfläche wie ge-
zeichnet nach unten konkav, so wirft sich dieser Gleitflieger auf

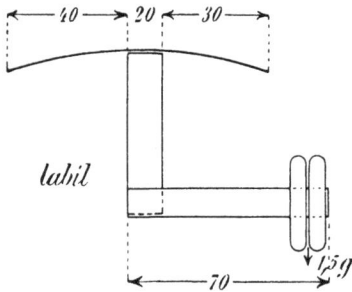

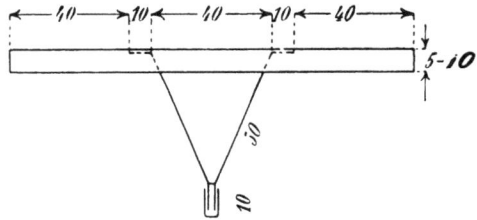

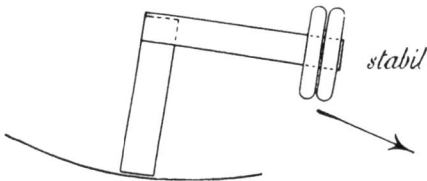

labil

stabil

Postkarten-Versuch für den Gleitflug.

den Rücken und sinkt steil
aber stabil mit hoch über
der Tragfläche liegenden
Schwerpunkt auf den Boden.
Die sinngemäßen Vorgänge
beim Drachenflug kann man
sich hiernach ausmalen.

Die erste und letzte
Forderung für den Drachenflieger ist aber die des selbsttätigen Gleichgewichts.
Für dieses gibt Hauptmann
Ferber in seinem trefflichen Werke L'aviation, S. 14, folgende Bedingungen:

1. Luft ohne Stöße und Wirbel,
2. weit auseinandergelegene Stützpunkte in der Längsachse
   (l'empattement),
3. Schwerpunkt ein wenig unter dem Angriffspunkt des tragenden Luftwiderstandes für den besten Angriffswinkel,
4. Schwerpunkt in der Höhe des Angriffspunktes des Luftwiderstands gegen den Vorwärtsflug,
5. Vortriebskraft durch den Schwerpunkt gehend,
6. Besitz der drei V.

Das sind mit Ausnahme von 2. die gleichen Forderungen, für
die ich immer eingetreten bin. Punkt 1. kann man sich natürlich
nicht herrichten; aber man kann einer Maschine solche Eigengeschwindigkeit geben, daß ihr Luftstöße und -Wirbel nur wenig
anhaben. Punkt 6. ist die Forderung von Sir Cayley oder die Forderung beim Schiff, daß es beim »Stampfen« und »Rollen« sich

wieder in die Ausgangslage einstellt und bei seitlichen Wind- oder
Wasserstößen sich gegen die Strömung richtet.

Punkt 2. (Pfeilfiederung) widerspricht allem, was uns
die Natur in den Flugtieren, seien es Säugetiere, Vögel,
Fische oder Insekten, zeigt, die stets in der Flugrichtung

Fledermaus.

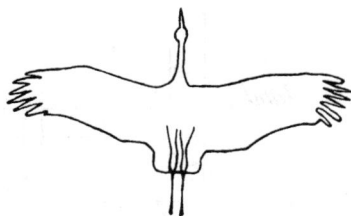

Storch.

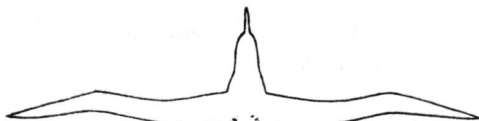

Albatros.

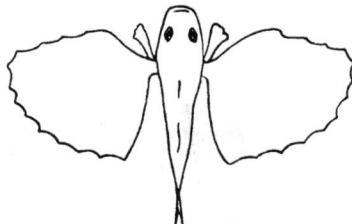

Flughahn (fliegender Fisch).

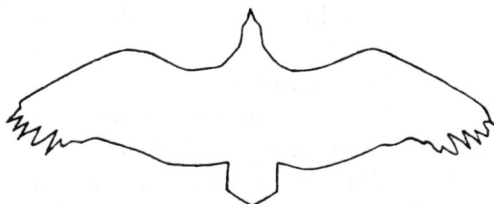

Geier.

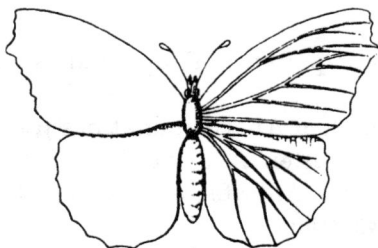

Schmetterling.

viel kürzer sind als in der
Klafterung (siehe vorstehende
Abbildungen); und gerade diese
Forderung 2 hat Ferber am
22. September 1909 den Kopf-
sturz und den Tod gebracht.

Außer den Drachenfliegern
gibt es noch, oder besser gesagt,
hat es schon lange vor ihnen andere Flugmaschinen gegeben, die
sich unmittelbar den Bau der
Kerbtiere, Vögel und Fledermäuse zum Vorbild nahmen. Alle solche
Maschinen mit schlagenden Flügeln nennen wir Schwingenflieger.

1784 baute Gérard einen fliegenden Vogel, dessen Flügel durch
ein im Innern eines Kastens untergebrachtes Werk bewegt werden
sollten. Wie er sich dieselbe gedacht hatte, wurde von ihm nicht
angegeben.

Eine ganz eingehende Entwicklung des Vogelflugs gab der badische Baumeister D e g e n in einer Broschüre, in der er gleichzeitig die Beschreibung eines von ihm konstruierten Apparats lieferte. Mit den eigenartigen Flügeln soll er bei Gießen einen unglücklich verlaufenen Versuch angestellt haben.

Durch die Aufstiege B l a n c h a r d s in Wien wurde ein aus Basel stammender Uhrmacher D e g e n zum Bau eines Flügelfliegers angeregt, mit dem er unter Anwendung von Gegengewichten oder kleinen Ballons in einer Halle kleinere Strecken zurückzulegen vermochte. Degen

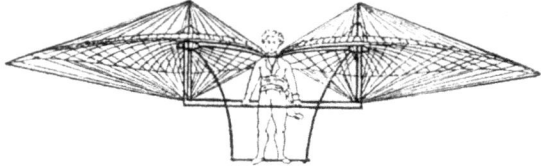

Der Flugapparat von Degen.

wurde nach mißglückten Probeflügen in Paris von der getäuschten Menge mißhandelt und zog betrübt in seine Heimat.

Auf einer eigenartigen Anschauung beruhen die Ideen des Bergsekretärs B u t t e n s t e d t, eines eifrigen Verfechters der Vogelflugmaschinen. An Bildern fliegender Störche von A n s c h ü t z studierte er in der Natur die Stellungen der Flügel und entwickelte die Theorie der sog. elastischen Spannung und Entspannung.

Was an der Sache Wahres ist, wurde 1680 von B o r e l l i, einem italienischen Mathematiker und Physiologen, bereits erklärt (siehe nebenstehende Figur). Wenn der nebengezeichnete Vogel seinen Flügel um seine wagrechte Längsachse herunterschlagen würde, so entstände durch die Durchbiegung der Federn infolge des Luftwiderstandes eine Keilwirkung, die den Vogel nach vorwärts triebe. Wie der französische Arzt M a r e y durch Augenblicksaufnahmen fliegen-

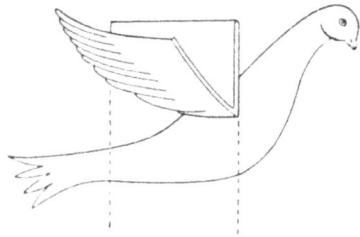

Erklärung des Fluges mit Flügelschlägen nach Borelli.

der Vögel nachwies, macht der Vogel mit seinen Flügeln aber auch eine kleine rotierende Bewegung; allerdings gerade entgegengesetzt zu der, die man beim Flug mit Flügelschlägen beobachtet zu haben glaubte, und die man dieser falschen Beobachtung entsprechend R u d e r f l u g hieß.

Der Vogel rudert nicht, nimmt sich also beim Flügelniederschlag nicht die Luft unter dem Leibe fort, sondern wirft sie sich von hinten und von den Seiten unter den Leib, gleichzeitig aber krümmt die Kraft des Niederschlags die nach unten konkaven Federn in eine nach außen und oben gebogene Form: ᔕForm und bewirkt so bei seiner »Spannung« und bei seiner »Entspannung« den Vorschub des Vogels in der Luft nach genau den gleichen Grundsätzen, wie das Rechts- und Linksschlagen des Fischschwanzes den Fisch vorwärts treibt, und wie es Borelli in der Hauptsache dargestellt hatte.

Beim Wechsel zwischen Flügelniederschlag und Aufschlag im Verein mit der Vorwärtsbewegung beschreiben dann die Flügelspitzen die je nach dem Standort des Beschauers als Schleifen oder Achten anzusehenden Figuren.

Zu meinem großen Bedauern nennt der um die Luftschiffahrt sehr verdiente Oberstleutnant Moedebeck in seinem neuen Buche diesen ersten Erklärer des Vogelflugs »den ersten wissenschaftlichen Hinderer der Fliegekunst«; v. Helmholtz kommt dann mit einigen anderen Physikern in denselben Topf, und mir selbst geht es am Schlusse des Buches auch nicht gut, da mein Drachenflieger, den ich 1906 wegen Mangel an Geld unvollendet lassen mußte, als ein Drachenflieger hingestellt wird, »der leider keinen Erfolg zu verzeichnen hatte.«

Jedenfalls waren Borelli, Lalande, v. Helmholtz der Fliegekunst sehr förderliche Warner; und wenn je der Traum Lilienthals in Erfüllung gehen sollte, daß der Mensch im persönlichen Kunstflug, ohne Motor, zum Fliegen kommt, so wird das nie mit schlagenden Flügeln sich verwirklichen lassen, sondern nur im Gleitflug und nur da, wo die Luftströmungen so beschaffen sind, daß auch die Vögel schweben.

Nun sind auch sinnreiche Schwingenflieger für Maschinenkraft gebaut worden, z. B. von Lilienthal mit einem Kohlensäuremotor. Mit einem ebensolchen Motor baute der Ingenieur Stentzel in Hamburg einen riesigen Vogel (siehe Abbildung S. 281) von 6,36 m Flügelspannweite bei einer Breite von 1,68 m mit einer Wölbung im Verhältnis 1 : 12. An den aus Stahl gefertigten Hauptrippen der seidenen Schwingen griffen die Pleuelstangen des Kohlensäuremotors an. Die Lenkung sollte durch ein hinten angebrachtes kreuzförmiges Steuer erfolgen.

Mit 8,1 qm Fläche wurde bei Entwicklung von 1,5 PS bei den Versuchen tatsächlich das 34 kg schwere Gewicht in Schwebe gebracht; im ganzen vermochte der Motor 3 PS herzugeben.

Es wurden dabei in der Sekunde 1,4 Flügelniederschläge erzielt, die so heftig waren, daß eine Person von 75 kg Gewicht für einen Augenblick getragen wurde.

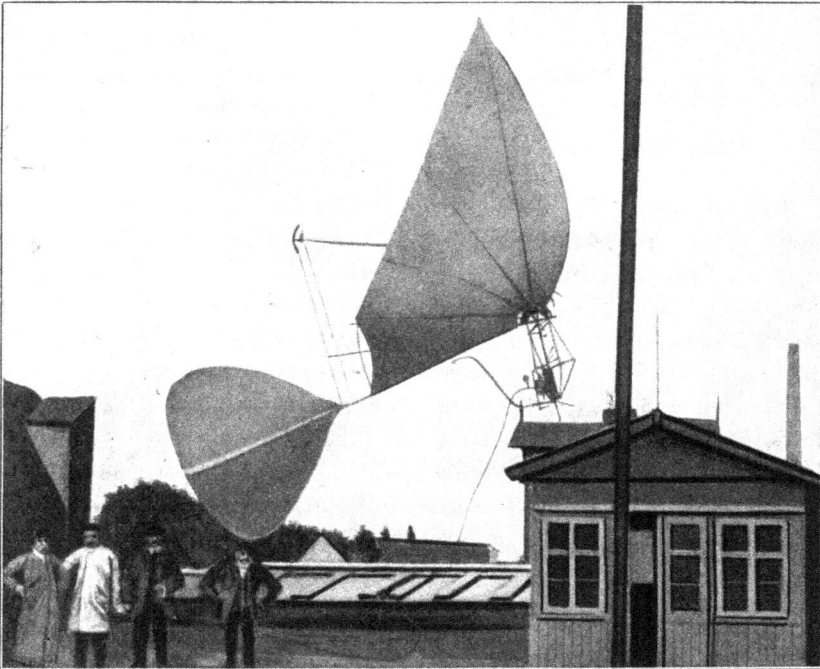

Flügelflieger des Ingenieur Stentzel.

Zu einer Weiterentwicklung dieser interessanten Versuche ist es leider nicht gekommen.

Den Flügelfliegern kann man keine große Zukunft prophezeien, weil die Erhaltung ihrer Stabilität in der Luft eine zu schwierige Sache ist, und weil das Triebwerk schlagender Flügel Mechanismen erfordert, welche denen von Automaten gleichen, die den menschlichen oder tierischen Gang nachahmen.

Trotzdem tauchen sie immer wieder auf. Auch Blériot fing 1900 mit einem durch einen zweipferdigen Kohlensäuremotor getriebenen Schwingenflieger an (siehe Figur S. 282 oben), der 10 kg wog und 1,5 m klafterte. Das Maschinchen kam 1901 zum Fliegen. Darauf baute Blériot einen großen Schwingenflieger, den größten, der wohl je in Angriff genommen wurde, mit einem 100pferdigen Motor. Nachdem drei Motoren geplatzt und 100000 Frcs. ausgegeben waren, kehrte Blériot der ganzen Flugtechnik den Rücken, bis ihn 1905 Archdeacon dem Drachenflieger zuführte.

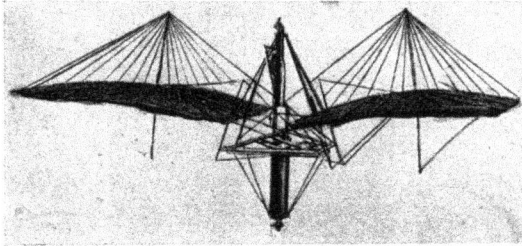

Schwingenflieger von Blériot, 1900.

Mehr Aussicht als die Schwingenflieger auf praktische Verwendbarkeit haben die als Spielzeuge seit langem bekannten Schraubenflieger (siehe untenstehende Figur), wenn es sich nämlich wirklich darum handelt, sich etwa durch eine Maschine zum Ersatz der Hebung mittels Fesselballons in die Luft hinaufschrauben zu lassen. Dann bildet der Schraubenflieger gewissermaßen einen Drachenflieger, dessen beide Flügel, oder — da hier gegenläufige Schrauben vorhanden sein müssen — dessen vier Flügel sich um eine Welle drehen, statt geradeaus zu ziehen. Der Umstand allein schon, daß nun aber die beim Drachenflieger ruhigen und leicht zu befestigenden großen Flächen beim Schraubenflieger umlaufende Maschinenteile werden, setzt diese Fliegergattung im allgemeinen weit hinter die Drachenflieger.

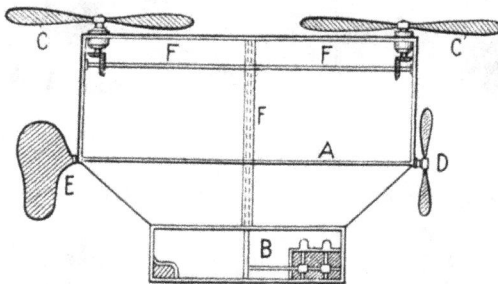

Erste Flugmaschine von Santos Dumont.

Der Oberst Renard erklärte in einer Zuschrift an die französische Akademie der Wissenschaften vom 3. Dezember 1903: »Sobald die Motoren auf das Gewicht von 7 kg/PS gekommen sind, wird die Luftschiffahrt mit Aeroplanen möglich sein; sobald sie aber bis auf 2 kg/PS gekommen sind, wird man mit Schraubenfliegern durch die Luft ziehen können.«

Noch schlimmer wird die Sache, wenn der Schraubenflieger gleichzeitig zum Horizontalflug eingerichtet sein soll. Man braucht nur einen Blick auf die 1909 von Santos Dumont (Abb. S. 282) angefangene Maschine zu werfen, um zu erkennen, wie für das Steigen die Triebschraube *D* und für das Vorwärtsfliegen die Hubschrauben *C* hinderlich sind; welches Gewicht die Kraftübertragungen *A*, *B*, *F* der Maschine nutzlos aufbürden; und zu überlegen, was

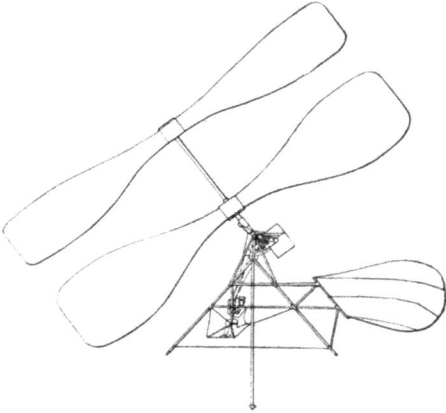

geschieht, wenn eine der Hubschrauben den Dienst versagt, um die Vorteile des Drachenfliegers gegenüber dem Schraubenflieger zu erkennen.

Um das Gewicht der Kraftübertragung herabzuziehen, hat man auch versucht, die beiden gegenläufigen Hubschrauben auf eine in ihrer Neigung verstellbare Welle zu setzen, so daß je nach dem Einstellwinkel eine größere oder kleinere Seitenkraft auf die Vorwärtsbewegung wirkt. Auch das ist auszuführen; aber die

Schraubenflieger von Léger.

Maschine krankt schon von Haus aus an dem Trugschluß, daß die Schrauben, die zur Hebung dienen, sich auch zur Vorwärtsbewegung eignen oder umgekehrt. Die Abbildung zeigt z. B. eine mit Unterstützung des Fürsten von Monaco ausgeführte

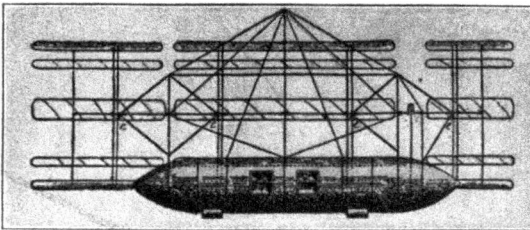

Segelradflieger von Wellner.

Maschine von Léger mit zwei Schrauben von 6,25 m Durchmesser, welche, von einem 6,1 PS starken Motor getrieben, eine Zugkraft von 110 kg entwickelt haben sollen (siehe obenstehende Abbildung).

Lediglich geschichtliche Beachtung verdienen noch die Schaufelrad- und die Segelradflieger. Bei beiden treibt der Motor ein

auf Luft wirkendes Schaufelrad. Während aber die eigentlichen
Schaufelradflieger von Koch in München zum Tragen eine
besondere (Drachen-) Fläche nötig haben, und das mit der Achse
quer zur Flugrichtung gelagerte Schaufelrad nur der Fortbewegung
dient, bilden beim Segelradflieger (siehe Abbildung S. 283) von
Professor Wellner die Schaufeln gleichzeitig die Tragflächen, und
die Räder sind doppelt, einander gegenläufig, und mit ihren Achsen
parallel der Flugrichtung angeordnet. Folglich müssen, da immer
nur wenige Schaufeln arbeiten — bei Wellner tragen, bei Koch
vorschieben —, die übrigen gewissermaßen als totes Gewicht mit-
geschleppt werden.

Wissenschaftliche Luftschiffahrt.

Unter wissenschaftlicher Luftschiffahrt versteht man die Bestrebungen, mit Hilfe von bemannten und unbemannten Luftballons
oder Drachen den Zustand und die Erscheinungen der Atmosphäre
zu untersuchen. In erster Linie denkt man hierbei zwar an die
Meteorologie, aber im weiteren Sinne kann man auch solche Fahrten
hierher rechnen, die für astronomische Zwecke zur Beobachtung von
Sonnenfinsternissen, Sternschnuppenfällen usw. oder zur Erforschung
der Polargegenden unternommen werden. Den Meteorologen gebührt jedenfalls das Verdienst, sich zuerst, und zwar in umfassendster
Weise den Aerostaten nutzbar gemacht zu haben.[1])

Die erste Anregung, auf Bergen meteorologische Beobachtungen
anzustellen, gab 1647 die Feststellung des Franzosen Périer, daß
auf dem Gipfel des Puy de Dôme der Stand des Barometers ein
tieferer war als in niedrigeren Höhen. Aber erst 1780 begann der
Genfer Physiker Bénédict de Saussure mit den Vorbereitungen
zu einer wissenschaftlichen Expedition auf den Montblanc, die
1787 durchgeführt wurde.

Inzwischen war die Nachricht von der Erfindung der Gebrüder
Montgolfier wie ein Lauffeuer durch die Welt gegangen, und den
Gelehrten wurde es bekannt, daß ihr Kollege Charles bei seiner

---

[1]) Das umfassendste Werk über diese Materie ist unter dem Titel ›Wissenschaftliche Luftfahrten‹ von R. Aßmann und A. Berson im Verlage von Friedr.
Vieweg & Sohn in Braunschweig 1899 herausgegeben.

ersten Auffahrt mit der nach ihm benannten »Charliere« am 1. Dezember 1783 barometrische Ablesungen vorgenommen und die mit
dem Ballon erreichte Höhe bei 500,8 mm und — 8,8° Temperatur
auf 3467 m bestimmt hatte.

Saussure erkannte sofort die Bedeutung der neuen Fahrzeuge
und reiste zu seiner Information nach Lyon, wo er am 15. Januar

Dr. Jeffries mit seinem Barometer für wissenschaftliche Luftschiffahrten.

1784 von Joseph Montgolfier und Pilâtre de Rozier, die in der genannten Stadt einen Aufstieg vorbereiteten, feierlich empfangen
wurde. Von ihm stammt übrigens auch der Vorschlag, zum Lenken
des Ballons in gewissen Richtungen sich die verschiedenen Luftströmungen nutzbar zu machen.

Noch in demselben Jahre — am 19. September — wurde der
Einfluß der Sonnenstrahlung auf die Temperatur des Wasserstoff-

gases bei einer Auffahrt mit einer Charliere durch die schon mehrfach erwähnten Gebrüder Robert festgestellt.

Lavoisier, durch seine Methode der Zersetzung des Wasserdampfes bei Überleiten über glühendes Eisen zur Gasbereitung
Luftschiffern wohlbekannt, veröffentlichte 1784 im Auftrage der
Pariser Akademie ein sehr umfassendes Programm für wissenschaftliche Ballonfahrten.

Die ersten elektrischen Beobachtungen führte Testu Brissy
bei einem Aufstieg am 18. Juni 1786 in Gewitterwolken aus, in
denen er an einer an der Gondel befindlichen eisernen Spitze eigenartige Entladungen — St. Elmsfeuer — bemerkt haben will. In
unbemanntem Ballon wiederholten der Abbé Bertholon und
Saussure schon früher die Franklinschen Versuche zur Feststellung
der atmosphärischen Elektrizität mit guten Erfolgen.

Bei diesen Fahrten war aber der Sport die Hauptsache; der
Ruhm, den ersten lediglich wissenschaftlichen Zwecken dienenden
Aufstieg unternommen zu haben, gebührt vielmehr dem durch seine
verhängnisvolle Kanalfahrt bekannten amerikanischen Arzte Dr. John
Jeffries aus Boston, der am 30. November 1784 mit dem Berufs-
luftschiffer Blanchard vom Rhedarium in der Parkstraße Londons
sich in die Lüfte erhob und nach $1\frac{1}{4}$ Stunden in der Nähe der
Themse bei Dartford landete.

Die Versuche, mit Flügelrudern eine Eigenbewegung des Aerostaten zu erzielen, scheiterten dabei gänzlich, während die Feststellungen des Zustandes der Atmosphäre und der Temperatur in
verschiedenen Höhen der Meteorologie einigen Nutzen gebracht
haben. Es war eine Höhe von 2740 m erreicht und eine Kälte von
— 1,9° ermittelt, während in London 10,6° Wärme herrschten.

Das mitgeführte Instrumentarium bestand aus dem gebräuchlichen Toricellischen Gefäßbarometer, einem Taschenthermometer
mit einer Einteilung nach Reaumur und Fahrenheit, einem Hydro-
meter, Taschenelektrometer und Kompaß. Außerdem hatte Caven-
dish, der Entdecker des Wasserstoffgases, Jeffries noch veranlaßt,
einige kleine mit Wasser gefüllte Flaschen mitzunehmen, in denen
er Luftproben aus den verschiedenen Höhen zur Erde herunter-
bringen sollte. Dem ersten Bordjournal für die Aufzeichnungen in
Rubriken begegnen wir hier. Ein Auszug aus der von Aßmann
wiedergegebenen Tabelle wird seine Einteilung erläutern.[1]

---

[1] Näheres in ›Les ballons et les vojages aériens‹. Fulgence Marion. Paris 1869.

Zeit h m	Tem- peratur C°	Baro- meter mm	Hydro- meter	Bemerkungen	Höhe in m	Höhenänderung		Temperatur- änderung pro 100 m
						in m	in m pro Sek.	
2 20 p	10,6	762,0	0	Im Rhedarium	80	—	—	—
45	4,4	685,8	—	In Wolken	878	798	0,5	— 0,78°
3 3	1,7	635,0	3	Wolken be- trocken decken die Sonne	1480	320	0,4	— 0,84°

usw.

Zur Feststellung der Flugrichtung über den Wolken wurden zahlreiche Zettel aus dem Ballon geworfen.

Aus der Schilderung der Vorbereitung und Durchführung der Fahrt durch Jeffries geht hervor, daß das ganze Unternehmen auf rein wissenschaftlicher Basis mit für damalige Zeiten ungewöhnlicher Sorgfalt durchgeführt war, und daß die Ergebnisse großen Wert besaßen, wenn auch die Temperaturangaben infolge der Strahlungen nur bei Bedeckung der Sonne Anspruch auf angenäherte Richtigkeit haben.

Die zweite Fahrt Jeffries' vom 7. Januar 1785 haben wir an anderer Stelle schon eingehend geschildert; es ist noch nachzuholen, daß bei derselben von der französischen Küste aus die erste trigonometrische Höhenbestimmung eines Luftschiffes erfolgt ist, bei welcher eine Höhe von 1461,78 m festgestellt wurde.

Lange Zeit hindurch, bis der Meteorologe Hellmann zu Berlin die Priorität des Amerikaners rettete, galt der Charlatan Robertson als der erste wissenschaftliche Luftschiffer, nachdem er am 18. Juli 1803 mit dem alten französischen Militärballon »Intrépide«, aus der Schlacht bei Fleurus bekannt, von Hamburg aus mit einem gewissen Lhoest eine Auffahrt unternommen hatte.

Aßmann bemerkt sehr bezeichnend, daß dieser Mann — allerdings unbeabsichtigterweise — auch seine Verdienste gehabt habe durch die falschen Beobachtungen, die infolge ihrer Unwahrscheinlichkeit die Franzosen zur Nachprüfung veranlaßt hatten.

Im »Hamburger Correspondent« vom 20. Juli 1803 befindet sich eine Beschreibung der Auffahrt von Robertson selbst, die nach Aßmann folgendermaßen lautete: »Unser Aufsteigen wurde so lange fortgesetzt, als es unsere Gesundheit erlaubte. Schon standen wir in den höheren Luftregionen eine Kälte wie im tiefsten Winter aus; es wandelte uns Schlafsucht an, es fing an, uns vor den Ohren zu sausen, und die Adern schwollen uns auf. In diesem Zustande und bei dieser Höhe, worin wir uns befanden, stellte ich Versuche über die Voltasche Säule, über den Flug der Vögel usw. so lange an, als es möglich war. Da sich aber mein Freund beschwerte, daß sein Kopf anschwelle, und auch der meine war so geschwollen, so daß ich den Hut nicht mehr aufsetzen konnte, auch das Blut anfing, aus meinen Augen zu treten, ließ ich den Ballon bis zur Erde fallen, stieg aber, da dieser den Bauern die größte Furcht einflößte und ich vergessen hatte, ein Hauptexperiment zu machen, von neuem auf. Wir setzten die Fahrt bis 2 Uhr nachmittags fort, wo wir unweit Wichtenbeck auf dem Wege nach Celle wohlbehalten und mit unbeschädigtem Ballon zur Erde kamen. Die Bauern hielten uns für böse Geister.«

Aufzeichnungen sind nicht vorhanden, und in seinen Schilderungen soll Robertson Zolle mit Graden verwechselt haben, dabei will er Ablesungen in $\frac{4}{100}$ Einteilung gemacht haben, was natürlich ausgeschlossen ist.

Bis zu 7400 m soll die Fahrt gegangen sein, Versuche mit Reibungselektrizität wären schlecht gelungen, eine Voltasche Säule hätte nur $\frac{5}{6}$ der ursprünglichen Stromstärke gezeigt, und die Luftelektrizität, mittels Goldblattelektroskops und isolierter, lang herabhängender Drähte gemessen, sei positiv gewesen. Die Luft hätte in größerer Höhe nicht mehr so viel Sauerstoffgehalt gehabt wie auf der Erde.

Die auf Veranlassung der Akademie der Wissenschaften zu Paris auf Antrag Laplaces von den französischen Physikern Gay-Lussac und Biot am 24. August 1804 unternommene Ballonfahrt wies sofort die Unrichtigkeit der Robertsonschen Angaben nach. Bis zu 3000 m Höhe gelangen die Versuche mit Reibungselektrizität gut, die Voltasche Säule zeigte unveränderte Stromstärke, die Luftelektrizität war abwechselnd positiv und negativ usw.

Auch eine am 16. September 1804 von Gay-Lussac allein bis auf 7016 m Höhe unternommene Fahrt ergab dasselbe, namentlich wurde auch festgestellt, daß der Sauerstoffgehalt — in Prozenten natürlich ausgedrückt — derselbe war wie an der Erdoberfläche.

Es wurde ferner nachgewiesen, daß Robertson höchstens 6540 m erreicht haben könne.

Auch die Schilderungen über den Einfluß der verdünnten Luft auf den Organismus sind außerordentlich übertrieben, und noch bis heute hat sich bei Laien z. B. die Ansicht erhalten, daß in größeren

Höhen das Blut aus den Augen und Ohren austreten könne. Wir werden auf diesen Punkt noch zurückkommen.

Obgleich nun die Resultate der Fahrten Gay-Lussacs in der Gelehrtenwelt großes Aufsehen erregten, ruhte in Frankreich bis 1850 die wissenschaftliche Luftschiffahrt gänzlich.

Die ersten von Deutschen veranstalteten Ballonaufstiege zur Untersuchung der Atmosphäre wurden in Berlin von dem bereits erwähnten Professor Jungins in den Jahren 1805—1810 ausgeführt; bei diesen wurde gelegentlich eine Höhe von 6500 m erreicht. Bemerkenswerte Resultate sind bei denselben aber nicht erzielt worden.

Nach längerer Pause wurden erst 1838 und 1839 in England wieder die angeschnittenen Fragen durch den Berufsluftschiffer G r e e n und den Astronomen S p e n c e r - R u s h verfolgt. Die Ergebnisse der Fahrt haben sich aber völlig wertlos erwiesen; nach Aßmann waren die Temperaturangaben um nicht weniger als volle 20^0 zu hoch, und die berechneten Höhen müssen um 1000 m niedriger, von 8900 auf 7900 m heruntergesetzt werden.

Interessante Beobachtungen verdankt man den Sportsfahrten des in Nordamerika auftretenden, von uns als Erfinder der Reißbahn schon genannten Deutschen namens Wise. Zwei in Philadelphia bei ruhiger Luft gleichzeitig aufgestiegene Ballons seien längere Zeit nahe beieinander geblieben und hätten sich dann aber an der nur ca. 60 m auseinanderliegenden Grenze zweier verschieden gerichteter Luftströme, eines Nord- und eines Ostwindes, plötzlich voneinander entfernt.

In Frankreich wurden nun vorübergehend 1850 von den Physikern B a r r a l und B i x i o wieder wissenschaftliche Auffahrten unternommen, bei denen gelegentlich die unerwartete tiefe Temperatur von — 39^0 in ca. 7000 m Veranlassung zu Zweifeln gab, da Gay-Lussac in derselben Höhe nur — $9,5^0$ gefunden hatte. Erst Aßmann war es viele Jahre später vorbehalten, nachzuweisen, daß diese Angabe sehr wohl auf Richtigkeit beruhen kann.

Auch der schon genannte Arago verteidigte die Angaben von Barral und Bixio, weil er schon erkannt hatte, daß man den Einfluß der Sonne beseitigen müsse. In England waren es Welsh und später Glaisher, welche zeitweise durch Ventilationsvorrichtungen — Aspiration — die wahre Temperatur zu ermitteln suchten, doch legten sie selbst ihren Arbeiten nicht diejenige Bedeutung bei, welche dieselben unter allen Umständen verdienten. Die Auffahrten

Glaishers sind die bedeutendsten, die bis 1887 unternommen sind, und sie galten lange Zeit als unanfechtbar, bis Aßmann unzweifelhaft nachwies, daß die Folgerungen aus ihnen fast wertlos sind, weil ihre Beobachtungen auf unzuverlässigen oder, richtiger gesagt, meist falschen Temperaturangaben beruhten.

Von den französischen Luftschiffern wurde noch eine Reihe Aufstiege unternommen, die jedoch in ihrer Bedeutung für meteoro-

Glaisher und Coxwell bei einer Hochfahrt.

logische Zwecke hinter den Glaisherschen zurückstehen, während vielfach wertvolle Untersuchungen nach anderen Richtungen hin vorgenommen wurden, auf die wir noch zurückkommen werden.

Von den Forschern Frankreichs sind besonders erwähnenswert: Camille Flammarion, der populäre astronomische Schriftsteller, Wilfrid de Fonvielle, der noch heute lebende begeisterte Luftschiffer der Theorie und Praxis, die Gebrüder Tissandier, deren Lenkballon wir an anderer Stelle beschrieben haben, Sivel und Crocé-Spinelli, Moret, Duté-Poitevin, Hermite, Besan-

19*

çon u. a. Es würde zu weit führen, ihren Anteil an der Aufklärung atmosphärischer Verhältnisse besonders hervorzuheben, obgleich sie an Bedeutung anderen Forschern keineswegs nachstehen.

Von englischen Fahrten ist eine noch bemerkenswert, weil mit ihr das Parlamentsmitglied Powell, der mit den Hauptleuten Templer und Gardner für meteorologische Zwecke aufgestiegen war, seinen Tod durch Ertrinken im Meere fand, nachdem die beiden Offiziere bei der Landung aus dem Korbe geschleudert waren.[1]

Glaishers 28 Ballonfahrten, ausschließlich für wissenschaftliche Beobachtungen, haben erst den Anstoß gegeben, die wissenschaftliche Forschung in die richtigen Bahnen zu lenken. Wie das geschehen ist, soll kurz in folgendem ausgeführt werden.

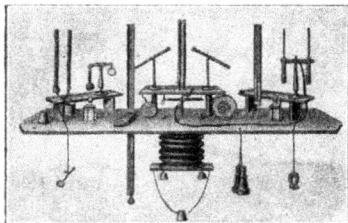

Instrumententisch von Glaisher.
(Aus R. Aßmann und A. Berson,
»Wissenschaftliche Luftfahrten«.)

Das Programm, welches sich dieser Forscher gesteckt hatte, war ein sehr umfangreiches, wurde aber mit der größten Sorgfalt und außerordentlichem Fleiße durchgeführt, wobei besonders die große Zahl der während der Fahrten ausgeführten Beobachtungen auffällt.

Aßmann gibt die in den »Reports of the British Association« von Glaisher über das Programm gemachten Angaben, wie folgt, wieder:

»Bestimmung der Temperatur und Feuchtigkeit der Luft in verschiedenen Höhen, doch möglichst hoch. Bestimmung der Taupunkttemperatur mittels des Daniellschen Taupunkthygrometers, des Regnaultschen Kondensationshygrometers und des Psychrometers, sowohl in seiner gewöhnlichen Form, wie mit Verwendung eines Aspirators; bei dem letzteren sollen beträchtliche Mengen Luft an den Thermometergefäßen vorbeistreichen, und zwar in verschiedenen, aber möglichst großen Höhen, besonders aber bis zu den Erhebungen, wo Menschen wohnen oder wo Truppen angesiedelt werden können, wie in den Hochländern und Hochebenen von Indien. Dabei soll der Grad der Zuverlässigkeit festgestellt werden, den das Psychrometer in jenen Höhen im Vergleich mit dem Daniellschen und Regnaultschen Hygrometer besitzt; außerdem sollen die Ergebnisse

_____

[1] Wilfried de Fonvielle: »Les grandes Ascensions Maritimes«, Paris, Auguste Ghio, 1882.

der beiden Psychrometer und der beiden Hygrometer unter sich verglichen werden.

Vergleichungen eines Aneroidbarometers mit einem Quecksilberbarometer bis zur Höhe von 8 km.

Bestimmungen des elektrischen Zustandes der Luft.

Meteorologische Instrumente am Ballonkorb nach Aßmann.

Bestimmungen der Sauerstoffverhältnisse der Luft mittels Ozonpapiers.

Bestimmung der Schwingungszeit eines Magneten auf der Erde und in verschiedenen Entfernungen von derselben.

Entnahme von Luftproben in verschiedenen Höhen.

Notierungen über die Höhe und Beschaffenheit der Wolken, deren Dichtigkeit und Dicke.

Bestimmungen der Geschwindigkeit und Richtung der verschiedenen Luftströme, wenn dies möglich ist.

Beobachtungen über den Schall.

Notierung allgemeiner atmosphärischer Erscheinungen und Anstellung allgemeiner Beobachtungen.«

Wer je eine wissenschaftliche Ballonfahrt mitgemacht hat, kann ermessen, welche Arbeit und Unermüdlichkeit zur Bewältigung eines solch umfangreichen Programms erforderlich ist. Ganz besonders muß eine genaue Zeiteinteilung getroffen werden, in welcher Reihenfolge die einzelnen Beobachtungen vor sich gehen sollen.

Berson hat festgestellt, daß Glaisher z. B. bei einer Fahrt am 21. Juli 1863 in einem Zeitraum von 60 Sekunden 7 Aneroid- und 12 Thermometerablesungen auf 0,01 Zoll und 0,1° F genau gemacht hat, und zwar 6mal je 3 gleichzeitig.

Am 26. Juni 1863 hat er in 1 Stunde 26 Minuten außer 165 Ablesungen und Notierungen der Zeit nicht weniger als 107 Ablesungen des Quecksilberbarometers, ebensoviele des Thermomètre attaché, 63 des Aneroids, 94 des trockenen, 86 des feuchten, 62 des Gridiron, 13 des trockenen und 12 des feuchten aspirierten Thermometers und außerdem noch verschiedene Feststellungen an dem Hygrometer ausgeführt, im ganzen 751 zum Teil zeitraubende Ablesungen. Im Mittel blieben ihm nur 9,6 Sekunden Zeit für eine Ablesung, einschließlich Einstellung, Befeuchtung von Thermometern, Bedienung des Aspirators usw.[1]

Aßmann weist mit Recht darauf hin, daß die Güte der Beobachtungen unbedingt unter der großen Anzahl derselben hat leiden müssen.

Wie kam nun Aßmann dazu, die wissenschaftlichen Arbeiten eines allgemein anerkannten Gelehrten, wie Glaisher es in aller Welt war, anzuzweifeln?

Den Anstoß dazu gab die Erfindung des sog. Aspirationspsychrometers.

Wir haben schon erwähnt, daß verschiedene Gelehrte den Einfluß der Sonnenstrahlen auf die Temperaturangaben erkannten und ihn aufzuheben suchten. Gay-Lussac und Biot, die erst durch den starken Sonnenbrand an ihrem Körper auf denselben aufmerksam gemacht waren, suchten durch ein zusammengefaltetes Taschentuch

---

[1] R. Aßmann und A. Berson: Wissenschaftliche Luftfahrten, Bd. I, S. 56.

das Instrument vor den Strahlen zu schützen, ein Verfahren, welches natürlich gänzlich unzureichend war.

Nach dem Vorschlag Aragos wurde die Temperatur durch ein Schleuderthermometer ermittelt, das an einer Schnur lebhaft in der freien Luft herumgeschwungen wird, so daß es andauernd mit neuen Luftmassen in Berührung kommt und so annähernd die wahre Temperatur anzunehmen vermag. Auch dieses Instrument genügt wissenschaftlichen Anforderungen bei weitem nicht.

Welsh wurde durch Laboratoriumsversuche veranlaßt, eine künstliche Ventilation seiner Wärmemesser durch einen Aspirator zu bewerkstelligen.

Aßmann hat festgestellt, daß auch dieser Apparat keine einwandfreien Resultate anzugeben vermochte. Ohne jede Kenntnis des Welshschen Instruments war er an die Konstruktion seines so bekannt gewordenen, in der wissenschaftlichen Luftschiffahrt absolut unentbehrlichen Aspirationspsychrometers gegangen, bei dessen konstruktiver Ausgestaltung auch Hans v. Sigsfeld mitgeholfen hat.

Zwei Thermometer sind mit ihren zylindrischen Gefäßen, in denen sich das Quecksilber befindet, in offene, hochglanzpolierte Metallröhren von 1 cm Durchmesser gesteckt,

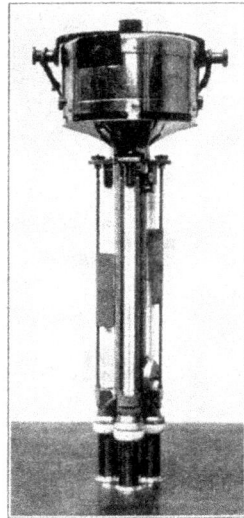

Aspirationspsychrometer
von Aßmann.

die noch einmal von einer unten trichterförmig erweiterten Hüllröhre umgeben sind. Eine metallische Berührung dieser beiden Röhren untereinander wird durch einen Elfenbeinring vermieden. Die Skalenteile der Thermometer ragen frei sichtbar heraus. Die beiden Kanäle sind oben umgebogen und sitzen an einer in der Mitte des ganzen Instruments befindlichen, 2 cm weiten und 21 cm langen Messingröhre.

Im Kopf des Apparates befindet sich ein »Federkraftlaufwerk«, das ein metallenes Scheibenpaar in schnelle Umdrehung setzt. Durch die bei der Bewegung infolge Zentrifugalwirkung eintretende Luftverdünnung wird veranlaßt, daß die mittlere Metallröhre, die mit dem Kopf in Verbindung steht, fortwährend Luft von unten ansaugt. Auf diese Weise wird mit einer Geschwindigkeit von 2 bis 3 m in der Sekunde fortwährend Luft an den Thermometer-

Professor Aßmann, Geheimer Regierungsrat, Dr. med. et phil.,
Direktor des Aeronautischen Observatoriums zu Lindenberg,
mit seinem Assistenten Professor Berson (rechts).

gefäßen vorbeigeführt, dieselben werden also stark »aspiriert«. Zahlreiche Experimente haben erwiesen, daß ein Einfluß von den äußeren Hüllen, die infolge ihrer Hochglanzpolitur die Sonnenstrahlen stark reflektieren, auf die Thermometer nicht erfolgt. Diese zeigen demnach stets die wahre Temperatur der Luft an, vorausgesetzt, daß die an ihnen vorbeigeführten Luftmassen nicht etwa mit dem Ballon, Korb, Menschen etc. in Berührung waren. Um auch dieses auszuschließen, bringt man das Instrument auf einem Galgen weit außerhalb des Ballons an und zieht es zum Ablesen schnell an den Korb heran. Der Beobachter muß dabei die Thermometer sehr schnell ablesen, damit nicht erwärmte Luft von den genannten Gegenständen aspiriert wird. Bei geschulten Beobachtern genügt dieses Verfahren vollkommen; will man aber noch sicherer gehen, so macht man die Ablesungen mit einem Fernrohr.

Interessant waren die Vergleiche, welche die Professoren Berson und Süring auf Aßmanns Veranlassung bei einer Ballonfahrt am 3. Oktober 1898 mit einer Anordnung der Instrumente nach Glaisherscher Art und dem Aßmannschen Aspirationsthermometer erzielten; die Angaben des letzteren waren im Mittel um $14,8^0$ niedriger. Damit war erwiesen, daß alle Temperaturangaben Glaishers unter dem Mangel seiner Instrumente gelitten haben.

Aßmann beschäftigte sich nun eingehend mit den Beobachtungswerten Glaishers und beschloß die Ausführung von wissenschaft-

lichen Fahrten im großen Stile.
Nach Überwindung mannigfacher
Schwierigkeiten ist ihm das auch
gelungen.

Mit Hilfe des 1881 gegründe-
ten Vereins für Luftschiffahrt hatte
der noch heute in Berlin wohlbe-
kannte Gerichtschemiker J e s e r i c h
in den Jahren 1884 und 1885 auf
eigene Kosten fünf wissenschaftliche Luftfahrten unternommen, bei
denen er allerdings neben elektrischen und meteorologischen in der
Hauptsache luftanalytische Untersuchungen ausführen wollte. Über
die Ergebnisse derselben ist nicht
viel bekannt geworden.[1]

Nach Jeserich nahmen dann
die preußischen Luftschifferoffiziere

Oberstleutnant z. D. H. W. L. Moedebeck.

bei ihren Auffahrten wissenschaftliche Beobachtungen auf. In erster
Linie war dies dem ersten Kommandeur Hauptmann B u c h h o l z
zu danken, der den damaligen Leutnant M o e d e b e c k Fühlung mit
dem Meteorologischen Institut nehmen ließ. Auf Grund der Anregungen übernahmen Premierleutnant v. T s c h u d i, die Leutnants
v. H a g e n, M o e d e b e c k und später insbesondere G r o ß auch
meteorologische Forschungen auf.

Die erste Anwendung des Aßmannschen Aspirationsthermometers
im Fesselballon führten Aßmann und v. Sigsfeld im Mai 1887 bei
Berlin aus, darnach verwendete es Moedebeck am 23. Juni zuerst
bei einer Freifahrt.

Bald ließ sich v. Sigsfeld auf eigene Kosten einen großen Ballon
»H e r d e r«, nach seinem berühmten Vorfahren genannt, bauen, und
mit der ersten Auffahrt, die er gemeinsam mit Kremser vom Meteorologischen Institut am 23. Juni 1888 ausführte, begann unter Verwendung des Aßmannschen Aspirationspsychrometers eine neue
Epoche wirklich einwandfreier Forschung.

Die vorhandenen Mittel erwiesen sich aber als nicht ausreichend,
und es wurde die Hilfe reicher Mäcene in Anspruch genommen.

[1] Einige wenige Angaben, die Aßmann von Jeserich erhalten hat, befinden
sich in »Wissenschaftliche Luftfahrten«, S. 96 und 97.

Hauptmann Groß,
jetzt Major und Kommandeur des
Kgl. Preuß. Luftschiffer-Bataillons.

Von diesen sind zu nennen: Rudolf Herzog, Werner v. Siemens, Otto Lilienthal und Killisch v. Horn, der Besitzer der Berliner Börsenzeitung. Die drei erstgenannten sind schon verstorben. Dem »Herder« folgten »M. W.« — nach der in Berlin üblichen Redensart »Machen wir« so genannt — und »Meteor«.

Die Akademie der Wissenschaften bewilligte 1889 2000 Mark. Aßmann faßte nun den Plan, Se. Majestät den Kaiser für die wissenschaftliche Luftschiffahrt zu interessieren.

Ein Ausschuß aus Mitgliedern des Deutschen Vereins zur Förderung der Luftschiffahrt und anderen Förderern unterschrieb die Immediateingabe: Hermann v. Helmholtz, Werner v. Siemens, die Professoren Förster, v. Bezold, Kundt, Güßfeld.

Nachdem die Eingabe von der Akademie der Wissenschaften warm befürwortet war, wurde Sr. Majestät von den Behörden vorgeschlagen, anstatt der erbetenen 50 000 Mark für 50 Ballonfahrten nur 25 000 Mark zu bewilligen. Der Kaiser interessierte sich für die in der Denkschrift vom 29. August 1892 eingehend begründeten neuen Forschungen außerordentlich und fügte dem Wortlaute: »Auf Ihren gemeinschaftlichen Bericht vom 19./24. d. Mts. will Ich dem Deutschen Verein zur Förderung der Luftschiffahrt behufs Ermöglichung der von ihm geplanten wissenschaftlichen Ballonfahrten einen Zuschuß von 25 000 Mark aus meinem Dispositionsfonds bei der Generalstaatskasse hiermit zur Verfügung stellen« zwischen Ballonfahrten« und »einen Zuschuß« eigenhändig die Worte hinzu: »für dieses und das folgende Jahr je«.

Mit diesen Mitteln wurden die Fahrten eingeleitet, und es entstand der Ballon »Humboldt«. Unter ungünstigen Auspizien begannen die Ballonfahrten: Bei der ersten Landung erlitt Professor Aßmann, die Seele der ganzen Unternehmungen, einen Beinbruch, an dessen Folgen der unermüdliche Mann noch heute zu leiden hat; bei der folgenden Auffahrt spießte sich der Ballon auf einem Blitzableiter auf, und bei der dritten schnappte das 1 m große Entleerungsventil in einer Höhe von ca. 3000 m ein und Groß und Berson erlitten bei dem Aufprall des Korbes auf die Erde nicht unerhebliche Kontusionen; endlich explodierte bei der sechsten Fahrt der Ballon bei der Landung infolge Entzündung des Gases durch elektrische Funken.

Die Fortführung der Versuche stand in Frage, da griff noch einmal Se. Majestät der Kaiser helfend ein und setzte Aßmann durch Bewilligung von weiteren 32000 Mark in den Stand, einen neuen Ballon »Phönix« zu bauen und die Forschungen fortzusetzen.

Berson gelangte mit diesem neuen Ballon in die noch nie zuvor erreichte Höhe von 9155 m. Im ganzen wurden 22 Fahrten mit dem »Phönix« ausgeführt, deren Ergebnisse außerordentlich wertvoll waren.

Noch andere Ballons wurden gleichzeitig in den Dienst der Meteorologie gestellt: Ein begeisterter englischer Luftschiffer, Mr. Patrick Y. Alexander, bot seinen 3000 cbm großen, aus gefirnißter Seide hergestellten »Majestic« bereitwilligst an und beteiligte sich selbst an mehreren Auffahrten. Selbstverständlich blieb auch die Luftschifferabteilung an den Arbeiten nicht unbeteiligt, und bei verschiedenen Freifahrten wurden meteorologische Beobachter mitgenommen und auch sonst Beobachtungen angestellt.

46 Luftfahrten waren mit den bewilligten Mitteln mit glänzenden wissenschaftlichen Resultaten ausgeführt, und zum dritten Male gewährte der Kaiser eine Unterstützung von 20 400 Mark zur Ergänzung und Auswertung der Beobachtungen.

Se. Majestät bewies auch andauernd sein persönliches Interesse an den Arbeiten, wohnte zweimal mit der Kaiserin und den ältesten Prinzen den Auffahrten bei und ließ sich eingehend das zur Verwendung kommende Instrumentarium erklären.

Bei der Bearbeitung der Beobachtungsreihen war es nun Aßmann aufgefallen, daß nach den Glaisherschen Thermometerangaben die Temperatur über England im Mittel um 4,3° höher sein sollte als die bei den Berliner Aufstiegen gemessene, und zwar erschien es besonders auffällig, daß der Unterschied mit der Höhe

Hans Bartsch v. Sigsfeld,
Hauptmann im Luftschiffer-Bataillon,
† bei einer Landung bei Antwerpen.

immer größer wurde; so betrug das Plus bis 2500 m nur 1,4⁰, bis
es bei 8000 m in einem Falle sogar 20,7⁰ wurde. Demnach mußte
es entweder über England wärmer sein als über dem Kontinent,
oder aber die Angaben waren falsch! Das letztere weist Aßmann nach.

Schon der Engländer Welsh hatte niedrigere Temperaturen in
seinem Lande konstatiert. Besonders typisch hierfür war aber die
aufsehenerregende Fahrt, die Glaisher am 5. September 1862 gemacht hatte. Obwohl er in 8000 m Höhe bewußtlos wurde, wollte
er die Höhe von 11 300 m unzweifelhaft nachgewiesen haben. Und

Se. Majestät der Kaiser wohnt dem Aufstieg von Registrierballons bei, die von Professor Aßmann auf
dem Gelände der Luftschifferabteilung auf dem Tempelhofer Felde bei Berlin hochgelassen werden.

zwar rechnete er so: In 8840 m Höhe sei er mit 5 m Sekundengeschwindigkeit gestiegen, und nach 13 Minuten, als er aus seiner
Ohnmacht erwachte, wäre der Ballon 11,5 m pro Sekunde gefallen,
daher müßte er 11 300 m erreicht haben, eine Höhe, die auch durch
die Angaben des Minimumthermometers mit — 24,5⁰ bestätigt würden.

Des weiteren habe der Ballonführer Coxwell, dem es gelungen
sei, mit den Zähnen die Ventilleine zu packen und ein paarmal zu
lüften, deutlich gesehen, daß die Achse des Aneroids, sein blauer
Zeiger und eine am Korb befestigte Leine in einer geraden Linie
gewesen wären, was einem Barometerstand von 177,8 mm entsprochen
habe und demnach auch die Höhe von 11 300 m bestätige.

Aßmann bemerkt mit Recht, daß man allen diesen Angaben, die der Gelehrte unter dem Eindrucke starken körperlichen Leidens gemacht habe, keinen Wert beimessen könne. Während es erwiesen ist, daß ein Ballon immer nur mit höchstens 5 m Geschwindigkeit in der Sekunde fällt[1]), so will Glaisher nach seinen Angaben sogar bei der in Frage stehenden Fahrt 40 m in der Sekunde gefallen sein. Bei solcher orkanartig vertikalen Bewegung würde der Ballon sicher zerrissen sein.

Die Fehler in der Angabe der Thermometer werden vollkommen überzeugend von Aßmann durch den Einfluß der Sonnenstrahlung auf die Instrumente erklärt.

So wertvoll die Untersuchungen der höheren Schichten der Atmosphäre über einem Orte auch gewesen sind, für die Lösung vieler Fragen genügten sie noch lange nicht. Man kam deshalb bald zu der Überzeugung, daß darnach zu streben sei, Ballonaufstiege an möglichst vielen Orten der Erdoberfläche anzustellen und, so lange nicht überall ständige Observatorien eingerichtet

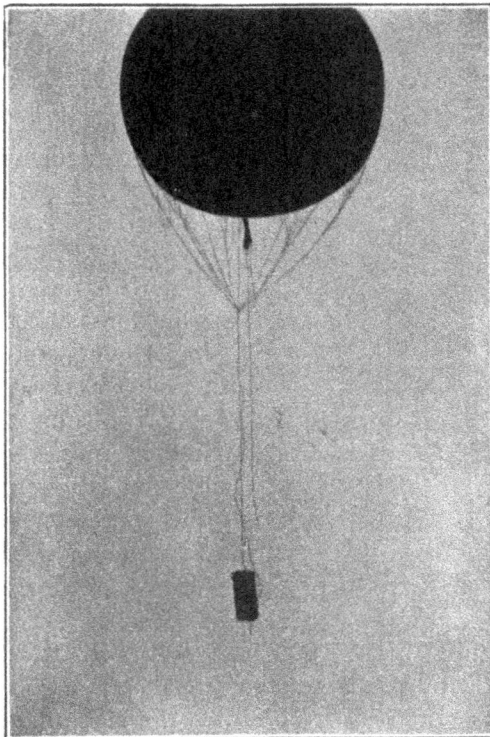

Ein Registrierballon alter Art mit Instrumenten in der Luft. (Aus der »Leipziger Illustrierten Zeitung«.)

sein können, wenigstens zeitweise gleichzeitig dieselben auszuführen, um auf diese Weise ein ähnliches Bild von dem Zustande der Luft in größerer Höhe zu gewinnen, wie man es z. B. durch die täglich herausgegebenen Wetterkarten der Seewarte zu Hamburg ständig erhält.

[1]) Im Sommer 1902 ist laut Registrierung des Barometers ein mit Professor Miethe und dem Verfasser besetzter Ballon allerdings mit über 10 m Schnelligkeit gefallen, aber dies hatte seinen Grund in dem Umstande, daß er in ein Gewitter geraten und von den vertikalen Luftströmungen mitgerissen war.

Aus diesem Bedürfnis heraus sind die internationalen Auffahrten erstanden, die jetzt meist an dem ersten Donnerstag eines
jeden Monats und ev. auch mehrere Tage hintereinander statt-
zufinden pflegen.

Gaston Tissandier war der erste, welcher diesen Gedanken
anregte; die erste internationale Simultanfahrt erfolgte auf Veranlassung Aßmanns am 14. Juli 1893 von
Berlin und Stockholm; die zweite am 4. August
1894 von Berlin, Göteborg und St. Petersburg aus.

Gelegentlich der im September 1896 in
Paris tagenden internationalen Konferenz von
Direktoren meteorologischer Institute wurde
eine »Internationale Kommission für
wissenschaftliche Luftschiffahrt« ins
Leben gerufen, zu deren Präsidenten man
den dort anwesenden Direktor des Meteorologischen Instituts von Elsaß-Lothringen, Professor Dr. Hergesell, wählte.

Von nun an beteiligten sich allmählich
immer mehr Staaten an den gemeinschaftlichen Arbeiten, deren Resultate und Ziele
alle zwei oder drei Jahre auf einer Konferenz
besprochen werden. Die Orte, in denen die
Mitglieder der Kommission zusammentreten,

Weidenkorb
mit Instrumenten für einen
Registrierballon.

wechseln; bislang fanden sechs Zusammen-
künfte statt: 1898 in Straßburg i. E., 1900 in Paris, 1902 in Berlin,
1904 in St. Petersburg, 1906 in Mailand, 1909 in Monaco.

Interessant ist die Entwicklung der Methoden, die bei den
»aerologischen« Forschungen — »Aerologie« wird nach einem Vor-
schlage von Professor Koeppen jetzt die wissenschaftliche Luftschiff-
fahrt genannt — zur Anwendung gelangen.

Das älteste Hilfsmittel ist der Drachen. Schon 1749 benutzte
ihn Wilson zum Heben von Thermometern, zur Messung von
Temperaturen in der Höhe, 1883 Professor Douglas Archibald
zur Ermittelung von Windgeschwindigkeiten und seit dem Jahre 1894
im großen Stile der Amerikaner Rotch bei den Arbeiten seines
Observatoriums. Den glänzenden Erfolgen des letztgenannten war
es zu danken, daß die Drachen nunmehr an fast allen Stationen
eingeführt sind, welche die aeronautische Meteorologie betreiben.

Dem Beispiele Rotchs folgte zunächst der Franzose Teisserenc de Bort, der mit eigenen Mitteln unter geringer anderweitiger Unterstützung in T r a p p e s bei Paris eine mustergültige Einrichtung zum Hochlassen von Drachen und Ballons geschaffen hat.

In Deutschland versuchte Professor Hergesell ein staatliches Institut ins Leben zu rufen, fand jedoch beim Landesausschuß keine Mehrheit für seine Pläne. An dieser Stelle muß erwähnt werden, daß in Straßburg schon 1896 nach Gründung des Oberrheinischen Vereins für Luftschiffahrt auf Anregung Hergesells und Moedebecks von Professor E u t i n g , Dr. S t o l b e r g und dem Verfasser Drachenaufstiege zu meteorologischen Zwecken unternommen worden sind.

Professor Dr. Hergesell,
Direktor des Meteorologischen Landesdienstes von Elsaß-Lothringen,
Präsident der Internation. Kommission
für wissenschaftliche Luftschiffahrt.

Ein Observatorium im großen Stile einzurichten war wiederum der Energie des Professors Aßmann vorbehalten. Noch bevor die Resultate der durch die Freigiebigkeit des Kaisers ermöglichten Ballonfahrten bekannt gegeben waren, ging der unermüdliche Mann an die Vorarbeiten, eine besondere aeronautische Abteilung des Meteorologischen Instituts zu schaffen. Auf seinen Antrag wurde von der Regierung dem Abgeordnetenhause eine Vorlage unterbreitet, nach der 50000 Mark für die Einrichtung eines aeronautischen Observatoriums gefordert wurden. Der Titel wurde bewilligt, die Arbeiten begannen am 1. April 1899, und schon am 1. Oktober desselben Jahres konnten die ersten Drachen- und Ballonaufstiege auf dem Tegeler Schießplatze, im Norden von Berlin, stattfinden.

Außer dem Dienstgebäude mit den entsprechenden Arbeitsräumen, den Wohnungen für Ballonwärter und Gehilfen waren noch eine Ballonhalle, ein Windenhaus mit einem 27 m hohen Turm und eine Tischlerei zum Anfertigen der Drachen erbaut.

Bei normalem Betriebe wurden Drachen oder ein Drachenballon hochgelassen, und an den internationalen Tagen kamen noch bemannte und unbemannte Freiballons zur Anwendung. Mit letzteren hatte sich eine ganz besondere Methode herausgebildet, die von Aßmann, Hergesell und anderen später sehr verbessert wurde.

Die Benutzung unbemannter Ballons für meteorologische Registrierung ist eine Erfindung der Franzosen Hermite und Besançon, die zunächst durch Teisserenc de Bort in dem »Observatoire de la Météorologie Dynamique« eingehend ausgebildet wurde.

Beim schnellen Auf- und Abstieg sind die Instrumente mit genügend rasch wechselnden Luftmassen umspielt, und die Thermo-

Drachenaufstieg im Aeronautischen Observatorium von Professor Aßmann.
Innerhalb des Kastens Aßmannsche Registrierapparate.
(Berliner Illustrationsgesellschaft m. b. H.)

meter geben richtige Werte an; sobald aber der Aerostat ohne Auftrieb mit dem Winde dahinfliegt, geben die Thermometer bei Sonnenschein erheblich zu hohe Werte an.

Man hat zwar die Apparate in einem mit hochpoliertem Silber- oder Nickelpapier bekleideten Weidenkorbe angebracht, aber die äußerst empfindlichen Instrumente werden auch bei solcher Anordnung nicht genügend vor der Strahlungswärme geschützt.

Bei Nacht ist ein solcher Einfluß natürlich nicht vorhanden, und man hat deshalb auch vielfach Ballons vor Sonnenaufgang hochgelassen und die erlangten Werte miteinander verglichen, wenn der Abstieg bei Sonnenschein erfolgt war.

Doch die Tagesaufstiege sind die wichtigeren, weil ja gerade die Sonne den allergrößten Einfluß auf die Atmosphäre ausübt.

Zur Verstärkung des Vertikalstromes hat Aßmann einen durch einen kleinen Elektromotor getriebenen Ventilator angebracht, der beim Aufstieg die Luft nach unten, beim Abstieg nach oben schafft.

Damit die ungefesselten Registrierballons nicht so weit vom Aufstiegsort weggetrieben werden, hatte Aßmann ursprünglich eine Weckeruhr verwendet, die nach einer bestimmten Zeit ein Ventil

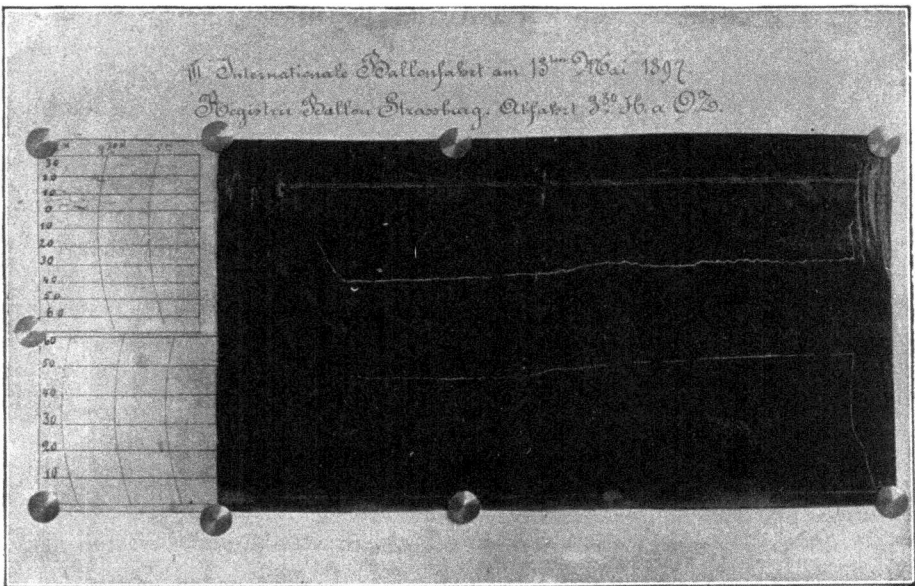

Photographie einer Originalaufzeichnung von Instrumenten eines Registrierballons.

zur Öffnung brachte. 1901 erfand dann Aßmann die Methode der Gummiballonaufstiege, die jetzt überall zur Einführung gelangt sind. Er ließ sehr elastische Gummiballons anfertigen, die während des Aufstieges bei zunehmender Ausdehnung des Gases auch ihr Volumen vergrößern und so lange hochsteigen müssen, bis die Elastizitätsgrenze überschritten wird und der Gummi platzt. Vermittelst einer kleinen fallschirmartigen Leinwandkappe auf der Hülle wird der Fall der Instrumente gemildert.

Die Fahrt solcher Gummiballons dauert nur ca. 1—2 Stunden. Bei dieser Methode genügt die Aufstiegs- und Fallgeschwindigkeit

für die Ventilation. In der Gleichgewichtslage können die Gummiballons nicht schweben bleiben. Aßmann hat mit nur 5 cbm Wasserstoffgas Höhen über 20000 m erreicht[1]).

Es ist nun natürlich außerordentlich wichtig, daß man die
Ballons bzw. die Instrumente mit den aufgezeichneten Beobachtungswerten bald wieder in Besitz erhält. Gelegentlich des Petersburger
Kongresses wurde die Frage des Wiederauffindens der »Ballons
sondes« oder »Ballons perdus«, wie dieselben früher von den
Franzosen genannt wurden, eingehend besprochen und viele Vorschläge in dieser Richtung gemacht. Es sollten eventuell Klingeln
an den Hüllen ange-
bracht werden, durch
welche Leute auf die
Landungsstelle auf-
merksam gemacht
werden sollen. Im
allgemeinen ist der
Verlust nicht über
4% herausgegangen.

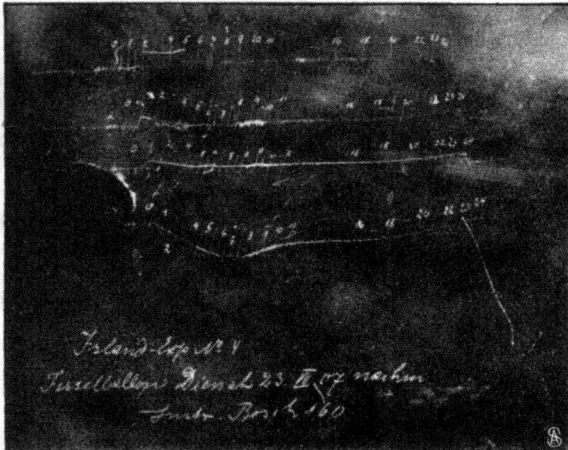

Photographie der Originalaufzeichnungen eines Fesselballons im
nördlichen Eismeer bei der Expedition v. Hewald-Hildebrandt
1907. Der Aerostat wurde beim Vorbeiziehen eines gewaltigen
Eisberges hochgelassen.

Im Walde werden
die Ballons meist nach
kürzerer oder länge-
rer Zeit entdeckt. Da-
gegen würden die
Aerostaten im Wasser
immer verloren ge-
hen, wenn man nicht
durch besondere Me-
thoden, welche Her-
gesell zu danken sind, die Wahrscheinlichkeit des Wiederauffindens
erlangt hätte.

Ursprünglich arbeitete man auf See nur mit Drachen, für deren
Verwendung auf Schiffen günstigere Bedingungen vorliegen als auf
dem Lande. Ein Schiff vermag durch seine Fahrt gegen eine auch
noch so schwache Luftströmung, die zum Heben der Drachen nicht
ausreicht, sich den nötigen »Drachenwind« zu schaffen, oder umgekehrt, bei zu starkem Winde, der das Material zerdrücken würde,
durch Fahrt mit der Luftbewegung, den Druck auf die Drachen-

---

[1]) Näheres in ›Wir Luftschiffer‹. Verlag Ullstein & Co., Berlin.

flächen zu vermindern. Außerdem wird die Steighöhe der Drachen in vielen Fällen durch die Fahrt
des Schiffes vergrößert.

Jedoch in die höchsten und interessantesten
Schichten der Atmosphäre vermag man aber trotzdem mit ihnen nicht zu dringen. Diesem Mangel
hat Hergesell durch Entdeckung einer neuen
Methode abgeholfen, die von ihm und anderen
allmählich verbessert worden ist. Hergesell benutzte
zuerst zwei der Aßmannschen Gummiballons, die
als »Tandem« in die Luft geschickt wurden. Die
beiden Aerostaten tragen gemeinsam das Registrier-
instrument und einen Schwimmer. Der »Hauptballon« wurde stärker gefüllt als der »Signalballon«
und platzte deshalb in der größten Höhe zuerst.
Der übrig bleibende Aerostat vermag das Gewicht
nicht mehr zu tragen und das System fällt deshalb schnell in die Tiefe. Zuerst taucht der
Schwimmer ins Wasser, wodurch eine solche Gewichtserleichterung eintritt, daß der Signalballon
das Instrument etwa 50 m über Wasser hält, wobei
er noch etwa weitere 50 m höher schwebt und
nun als Signal für das nachfahrende Schiff dient.
Der Schwimmer, der als Wasseranker gestaltet ist,
verhindert das zu schnelle Abtreiben des Ballons
vor dem Winde. Sollte das System durch Wolken
schließlich außer Sicht geraten, so kann man es
in den meisten Fällen doch noch auffinden, weil
man den Weg der Ballons durch Meßinstrumente
genau verfolgt und darnach festzustellen vermag,
wo ungefähr das Instrument über dem Meere
schweben muß. In der kurzen Zeit, die zwischen
Steigen und Fallen liegen, werden meist die Luftströmungen in denselben Höhen gleiche Richtung
und Stärke behalten.

In neuester Zeit versucht
Aßmann eine Methode, bei
welcher der Signalballon in
den Hauptballon hineinge-
bracht ist.

Schwimmer nach Köppen für Registrierballonaufstiege über dem Meere mit Erfolg verwendet bei der Expedition v. Hewald-Hildebrandt. Zur Verminderung des Luftwiderstandes beim Aufstieg hängt der Schwimmer
mit der Längsachse senkrecht, im Wasser zur Vermehrung des Widerstandes wagerecht. Der Auftrieb wird jeweils genau geregelt durch Einfüllen
von Wasser in die in der Mitte befindliche Flasche.

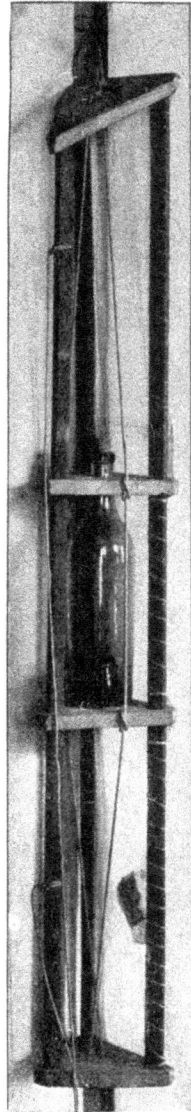

Bei den von Hergesell zuerst ausgeführten Registrierballonauf-
stiegen über dem Meere wurde bald die Notwendigkeit erkannt, den
Aufstieg willkürlich abzukürzen und zwar in präziserer Weise, als
dies bei der wechselnden Qualität des Gummis durch verschieden
starkes Aufblasen der Ballons erreicht werden kann. Hergesell hat
deshalb die Verwendung von elektrisch betätigten Abwurfhaken zum

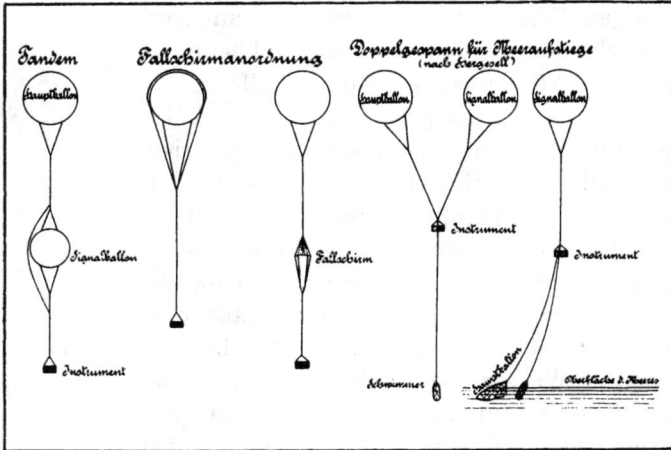

Verschiedene Methoden der Verwendung von Registrierballons auf dem Lande
und über den Meeren. (Siehe Textseiten 305 und 307 ff.)

Freigeben und von Ventilen zum Entleeren eines Ballons eingeführt, deren Auslösung anfangs durch eine besondere Bourdonröhre bei einem vorher eingestellten Druck, oder aber durch die
Uhr des Instruments nach gewollter Zeit geschah. Spätere Konstruktionen von anderer Seite umgingen die Verwendung des elektrischen Stroms. Gegenüber dem Freigeben erscheint das Entleeren
eines Ballons des Doppelgespanns das zweckmäßigere, nicht nur aus
dem Gesichtspunkte einer Ersparnis an Material, sondern auch, weil
durch Hinzukommen des Ballongewichts beim Abstieg die Berechnung der Auftriebsverhältnisse erleichtert wird. Hierbei wird freilich
eine genauere Vorausbestimmung der Fallgeschwindigkeit des Systems infolge des veränderlichen Luftwiderstands der entleerten Hülle
unmöglich. Das Ausströmen des Gases erfolgt jedoch bei den
Gummiballons nach starker Ausdehnung nicht in zuverlässiger
Weise; auch dickwandige Ballons haben hierin die Erwartungen
getäuscht.

Eine eigenartige Methode ist von der Seewarte gefunden: sie besteht darin, daß der zu entleerende Ballon z w e i sehr große Öffnungen oben und unten besitzt, die durch zwei kleine untereinander kommunizierende luftgefüllte Ballons geschlossen sind. Einer derselben ist durch einen ganz kleinen Gasballon geschlossen, der durch eine Zündschnur von gegebener Länge zur Explosion gebracht wird, worauf das ganze Ballonsystem sich entleert. Der Rauch der Zündschnur erleichtert ferner die Verfolgung des Ballons — die ja vom Schiff aus mit bloßem Auge zu geschehen hat — besonders dann, wenn er abwechselnd sichtbar, abwechselnd von Wolken verdeckt ist. In sehr großen Höhen pflegt die Zündschnur jedoch regelmäßig zu erlöschen.

Die Methode, unbemannte Gummiballons als Piloten in die Luft zu senden, um durch Visierung von einem Punkte aus ihre Bahn unter Annahme konstanter Aufstiegsgeschwindigkeit festzustellen und damit die Windverhältnisse in verschiedenen Höhen kennen zu lernen, wird neuerdings mit großem Erfolge auch über den Meeren angewendet.

Studien mit Pilotballons für aerologische Zwecke hat vor etwa 20 Jahren Professor Kremser begonnen; alsdann hat der ehemalige Assistent Hergesells, A. de Quervain, diese wieder fortgesetzt, und in neuester Zeit sind diese kleinen

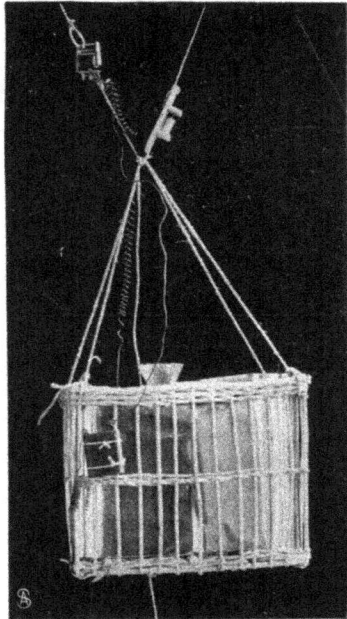

Instrument für Registrierballon in Weidenkorb eingebunden. Links oben der Abwurfhaken zum Freigeben des an ihm ziehenden Ballons, am Korbe die kleine Batterie, mit welcher der Haken verbunden ist. Rechts an der Schnur des zweiten Ballons eine Sicherheitsvorrichtung, die bei unvorhergesehenem Platzen des Signalballons das Schließen der Stromkreise und damit Freigabe des Hauptballons verhindert.

Aerostaten wieder Gegenstand einer sehr eingehenden Untersuchung von seiten H. Hergesells gewesen. Seine Resultate gipfeln darin, daß einerseits die Annahme konstanter Steigegeschwindigkeit zuverlässige Resultate gibt, und daß anderseits eine doppelte Visierung des Ballons von den Endpunkten einer Basis aus außer den horizontalen auch die vertikalen Komponenten der Luftströmungen gibt.

Beim Hochlassen eines Tandems von Registrierballons wird das in einem Weidenkorbe befestigte Instrument vorsichtig aus der Hand gelassen. (Expedition v. Hewald-Hildebrandt in die isländischen Gewässer.)

Ein Doppelgespann von Registrierballons wird im Verdeck des »National« fertiggemacht. (Expedition v. Hewald-Hildebrandt in die isländischen Gewässer.)

Gasbereitung unter Verwendung von Kalziumhydrür auf dem »National« nach System Naß. Links der mit Wasser gefüllte Gaserzeuger, in den durch die hohe Ansatzröhre kleine Stücke Kalziumhydrür geworfen werden. (Expedition v. Hewald-Hildebrandt in die isländischen Gewässer.)

Endlich bedient man sich über dem Meere auch der Fessel-ballons mit Vorteil zur Sondierung der höheren Luftschichten. Während ihre Anwendung beispielsweise bei der Drachenstation am Bodensee vom fahrenden Schiffe aus dann geboten ist, wenn die herrschende Windrichtung eine Fahrt über größere Wasserstrecken des beschränkten Raumes halber nicht zuläßt, kann man sie über freien Gewässern dann nicht entbehren, wenn wegen herrschenden Nebels die Schnelligkeit des Schiffes vermindert werden muß. Die

Methoden der Fesselballonaufstiege haben wesentliche Änderungen gegen früher erfahren. Maurer in Zürich hat zuerst mit gewöhnlichen Gummiballons an 0,4 mm Klaviersaitendraht beträchtliche Höhen erreicht. Seither ist die Verwendung von Gummiballons am Fesseldraht vielfach geschehen, und zwar mit bestem Erfolg, z. B. vom Verfasser und Dr. Rempp in den isländischen Gewässern und von A. Stolberg und A. de Quervain in Grönland, sowie stets auf den Fahrten der »Princesse Alice«.

Fertigmachen des dünnen Baumwollnetzes für den Registrier-Fesselballon auf dem »National« (Expedition v. Hewald-Hildebrandt in die isländischen Gewässer.)

Nachdem in Lindenberg die Benutzung von Goldschlägerhautballons, die anfangs sehr viel versprach, wegen ihrer sehr geringen Lebensdauer aufgegeben werden mußte, verwendet Aßmann in neuester Zeit besondere Gummiballons für Fesselballonaufstiege auch bei täglichem Betriebe.

In Lindenberg sowohl wie in Friedrichshafen sind Höhen von über 6000 m erreicht worden. Zur Ventilierung der Instrumente wird meist die Auslaßgeschwindigkeit verwandt, seltener wird eine künstliche Ventilation für nötig erachtet.

Die Verwendung Aßmannscher Gummiballons ist demnach jetzt eine außerordentlich vielseitige. Leider macht sich neben einem außergewöhnlichen Steigen der Gummipreise — die Ballons kosten zurzeit rund das Fünffache des Preises, für den sie zu haben waren, als Aßmann die Methode einführte — auch eine Verschlechterung der Qualität bemerkbar. Auf Veranlassung von Aßmann hat bei-

Der Registrier-Fesselballon mit Instrument im Augenblicke des Hochlassens an der Handwinde auf dem »National«. Links wird der Aerostat durch eine Schnur an dem Hin- und Herschwanken gehindert. (Expedition v. Hewald-Hildebrandt in die isländischen Gewässer.)

spielsweise die Continental- und Caoutchouc Comp. Hannover durch eine besondere staubfreie Gummiplatte diesem Mangel abzuhelfen versucht, was aber selbstverständlich wiederum eine Verteuerung im Gefolge hat.

Es ist übrigens vielfach die Ansicht verbreitet, daß Aufstiege mit Drachen billiger wären als solche mit Ballons. Das ist ein großer Irrtum. Wer sich eingehender praktisch mit den ersteren beschäftigt hat, weiß, daß das Gegenteil der Fall ist. Der einzelne Drachen ist wohl billiger als ein Aerostat, aber bei einem intensiven

Betrieb werden die Kosten sehr erheblich. Häufig werden die Drachen bei sehr starkem Winde in der Luft zertrümmert und gehen mitsamt den kostbaren Instrumenten verloren bzw. werden völlig unbrauchbar. Mit aller Vorsicht läßt es sich nicht vermeiden, daß gelegentlich der Haltedraht reißt und mehrere Kilometer Draht verloren gehen oder unbenutzbar werden.

Aufstieg eines mit Fallschirm ausgerüsteten Aßmannschen Gummiballons in Lindenberg.

Die Kosten des Materials werden auf die Dauer so hoch, daß sie denjenigen von Ballons zum mindesten bald gleichkommen. Überhaupt ist das Aufsteigen der Drachen nicht selten mit beträchtlichen Schwierigkeiten verknüpft, und nur bei sorgfältigster, andauernder Beobachtung derselben kann man häufige Katastrophen vermeiden. Es ist deshalb auch in der ganzen wissenschaftlichen Welt rückhaltlos anerkannt worden, daß es der Energie Aßmanns gelungen ist, seit nunmehr über 6 Jahren lückenlos tägliche Aufstiege mit Ballons oder Drachen auszuführen.

Die Aufstiege erfolgen mit Hilfe einer elektrisch betriebenen Winde, an der Vorrichtungen zum Ablesen des Zuges angebracht sind. Diese Winde dient einmal zum schnellen Herunterholen der Drachen, dann aber vorübergehend auch zum Einholen derselben beim Aufstieg. Bei schwachem Winde in den unteren Schichten legt man eine größere Strecke des Fesseldrahtes, z. B. 500 bis 1000 m, auf der Erde aus, hält den Drachen in die Luft und läßt die Winde mit größter Schnelligkeit laufen. Auf diese Weise gibt man der Drachenfläche den nötigen Luftwiderstand und bringt ihn aus der windstillen Zone in bewegtere Höhen hinauf.

Das Abreißen längerer Drahtstücke ist außerdem in der Nähe größerer Städte mit Gefahren für die Menschen verknüpft. Ganz abgesehen davon, daß Störungen des Telegraphen- und Telephondienstes durch den über die Leitungen geratenen Draht hervorgerufen werden, ist es mehrfach vorgekommen, daß er über Starkstromleitungen der Straßenbahnen fiel und dadurch die Veranlassung zu mehr oder minder ernsten Verletzungen zufällig anwesender Personen gab.

Auf dem Tegeler Schießplatze kam es ferner wiederholt vor, daß der Drachen gerade dann, wenn, wie das häufig der Fall ist, in höheren Schichten eine anders gerichtete Luftströmung vorhanden war, in die Haltekabel der Militärballons geriet und den Betrieb des Luftschifferbataillons störte.

Diese Vorkommnisse führten dazu, daß Aßmann sein Observatorium auf einen geeigneteren Platz, nach Lindenberg im Kreise Beeskow-Storkow, 65 km südöstlich von Berlin, verlegte, um hier ungehindert von allen Belästigungen die Arbeiten fortzusetzen.

Das hier benutzte Gelände liegt auf einem Plateau von 95 m Seehöhe. Ein Hügelrücken von 27 m Höhe bei einer Seehöhe von 122 m beherrscht bis zu weiter Entfernung die Umgebung, die bis auf mehrere Kilometer nahezu völlig waldlos ist. Eine ganze Reihe von Baulichkeiten sind für den Betrieb erforderlich geworden: Wohnhaus für den Direktor, Bureaugebäude mit Familienwohnungen, Beamtenwohnhaus, Maschinenwerkstatt-Gebäude, eine Ballonhalle von 25 m Länge, 10 m Breite und 8 m Höhe, Gasbehälter, Schuppen zur Unterbringung der Drachen, und als wichtigstes das Windehaus. Dieses befindet sich auf der höchsten Erhöhung des Hügels. Es ist aus Glas und Eisen konstruiert und steht auf einer Drehscheibe von achteckigem Grundriß.

Die Gesamtkosten der Bauten haben rund 350000 M., die des Geländes und der Einrichtung rund 150000 M. betragen.

Die maschinellen Einrichtungen sind außerordentlich sorgfältig zusammengestellt und sehr reichhaltig: 30 HP Körtingscher Sauggenerator-Gasmotor, eine Lilienthalsche Dampfmaschine, Dynamomaschine, eine Akkumulatorenbatterie, Elektrolyseur, Eismaschinen, eine größere Anzahl Elektromotoren der verschiedenen Stärken und eine sehr großzügig angelegte Beleuchtungsanlage.

Das wissenschaftliche Personal besteht aus einem Direktor, mehreren wissenschaftlichen und technischen Mitarbeitern, Sekretär, Kanzlisten, Mechanikern, Maschinisten, Tischler, Ballonaufseher, Materialienverwalter und noch weiterem Unterpersonal.

Die Aufgaben, die sich das Observatorium gestellt hat, umfassen das gesamte Gebiet der Aerologie. Es sollen Auffahrten mit bemannten Ballons unternommen werden, bei denen nur solche Instrumente verwertet werden, die größte Korrektheit der ermittelten Werte gewährleisten. Hierfür ist besonders das an anderer Stelle eingehend gewürdigte Aßmannsche Aspirations-Psychrometer zu nennen, dessen Gebrauch bei allen wissenschaftlichen Freifahrten gemäß den Beschlüssen der Internationalen Kommission für wissenschaftliche Luftschiffahrt obligatorisch ist. Es sei hier noch einmal ins Gedächtnis zurückgerufen, daß die von Beamten des Observatoriums im Freiballon erreichten Höhen bei weitem alle diejenigen übertreffen, die irgendwo in der Welt erzielt worden sind. Gegen dreißigmal wurden Höhen über 6000 m, über zwölfmal solche über 7000 m, fünfmal über 8000 m, zweimal über 9000 m und einmal über 10000 m erreicht. Ferner werden Aufstiege unbemannter Ballons mit selbstschreibenden Apparaten unternommen, bei denen die an anderer Stelle erwähnten Aßmannschen Methoden der Gummiballons zur Verwendung gelangen. Die Höhenforschungen mittels Drachen sind ganz besonders ausgebildet und erfolgen nach den von Rotch eingeführten Methoden. Bei schwacher Luftbewegung finden auch gefirnißte Kugelballons Verwendung, mit denen man die anderweitig noch nicht erreichten Höhen von gegen 5000 m sondiert hat. Das Aßmannsche Observatorium ist das vollkommenste und größte, das es in der Welt gibt. Noch nie ist es gelungen, so lange Zeit — über 6 Jahre — hindurch ununterbrochene Sondierungen in der Luft vorzunehmen. Es sei erwähnt, daß Se. Majestät der Deutsche Kaiser abermals sein großes Interesse für die wissenschaftliche Luftschiffahrt bekundete und es sich nicht nehmen ließ, die Einweihung des neuen Observatoriums in Gegenwart des Fürsten von Monaco und zahlreicher Meteorologen des In- und Auslandes sowie von Luftschifferoffizieren Allerhöchst selbst zu vollziehen.

Dem Beispiele Aßmanns folgend hat auch Professor Köppen die Einrichtung einer Drachenstation bei der Deutschen Seewarte in Hamburg durchgesetzt. Dieser hatte in den Jahren 1898—1902 im Stadtteil Eimsbüttel Versuche angestellt zum Studium der Untersuchungsmethoden zur Erforschung der höheren Luftschichten. Die hierbei gewonnenen Erfahrungen hat Köppen im Jahrgang 1901 »Aus dem Archiv der Deutschen Seewarte« in ausführlicher Weise

Windenhaus auf dem Gelände des Aeronautischen Observatoriums
des Professor Aßmann.
Oben links ein eben aufgelassener Fesselballon.

niedergelegt. Aber erst 1903 konnte zur Errichtung einer festen Drachenstation geschritten werden. Auf einem 4 ha großen freien Landstücke am Ostrande des Dorfes Groß-Borstel wurde ein einfacher Holzbau aufgeführt und damit der durchaus gelungene Versuch gemacht, mit verhältnismäßig bescheidenen Mitteln einen dauernden Betrieb zu unterhalten. Das Stationsgebäude bestand ursprünglich aus einem heizbaren Bureauraum, einer ebenfalls heizbaren Werkstätte und einem größeren Drachenschuppen.

Im Jahre 1905 wurden in Gemeinschaft mit dem Hamburgischen Physikalischen Staatslaboratorium auch Registrierballonaufstiege begonnen und eine Ballonhalle gebaut. Diese ist gegen das Hauptgebäude so orientiert, daß zwei windgeschützte einspringende Winkel

gebildet werden, an denen sich die Tore der Halle befinden. Das
Auflassen der Aerostaten bei Wind wird hierdurch sehr erleichtert.

Etwa 60 m von dem nach Norden sich öffnenden Tore des
Drachenschuppens entfernt ist das drehbare Windehäuschen auf
einem 1³/₄ m hohen künstlichen Hügel aufgestellt.

Drachenaufstiege werden täglich außer an Sonn- und Feiertagen
gemacht, soweit es die Windverhältnisse gestatten. Infolge zu
schwachen Windes fallen jedoch noch reichlich ¹/₄ aller Werktage
aus. Fesselballonaufstiege sind der vermehrten Kosten halber noch
nicht ausgeführt, aber in Aussicht genommen zugleich mit der Verlegung der Station, die wegen der in großem Bogen um die Station
jetzt herumgeführten hochgespannten Wechselstromleitung dringend
zu wünschen ist.

In der letzten Zeit werden wegen der außerordentlichen Gefahren,
die durch Abreißen des Drahtes und Berühren der Starkstromleitungen entstehen können, die Aufstiege nur in geringe Höhen
bis etwa 2500 m geführt, deren Untersuchung auch noch größere
wissenschaftliche Ausbeute verspricht.

Die Resultate der mit den Drachenaufstiegen erhaltenen Re-
gistrierungen werden noch an demselben Tage im großen Wetter-
bericht der Seewarte veröffentlicht. Im letzten Sommer wurde ferner
das in den Morgenstunden von 6 bis 9 Uhr gewonnene Material
allen norddeutschen Dienststellen des öffentlichen Wetterdienstes
telegraphisch zugestellt, um diesen die Möglichkeit der Verwendung
zur Prognose zu geben.

Die bei der Station verwendeten, in den Jahren 1902 bis 1904
entstandenen Diamantdrachen, die in zwei Formen, mit und ohne
elastisch zurückklappbaren Flügeln, gebaut werden, haben sich in
mehrjährigem Betriebe bestens bewährt. Eine besondere Eigentüm-
lichkeit dieses Typs ist, daß er an der stumpfen Kante des rhom-
bischen Querschnitts gefesselt wird und die Tragflächen im Gegensatz
zu den gebräuchlichen Kastendrachen nach seitwärts geneigt sind.
(Abbildungen siehe Kapitel über Drachen.)

Das dritte deutsche Observatorium, das sich ebenfalls mit der
Aerologie beschäftigt, befindet sich zu Aachen. Dieses ist zugleich
öffentliche Wetterdienststelle für Rheinland und Westfalen und übt
in dieser Eigenschaft den Wetterdienst für Westfalen und den größten
Teil der Rheinprovinz sowie das Großherzogtum Luxemburg aus.
1908 wurde eine Pilotballonstation eingerichtet. Pilotballonvisierungen werden, wenn die Sichtbarkeitsverhältnisse es erlauben, täg-

lich angestellt; an den internationalen Tagen sowie für Zwecke der Luftschiffahrt a u c h m e h r m a l s täglich. Weiter beteiligt sich das Institut an den internationalen Tagen seit längerer Zeit, und zwar zuerst durch Anstellung stündlicher Wolkenbeobachtungen; seit dem Jahre 1909 werden auch Registrierballons aufgelassen. Hierbei werden die Tandemballons benutzt, wobei ein von der Gummifabrik S. Saul, Aachen ersonnenes Verfahren Anwendung findet. Die Instrumente sind nach Hergesellschen Angaben von Bosch in Straßburg angefertigt.

Besonderes Interesse wird den Beziehungen zwischen Luftschiffahrt und Meteorologie gewidmet. Während der zahlreichen Wettfahrten des Niederrheinischen Vereins und des Kölner Klubs für Luftschiffahrt sind stets aerologische Arbeiten für die Luftschiffahrt vorgenommen worden. Meist erfolgen die Pilotballonvisierungen auf den Startplätzen. Auf Grund der Erfahrungen, die man gelegentlich dieser Wettfahrten gewonnen hat, wurde im Juli 1909 ein besonderer Wetterdienst für Luftschiffahrt seitens des Meteorologischen Observatoriums eingerichtet. Dieser Dienst wird zweimal wöchentlich, Freitags und Samstags, ausgeübt, also unmittelbar vor den Tagen, an denen die meisten Ballonfahrten stattfinden. Das Material wird durch den Entwurf einer Wetterkarte um 2 Uhr nachmittags erweitert und auf Grund dieser wie der vorliegenden Meldungen der aerologischen Observatorien und der zu Aachen stattfindenden Pilotballonvisierungen werden besondere Vorhersagen für die Luftschiffervereine ausgegeben. Eine solche Vorhersage lautete:

»Abgegeben den 15. X. 1909 um 5 Uhr 39 Min.

Veränderlich, starke südwestliche bis westliche Winde, über zehn Sekundenmeter, Höhe weiter zunehmend, Böengefahr, Vorsicht.«

In Ergänzung zu der Wettervorhersage für den öffentlichen Wetterdienst, die gegen 11 Uhr vormittags erfolgt, werden Vorhersagen auch nachmittags gegen 6 Uhr ausgegeben und können somit sowohl bei Nachtfahrten, die am Abend selbst ihren Anfang nehmen, als auch bei der Frühfahrt am folgenden Morgen Verwendung finden. Erweitert wurde dieser Dienst für Luftschiffahrt im November 1909 gelegentlich der militärischen Übungsfahrten des Luftschifferbataillons durch die Errichtung einer vorübergehenden Dienststelle zu Köln, an der Wetterkarten entworfen und aerologische Messungen angestellt und dann der Militärbehörde für ihre Fahrten zugänglich gemacht wurden.

Über die Benutzung aerologischer Beobachtungen für die Wettervoraussage hat Aßmann einen sehr beachtenswerten Vortrag beim internationalen Aerologen-Kongreß in Monaco gehalten.

Fast 7000 m Höhe sind vom Aßmannschen Observatorium und anderen mittels Drachen erreicht worden, während die größte Höhe, die durch einen Registrierballon überhaupt sondiert wurde, am 5. November 1908 über Uccle bei Brüssel erreicht worden ist.

Durch die ständigen aerologischen Observatorien und die vielen Beobachtungswarten, die gelegentlich — namentlich an den internationalen Tagen — die Erforschung der höheren Schichten der Atmosphäre in ihr Programm aufgenommen haben, ist auf dem Lande jetzt schon ein weitumfassendes, allerdings immer noch zu erweiterndes Netz von Stationen geschaffen, während man über den Meeren erst nach Ausbildung der Hergesellschen Methoden mit den Untersuchungen in weitergehendem Maße beginnen konnte.

Der größte Teil unserer Erdoberfläche besteht aber aus Wasser, und deshalb ist die Erforschung der Luft über diesen weiten Flächen eine unbedingte Notwendigkeit, wenn man die Gesetzmäßigkeit der atmosphärischen Erscheinungen kennen lernen will. Der Amerikaner Rotch hatte zuerst auf diese Notwendigkeit hingewiesen und bald auch als erster auf dem Meere Registrierapparate hochgebracht, nachdem schon im Frühjahr 1900 Professor Hergesell die ihm vom Verfasser nach Friedrichshafen am Bodensee gesandten Drachen ohne Instrumente zu Aufstiegen auf einem Motorboot mit Erfolg benutzt hatte.

Schon früh hatte Hergesell mit allen Kräften dahin gewirkt, daß am Bodensee ein Observatorium ins Leben gerufen würde, welches vornehmlich über dem Wasser Versuche anstellen sollte.

Unter Mitwirkung des Deutschen Reiches und der Uferstaaten des Bodensees ist denn auch am 1. April 1908 in Friedrichshafen ein aeronautisches Observatorium gegründet worden, das den Namen »Drachenstation« führt. Mit Hilfe des 26,75 m langen, bis zu 19,5 Seemeilen laufenden Bootes »Gna« werden hier Drachen- und Fesselballonaufstiege durchgeführt. Die Leitung des Observatoriums, das eine württembergische Landesanstalt ist, ist Dr. E. Kleinschmidt, einem früheren Assistenten von Hergesell übertragen, dem als wissenschaftlicher Mitarbeiter Dr. G. Jonas zur Seite steht. Die Aufstiege erfolgen nach Möglichkeit täglich.

Allmählich haben sich dann weitere beteiligte Kreise dazu entschlossen, durch Schiffsexpeditionen systematisch die Luft über dem

Meere zu sondieren. Die historische Entwicklung ist in kurzen Zügen folgende. Zu gleicher Zeit etwa wie Rotch hatte auch Berson 1900 Pläne zur Erforschung der Monsun- und Passatgebiete des Indischen Ozeans ausgearbeitet. 1901 folgen die Untersuchungen von Rotch in den Gewässern bei Boston und alsbald diejenigen seines Assistenten H. Clayton auf einem Schiffe während der Überfahrt nach England. In den Jahren 1902 und 1903 folgt dann eine ganze Reihe von Expeditionen auf die Meere: Koeppen in die Ostsee, Berson-Elias auf dem Passagierdampfer Oihanna vom Großen Belt bis in die arktischen Gebiete bei Spitzbergen, Dines in die schottischen, Teisserenc de Bort in die dänischen Gewässer, sowie dieser und Rotch in den Atlantischen Ozean.

1904 gelang es Hergesell, den schon durch seine Tiefseeforschungen in der wissenschaftlichen Welt rühmlichst bekannten Fürsten Albert von Monaco für die Aerologie zu gewinnen, und es foglt nunmehr eine Reihe von Fahrten auf der Yacht »Princesse Alice«, die sich in die nordatlantischen Passatgebiete und später bis nach Spitzbergen erstrecken.

Von weittragender Bedeutung für die Entwicklung der maritimen Aerologie erwies sich der Beschluß, den die Internationale Kommission auf Anregung von Teisserenc de Bort 1906 zu Mailand gefaßt hatte: in jedem Jahre eine sogenannte große internationale Woche festzulegen, an der 6 Tage hindurch an möglichst vielen Punkten die Verhältnisse der oberen Luftschichten sondiert werden sollten. Solche Aufstiegsserien haben bis jetzt z w e i m a l stattgefunden: im Juli 1907 und im Juli 1908, während die dritte die Tage vom 6.—11. Dezember 1909 umfassen wird.

Dank der Tätigkeit des Präsidenten der Internationalen Kommission wurde jedesmal eine größere Anzahl spezieller Expeditionen zu Wasser und zu Lande ausgerüstet.

Von deutschen Unternehmungen der letzten Jahre sind hierbei zu nennen die Fahrt Hergesells nach Spitzbergen, des Kriegsschiffes »M ö w e« in die Gewässer zwischen Norwegen und Island, des

»National« der Expedition v. Hewald-Hildebrandt in die isländischen Meere und die des deutschen Vermessungsschiffes »Planet«, die sich über drei Ozeane erstrecken. Dezember 1909 sind dank der Opferwilligkeit des Norddeutschen Lloyds auf Dampfern für aerologische Forschungen unterwegs: Dr. Stade nach Rio de Janairo, Dr. Alfred Wegener nach dem La Plata, Dr. Frobese nach Australien; Hergesell fährt zur gleichen Zeit nach Westindien, während sein Assistent Dr. Wenger in Teneriffa, insbesondere bei dem von Hergesell und Professor Pannwitz in den Cañadas —

Drachenaufstiege auf der Yacht des Fürsten Albert von Monaco
im Mittelmeere.
Links Fürst Albert, in der Mitte Professor Hergesell.

2200 m Höhe am Fuße des Piks de Teyde — begründeten, von der spanischen Regierung ausgebauten Observatorium tätig ist.

Wertvoll sind die Ergebnisse gewesen, welche die Beobachtungen während der Expeditionen gezeitigt haben.

Ein Gegenstand sehr eingehenden Studiums waren beispielsweise zunächst und sind auch heute noch die Passatregionen und benachbarten Gebiete, nachdem Hergesell auf der »Princesse Alice« die allgemeinen Verhältnisse dieser Gegenden zum ersten Male festgestellt hatte.

Die von Teisserenc de Bort und Rotch ausgerüstete Yacht »Otaria« hat 1906/07 diese Gebiete durchfahren; ferner kreuzte das deutsche Vermessungsschiff »Planet« den Atlantischen Ozean, um

später im Indischen und Pazifischen Ozean aerologisch tätig zu sein.
1907 nahm ein französischer Kreuzer in der Nähe der Azoren, 1908
bei den Antillen die Forschungen auf, während Hergesell im gleichen
Jahre an Bord des Kreuzers »Viktoria Louise« südlich der Kanarien
Registrierballons mit Erfolg hochließ. Auf Teneriffa arbeitete
während der gleichen Zeit sowie vor- und nachher R. Wenger mit
Fesselballons und besonders mit Piloten. Sehr vielseitig und umfassend war ferner im Herbst 1908 die Tätigkeit der von Aßmann
organisierten Expedition des Lindenberger Observatoriums auf dem
Viktoria Nyanza sowie an der ostafrikanischen Küste. Gleichfalls an
der ostafrikanischen Küste, jedoch nördlicher, beteiligte sich die
italienische Marine an den großen internationalen Wochen.

Die Erklärung des Passats und Antipassats lautete früher etwa
wie folgt:

»Infolge der Erddrehung erhalten die Winde eine Ablenkung
auf der nördlichen Halbkugel nach rechts, auf der südlichen nach
links. Die »Passat«winde treten daher nördlich vom Äquator als
Nordost-, südlich desselben als Südostwinde auf. Zwischen denselben
herrscht die Region der windstillen Zone, der Kalmen. Da nun die
in dieser Region aufsteigenden Luftströme nach den Polen abfließen
müssen, ist über den Passaten eine polwärts gerichtete Strömung,
der »Antipassat« vorhanden.«

Diese Anschauungen sind jedoch nunmehr wesentlich verändert und vertieft worden. Das typische Passat- und Antipassat-
bild findet sich r e i n nur im S ü d e n und im Z e n t r u m des Passatgebietes.

Die nordwestlichen Winde, die Hergesell über dem Passat gefunden hatte, fanden eine Erklärung durch den Einfluß der Depres-
sionen, die am Rande des atlantischen Passatgebietes längs der
afrikanischen Küste hinziehen.

Die Temperaturverteilung, wie sie Hergesell zuerst festgestellt
hatte, bestätigte sich. Man fand eine »mächtige, windschwache,
trockene Zone mit fast konstanter nach oben direkt zunehmender
Temperatur« über den Passaten.

Entgegen der Theorie nimmt die Mächtigkeit des Passats mit
der Entfernung vom Azorenmaximum und der Annäherung an die
äquatorialen Kalmen ab. In den letzteren wurde von der »Otaria«,
wie von Berson und Elias der äquatoriale Ostwind der Theorie als
Regel festgestellt, daneben aber das zurzeit unerklärliche Vorkommen
westlicher Winde in sehr großen Höhen.

21*

Berson und Elias konstatierten ferner bei ihrer Ostafrika-Expedition, daß am Äquator — über dem Viktoria Nyanza — erst in 18 km Höhe die allgemeine Temperaturumkehr beginnt, eine Feststellung, die auch bei der Drachenstation zu Simla in Indien gemacht worden ist. Es sei erwähnt, daß die Erstgenannten am Äquator die niedrigste bisher überhaupt im Luftmeere gemessene Temperatur angetroffen haben: — 84⁰ C in 19500 m Höhe.

Hiermit sind wir auf eine andere Erscheinung gekommen, die das wertvollste Resultat der aerologischen Forschungen der letzten Jahre darstellt: die eben erwähnte allgemeine Temperaturumkehr in großen Höhen: die sogenannte »hohe Inversion«.

Nach dem Gesetze der mechanischen Wärmetheorie müßte mit der Höhe ständig eine Temperaturabnahme erfolgen — »adiabatisch« um je 1⁰ C für je 100 m. Tatsächlich ist diese Abnahme auch bis in die Höhen von etwa 10000 m festgestellt worden. Darüber hinaus — bei den verschiedenen Wetterlagen und in den verschiedenen Breitengraden entweder in größerer oder geringerer Höhe — wurde aber zunächst eine Schicht gleicher Temperatur — Isothermie — und dann Wärmezunahme — Inversion — gefunden.

Dieses von Teisserenc de Bort und Aßmann gleichzeitig entdeckte Phänomen ist aller Wahrscheinlichkeit nach über alle Länder und Meere der Erde ausgebreitet. Teisserenc de Bort und Hildebrandsson haben die Inversion über Kiruna in Lappland ermittelt, Aßmann und Hergesell über Deutschland, Berson und Elias, wie erwähnt, über dem Äquator, Hergesell in den arktischen Regionen. Der Letztgenannte hatte 1906 bei Tromsö einen Registrierballon aufgelassen, der erst im Juli 1909 von einem Lappen auf einem Gletscher aufgefunden worden ist. Die tadellos erhaltene Registrierung, die bis 16 km Höhe führt, erwies das Vorhandensein der hohen Inversion.

Auch die in Sibirien mehrfach von russischer Seite erfolgten Registrierballonaufstiege haben gleichfalls das Phänomen festgestellt.

Das Vorhandensein der »hohen Inversion« wurde noch vor kurzem besonders in England angezweifelt; aber sie ist als Tatsache erwiesen. Vielfach hat sich auch die Theorie mit ihr befaßt. Zu nennen sind in neuester Zeit besonders die Engländer Gold und Humphreys, die auf theoretischem Wege eine obere Grenze der vertikalen Temperaturabnahme aus der von der Erdoberfläche bzw. den ihr aufliegenden Luftschichten ausgehenden Strahlung, welche die Schichten von 4—8 km ungeschwächt passiert und erst höher hinauf absorbiert wird, folgerten und berechneten.

Erst die eingehenden Sondierungen der Atmosphäre und die Schlüsse, die man aus ihnen hat ziehen können, haben die Lösung eines anderen Problems aussichtsvoll gestaltet, das in neuester Zeit viele Luftschiffer beschäftigt hat: die Erreichung der nahe am Pol liegenden Regionen mittels Ballons.

Die Versuche von Andrée und Wellmann sind gescheitert; außer in dem mangelhaften Material liegt der Grund hierfür in der damaligen Unkenntnis der meteorologischen Verhältnisse in der Arktis.

Ob man den Pol selbst mittels Luftschiff in Zukunft erreichen kann, braucht nicht bezweifelt zu werden.

Wind und namentlich Nebel sowie die Bildung von Rauhreif bieten aber sehr erhebliche Hindernisse.

Die Windstärke ist auf der Framexpedition für die Monate Juni, Juli und August im Mittel auf nur 5 m/sek festgestellt. Bei Havarien wäre es von höchster Wichtigkeit, ein zweites Luftschiff zur Verfügung zu haben, das durch Funkenspruch herbeigerufen werden könnte. Wenn aber aus irgendwelchen Gründen die Verständigung mit dem anderen Fahrzeug versagt, oder wenn auch dieses einen Unfall erleidet, so bedeutet die Rückreise eine zweite Expedition, aber mit sehr beschränkten Hilfsmitteln.

Außer den Beobachtungen, die aus der Trift des Fram gewonnen wurden, sind die schon erwähnten Untersuchungen von Berson-Elias und H. Hergesell sehr wertvoll. Hergesell ließ 1906 auf Spitzbergen 29 Pilotballons aufsteigen. Auch die Untersuchungen von Rempp während der Expedition v. Hewald-Hildebrandt haben Aufklärungen nach verschiedenen Richtungen hin gegeben.

Wechselnde Winde wurden selbst in den höheren Luftschichten gefunden. Bis 8000 m ergab sich eine sehr langsame Temperaturabnahme. Die hohe Inversion tritt in den nördlicheren Breiten in niedrigerer Höhe auf.

Die Methode der Drachen- und Fesselballonaufstiege wurde auch bei den unter Alfred Wegeners Leitung erfolgten aerologischen Forschungen der Danmark-Expedition an der Nordostküste Grönlands mit Erfolg benutzt. Die Seltenheit des Ostwindes und das häufige Abflauen des Windes, eine ausgesprochene Abnahme seiner Stärke mit der Höhe, sind hier sehr bemerkenswert. Die Wind-

geschwindigkeit zeigte auch bei den schwersten Stürmen nicht über
20 m/sek. In dem Gebiet, in welchem Wegener arbeitete, gehört
die 200 m Stufe noch völlig dem Südost, die 500 m Stufe vor-
wiegend schon dem westlichen Winde an, nur zweimal wurde hier
Südwind gefunden. Bei 1000 m zog die Luft in allen Fällen aus
Nordwesten. Demnach haben wir also in Nordostgrönland vorherrschend Westwinde.

Um die Kenntnis des gesamten Luftaustausches in den Polar-
zonen zu fördern, begaben sich A. de Quervain, Zürich, und A. Stolberg, Straßburg i. E. Anfang 1909 nach Westgrönland. Es handelte
sich bei dem aerologischen Teil ihrer Forschungen namentlich um
die Frage, ob Westwindwirbel vielleicht auch hier in höheren Luftschichten anzutreffen wären, ferner, wie weit in größeren Höhen eine
bisher immer noch theoretisch angenommene einheitliche Polar-
zirkulation, ein Polarwirbel, entsprechend den Verhältnissen der
Antarktis nachgewiesen werden könne, oder wie weit die Verteilung
von Wasser und Land, also der Einfluß Grönlands selbst, sich geltend machen würde. Die Pilotballons wurden nach der bequemen
de Quervainschen Pilotanvisierungsmethode, einer trigonometrischen
Flugbahnbestimmung, verfolgt. Dank der Klarheit der Atmosphäre
konnten Richtung und Geschwindigkeit der Luftströmungen durch
70 Pilotballons bis 20000 m Höhe im Maximum verfolgt werden.
Die Beobachtungen von de Quervain und Stolberg ergaben, daß
wenigstens im April, Mai, Juni — wahrscheinlich auch später —
der oben genannte Wirbel nicht existiert. Die bisher von Berson, Elias, Wegener u. a. in der Arktis gefundenen hohen westlichen
Winde kamen hier nicht vor, während selbst in den größten Höhen
die sonst so sehr seltene Süd- oder Südostströmung gefunden wurde.
Der Nordwind wurde hier als ein leichter, nur in den allertiefsten
Schichten auftretender Bodenwind erkannt. Die bei Spitzbergen von
Berson und Elias häufiger beobachtete Windstille kam in Westgrönland so gut wie gar nicht vor.

Auch die von Kousnetzow und Nadeew zu Taschkend in Sibirien 1907 und 1908 veranstalteten erfolgreichen Registrierballon-
sondierungen ergaben neben hoher Inversion starke Westwinde in
der Höhe. Eine interessante technische Verbesserung der auch
hier mittels Registrierballons nach der Platzmethode ausgeführten
Untersuchungen bestand in der Anwendung von 15 kleinen vertikal angeordneten Fallschirmen statt des bisher gebräuchlichen
einen großen.

Bemannte Hochfahrten in den arktischen Regionen zu unternehmen, dürfte wohl für jetzt und die nächste Zukunft zu den Unmöglichkeiten gehören, wenngleich der Mensch nicht mehr von körperlichem Unbehagen ergriffen sein wird als in den wärmeren Breiten.

Es interessiert wohl den Laien, auch über das körperliche Befinden des Menschen in den höheren Schichten der Atmosphäre etwas zu vernehmen.

Schon aus dem Jahre 1803 haben wir Berichte über eine nicht sehr gut verlaufene Hochfahrt, die der bereits genannte italienische Graf Zambeccari von Bologna aus unternommen hatte. Anfang Oktober stieg er mit zwei Begleitern in einer Charliere auf, die mit Spiritusflammen angeheizt werden sollte. Der Aerostat hatte so viel Auftrieb bekommen, daß der Führer und einer seiner Begleiter unter dem Einflusse der dünnen Luft ohnmächtig auf die Galerie niedersanken, während der dritte, der tagsüber nicht so angestrengt wie seine Kollegen gearbeitet hatte, wohlauf blieb und dieselben zu wecken vermochte, als der Ballon auf das Meer niederging. Ehe sie durch Ballastausgabe den Fall parieren konnten, waren sie schon mit der Gondel in das heftig bewegte Meer gefallen, und in der ersten Bestürzung warfen sie alles, was ihnen in die Finger kam, heraus, Ballast, Instrumente, Ruder, Teile der Kleidung, Lampen, Tauwerk etc. Hierdurch über Gebühr erleichtert, wurde die Gondel plötzlich wieder aus dem Wasser herausgerissen und der Ballon stieg rapid weit über die frühere Höhe hinaus. Das Atemholen wurde den Luftschiffern nun sehr beschwerlich, Zambeccari wurde seekrank und Grassetti lief das Blut aus der Nase, dabei wurde infolge der oben herrschenden Kälte die nasse Kleidung aller mit einer Eiskruste überzogen. Als nachher der Ballon wieder herunterging, fiel er noch einmal ins Meer und nach mancherlei Fährlichkeiten wurden die Luftschiffer durch ein Boot gerettet. Zambeccari waren in der großen Höhe mehrere Finger erfroren, die er amputieren lassen mußte.

Eine bemerkenswerte Fahrt machten im September 1862 der von uns schon genannte Glaisher mit dem Luftschiffer Coxwell. Der Ballon hatte so großen Auftrieb erhalten, daß er schon nach ca. 18 Minuten 3200 m hoch war, also 3 m pro Sekunde zurückgelegt hatte. Bei ca. 5000 m Höhe begann Coxwell Ermattung zu zeigen, während Glaisher noch frisch war. Bald waren sie 8800 m hoch, wo das Quecksilber bis auf — 19° gefallen war. Die Empfindungen der Luftschiffer sind so interessant, daß wir Glaishers ausführliche Aufzeichnungen wörtlich wiedergeben wollen:

»Bis jetzt hatte ich meine Beobachtungen glatt ohne Atmungsbeschwerden anstellen können, während Coxwell öfters von Ohnmachtsanfällen heimgesucht wurde. Bald aber konnte ich die Quecksilbersäule des feuchten Thermometers nicht mehr erkennen, dann auch die Zeiger der Uhr oder die anderen feinen Teilstriche der Instrumente nicht mehr. Ich bat deshalb Coxwell, mir bei den Ablesungen zu helfen, da ich nicht mehr ordentlich sehen könnte. Aber durch die fortwährenden Drehungen des Ballons während der ganzen Fahrt hatte sich die Ventilleine derart verschlungen, daß Coxwell vom Korbrand aus in den Ring steigen mußte, um die Leine wieder klar zu machen. Ich machte jetzt noch eine Ablesung und konnte feststellen, daß das Barometer auf 247 mm, entsprechend einer Höhe von 8840 m, stand. Ich legte nun meinen rechten Arm auf den Tisch; doch als ich ihn gebrauchen wollte, fand ich, daß er plötzlich seine ganze Kraft verloren hatte und schlaff herabhing. Ich wollte den anderen Arm gebrauchen, aber auch er war kraftlos.

Baro-Thermo-Hygrograph nach Hergesell für bemannte Ballons von Optiker Bosch in Straßburg i. E.
(Aus »Die Umschau«, Frankfurt a. M.)

Mit aller Energie rüttelte ich mich auf, bewegte meinen Körper, um nach dem Barometer zu sehen, doch ich fühlte meine Glieder nicht mehr, und mein Kopf fiel auf die linke Schulter. Wieder versuchte ich, Herr über meinen Körper zu werden, aber es war unmöglich, die Arme zu bewegen; einen Augenblick vermochte ich zwar den Kopf aufzurichten, dann aber sank er wieder auf die Schulter, ich fiel mit dem Rücken gegen die Korbwand, während mein Kopf auf dem Rande desselben ruhte.

Während ich über Arme und Beine jegliche Gewalt verloren hatte, schien ich Bewegung mit dem Rückgrat und Hals unter Aufbietung aller Energie noch ausführen zu können.

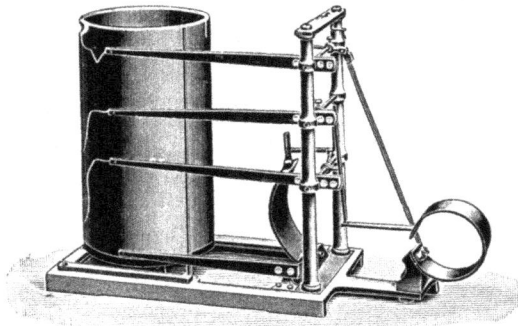

Baro-Thermo-Hygrograph nach Hergesell für Drachen von Optiker Bosch in Straßburg i. E.
(Aus »Die Umschau«, Frankfurt a. M.)

Aber auch dies dauerte nicht mehr lange, ich wurde völlig unfähig, mich irgendwie zu regen. Coxwell sah ich noch im Ringe sitzen, ich versuchte ihn anzureden, aber meine Zunge versagte ihren Dienst. Dann wurde es mir dunkel vor den Augen. Der Sehnerv hatte seine Kraft verloren; dabei hatte ich aber keineswegs das Bewußtsein verloren; ich war so klar im Kopf wie heute, wo ich dies schreibe. Ich war mir bewußt, daß nur ein Herabsteigen aus diesen hohen Regionen mich vom Tode retten könne.

Plötzlich aber wurde ich bewußtlos und schlief ein. Über die Einwirkung auf meinen Gehörsinn kann ich nichts sagen, da tiefes Schweigen herrschte; wir befanden uns ja in einer Höhe von zirka 11 000 m, wohin kein Laut von der Erde mehr dringt.

Um 1 Uhr 54 Minuten hatte ich die letzte Beobachtung gemacht, und unter der Annahme, daß ich 2—3 Minuten später bewußtlos wurde, muß es 1 Uhr 57 Minuten gewesen sein. Ich hörte plötzlich Coxwell die Worte ‚Temperatur‘ und ‚Beobachtung‘ aussprechen; ich war also wieder zu Sinnen gekommen und konnte hören. Aber ich konnte ihn weder sehen, noch konnte ich sprechen oder gar mich bewegen. Wieder redete Coxwell auf mich ein: ‚Versuchen Sie es jetzt‘. Undeutlich sah ich zunächst

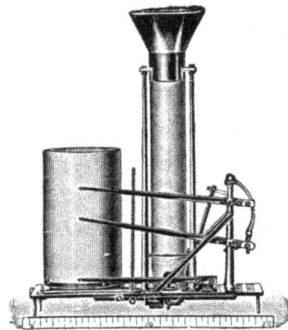

Baro-Thermo-Hygrograph nach Hergesell für Registrierballons von Optiker Bosch in Straßburg i. E. (Aus »Die Umschau«, Frankfurt a. M.)

die Instrumente, dann Coxwell und bald auch alles andere deutlich. Ich sagte: ‚Ich war bewußtlos‘, worauf Coxwell antwortete, daß er es auch beinahe geworden wäre. Er zeigte mir nun seine Hände, deren Gebrauch er verloren hatte und die ganz schwarz aussahen. Während er auf dem Ring gesessen habe, sei er von der furchtbaren Kälte ergriffen; er habe sich auf den Ellenbogen in den Korb gleiten lassen, da er die Hände nicht zu gebrauchen vermochte. Als er dann mich ohnmächtig liegen sah, hätte er mit den Zähnen die Ventilleine gepackt und das Ventil geöffnet.

Ich nahm 2 Uhr 7 Minuten meine Beobachtungen wieder auf.«

Die weitere Erzählung Glaishers hat auf den körperlichen Zustand bei dieser Hochfahrt keinen Bezug mehr, bemerkt sei nur, daß nach der Landung sich keinerlei Nachteil für den Körper eingestellt hat.

Glaisher gibt die Höhe auf 11300 m an, aber Aßmann hat nachgewiesen, daß die erreichte Höhe auf keinen Fall 8990 m überschritten haben kann. Jedenfalls ist aber trotzdem diese Fahrt als eine erstaunliche Leistung anzusehen; ohne Sauerstoff zu atmen, ist noch kein Mensch zuvor und auch später nicht[1]) bis zu solchen Höhen vorgedrungen.

Die Erlebnisse Glaishers führten nun dazu, Untersuchungen anzustellen über das Verhalten des tierischen Organismus in starker Luftverdünnung und bald auch, wie sich dieser Zustand wieder ändert beim Einatmen von reinem Sauerstoff.

Zunächst wurden durch den Franzosen Paul Bert unter der Luftpumpe mit kleinen Vögeln Experimente angestellt, die ergaben, daß tatsächlich alles Unbehagen des Körpers in dünner Luft beim Einatmen von Sauerstoff verschwand. Bert baute nun eine große pneumatische Kammer, um am Menschen selbst seine Experimente fortzusetzen.

Die Erfahrungen, welche bei den Vögeln gemacht waren, bestätigten sich. Der beschleunigte Atem, der schnellere Puls, Ohrensausen, Ohnmachtsanfälle und geistige Erschlaffung verloren sich sofort, wenn reiner Sauerstoff eingeatmet wurde.

Im Jahre 1903 stellte auch Verfasser auf Veranlassung des Rittmeisters v. Lucanus bei Hochfahrten Versuche mit Vögeln verschiedener Gattungen an, bei denen es sich herausstellte, daß die nordischen Zugvögel die größte Widerstandsfähigkeit gegen die Einflüsse der dünnen Luft und der Kälte besaßen. Jedoch über ca. 5000 m ging ihre Existenzfähigkeit nicht hinaus.

---

[1]) Dr. Schlein kam am 5. Juli 1905 bis auf 7800 m, ohne Sauerstoff zu atmen.

Die Franzosen Sivel und Crocé-Spinelli hatten in der pneumatischen Kammer Druckverminderung bis 300 mm sehr gut vertragen, im Ballon aber unterlagen sie bei derselben Verdünnung sehr großen Beschwerden, die sie auf die erhebliche Kälte von — 24⁰ schoben. Einatmung von Sauerstoff brachte ihnen allerdings große Erleichterung.

Am 15. April 1875 stiegen Gaston Tissandier, Sivel und Crocé-Spinelli mit einem Ballon in der Absicht auf, wenn möglich noch größere Höhen zu erreichen als Glaisher. Um dies durchführen zu können, nahmen sie jeder noch kleine Ballons mit, die mit verschiedenen Mischungen von Sauerstoff und Luft gefüllt waren. Durch Röhren mit Mundstücken wollten sie dieses Gemisch einatmen, sobald sie irgendwelche Beschwerden verspürten.

Um die Wirkung ihrer Ballons zu erproben, begannen sie schon bei ca. 4300 m mit der künstlichen Atmung, um aber bald wieder damit aufzuhören. Sivel wurde zuerst von körperlichem Unbehagen ergriffen, er bekam einen Ohnmachtsanfall, der jedoch bald wieder vorüberging. Meteorologische wie physiologische Beobachtungen wurden von Tissandier fortgesetzt angestellt. Es ergab sich, daß er selbst bei 4600 m 110 Pulsschläge in der Minute feststellte, gegen 80 normal; in 5300 m hatte Sivel 150, Crocé 120, während in demselben Verhältnis ungefähr die Atemzüge zunahmen.

Bei 7000 m begannen die Kräfte nachzulassen, und die Luftschiffer fingen an, in den bekannten Zustand der Gleichgültigkeit zu fallen; die große Kälte (— 10⁰) machte die Hände erstarren, Schwindel und Ohnmachten stellten sich ein; während Sivel und Crocé am Boden regungslos sitzen, vermag Tissandier noch vom Barometer die Zahl 8000 abzulesen, um dann ebenfalls das Bewußtsein zu verlieren. Nach einiger Zeit wurde er durch Crocé geweckt, welcher ihn bat, Sand auszuwerfen, da der Ballon rapid fiel. Crocé mußte es aber selbst tun, da Tissandier sofort wieder in Schlaf verfiel. Als der letztere dann nach einiger Zeit wieder infolge sehr starken Luftzuges zum Bewußtsein kam, gelang es ihm nicht, seine Gefährten zu erwecken, sie waren mittlerweile erstickt. Nach einer starken Schleiffahrt landete er selbst unversehrt mit den beiden Leichen an Bord. Sivel und Crocé waren in ca. 8300 m Höhe erstickt, weil sie nicht mehr die Kraft gehabt hatten, die Röhren der Atmungsballons zu benutzen.

In Deutschland — und später auch in Österreich — hat man sich ganz besonders in der Organisation von Hochfahrten hervor-

getan, die zumeist auf Veranlassung von Aßmann unternommen
worden sind [1]).

Besonders bemerkenswert ist zunächst die Fahrt vom 4. Dezember 1894, weil an diesem Tage Berson seinen ersten Höhen-
rekord mit 9150 m erreichte.

Die Fahrt fand statt mit dem 2600 cbm großen Ballon »Phönix«,
der in Staßfurt mit reinem Wasserstoffgas gefüllt wurde und als Beobachter und gleichzeitigen Führer im Korbe nur Berson aufnahm.

Für die Atmung war ein Stahlzylinder mit 1000 l Sauerstoff
mitgenommen. Damit unter
keinen Umständen die körperliche Ermattung durch An-
strengung gefördert würde,
waren die Sandsäcke zum
größten Teil außen am Korbe
in der Weise angebunden, daß
der Boden und Kopf durch
eine Schnur am Korb befestigt
wurden und es nur nötig war,
die Schnur des Kopfes mit
dem Messer zu durchschneiden, um das Entleeren des
Sackes zu bewirken. Es gelang Berson, der, durch die
Erfahrungen bei früheren
Fahrten gewitzigt, sich die
Nacht vor der Auffahrt die
nötige Ruhe gegönnt hatte,
bis fast 7000 m ohne Sauer-

Professor Dr. Süring, Abteilungsvorsteher
am Kgl. Preußischen Meteorologischen Institut.

stoffatmung ohne besondere Beschwerden vorzudringen. Bei einer
Höhe von über 8000 m zeigte sich bei zufälligem Entfallen des
Atmungsschlauches sehr starkes Herzklopfen. Es war Gefahr vor-
handen, daß die Müdigkeit den Körper besiegen könne. Mit größter
Energie drang Berson höher hinauf, erst bei 9150 m und 47,9°
Kälte war der Ballastvorrat zu Ende; die Landung mußte eingeleitet
werden, obgleich Berson sich noch so wohl befand, daß er sehr gut
noch weitere Luftverdünnung hätte ertragen können.

---

[1]) Eingehend sind viele Fahrten beschrieben in dem Werke: Wissenschaftliche Luftfahrten, herausgegeben von Richard Aßmann und Artur Berson.

Berson vermochte 1901 mit Dr. Süring zusammen seinen eigenen Rekord zu schlagen und gelangte bis in die Höhe von 10800 m.

Es stand für diese Fahrt ein 8400 cbm großer Ballon zur Verfügung, der zur Ausführung einer Dauerfahrt gebaut worden war.

Mitte Juli 1901 fand mit diesem großen Ballon eine vorbereitende Fahrt statt, an der sich außer Berson und Süring noch Dr. v. Schroetter aus Wien beteiligte.

Der Ballon wurde mit Leuchtgas zu ungefähr ³/₄ gefüllt und stieg bis zu einer Höhe von 7500 m. Dr. v. Schroetter machte während der Fahrt seine physiologischen Beobachtungen.

Interessant ist das Training, dem sich die Höhenforscher unterzogen. Während der schon genannte Bert in einer pneumatischen Kammer sich in 85 Minuten einer Luftverdünnung auf 248 mm Quecksilbersäule aussetzte und ein Gelehrter Mosso sogar auf 192 mm herabging, was einer Höhe von 11650 m entspricht, gingen Berson[1]), Süring und v. Schroetter ziemlich schnell, in 15 Minuten, auf 225 mm — die Pumpen des Berliner pneumatischen Kabinetts gestatteten keine weitere Druckverminderung —, bei welchem Druck Kaninchen ohne Sauerstoff nach 1¹/₂ Stunden starben, während Tauben umfielen, auf der Erde umherrollten, aber das Experiment überstanden.

v. Schroetter hat nun eingehende Messungen des Pulses, der Atemzüge usw. angestellt. Es würde zu weit führen, auf die Einzelheiten der Ergebnisse hier näher einzugehen, und es sollen deshalb nur einige Empfindungen der Personen erwähnt werden.

v. Schroetter schildert:

»Wir befinden uns bei einer Verdünnung entsprechend einem Luftdrucke von 300 mm. Schon haben sich früher, während das Quecksilber sank, eigenartige Sensationen, ein Gefühl von Müdigkeit und Schlafsucht, bemerkbar gemacht, gegen welches wir noch durch absichtlich eingeleitetes vertieftes Atmen ankämpfen konnten.

Nun aber wird der Zustand immer beunruhigender. Auffallende Blässe mit lividem Kolorit stellt sich ein, der Kopf wird schwer und schwerer, die Beine zittern, die Hand versagt den Dienst, und das Bewußtsein beginnt zu schwinden.

Einige Züge aus dem Sauerstoffrezipienten, und sofort fühlen wir uns neu belebt; die bedrohlichen Erscheinungen sind wie mit einem Schlage geschwunden, und volle geistige und körperliche Frische ist zurückgekehrt.

---

[1]) Sonderabdruck aus: M. Michaelis, Sauerstofftherapie; H. v. Schroetter, Der Sauerstoff in der Prophylaxe und Therapie der Luftdruckerkrankungen.

Der Druck sinkt weiter in der Kammer und wir können, während wir am Sauerstoffschlauch atmen, in aller Ruhe die beabsichtigten Untersuchungen, Puls, Reflexe, Dynamometer usf., vornehmen.

Der Luftdruck geht unter 260 mm, einer Höhe von ca. 8500 m entsprechend; man beschließt die Messungen und ist schließlich noch in der Lage, bei diesem Druck eine Zigarette zu rauchen.«

v. Schroetter stellt fest, daß der Hochfahrer von allen Symptomen der Bergkrankheit befallen wird. Große Müdigkeit und

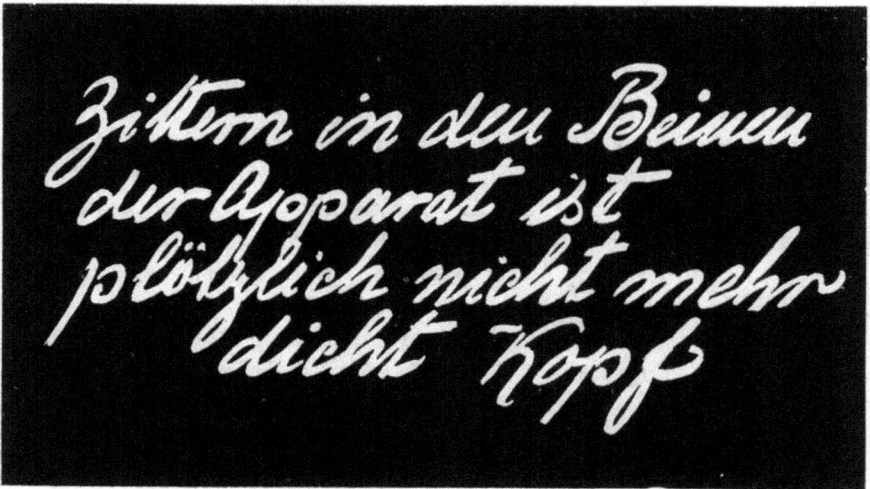

Dr. H. v. Schroetters normale Schrift.
(Aus Zuntz »Höhenklima und Bergwanderungen«. Verlag Rich. Bong & Co., Berlin.)

Schläfrigkeit stellen sich ein, und man ist absolut unlustig, auch nur die geringste Arbeit zu leisten. Verstärkt wird dieses Gefühl durch die Tatsache, daß jedes Aufrichten und noch mehr jedes Bücken außerordentlich anstrengend ist. Die Muskeln gehorchen nicht mehr, die Sehschärfe und das Gehör leiden, das Denken wird erschwert.

Als Beispiel, in welcher Weise die Kraft und das Gehirn versagen, dienen die beiden hier abgedruckten Schriftproben v. Schroetters, von denen die eine im normalen Zustand, die andere bei einem Druck von 240 mm angefertigt wurden. Die Hände haben gezittert, und der Geist vermochte nicht mehr klar zu denken, wie aus der Wiederholung des Wortes »nich« hervorgeht.

Wenn der Mensch völlig ruhig sitzt, tritt die Abnahme der Kräfte nicht so schnell ein; sobald aber die geringste Anstrengung versucht wird: Aufstehen, Heben auch nur eines sehr leichten Gegenstandes usw., so tritt Taumeln u. dgl. ein.

Leichte Übelkeit, Atemnot und Herzklopfen lösen sich bei starken Kopfschmerzen aus. Der Blutdruck geht herab und die Pulsfrequenz nimmt zu.

Bei der vorbereitenden, bis in eine Höhe von 7475 m (-22^0 C) führenden Fahrt sah v. Schroetter alle seine Folgerungen bestätigt, namentlich, daß die Sauerstoffatmung einen so eminenten Einfluß

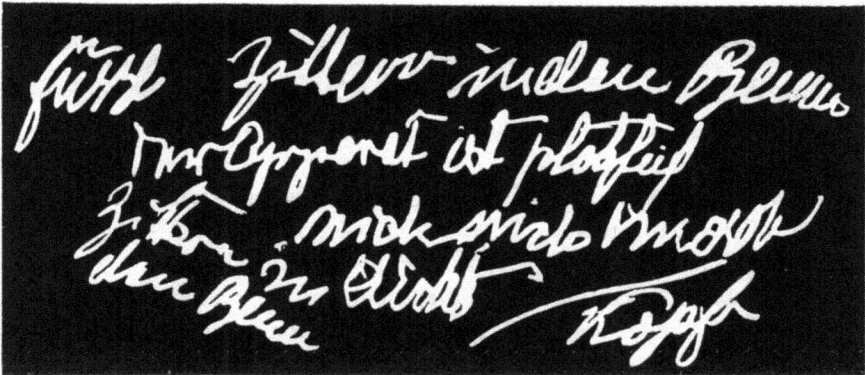

Dr. H. v. Schroetters Schrift bei einem Luftdruck von 240 mm.
(Aus Zuntz »Höhenklima und Bergwanderungen«. Verlag Rich. Bong & Co., Berlin.)

auf das Wohlbefinden hatte. Die drei Insassen befanden sich vollkommen wohl und konnten selbst kompliziertere Messungen in der Höhe vornehmen und dabei doch die Schönheiten des Anblicks der Erde genießen.

Wohl vorbereitet und vertraut mit den drohenden Gefahren stiegen Berson und Süring am 31. Juli 1901 zu ihrer denkwürdigen Hochfahrt auf, welche sie auf 10 800 m führen sollte. Es war ihnen bekannt, daß aus theoretischen Erwägungen dem Menschen die Lebensfähigkeit in ca. 11 000 m abgesprochen wurde.

Wir lassen hier die Schilderung Sürings über diesen Aufstieg wörtlich folgen:

.... Wir fingen bereits zwischen 5000 und 6000 m mit der regelmäßigen Sauerstoffatmung an, mehr aus Vorsicht und um unsere Kräfte zu sparen, als aus dringendem Bedürfnis. Im allgemeinen

Der 8400 cbm große Ballon »Preußen« des Aeronautischen Observatoriums bei der Füllung.

wurde nun der Ballon in stetigem Aufstieg gehalten, indem wir stets größere Ballastmengen, zwischen 60 und 150 kg schwankend, auswarfen; dann wurde bei Erreichung der Ruhelage eine vollständige Beobachtungsreihe ausgeführt, gelegentlich auch eine kurze Orientierung vorgenommen, darauf der Ballon wieder um mehrere Ballastsäcke entlastet usw.

Außer den regelmäßigen Ablesungen, welche sich bei einer Hochfahrt naturgemäß stets auch auf das Quecksilberbarometer erstreckten, wurden gelegentlich noch zwei besonders eingerichtete Schwarzkugelthermometer beobachtet, deren eines nach oben, das andere nach unten gegen Strahlung geschützt waren. Nach etwas über dreistündiger Fahrt hatten wir 8000 m erstiegen, nach vier Stunden 9000 m und damit bald auch die größte bis dahin erreichte Höhe (9155 m am 4. Dezember 1894) überschritten. Der Einfluß der nunmehr unter $1/_3$ Atm. verdünnten und auf — 32° abgekühlten Luft machte sich wohl in einer Steigerung des nach kaum drei- bis vierstündiger Nachtruhe ohnehin vorhandenen Schlafbedürfnisses geltend; doch zeigte sich diese Wirkung nur in einem vorübergehenden Einnicken, aus welchem wir uns durch Anruf sofort wieder ermunterten. Nun wurde jede schwerere Arbeit immer anstrengender empfunden. Die Energie reichte wohl noch zur Ausführung sämtlicher instrumentellen Ablesungen nebst deren Aufzeichnungen sowie zu den Ballastarbeiten usw., nicht aber

mehr zur Fortführung einer kontinuierlichen genaueren Ortsbestimmung.

So kann denn aus diesen großen Höhen nur gesagt werden,
daß in der südwestlichen Bewegung einmal ein völliger Stillstand,
ja der Beginn einer rückkehrenden Strömung auf Berlin zu beobachtet wurde, dann das Wiedereinsetzen des langsamen Fluges nach
Südwest — in den größten Höhen aber der jähe Eintritt eines sehr
starken Westwindes —, der nun den Ballon rapid gegen Osten brachte.

Die letzte, Druck sowohl wie Temperatur umfassende Beobachtungsreihe (und zwar erst am Aneroid- und Quecksilberbarometer
abgelesen) wurde in 10225 m Höhe um 3 Uhr 18 Minuten nachmittags bei 210,5 mm und — 39,7 ⁰ ausgeführt und noch prompt
und völlig deutlich niedergeschrieben. Bald darauf fielen wir beide
in kurzen Zwischenräumen in tiefe Ohnmacht; Berson zog noch
unmittelbar vorher mehrfach das Ventil, als er seinen Gefährten
schlafen sah. Während des Ventilziehens wurde, etwa 4—5 Minuten
nach jener letzten Ablesungsreihe, von ihm noch ein Barometerstand von 202,5 mm, entsprechend 10500 m Höhe, beobachtet.
Sowohl aus der notwendigen Wirkung des bei 10250 m geworfenen
Ballastes in der Gesamtmenge von ca. 185 kg, als aus dem Baro-
gramm ergibt sich gleichmäßig, daß der Ballon noch kurz, nachdem
auch der zweite Korbinsasse bei 10500 m das Bewußtsein verloren

Der 8400 cbm große Ballon »Preußen« etwa halb gefüllt.

hatte, um mindestens noch 300 m stieg, somit eine Maximalhöhe
von sicherlich 10800 m (vielleicht 11000 m) erreichte und hierauf
unter Nachwirkung des Ventilzuges in ein jähes Fallen umbog. Die
Ohnmacht beider Luftschiffer ging wohl bald in einen tiefen und
schweren Schlaf über; erst nach reichlich ³/₄ Stunden wachten sie
ziemlich zu gleicher Zeit auf und fanden den Ballon, in dauerndem
raschen Fallen begriffen, in einer Höhe von nur noch 5500 bis
6000 m. Ein Gefühl großer Mattigkeit, besonders aber bleierner
Schwere in den Extremitäten, machte zunächst jede Arbeit, ja jede
Bewegung trotz völlig wiedererlangtem Bewußtsein, unmöglich.
Später gelang es, sich so weit aufzuraffen, daß wir die Führung des
Ballons wieder in die Hand bekamen — an eine Wiederaufnahme
der Ablesungen war jedoch nicht zu denken . . .«

Die Gründe davon, daß beide trotz Sauerstoffatmung doch ohnmächtig geworden sind, liegen nach v. Schroetter in der Art, wie die
Atmung vollzogen wurde: dieselbe garantierte nicht die Zuführung
der absolut erforderlichen Menge.

Auch mit flüssiger Luft und mit flüssigem Sauerstoff sind Versuche angestellt, die aber bislang nicht befriedigt haben.

v. Schroetter glaubt allen Zwischenfällen durch Anwendung
einer Maske begegnen zu können. Während sich dies Buch im
Druck befindet, kommt die Nachricht, daß in Italien ein bemannter
Ballon bis in eine Höhe von 12500 m gestiegen sein soll.

Die Methoden der Höhenforschung mittels Registrierapparate
verbessern sich andauernd, und die Meteorologen können deshalb
ohne Schaden für die Wissenschaft bemannte Hochfahrten aufgeben,
zumal da dieselben mit ganz erheblichen Umständen und Kosten
verbunden sind.

Weiteren Versuchen, in noch größere Höhen zu dringen und
den Weltrekord zu schlagen, muß man mit den Worten des Dichters
begegnen: »Der Mensch versuche die Götter nicht!«

Es harren auch in geringeren Höhen, die gefahrlos aufgesucht
werden können, noch genug Probleme ihrer Lösung. Besonders ist
dies der Fall in Bezug auf elektrische Fragen. In höherem Maße
denn früher, haben die bemannten Fahrten eigens Untersuchungen
dieser Art zum Gegenstand gehabt. Die Messung des elektrischen
Potentialgefälles im Ballon ist in ein neues Stadium getreten, nachdem Ebert in München die Veränderungen des elektrischen Feldes
der Atmosphäre durch den darin schwimmenden Ballon eingehend
experimentell untersucht hatte.

Unter »elektrischem Potential« versteht man den verschiedenen physikalischen Zustand zweier ungleich elektrisch geladener Körper. Eine Leidener Flasche kann sich nur in eine schwächer geladene »entladen«. Man spricht von höherem elektrischen Potential, wenn ein Körper stärker positiv geladen ist. Elektrisches Potentialgefälle nennt man den auf 1 m reduzierten Spannungsunterschied, der mit Kollektoren gemessen wird.

Der Korb des Ballons »Preußen« wird zur Hochfahrt fertig gemacht.

Unter Kollektor versteht man isoliert hängende Schnüre, an denen Wasser hinabfließt. Die an ihrem Ende herrschende Elektrizität wird mit einem Elektrometer gemessen.

Ferner wurden, wie schon früher, Messungen der Ionisation vorgenommen.

Von den Forschern auf diesem Gebiete sind zu nennen: der Franzose Le Cadet, die Deutschen Bestelmeyer, Börnstein, Ebert, Gerdien, Klein, Linke, Prandl, Riecke, Runge und Wiechert, die Österreicher Boltzmann, Erner, Schlein, Tuma u. a.

Besonders umfassend sind die Versuche, die Riecke und Wiechert in Göttingen unter Aufwendung großer privater und staatlicher Mittel

22*

anstellen. Bei diesen Experimenten werden unter anderen kleine
Flugmaschinen verwendet, die vom Erdboden aus durch elektrische
Wellen gesteuert werden.

Zu Untersuchungen des Staubgehalts der verschiedenen atmosphärischen Schichten gesellten sich in München unter Leitung von
Prof. Hahn, der im Verein mit dem Ingenieur Sedlbauer einen
hierfür geeigneten Apparat konstruierte, Messungen des Bakterien-
gehalts. Auch Dr. Flemming und Dr. Steyrer, Berlin, haben Ballonfahrten zum Studium dieser Fragen unternommen.

Die praktische Ballonführung hat aus den Arbeiten der wissenschaftlichen Luftschiffahrt ungemein große Vorteile gezogen. Erwähnt sei beispielsweise, daß nach der Konstruktion registrierender
Meteorographen mit künstlicher, fast durchweg elektrischer Ventilation, deren erstes von Hergesell herrührt, der Nachweis — in
erster Linie durch die Fahrten des Münchener Vereins für Luftschiffahrt — erbracht wurde, daß der Ballon selbst eine höher tem-
perierte Atmosphäre mit sich führt, deren Ausläufer während des
Steigens bis zu den in üblicher Weise in Korbhöhe an den Gänse-
füßen aufgehängten Apparaten reicht und ihre Temperaturangaben
zu hoch erscheinen läßt. Ferner sei noch einmal darauf hingewiesen, wie wichtig die Feststellung ist, daß das Ballongas meist
eine wesentlich höhere Temperatur besitzt, als die den Aerostaten
umgebende Luft.

Man sollte annehmen, daß der Wert der wissenschaftlichen
Untersuchungen gerade in den Kreisen der routiniertesten Luftschiffer besonders gewürdigt würde, und daß die Forschungen gerade
von diesen am meisten gefördert werden würden; das Gegenteil ist
im allgemeinen der Fall! Gerade bei den praktischen Luftschiffern,
die wissenschaftlichen Kreisen nicht nahe stehen, macht sich vielfach gegenüber der wissenschaftlichen Seite der Luftschiffahrt eine
gewisse Entfremdung bemerkbar, die auf der letzten Konferenz
in Monaco die Aufmerksamkeit der internationalen Kommission für
wissenschaftliche Luftschiffahrt auf sich gezogen und einen Beschluß
derselben veranlaßt hat.

Besonders anzuerkennen ist es, daß auf immerwährendes Drängen
von Viktor Silberer, der von Anbeginn der Forschungen an wissenschaftliche Luftfahrten auf eigene Kosten ausgerüstet hatte, der
Wiener Aeroklub, so oft er kann, die aerologischen Untersuchungen
unterstützt. Der verstorbene Dr. Valentin und in neuester Zeit
Dr. Schlein haben eine Reihe sehr bemerkenswerter Fahrten ge-

macht, von denen gelegentlich an anderer Stelle des Buches gesprochen ist.

Der österreichische Landtag hat auf Antrag von Silberer mehrfach Geld für die wissenschaftliche Luftschiffahrt bewilligt. Silberer
ist es neben Pernter, v. Konkoly,
Hinterstoißer u. a. zu danken, wenn
bald auch in Österreich und Ungarn
ein aerologisches Observatorium ins
Leben gerufen wird.

Die Meteorologie macht sich
in der ausgedehntesten Weise die
Luftschiffahrt zunutze; aber zeitweise muß auch die Astronomie auf
den Ballon zurückgreifen, wenn man
unter allen Umständen sicher sein
will, seltene Phänomene auch bei
bewölktem Himmel zu beobachten.

Die ersten Fahrten für astronomische Zwecke machten im Jahre
1843 Spencer Rush und 1852
auf Veranlassung der Sternwarte
zu Kew der ebenfalls mehrfach
erwähnte Engländer Welsh.

In Frankreich folgte dann der
auf allen Gebieten der Aeronautik

Viktor Silberer,
der verdienstvolle österreichische Aeronaut,
Präsident des Wiener Aeroklubs.

sehr rührige Wilfrid de Fonvielle, der am 16. November 1867
in einem Ballon Giffards zur Beobachtung von Sternschnuppenfällen
aufstieg.

In Frankreich wurden später namentlich durch de Fonvielle
und durch Madame Klumpke mehrere Sternschnuppenfälle beobachtet, und einen internationalen Aufstieg veranlaßten die Franzosen für den November 1899. Es sollte im genannten Jahre der
Schwarm der Leoniden wieder die Bahn unserer Erde kreuzen und
deshalb fuhren in England ein Astronom mit einem Führer auf, in
Frankreich Madame Klumpke und Comte de la Vaulx, in
Straßburg i. E. Dr. Tetens, Bauwerker und Verfasser.

In der Nacht vom 15. zum 16. November war in Straßburg
total bedeckter Himmel; die Sternwarte war aus diesem Grunde auf
ihren Ballonbeobachter angewiesen. Das Ergebnis war ein negatives,
d. h. es wurden nur zehn Sternschnuppen beobachtet, von denen

Luftschiffersonne.

aber nur fünf im Sternbild des Lö-
wen erschienen wa-
ren und somit den
Leoniden angehört
hatten. Die Be-
rechnungen über
das Erscheinen hat-
ten zwar um einen
Tag differiert; es
war das Maximum
des Falles infolge
Jupiterstörungen
schon einen Tag vorher eingetreten, aber weit geringer ausgefallen,
als man erwartet hatte.

Es sind in der Folge in Frankreich und England in jedem Jahre,
in Deutschland noch einmal 1900 bei der Luftschifferabteilung durch
v. Sigsfeld, Haering und Verfasser Auffahrten zu Sternschnuppen-
beobachtungen unternommen worden.

Die deutschen Astronomen stehen der Verwendung des Ballons
sehr skeptisch gegenüber und haben nicht die Begeisterung für ihn
wie der Franzose Janssen und seine Anhänger sowie einige Engländer.

Auf dem schon erwähnten Petersburger Kongreß hatte der
Kommandeur der spanischen Militär-Luftschifferabteilung, Don
Pedro Vives y Vich, mitgeteilt, daß er eine Anzahl Ballonfahrten zur Beobachtung der am 30. August 1905 stattfindenden
totalen Sonnenfinsternis von Burgos aus durchführen lassen werde,
und einem Mitgliede der internationalen Kommission einen Platz in
der Gondel angeboten.

Es gingen in Burgos am genannten Tage drei Ballons hoch;
an Bord eines derselben befanden sich Vives y Vich, ein spani-
scher Physiker und unser berühmter Hochfahrer Prof. Berson.

Die Aufgabe des Meteorologen war eine mehrfache: Er sollte
zunächst feststellen, ob auch in den höheren Schichten eine Temperaturabnahme während oder nach der Totalität festzustellen sei.
Berson betonte, es sei ihm von vornherein klar gewesen, daß ein
solches Fallen des Thermometers unmöglich stattfinden würde: sei
doch in einer Höhe von mehreren tausend Metern nicht einmal
nach Sonnenuntergang ein Unterschied in der Wärme oder Kälte

zu konstatieren. Ferner sollte festgestellt werden, ob während der Finsternis eine Drehung des Windes fast um den ganzen Kompaß herum stattfinden würde, wie es namentlich von amerikanischen Gelehrten, wie Helm-Clayton und dem bekannten Meteorologen Rotch, der bereits fünf totale Sonnenfinsternisse beobachtet hatte, behauptet wurde.

Damit der Ballon in der Zeit seines Aufstieges vor Beginn der Erscheinung keinesfalls aus der etwa 180 km breiten Totalitätszone herausgetrieben werden konnte, hatte man eben die Zeit der Abfahrt so knapp wie möglich vor Beginn der nur $3^3/_4$ Minuten währenden Totalität festgesetzt, und fast wäre es dem Ballon nicht gelungen, über die Cumuluswolken, die gerade am 30. August nach längerer Zeit des prächtigsten Wetters am Himmel erschienen waren, hinwegzukommen.

Erst in etwa 3800 m Höhe hatte — und zwar im letzten Augenblick — der Ballon die obere Grenze der Wolken erreicht.

Die Ergebnisse der meteorologischen Beobachtungen waren folgende: Es wurde keine Temperaturabnahme konstatiert; die Luftbewegung während der Finsternis konnte nicht verfolgt werden, weil zur Feststellung derselben die Vorbedingung nicht erfüllt war, nämlich die Sicht der Erde.

Eine begeisterte Schilderung des Phänomens, welches sich in der reinen Atmosphäre aus etwa 4000 m prächtig anschauen ließ, gab Berson in einer Sitzung des Berliner Vereins für Luftschiffahrt. Die Färbung des Himmels habe in allen Farbentönen gespielt, das plötzliche Aufflammen der Korona überwältigend gewirkt: glänzend, wie getriebenes Silber habe dieselbe ausgesehen. Ihre Größe sei den Balloninsassen geringer erschienen, als man sie von der Erde aus fest-

Aureole oder Luftschiffersonne.

zustellen gewohnt sei. Nur die Breite des halben Mondes habe die Korona gehabt; ihre Gestalt habe sich absolut rund präsentiert. Schauerlich schön sei die Beobachtung der Geschwindigkeit gewesen, mit welcher der Mondschatten mit 750 m pro Sekunde über Wolken und Erde gehuscht sei. Es fehlte dem Beobachter der richtige Ausdruck für diese Erscheinung; er könne es vielleicht mit dem Heranfliegen eines riesigen Raubvogels vergleichen. Die Finsternis sei so stark gewesen, daß zur Ablesung der Instrumente ein elektrischer Lichtstab benutzt werden mußte.

Wenn man bedenkt, daß die größtmögliche Dauer einer totalen Finsternis für einen Ort nur ca. 8 Minuten beträgt, daß sie sehr selten ist und für denselben Ort der Erde nur alle 200 Jahre vorkommt, so wird die große Wichtigkeit klar, unter allen Umständen Ballonexpeditionen vorzubereiten, um für den Fall der trüben Witterung eine Beobachtungsgelegenheit nicht zu versäumen.

Für Luftschifferzwecke sind magnetische Messungen unentbehrlich. Den Kompaß braucht man namentlich, um über den Wolken in den Momenten sofort die Fahrtrichtung festzustellen, wenn gelegentlich ein Durchblick auf die Erde, durch gerade herrschende absteigende Luftströme veranlaßt, vorhanden ist. Man hat auch vorgeschlagen, die Deklination und Inklination — schon v. Sigsfeld Frühjahr 1901 — zur Feststellung des Ortes, über dem sich ein Luftschiff über den Wolken befindet, zu benutzen.[1]

Zahlreiche optische Erscheinungen werden im Ballon beobachtet und untersucht. Bekannt ist die sog. Aureole, die dem Brockengespenst ähnlich ist. Der Schatten des Ballons mit seinen Insassen erscheint in starker Vergrößerung auf der hell beleuchteten Wolkendecke, umgeben von den Farbenringen des Regenbogens.

Sonnenauf- oder Untergang über dem Wasser oder in den Bergen sind Schauspiele, die man nie vergessen wird, und man kann dem Zufall dankbar sein, der alle diese Naturschauspiele einem zu kosten gab.

So hat die wissenschaftliche Luftschiffahrt ein übergroßes Arbeitsgebiet aufgedeckt und je mehr wir in die Geheimnisse der Natur eindringen, desto mehr zeigt es sich, wie unendlich viele Geheimnisse sie noch in sich birgt!

Per aspera ad terras ignotas!

---

[1] Näheres im Kapitel ›Navigation‹.

Zwanzigstes Kapitel.

Der Sport in der Luftschiffahrt.

Bald nach der Erfindung der Montgolfiere zogen Leute, wie Blanchard, Robertson u. a., in allen europäischen Staaten umher und produzierten sich mit Ballons vor einer Eintritt zahlenden Menge. Durch das Gebaren dieser Leute, die ihre Aufstiege mit einer bombastischen Reklame in Szene setzten, geriet der Luftsport bald in Mißkredit.

In Berlin wurde der erste, aus Goldschlägerhaut gefertigte, unbemannte Ballon am 27. Dezember 1783 vom Lustgarten aus durch einen Professor A c h a r d aufgelassen.

Der erste gut vorbereitete Aufstieg eines bemannten Ballons ging dort am 13. April 1803, 14 Jahre nach einer Reklamefahrt B l a n c h a r d s, mit dem Berufsluftschiffer Garnerin, dessen Frau und einem Herrn Jean Paul G ä r t n e r vor sich. Eine eingehende Schilderung dieser Fahrt ist von einem Nachkommen des Gärtner, einem Kaufmann Karl Georg S c h u l t e - K e m m i n g h a u s zu Berlin, den Illustrierten Aeronautischen Mitteilungen überliefert. In Gegenwart Ihrer Majestäten, des gesamten Hofstaates und einer ungeheuren Zuschauermenge fand die Auffahrt vom Garten der Tierärztlichen Hochschule aus statt; die Landung erfolgte in der Nähe von Mittenwalde in dem Wusterhausener Forst.

Lange Jahre hat man in Berlin nichts von der Luftschifferei mehr gehört bis zum Jahre 1881, in dem durch Dr. phil. W. A n g e r - s t e i n der Deutsche Verein zur Förderung der Luftschiffahrt ins Leben gerufen wurde. Es gehörte großer Mut dazu, mit einer solchen Gründung vor die Öffentlichkeit zu treten, da in jener Zeit die Erfindung des lenkbaren Ballons noch der Erfindung des Perpetuum mobile gleichgestellt wurde. Weitblickende Leute, wie Moltke, beglückwünschten den Gründer zu seiner Idee und prophezeiten der Luftschiffahrt eine große Zukunft, während anderseits, z. B. in einem wissenschaftlichen Verein, ein bedeutender Gelehrter den Gedanken der lenkbaren Luftschiffahrt »als eine unglückliche Verirrung« bezeichnete und eine größere Zeitung das Erscheinen der Zeitschrift für Luftschiffahrt ein »Kuriosum der periodischen Presse« nannte.

Ohne sich hierdurch beirren zu lassen, haben aber die führenden Mitglieder des Vereins in uneigennützigster Weise an der Weiterentwicklung der Luftschiffahrt gearbeitet und dabei in erster Linie wissenschaftliche Interessen verfolgt.

Einen großen Aufschwung nahm der Verein, als der Meteorologe Professor Aßmann im Jahre 1890 an seine Spitze trat und bald Se. Majestät den Deutschen Kaiser für die Bestrebungen desselben zu interessieren vermochte. Eine große Spende des Kaisers setzte den Verein in die Lage, nach den Plänen Aßmanns eine Reihe von Ballonfahrten auszuführen, deren hervorragende Resultate eine neue Ära der wissenschaftlichen Luftschiffahrt in der ganzen Welt eröffneten. Eingehend haben wir uns in einem anderen Kapitel mit den Ergebnissen derselben beschäftigt.

Professor Dr. Busley, Geh. Regierungsrat, Vorsitzender des Berliner Vereins für Luftschiffahrt, Vorsitzender des Deutschen Luftschifferverbandes, Vizepräsident der Fédération Aéronautique Internationale.

Neben den wissenschaftlichen Aufgaben entwickelten sich bald auch die sportlichen Ballonfahrten, und dank der Rührigkeit von Männern, wie v. Sigsfeld und v. Tschudi, wurde fortan eine immer größere Anzahl von Freifahrten unternommen, deren Zahl jetzt alljährlich weit über 100 beträgt.

Seit Frühjahr 1902 führt den Vorsitz im Verein der Geheime Regierungsrat Professor Dr. Busley, nachdem die früheren Vorsitzenden, Professor Aßmann und Hauptmann Groß, in Anerkennung ihrer großen Verdienste zu

Ehrenmitgliedern des Vereins ernannt wurden. Busley, dem zunächst der Verfasser und dann Dr. Stade als Fachleute im Amte der Schriftführer zur Seite standen, hat mit großer Energie den Sport gefördert und sich besonders dadurch verdient gemacht, daß er die Gründung eines Deutschen Luftschifferverbandes mit Professor Bamler, v. Tschudi, General Neureuther und anderen in die Wege leitete und durchführen half. Erst hiernach konnte auch die von den Franzosen schon lange Jahre geplante »Fédération Aéronautique Internationale« ins Leben gerufen werden.

Die ersten sportlichen Wettfahrten, die der Verein unter Leitung des Verfassers anläßlich der ersten Tagung der Fédération Aéronautik Internationale in Berlin und gleichzeitig zur Feier seines 25 jährigen Bestehens im Oktober 1906 veranstaltete, wurden durch Se. Majestät den Kaiser unterstützt. Ein prächtiger Ehrenpreis Sr. Majestät fiel dem Sieger in der Weitfahrt vom 14. Oktober, Dr. Bröckelmann, zu, der den Berliner Vereinsballon »Ernst« zum Siege geführt hatte. Ein weiterer Kaiserpreis, der Oktober 1908 gestiftet wurde, ist ebenfalls durch Dr. Bröckelmann gewonnen worden.

Ein von Busley auf Anregung der Franzosen und unter lebhafter Zustimmung der anderen Ausländer sowie der Deutschen Mitglieder des Internationalen Luftschifferverbandes an den Kaiser gesandtes Huldigungstelegramm wurde mit folgenden gnädigen Worten beantwortet:

»Dem Internationalen Aeronautischen Verbande spreche ich für freundlichen Gruß meinen besten Dank aus. Ich habe mich über die Anwesenheit zahlreicher Vertreter der dem Verbande angehörenden Staaten in meiner Reichshauptstadt herzlich gefreut und bin den für die Luftschiffahrt so bedeutungsvollen Veranstaltungen mit lebhaftem Interesse gefolgt. Mögen die gesammelten Erfahrungen und der Meinungsaustausch der Fortentwicklung der Luftschiffahrt zu weiteren Erfolgen verhelfen. Ich werde den Bestrebungen auf diesem Gebiete gern förderlich sein.« Wilhelm, I. R.

Einen gewaltigen Fortschritt hat die gesamte Luftschiffahrt seit dieser Zeit gemacht; nicht zum wenigsten ist er der Anregung durch die sportlichen Fahrten zu danken gewesen, wofür als klassischster Beweis diejenigen von Santos Dumont angeführt werden können.

Diese Tatsache hat zur lebhaftesten Entfaltung des Luftsports geführt. Die Ansicht, daß Flüge mit Lenkballons diejenigen im

alten, bewährten Freiballon bald in der Hauptsache verdrängen
würden, hat sich bislang nicht erfüllt, im Gegenteil an den verschiedensten Orten des In- und Auslandes finden Wettfahrten mit
Kugelballons statt; es hat sich sogar als notwendig erwiesen, die
Termine jeweils Anfang des Jahres durch das Büro des internationalen Luftschifferverbandes festlegen zu lassen. Gibt es doch jetzt
in Deutschland 42 Vereine, die sich der Aeronautik widmen, mit
fast 40000 Mitgliedern.

Bislang hat nur eine einzige Konkurrenz mit Lenkballons stattgefunden, wobei allerdings zu berücksichtigen ist, daß
dieser Sport erst in den Kinderschuhen steckt. In St. Louis hatte
am 21. Oktober 1901 der Aeroklub von Amerika gelegentlich des
hier stattfindenden Ballonwettfliegens um den Gordon Bennett-Preis
eine solche Fahrt organisiert. Sechs kleine Fahrzeuge waren hierzu
erschienen, und fünf derselben nahmen an der Konkurrenz teil. Die
Fluglinie, die umflogen werden mußte, war durch zwei eine englische
Meile voneinander entfernte Fesselballons markiert. Sieger blieb
der Amerikaner Beachy, der den Weg in der kürzesten Frist zurückgelegt hatte. Die Eigengeschwindigkeit seines Aerostaten hat nach
einwandfreien Messungen von Rotch und dem Verfasser über 8 m/sek
betragen. Äußerst spannend für Fachleute und Laien war dieser
Kampf in den Lüften, bei dem man den Flug der Fahrzeuge vom
Start bis zum Ziel und vom Ziel bis zum Start genau verfolgen
konnte. Besonders interessant war die Art und Weise, wie die
Führer die Hindernisse, wie Bäume und hohe Häuser, nahmen:
lediglich durch Zurückgleiten oder Vorrutschen mit dem Körper
wurde die Spitze der Ballons gehoben oder gesenkt und hierdurch
dynamisch höher oder tiefer gegangen.

Während der Frankfurter Luftschiffahrtsausstellung waren Preise
für Lenkballons ausgesetzt, die sich jedoch nur auf die größte Zahl
von Aufstiegen, mehrfachen Besuch bestimmter Orte bezogen, nicht
aber auf gegenseitige Schnelligkeitsfahrten. Spannend war aber
gelegentlich die Fahrt, die am 15. September gleichzeitig zwischen
dem Parsevalballon und dem »Z II«, stattfand. In der Gondel des
letzteren befanden sich außer Graf Zeppelin als Führer, der Herzog
von Koburg-Gotha, Prinz und Prinzessin Wilhelm von Preußen,
Orville Wright, Geheimräte Loewe und Arnold, Dr. Karl Lanz und
Verfasser. Von Frankfurt bis Darmstadt blieben die Ballons nahe
beieinander, bald der eine den anderen überholend, was vielleicht
weniger seinen Grund in der verschiedenen Eigengeschwindigkeit

Erste Lenkballon-Wettfahrt der Welt. Oktober 1907 in St. Louis.

als in der in den verschiedenen Fahrthöhen verschieden großen
Windstärke gehabt haben mag.

Der Hauptvorwurf, den man hie und da dem alten Kugelballon
macht, ist der, er würde von dem Winde in dessen Richtung und
Geschwindigkeit dahingetrieben, ohne daß sein Führer etwas Besonderes zu seiner Lenkung tun könnte. Dieser Vorwurf ist nicht
genügend begründet.

Die vielen Einflüsse, welchen ein Ballon in der Luft ausgesetzt
ist und von denen sein längeres oder kürzeres Verweilen in ihr
abhängt, haben wir eingehend erörtert und dabei festgestellt, daß
zu einem geschickten Ballonführer viel Erfahrung und eingehendes
Wissen gehört.

In der Praxis hat es sich nun auch erwiesen, daß man große
Abwechslung in die Freiballonkonkurrenzen bringen kann. Die
Satzungen des internationalen Luftschifferverbandes unterscheiden
denn auch vier verschiedene Arten von Wettfahrten: 1. Weitfahrten mit
und ohne Zwischenlandungen, 2. Dauerfahrten mit und ohne Zwischenlandungen, 3. Zielfahrten mit Landung in möglichster Nähe eines
vorher festgesetzten Punktes oder einer vorher bestimmten geraden
bzw. gekrümmten Linie und endlich in einem vorher festgesetzten
umgrenzten Raume mit frei gewähltem Aufstiegsort, 4. Etappen-
fahrten mit Nachfüllung bei den Zwischenlandungen und 5. Stabili-
tätsfahrten.

Hochfahrten als Wettfahrten finden nicht statt, weil diese nur
auf Kosten der Gesundheit unternommen werden können und sie
im übrigen keinerlei Wert haben.

Sehr beliebt sind Aufstiege in Verbindung mit dem Automobil-
sport geworden, bei denen man den Automobilisten den Auftrag

gibt, den landenden Ballon schnell zu erreichen, ferner die »Fuchs-
jagden«, bei denen es darauf ankommt, einem zuerst aufgestiegenen
»Fuchsballon« bei der Landung möglichst nahezukommen.

Noch eine ganze Reihe von Variationen lassen sich in den Luftsport bringen.

Das größte Interesse erregen die Weitfahrten. Der Wunsch
eines jeden Neulings im Luftsport geht dahin, eine möglichst weite
Fahrt zu machen. Eine weite Fahrt ist aber unter allen Umständen
auch entweder eine schnelle oder eine langdauernde Fahrt.

Eine schnelle Fahrt kann man natürlich nur machen, wenn
entsprechende Luftbewegung vorhanden ist.

Die weiteste Fahrt haben im Jahre 1900 die Grafen de la
Vaulx und Castillon de Saint Victor mit dem nur 1600 cbm
großen, mit Wasserstoffgas gefüllten Ballon »Le Centaure« von
Paris bis nach Korostischew in Rußland ausgeführt. Dieselben
hatten in der Luftlinie 1925 km zurückgelegt und waren 35 Stunden
45 Minuten in der Luft geblieben. Die längstdauernde Fahrt hat
der Schweizer Oberst Schaeck am 11./13. Oktober 1908 mit dem
damaligen Oberleutnant der Schweizer Luftschiffer Meßner gemacht,
wo die beiden in Konkurrenz für den Gordon Bennett-Pokal offiziell
72$\frac{1}{2}$ Stunden in der Luft blieben und von Berlin in langer Fahrt
über die Nordsee bis nach Burgset in Norwegen gelangten.

Im allgemeinen ist eine Weitfahrt lediglich Glücksache; wenn
der nötige Wind nicht vorhanden ist, versagt auch die Kunst des
Führers. Seine Geschicklichkeit kann er aber dann erweisen, wenn
gleichzeitig verschiedene Ballons zu einer Fahrt aufsteigen und es
darauf ankommt, möglichst lange in der Luft zu bleiben. In diesem
Falle muß er seine ganze Erfahrung einsetzen, den Ballastverbrauch
so ökonomisch wie möglich zu gestalten. Bei solchen Konkurrenzen
kann auch Handicap eintreten, d. h. die Menge des zur Verfügung
stehenden Ballastes wird für jeden einzelnen Ballon vorher genau
festgesetzt nach seiner Größe und eventuell auch nach seinem Füll-
gase, was im allgemeinen allerdings dasselbe sein soll.[1]

Aus der Theorie wissen wir, daß ein größerer Ballon auch einen
stärkeren Gasverlust erleiden muß als ein kleinerer; man kann daher
nicht allen Ballons dasselbe Gewicht an Ballast zuteilen, sondern

[1] Internationaler Luftschifferverband. Satzungen und Reglements. Aus dem
Französischen übertragen von Eberhard v. Selasinsky und Dr. Hermann Stade.
Straßburg und Berlin. Verlag von Karl J. Trübner, 1908.

Internationale Ballonwettfahrt zu Berlin 1906.

Wolkenmeer. Ballonaufnahme.

man muß den großen Aerostaten noch ein gewisses Quantum mehr
mitgeben.   Ein großes Fahrzeug fährt sich weit schwieriger als ein
kleines, weil auch beim Fallen die größere Masse bald eine höhere
Geschwindigkeit annimmt und deshalb zum Bremsen derselben mehr
Ballast gebraucht wird als bei den kleinen Ballons.

Es wird viel erzählt, daß es darauf ankommt, eine Luftschicht
aufzusuchen, die sehr schnell fortzieht; das ist leichter gesagt als
getan.   Wenn der Führer am Zuge der Wolken oder vermittelst
hochgelassener Pilotenballons sieht, daß über ihm eine größere Geschwindigkeit herrscht, so kann er durch Ballastwerfen, vorausgesetzt,
daß er noch über eine genügende Menge verfügt, in diese Höhe
steigen und in ihr weiterfahren.   Das Umgekehrte ist aber seltener
der Fall.   Wenn durch ausgeworfene Papierschnitzel festgestellt
wird, daß unter dem Luftschiffe sich die Luft mit größerer Schnelligkeit fortbewegt, dann kann man wohl durch Ventilziehen in diese
Schicht hineinkommen, aber man kann sich in derselben aus schon
erörterten Gründen im allgemeinen nicht halten.

Ein fallender Ballon geht unter normalen Verhältnissen unbedingt bis zur Erde hinab. Sobald man aber den Fall bremst, muß das Fahrzeug gesetzmäßig wieder mindestens bis zu seiner ursprünglichen Höhe hinaufgehen.

Experimentieren in dieser Richtung kostet aber Gas und Ballast, der Verlust derselben geht aber immer auf Kosten der Fahrtdauer.

Vielfach hat man durch Einfügung eines Ballonets den Ballon nach dem Fallen wieder prall gemacht oder aber man sorgt durch künstliches Offenhalten des Füllansatzes dafür, daß Luft in den Ballon dringt — Poeschel —, aber beides hat seine großen Nachteile.

Die im Durchschnitt schnellste Fahrt hat im Jahre 1870 von Paris aus stattgefunden. Es wurde die Strecke Paris—Zuidersee — 460 km — in 3 Stunden zurückgelegt, was einer Geschwindigkeit von 153 km die Stunde entspricht. Zeitweise die größte Schnelligkeit wurde bei der Todesfahrt von Sigsfeld und Dr. Linke auf der Linie Berlin—Antwerpen mit 200 km die Stunde zurückgelegt.

Die gerissene Hülle eines in Landung begriffenen Ballons fällt zur Erde.

Bei Dauerfahrten ist es sehr wesentlich, sich möglichst frisch zu erhalten; man löst sich daher zweckmäßigerweise nachts in der Führung ab und schläft in der Zwischenzeit. Unbedingt erforderlich ist dabei aber warme Kleidung, weil man unter Umständen vor Kälte nicht zu schlafen vermag. Daß auch die nötigen Nahrungsmittel nicht fehlen dürfen, ist klar.

Sehr unangenehm wird meist der Mangel an warmen Speisen oder Getränken empfunden, und es sind schon viele Versuche gemacht, Konserven in zu löschendem Kalk u. dgl. zu kochen, da ein Feueranmachen im Ballon vorläufig noch unter allen Umständen verboten ist. Für kürzere Fahrten genügt die Mitnahme von Thermophoren, die ca. 12 Stunden die Wärme halten.

Jedenfalls ist der Ballonsport der anregendste aller Sporte, weil die Eindrücke auf einer Fahrt so viele sind, und weil es auch einen gewissen Reiz hat, nicht zu wissen, wo man die Landung ausführen wird. Schon vor der Fahrt werden nach der Richtung des Unterwindes und nach dem Zuge der Wolken oder eines Pilotenballons alle möglichen Kombinationen angestellt und Pläne für den Abend geschmiedet. Aber in den meisten Fällen kommt es bei den Luftschiffern ganz anders, als man gedacht hat.

Gerade dieser Punkt, der ein Hauptargument der jetzt dem Freiballonsport erstehenden Gegner ist, bildet einen sehr großen Reiz. Endlich sind die mit Lenkballons erreichbaren Höhen vorläufig so minimal, daß die herrlichen Fahrten über den Wolken fast gar nicht vorkommen können.

Eine stereotype Frage von Laien ist die, ob man im Ballonkorb nicht schwindlig wird und wie das Befinden bei rasend schneller Fahrt wäre. Es ist nun eine eigentümliche Erscheinung, daß Leute, die in hohem Maße auf der Erde an Schwindel leiden, im Korbe dieses Gefühl meist völlig verlieren. Es mag dies seinen Grund darin haben, daß das Maß der Höhe fortfällt, weil der Korb so klein ist und eine Taxe nach ihm nicht möglich ist; das herabgelassene Schlepptau scheint die Erde fast zu berühren.

Ein ehemaliger Offizier, der die Kriege 1866 und 1870/71 mitgemacht hatte, unternahm vor Jahren mit dem Verfasser eine Ballonfahrt auf Grund einer Wette, die ihm wegen seiner Behauptung aufgedrängt war, daß jeder Mensch auch gegen die unangenehmsten krankhaftesten Gefühle, wie Schwindel, Platzfurcht usw., ankämpfen und sie überwinden könne, wenn er nur wolle. Da der Wettende aber an hochgradigem Schwindel litt und noch nicht einmal aus einem Fenster des ersten Stockwerkes herauszusehen vermochte, wurde er beim Wort gehalten und zu einer Fahrt veranlaßt. Nach zirka zwei Stunden konnte derselbe schon seinen Sitzplatz in einer Ecke des Korbes aufgeben und vorsichtig von der Mitte des Korbes aus das Gelände in der Ferne betrachten. Gegen Ende des »Ausfluges« stand er genau so wie jeder andere am Rande der Gondel und sah ohne jedes Angstgefühl direkt nach unten. Auf der Erde war jedoch später wieder alles beim alten.

Von Seekrankheit bleibt man in einem Freiballon völlig verschont, weil derselbe mit der Windgeschwindigkeit ruhig dahinfliegt.

Im Fesselballon ist man dagegen bei starkem Winde je nach Naturanlage mehr oder weniger schnell dieser Krankheit ausgesetzt, und bei starkem Schwanken des Korbes muß nach längerer Zeit schließlich ein jeder ihr unterliegen.

Es ist für den Neuling ein eigentümliches Gefühl, wenn er das erstemal die Erde unter sich hinabsinken sieht, denn so erscheint im Gegensatz zur Wirklichkeit der Aufstieg dem Empfinden des Menschen, ebenso wie beim Abstieg Bäume, Häuser und Äcker wieder auf den Ballon zuzufliegen scheinen.

Das Maß der Schnelligkeit vermag man nur an der Betrachtung bestimmter Punkte im Gelände nach der Karte festzustellen, ein erfahrener Luftschiffer lernt allerdings bald annähernde Schätzung.

Hofburg in Wien. Ballonaufnahme des Kommandanten der Österreichischen Militär-Aeronautischen Anstalt Hauptmann Hinterstoißer.

Dabei spielt die jedesmalige Höhe eine außerordentlich große Rolle, denn die scheinbare Bewegung der Erde wird bei derselben Fahrtschnelligkeit in größerer Höhe immer geringer.

Im Jahre 1899 machte der Hauptmann v. S i g s f e l d mit dem Freiherrn v. H a x t h a u s e n und dem Verfasser eine Fahrt, die ihrer Schnelligkeit wegen der Erwähnung wert ist.

In zirka zwei Stunden flog der Ballon bei sichtigem Wetter von B e r l i n bis B r e s l a u mit einer Geschwindigkeit von ca. 148 km die Stunde. Die Abfahrt war schwierig gewesen, und zum eigentlichen Abwiegen war es gar nicht gekommen, weil der Ballon vom Winde fast bis auf die Erde gedrückt wurde.

In normaler Weise wird der Korb vor der Auffahrt, nachdem die Passagiere in ihm Platz genommen haben, mit so viel Ballast

beschwert, wie seinem Auftriebe schätzungsweise entspricht. Auf
das Kommando: »Achtung, Anlüften!« springen die Mannschaften
etwas gegen den Korb hin und bringen damit die Halteleinen

Paris mit dem Eiffelturm. (Ballonphotographie des Comte de la Vaulx.)

außer Zug, und gleichzeitig lassen die am Korbe befindlichen Leute
diesen los.

Es muß nun dafür gesorgt werden, daß sich der Ballon mit
seiner Last gerade eben vom Boden erhebt; zeigt er das Bestreben,

Helgoland. Ballonaufnahme des Kgl. Preußischen Luftschiffer-Bataillons.

zu schnell hochzugehen, so muß Ballast hinzugefügt werden, erweist er sich als zu schwer, so wird er erleichtert. Bedingung bei dem Abwiegen ist es, daß der Ballon genau senkrecht über der Gondel sich befindet, weil sonst der Auftrieb nicht zu beurteilen ist.

Bei starkem Winde ist das Abwiegen sehr schwierig und erfordert große Übung. In unserem Fall mußte auf Sigsfelds Befehl der Korb losgelassen werden, und während er vom Winde etwa 200—300 m weit über das Tempelhofer Feld fortgeschleift wurde, bekamen wir ihn durch Auskippen zweier Sandsäcke frei. Die Erleichterung brachte das Luftschiff gleich bis in eine Höhe von etwa 800 m.

Bei regulärer Abfahrt wird nach dem Abwiegen sofort das Kommando »Aufziehen« und unmittelbar darauf »Laßt los« gegeben: der Ballon ist dem Winde überliefert.

Auf den Befehl »Aufziehen« wird der Füllansatz geöffnet, der deshalb bis zuletzt geschlossen bleibt, weil der Wind sonst zu viel Gas aus der Hülle herausdrücken würde. Wenn es vorkommt, daß der Füllansatz nicht geöffnet worden ist, so gilt es als Regel, den Ballon zu entleeren, weil er andernfalls in größerer Höhe infolge der Ausdehnung des Gases platzen würde. Auf Gasablassen durch Ventilziehen pflegt man sich nur selten einzulassen.

Beim Gordon-Bennett-Wettfliegen in Berlin 1908 ereignete es sich, daß der amerikanische Ballon »Conqueror« bald nach der Abfahrt in einigen Hundert Metern Höhe platzte, da das Gas aus dem zu langen und zu engen Füllansatz nicht schnell genug entweichen konnte. Aus solchen Vorkommnissen muß man die Lehre ziehen, die üblichen Regeln beim Ballonbau genau zu befolgen.

Ganz besonderen Reiz bieten die Fahrten über eine größere Wasserfläche, weil sie eigenartige Genüsse versprechen. Dieselben können aber sehr gefährlich werden, denn Abstiege auf Wasser haben in seltenen Fällen einen glücklichen Ausgang. Bei der Gordon-Benett-Wettfahrt Oktober 1908 gerieten der Ballon des Kölner Klubs für Luftschiffahrt mit Dr. Niemeyer und Hans Hiedemann an Bord, welche das Meer bis England von Cuxhaven ab überfliegen wollten, bei Helgoland ins Meer. Dem Ertrinken nahe wurden sie dank ihrer Geistesgegenwart von einem Dampfer aufgenommen. Auch zwei ausländische Ballons gerieten an demselben Tage in der Elbemündung und in der Nordsee nahe der Küste ins Wasser und wurden gerettet. Am folgenden Tage, bei der Konkurrenz um die Flugdauer strandete der Ballon »Plauen« mit Hackstetter und Schreiterer an Bord ebenfalls in der Nordsee und wurde in der höchsten Not durch ein Schiff gerettet. Dagegen fiel Ballon »Hergesell« ins Meer und seine Insassen, die Leutnants Foertsch und Hummel ertranken. Die Leiche des Erstgenannten wurde nach einigen Tagen an der Küste aufgefischt. Der Ballon wurde durch Fischer im Meere treibend aufgefunden.

Am häufigsten hat man sich von den Anfängen der Luftschiffahrt bis in die heutige Zeit an die Über-querungen des Kanals ge-macht, und zwar merk-würdigerweise häufiger von Frankreich als von England aus. Bei einer Fahrt von Dover nach Calais hängt man weit weniger von der Windrichtung ab als bei der Fahrt in umgekehrter Rich-tung. Im ersten Falle kann der Wind um fast 90° nach jeder Seite abdrehen, bevor der Ballon vom Land ab-getrieben wird; unternimmt man aber die Fahrt von Calais aus, so genügt ein Abtrieb von 45° schon, um ihn in die offene See zu bringen.

Der Engländer Green hatte schon im Jahre 1837 vorgeschlagen, an das

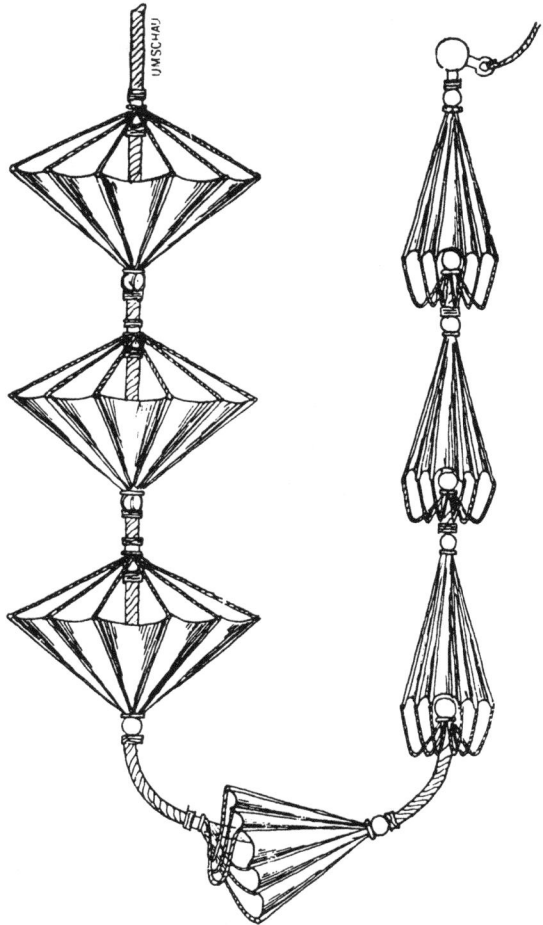

Wasseranker für Ballons. (Aus »Die Umschau«.)

Schlepptau eine Reihe von Eimern anzubinden, die im Wasser nachschleppen sollten. Dadurch glaubte er den am Wasser gewisser-maßen gefesselten Ballon etwas dirigieren zu können. Eine ab-weichende Richtung könnte aber nur dann erzielt werden, wenn im Meere eine andere Strömung vorhanden wäre.

Solche »Abtriebvorrichtungen« hat der Franzose L'Hoste mehrfach praktisch erprobt. Von seinen Fahrten sind die bemer-

kenswertesten diejenigen von Cherbourg nach London und von
Calais nach Yarmouth. Bei einer Fahrt am 13. November 1887
ereilte L'Hoste das Schicksal: er ertrank mit seinem Begleiter
Mangot.

Der Franzose Hervé setzte die Versuche seines Landsmannes
fort und unternahm mehrfach glückliche Fahrten, bei denen es ihm
durch die Verwendung schwimmender Abtriebapparate in Verbindung mit Segeln gelang, eine
Abweichung von ca. 70^0 von
der herrschenden Luftströmung zu erzielen.

Solche »Déviateurs«
bestehen aus einem Rahmen,
an dem sich eine Anzahl gerader oder gebogener Holz-
platten hintereinander befinden. Von den Enden des
Gestells gehen Leinen zum
Ballon, vermittelst deren man
die Stellungen der Platten
zur Flugrichtung senkrecht,
schräg oder parallel anord-
nen kann. Im letzteren Falle
geht das Wasser ungehindert
durch den Rahmen und der
Ballon wird nur wenig ge-
bremst. Stellt man den Rah-

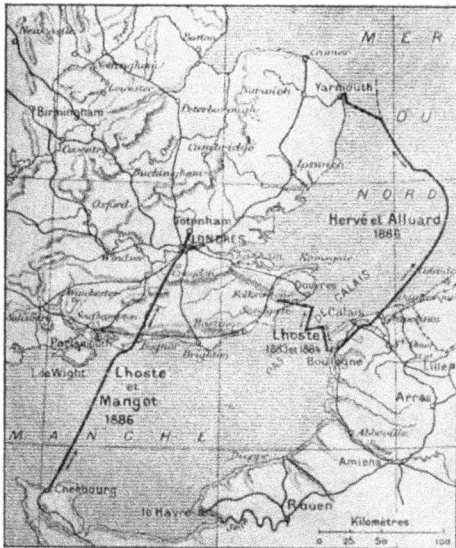

Ältere Ballonfahrten über den Kanal.

men und damit seine Platten durch Kürzen einer Leine schräg, so
wird auch der Widerstand größer und der Ballon erleidet in seiner
Richtung eine Abweichung nach der Seite, an welcher die Leine
gekürzt ist.

Graf De la Vaulx hatte sich einen Ballon eigens für solche
Wasserfahrten herstellen lassen und vor allen Dingen dafür gesorgt,
daß durch Einfügung des sonst bei Freiballons nicht üblichen Ballonets die äußere Form der Hülle bewahrt blieb, da infolge der
Bremsung durch die Abtriebvorrichtungen der Ballon ein bedingt
gefesselter wird. Besondere Erfolge in sportlicher Hinsicht hat er
aber nicht erzielt.

Pläne, den Atlantischen Ozean zu durchqueren usw., sind in
neuester Zeit wieder aufgetaucht. Der ehemalige Assistent von Rotch

Comte de la Vaulx über dem Mittelmeere.

H. Clayton will eine in großen Höhen herrschende westliche Luftströmung benutzen, um sich von New-York nach Europa treiben zu lassen, während der in Amerika lebende Österreicher J. Bruck er die Fahrt von Orotava auf Teneriffa aus mit einem Lenkballon wagen will, der in den Passatwinden nach Amerika treiben soll. Die Motorkraft soll dabei lediglich benutzt werden, den Regionen der Kalmen zu entgehen.

Von Deutschland aus hat man das Meer mehrfach auch schon überflogen, allerdings meist in Richtungen über die Kieler Bucht, Jütland usw., wo die Entfernungen geringer sind und bei einem Abtreiben nach Osten immer noch eine Landung auf einer Insel möglich ist. In neuester Zeit kam ein Ballon unter der Führung von Dr. Brinkmann auf die schwedische Insel Öland.

Solche Fahrten bedeuten ein großes Wagnis und der Einsatz bei einer unglücklichen Landung im Wasser ist eigentlich zu hoch, um die Ausführung in den meisten Fällen zu rechtfertigen. Ganz anders ist dies bei wissenschaftlichen Aufstiegen; im Dienste der Wissenschaft ist jeder berechtigt, sein Leben einzusetzen.

Mit Mühe und Not konnten sich zwei Leute der preußischen Luftschifferabteilung am 24. März 1906 retten, als sie nach einer Fahrt über den Wolken zur Landung schreiten woll-

Korb des Ballons von Comte de la Vaulx mit verschiedenen Abtriebvorrichtungen.

ten und plötzlich entdeckten, daß sie sich über der Ostsee befanden.
Erst unter Aufopferung aller Instrumente, des Korbes, ja eines Teils
ihrer Kleidung hielten sie den Ballon über Wasser, bis sie in der
Gegend von Karlskrona über Land kamen. Nur eine geringe Abweichung rechts und sie wären verloren gewesen.

Wie nun gerade der Wechsel der Windrichtung verhängnisvoll
hätte werden können und welche Erwägungen man bei dem Wagnis einer Meerfahrt pflegen muß, soll bei der Schilderung eines

Abtriebvorrichtung am Ballon des Comte de la Vaulx in Wirkung.
Nach einer Photographie des Grafen.

längeren Fluges über die Ostsee gezeigt werden, welchen der Berliner Meteorologe Berson mit dem Verfasser am 10. Januar 1901
von Berlin aus bis Markaryd in Schweden unternommen hat.

Es sind viele glücklich zusammentreffende Umstände gewesen,
welche die Fahrt über das Meer ermöglicht haben. Ursprünglich
war beabsichtigt, eine Hochfahrt zu unternehmen, und die Ausrüstung des Ballonkorbes wurde diesem Zwecke angepaßt. Der
wolkenlose Himmel und die Möglichkeit, in geringer Höhe lange
Zeit ohne oder mit äußerst geringem Ballastverbrauch fahren zu

können, hatten die Erwägung hervorgerufen, die Fahrt über das Meer in Aussicht zu nehmen und die Hochfahrt aufzugeben.

Also die erste Bedingung, die Küste überhaupt mit noch genügendem Ballaste erreichen zu können, gab den Anstoß zur Besprechung weiterer Möglichkeiten.

Ferner traf es sich günstig, daß die Windrichtung direkt nach Norden ging, in geringeren Höhen sogar nach Nordwesten; im allgemeinen gehen die Ballons infolge der auf der nördlichen Halbkugel vorherrschenden südwestlichen Windrichtung öfter nach Nordosten, eine Richtung, die ebenfalls wegen der langen zurückzulegenden Wasserstrecke verhängnisvoll werden kann.

Ferner kam man so zeitig an der Ostseeküste an, daß man bei der bis dahin erreichten Geschwindigkeit annehmen konnte, noch bei hellem Tage die lange Strecke überfliegen zu können, was ja allerdings nicht ganz eingetroffen ist, da die Dämmerung bei der Ankunft über Trelleborg schon sehr weit vorgeschritten war. Wenn dies nicht zu erwarten gewesen wäre, hätte ein Fachmann die Fahrt nicht antreten dürfen.

Endlich wurde es den beiden Fahrern nicht schwer, den Entschluß zu fassen, weil beide sich als erfahrene Luftschiffer betrachten, welche die Aussichten und Folgen, die der Versuch immerhin haben konnte, genau abzuwägen vermochten, so daß bei einem etwa eintretenden unglücklichen Ausgang keiner sein Gewissen mit der Verantwortung für den anderen hätte belasten brauchen.

Im allgemeinen ist bei der Ballonfahrt nur einer ein erfahrener Führer und die Insassen werden zu Führern ausgebildet; es ist deshalb unmöglich, daß jemand die Verantwortung für Leute übernehmen kann, welche die Tragweite ihrer Zustimmung gar nicht abzuwägen vermögen. Wie soll der gerettete Führer denn z. B. seine Verantwortung für einen umgekommenen Passagier einlösen? Mit Recht müßte seine Handlungsweise aufs schärfste verurteilt werden.

Entsprechend dem wissenschaftlichen Zwecke war der außerordentlich leichte und infolgedessen allerdings auch etwas kleine und unbequeme Korb mit den üblichen Instrumenten ausgestattet.

Mit warmer Kleidung angetan und etwas Mundvorrat versehen, wurde die Fahrt um 8,17 Uhr vormittags angetreten. Auf der Erde herrschte $5^0 - 11^0$ C Kälte (Berlin $- 6^0$).

Der Ballon überflog Berlin in einer Höhe von 150—200 m und kam bald über das Aeronautische Observatorium auf den

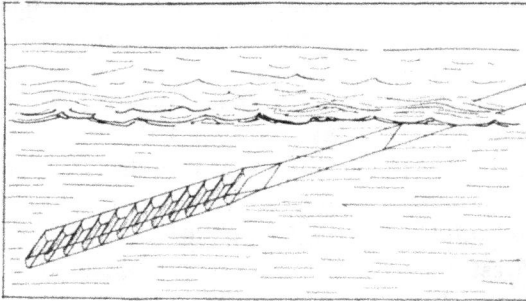

Abtriebvorrichtung für größten Widerstand eingestellt.
(Aus »Die Umschau«.)

Tegeler Schießplätzen, wo ein zweiter Registrierballon emporgelassen wurde — der erste war vor Sonnenaufgang in die Luft geschickt worden —, welcher verabredetermaßen in seinem Fluge von den beiden Insassen beobachtet werden sollte. Bei der Weiterfahrt stellte es sich heraus, daß unser Ballon in niedrigeren Höhenschichten bis ungefähr 800 m eine mehr westliche, in 800—1400 m eine rein nördliche und in den höheren Schichten eine mehr östliche Richtung einschlug. Es herrschte so starke Temperaturumkehr, daß man bald gezwungen war, sich des wärmenden Pelzes zu entledigen.

In 900 m war, wie aus den unten angegebenen Daten ersichtlich ist, eine im Mittel um 15⁰ höhere Temperatur als auf der Erde. Bei über 3000 m kamen wir erst wieder auf die Erdtemperatur zurück; unsere tiefste Temperatur konnten wir nicht messen, weil wir die größte Höhe in völliger Dunkelheit erreichten und unser Korb nicht für eine Nachtfahrt mit elektrischen Glühlampen ausgerüstet war.

Herr Berson hatte am Abend vorher beim Studium der Wetterkarte, die einen konstanten Südostwind von Berlin bis weit nach Nordwesten anzeigte, schon den Plan in Erwägung gezogen, die Ostsee zu überfliegen, und dementsprechend auch Karten mitgenommen, die Dänemark und den südlichen Teil von Schweden enthielten. Nach ca. einstündiger Fahrt — der Ballon schwebte ungefähr über dem Finowkanal — machte er mich mit seinen Erwägungen bekannt. Es wurden alle Eventualitäten besprochen, namentlich der günstige Umstand, daß in niedrigeren Höhen die Richtung eine mehr westliche war, so daß in diesem Falle unter allen Umständen bei der Durchschnittsgeschwindigkeit von 40 km pro Stunde Land in Dänemark erreicht werden mußte. Verhängnisvoll wäre es natürlich geworden, wenn der Ballon gerade die lange Wasserecke des Sunds fassen würde. Ein Abschwenken nach Osten war nach der meteorologischen Lage äußerst unwahrscheinlich. Ein Entschluß wurde noch nicht gefaßt; erst nach einer weiteren Stunde in der Gegend von Neustrelitz wurde die Hochfahrt definitiv aufgegeben,

die Erwägungen noch einmal festgelegt und beschlossen, bei gleich-
bleibender Situation in niedriger Höhe weiterzufahren und über die
Ostsee zu fliegen.

Der Ausblick auf die Erde war herrlich; die zahlreichen, mit
einer Eisdecke überzogenen Seen sandten ein eigentümlich dumpfes,
rollendes Geräusch zum Ballon, das wohl von dem fortgesetzten
Bersten des Eises infolge abnehmenden Wasserstandes veranlaßt sein
mußte. Schreien von Hirschen, das Rufen von »Has, Has« zahlreicher bei einer Treibjagd angestellter Treiber unterbrach die er-
habene Ruhe im Ballon.

Mir ist es bei der Fahrt eigentlich vorgekommen, als ob viel
weniger Geräusch als sonst in die Höhe gedrungen sei; denn selten
hörte man einen Wagen fahren oder das Geschrei der Schuljugend,
die den Ballon immer mit lautem Hallo begrüßt, wenn derselbe über
die Dörfer hinwegschwebt. Vielleicht ist der Schall aus irgendwelchen
Umständen nicht so hoch gedrungen, vielleicht wurde der Ballon
weniger beachtet! Bei den Tauben rief unser Ballon, der wohl als
riesiger Raubvogel angesehen wird, die übliche Aufregung hervor,
die sich in ängstlichem Umherfliegen in dicht zusammengedrängten
Massen äußert.

Der Registrierballon, der inzwischen fleißig beobachtet war, wurde
bald infolge seiner größeren Höhe unseren Blicken durch unseren
eigenen Ballon entzogen.

Plötzlich gab es einen Ruck am Korbe, und ein rasselndes Geräusch schreckte uns aus unseren Betrachtungen auf! Die Schnur
eines der für die Hoch-
fahrt zum Abschneiden
eingerichteten, draußen
am Korbe hängenden
großen Sandsäcke war
gerissen und der Ballast
entleert. Die Folge da-
von war ein Höher-
steigen des Ballons um
einige 100 m, was ja
eigentlich nicht beab-
sichtigt war. Auf der
Höhenkurve markiert
sich dieses zwischen
10 und 11 Uhr ein-

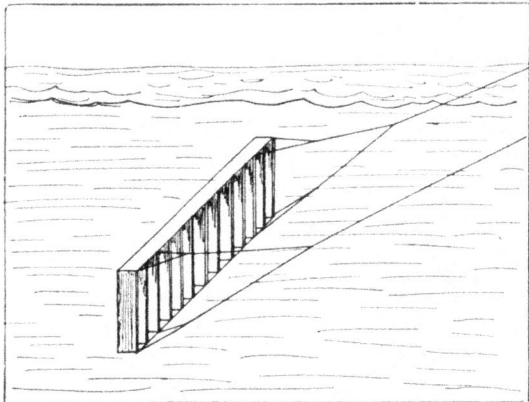

Abtriebvorrichtung für kleinsten Widerstand eingestellt.
(Aus »Die Umschau«.)

tretende plötzliche Steigen durch den scharf nach oben gehenden Strich.

Die Residenzstadt Neustrelitz und später Demmin ließen wir links, Neubrandenburg rechts liegen; um 1¼ Uhr wurde die Küste bei Stralsund erreicht und Rügen in seinem westlichen, durch viele Buchten unterbrochenen Teile passiert. Auf dem Eise unter uns waren zahlreiche Fischer zu sehen, die ihre in den deutlich erkennbaren Eislöchern hängenden Netze nachsahen.

Auch bei Stralsund war die See zugefroren; scharf markierte sich aber die Fahrrinne der Fähre zwischen Stralsund und Rügen. Nach 2 Uhr wurde auch Rügen verlassen, und der Ballon schwebte nun völlig über dem freien Meere. Die eisfreie Ostsee war nicht sonderlich bewegt; aber der Schaum der Wellenkämme flimmerte und glitzerte hell zu uns empor. Die zahllosen Möven waren sichtlich erschreckt durch das Erscheinen des Ballons und flogen ängstlich hin und her.

Wir stellten noch einmal an der Hand der Karte und mit dem Kompaß auf das genaueste unsere Fahrtrichtung fest und konstatierten, daß wir eine kleine Abweichung nach Osten hatten, die aber vorläufig zur Beunruhigung keinen Anlaß bot.

Der Rückblick auf Rügen mit den Kreidefelsen von Stubbenkammer und Arkona war bei dem außerordentlich klaren Wetter ein herrlicher. Etwa um 3½ Uhr befand sich der Ballon mitten auf der Ostsee; Wasser, nichts als Wasser! Ganz in der Ferne Rügen und Schweden, beide jetzt ein schmaler Dunststreifen, den man wieder nur, weil man es wußte, als Land ansprach.

Das herrlichste war kurz nach 4 Uhr der Untergang der Sonne, die als riesige Scheibe zunächst in die Dunstschicht und dann in das Meer hinabtauchte. Bei einer Höhe von 1600 m in der klarsten Luft, die es geben kann, entfaltete sich die Farbenpracht in einer geradezu überwältigenden Weise. Besonders prächtig war im Osten der Widerschein im intensiv blaugrün schimmernden Streifen zu sehen. Ich habe in Frankreich über Wolken in 3000 m Höhe schwebend einen Sonnenaufgang in Sicht der Alpen, des Jura und der Vogesen erlebt; dem damals sich bietenden Farbenspiel gab dieser Sonnenuntergang in keiner Weise etwas nach.

Eine ganz besondere Stimmung bemächtigte sich unser im Genusse dieser Naturschönheiten noch infolge der erhabenen Ruhe, die im Ballon herrschte; kein irdisches Geräusch störte das Empfinden, in vollkommenster Ruhe zog der Ballon seine Bahn, kein

Stampfen von Maschinen, nicht das Brausen der an ein Schiff schlagenden Wellen, noch sonst irgend etwas, was im Schiffe immer wieder die Gedanken abzulenken vermag, wirkte auf uns ein, so daß wir uns ganz dem Genusse des Naturschauspiels hingeben konnten.

Doch allzulange durften wir die Aufmerksamkeit nicht vom Ballon ablenken, die untergehende Sonne hatte sehr schnell Abkühlung des Gases zur Folge und veranlaßte das Ausgeben von Ballast. Vorher hatten wir über der See die größte Strahlungswärme von $+26°$ C am Schwarz-Kugelthermometer festgestellt, jetzt konnten wir dieses Thermometer verpacken; es hatte seine Dienste beendet.

Festzustellen, in welcher Richtung der Ballon flog, war auch mit dem Kompaß nicht möglich gewesen, da die Bewegungsrichtung auf dem Wasser auch beim Heruntersehen am Schlepptau nicht erkennbar ist. Jetzt wurde bemerkt, daß der ausgeschüttete Sand unten eine nach links abweichende, von mir auf $30°$ geschätzte Richtung annahm. In größerer Höhe war östliche, in geringer Höhe stärkere westliche Tendenz festgestellt; es war demnach klar, daß bei unveränderter Situation wir jetzt etwas nach Osten abtrieben. Das mußte natürlich unter allen Umständen verhindert werden; es wurde daher der Fall des Ballons möglichst spät und sehr langsam pariert, wodurch es auch gelang, tiefere Schichten und damit wieder

Ballonfahrt Berlin—Schweden. (Aus »Die Umschau«.)

mehr westlichen Kurs zu erreichen. Da auch bald das Land in
deutliche Sicht kam, bestätigte der Kompaß die Richtigkeit des Verfahrens. Während der dreistündigen Fahrt kamen nur zwei Dampf-
schiffe in Sicht, von denen das zweite anscheinend anfangs seinen
Kurs auf den Ballon nahm, später aber wieder abdrehte, vermut-
lich weil man sah, daß der Ballon sich in keiner Notlage befand.
Überhaupt darf man wohl nie bei Erwägungen, ob man eine Meerfahrt unternehmen will, auf die Hilfeleistung durch einen Dampfer
r e c h n e n. Die Erfahrungen von Herbst 1908 haben gelehrt, daß
es Zufall ist, wenn ein Dampfer einem Ballon zu Hilfe eilen kann,
und anderseits sind die Rettungsversuche infolge der verschiedenen
Geschwindigkeiten immer sehr schwierig.

Gegen 5 Uhr wurde die schwedische Küste erreicht und in
600 m Höhe direkt über Trelleborg hinweggefahren. Eine kurze
Beratung erfolgte: soll gelandet oder die Nacht durchgefahren werden?
Wenn auch schon starke Dämmerung eingetreten war, so war nament-
lich infolge des frischen Schnees noch genügend Licht, um eine
Landung in aller Bequemlichkeit vorzunehmen.

Es waren bei den Erwägungen nur diese beiden Eventualitäten
ins Auge zu fassen, da man einerseits ohne besonderen Grund nicht
bei Nacht in fremdem, unbekanntem Terrain zu landen pflegt und
anderseits wissenschaftlich es nur Wert hatte, bis in den nächsten
Tag hineinzufahren, um dann noch Beobachtungen an den Instrumenten zu machen, die uns ja wegen mangelnder elektrischer Glühlampen bei Nacht zu machen nicht möglich war. Die Menge des
Ballastes gewährleistete es, daß wir am Morgen ungeachtet des in
der Nacht erforderlich scheinenden Verbrauchs noch so viel übrig
haben würden, um die aufgegebene Hochfahrt doch noch ausführen
zu können.

Dieser letzte Umstand war es namentlich, der uns zur Weiterfahrt bewog.

Die Anstrengungen einer 16 stündigen Nachtfahrt bei der erheblichen Kälte, welche uns bevorstand, wurden wohl erwähnt, hatten
aber keinerlei Einfluß auf unsern Entschluß. Da wir guten Ausblick auf die Erde hatten, mußten wir ein Herantreiben an die Ost-
oder Westküste Schwedens so frühzeitig merken, daß eine Landung
rechtzeitig erfolgen konnte.

Bei der geringen Höhe, in welcher der Ballon dahinzog, trieben
wir fast direkt auf M a l m ö zu, ja es erschien sogar, als ob wir es
rechts liegen lassen würden. Nunmehr, wo wir noch mindestens

15 Stunden Fahrt vor uns hatten, war uns
diese westliche Richtung ebenso unangenehm
wie auf der See die östliche. Es wurde kräftig
Ballast geworfen — auf der Höhenkurve ist
von nun an das Ausgeben von Sand und
damit Höhersteigen des Ballons deutlich erkennbar —; wir kamen auf unsere alte Höhe,
überschritten dieselbe und erreichten wieder
nördliche Richtung. Malmö wurde links,
die bekannte Universitätsstadt Lund rechts
liegen gelassen; nähere Angaben über den
Weg konnten wir nicht machen, da inzwischen völlige Dunkelheit eingetreten war
und die Karte nicht mehr nachgesehen werden konnte. Es hätte wohl auch nicht viel
genutzt, da auf ihr nur die größeren Orte
verzeichnet waren.

Ein märchenhaft glänzender Anblick bot
sich dem Auge dar. Die zahlreichen Ortschaften der Provinz Schonen blitzten mit
ihren Lichtern auf; der Widerschein von
Trelleborg war im Süden noch deutlich
erkennbar, Malmö, Kopenhagen, Lands-
krona, Lund, Helsingör und Helsing-
borg, diese großen Städte, sandten ein Meer
von Licht zum Himmel empor. Über 3000 m
waren wir inzwischen gestiegen und daher
waren die genannten Orte alle gleichzeitig
sichtbar.

Der geheimnisvolle Zauber der im Schnee
schimmernden Landschaft wurde noch erhöht
durch das Aufblitzen der verschiedenartig
leuchtenden, weithin sichtbaren Leucht- und
Blinkfeuer an der dänischen und schwedischen
Küste. Ebenso wie der Sonnenuntergang auf
dem Meere wird uns wohl auch dieser Anblick
unvergeßlich sein!

Der Polarstern war unser Leitstern; mit
Hilfe von einzelnen Lichtern auf der Erde,
die wir uns merkten, stellten wir — der

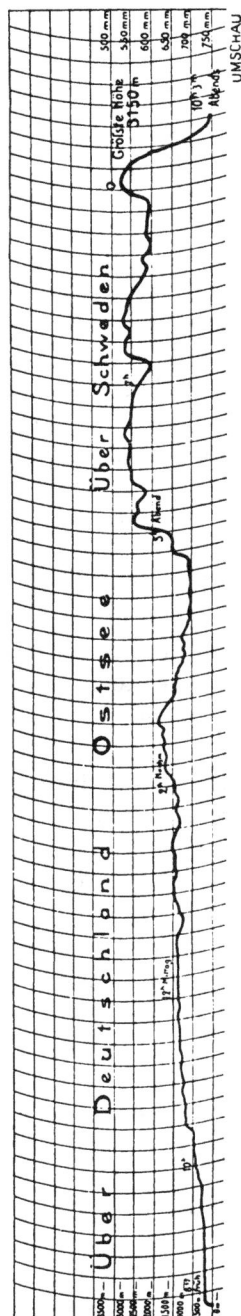

Kompaß konnte bei der Dunkelheit nicht gebraucht werden — fest,
ob wir unsere nördliche Richtung beibehielten. Da dies häufig nicht
der Fall war, mußten wir durch Ballastwerfen den Ballon hoch-
bringen und gingen dann wieder nach Norden. Eine östliche Tendenz bemerkten wir jetzt gar nicht mehr.

Zeitweise hatten wir nun auf der Erde Nebel lagern sehen, der
aber unseren Ausblick wenig hinderte. Bald aber fiel uns auf, daß
scheinbar in dem weißen Schnee in unregelmäßigen Formen die
Erde dunkel schimmerte. Herr Berson sprach die Vermutung aus,
daß es Wolken wären, die unter uns mit anderer Richtung oder
Geschwindigkeit einherzögen; die dunklen Stellen seien Wolken-
löcher, durch die die Erde mit ihren Lichtern auftauche. Da wir
aber mehrere Male deutlich ü b e r (vielleicht auch d u r c h ?) diesen
weißen Schimmer ein Licht sahen, glaubte er meinen besseren
Augen und schloß sich der Ansicht an, wir sähen Schnee, und
die dunklen Stellen wären Ortschaften, in denen derselbe verschwunden wäre.

In diesem Irrtum blieben wir aber nicht lange, denn bald
sahen wir unter uns nichts mehr; die Wolkendecke hatte sich geschlossen, und Herr Berson hatte leider nur zu recht.

Eine kurze Beratung erfolgte. In unheimlichr Nähe sahen wir
im Westen die Leuchttürme blitzen; es waren die Lichter in der
Bucht von Halmstadt. Östliche Abweichungen hatten wir auf dem
Lande gar nicht mehr gehabt, dagegen aber um so mehr westliche.
Wir konnten zwar die ungefähre Stellung des Zeigers unseres
Aneroidbarometers erkennen, aber was garantierte uns dafür, daß
wir in der langen Nachtfahrt über den Wolken in den betreffenden
Höhen immer dieselbe Richtung behalten würden? Wir brauchten
gar nicht viel nach Westen abzutreiben, und wir gerieten auf das
Meer, das wußten wir. Also: den Bogen nicht zu straff spannen,
hieß es, landen! Eine Weiterfahrt wäre leichtsinnig!

Wie sehr wir mit unseren Erwägungen recht hatten, und wie
nötig eine Landung war, hatte die Wetterkarte vom 10. abends
gezeigt. Aus der Wetterkarte (8 Uhr p. m.) ist ersichtlich, daß in
Mittelschweden und Südostnorwegen Nordostwind herrschte, in
Kopenhagen aber und im Kattegat sowie in Jütland Süd- bis Südostwind. Wir wären also bei einer Weiterfahrt ohne Orientierung
unfehlbar zunächst in das Kattegat, dann den Skagerrak getrieben,
dort von den östlichen Winden gefaßt und auf die Nordsee geführt
worden, falls wir überhaupt so weit gekommen wären.

Durch Ventilziehen wurde der Ballon zum Fallen gebracht, so daß bald die uns verhaßte Wolkenschicht erreicht war; wie immer wollte der Ballon, der wohl unser Empfinden teilte, nicht in sie hineindringen; erst anhaltendes Ventilziehen brachte ihn dazu.

Noch war die Erde unseren Blicken entzogen, da zeigten die elementaren Rucke, die der Korb bekam, uns an, daß unser Schlepptau den Boden schon berührte. Wenige Sekunden später kam die Erde in Sicht; wir waren über einem großen Walde und erkannten an den stark blitzenden Eisflächen vor uns, daß wir im Begriff waren, gerade auf einen See zu geraten. Ein schneller Schnitt mit dem zu diesem Zwecke im Innern des Korbes handlich angebrachten Dolchmesser, und die Schnüre der Ballastsäcke an einer Außenseite des Korbes waren zerschnitten, und der Ballonkorb streifte nur eben die Spitzen der Bäume, erhob sich etwas und zog am Schlepptau weiter. Ein größerer See wurde noch überflogen, dann erschien eine Lichtung, die zur Landung passend erachtet wurde. Erst wurde das Ventil gezogen, dann die lange vorher ausgeklinkte Reißlinie im Moment, in dem der Korb die Erde berührte, mit vereinten Kräften in Tätigkeit gesetzt, und nach einer wenige Meter langen Schleiffahrt neigte der Ballon sich stark nach vorn und unten, während der Korb liegen blieb; der Ballon hatte verspielt!

Wir waren im tiefen Schnee auf einer Waldblöße und, wie wir später feststellten, bei dem Gehöft Svenshult nahe Höga Hyltan, 22 km nördlich von der Bahnstation Markaryd, Provinz Smaaland, gelandet.

Nach dem nur kurze Zeit in Anspruch nehmenden Bergen der Instrumente begaben wir uns auf die Suche nach menschlichen Wohnungen, eine Aufgabe, die bei dunkler Nacht in unbekanntem Terrain im allgemeinen nicht leicht erschien. Doch schon nach 15 Minuten schimmerten durch eine Waldlichtung die dunklen Umrisse eines Gehöftes, dessen Bewohner leicht aus dem Schlaf geklopft wurden; aber schwerer als das Suchen waren die Bemühungen, die Bauern zum Öffnen ihres Hauses zu bewegen.

Man denke sich die Situation: vor ein einsames Gehöft im Walde, ganz abseits von den Hauptverkehrsstraßen, kamen in dunkler Nacht zwei Männer und begehrten in einer wildfremden Sprache Einlaß. Das Zögern der Leute ist dabei gewiß begreiflich. Selbst das Dänische war den Leuten nicht verständlich; Berson spricht sechs lebende Sprachen und kann sich in fast ebensovielen wenigstens verständlich machen, aber schwedisch war nun gerade nicht darunter.

Unsere Lage war nicht sehr angenehm. Herr Berson stellte sich auf einen Stein ans Fenster bzw. auf die zur Haustür führende Treppe und bat in den mildesten, vertrauenerweckendsten Worten um Einlaß, während ich etwas entfernt davon auf und ab ging. Wir wollten auf diese Weise den Bauer veranlassen, wenigstens zunächst für eine Person zu öffnen. Aber erst nach $^3/_4$ Stunden wagte es der Bauer, eine sympathische, direkt hübsch zu nennende Erscheinung, mit sichtlicher Ängstlichkeit die Haustür zu öffnen, nachdem zuvor seine Frau, seine zwei Töchter und sein Sohn aufgestanden waren. Einige Ballonansichtskarten, die zufällig mitgeführt wurden, wurden den Leuten gezeigt und sofort begriffen sie, wie wir in ihre einsame Gegend gelangt waren. Die weltbekannte Gastfreundschaft der Schweden betätigte sich. Was an Erfrischungen Küche und Keller bargen, wurde den Luftschiffern vorgesetzt, ohne daß auch nur im geringsten durch Worte oder Gebärden der Wunsch nach Bezahlung laut geworden wäre. Die Gastfreundlichkeit ging so weit, daß die Leute sogar ihr eigenes Bett für die Nachtruhe zur Verfügung stellten; ein Anerbieten, das entschieden ausgeschlagen wurde.

Nach der Stärkung ging es wieder zum Ballon; der Sohn und die beiden Töchter des Bauern gingen mit einer Laterne mit. Trotz des andauernden Schneefalls, der den vorher zurückgelegten Weg verdeckte, wurde er leicht wiedergefunden, da mit dem Säbel absichtlich Streifen in den Schnee gezogen waren, und der Schnee durch Schütteln von einigen Bäumen entfernt war.

Der Ballon wurde notdürftig in der Längsachse zusammengerollt — ein völliges Zusammenlegen war in der Dunkelheit infolge einiger Sträucher, auf denen er lag, nicht möglich — und die Instrumente, Karten etc. sorgfältiger verpackt. Das trübe Licht der Laterne wurde hierbei erhellt durch Zuführung des nicht gebrauchten Sauerstoffs, der auf diese Weise wenigstens eine nützliche Verwendung fand.

Mit den Instrumenten und Kartentaschen verpackt, ging es sodann auf einem bequemen Wege zum Bauernhof zurück. Im Stall, der mit Kühen, Schafen, Schweinen und Hühnern bevölkert war, wurde in einem leeren Winkel notdürftig ein Heulager auf dem Boden zurecht gemacht. Als Decke diente der Pelz bzw. der Paletot.

Leider war die Scheune nur oberflächlich mit Brettern an den Seiten vernagelt, so daß die frische Luft, die sonst so angenehm

ist, reichlich Zutritt hatte. Wenn man bedenkt, daß ca. 12⁰ C
Kälte herrschte, so wird man es verstehen, daß wir trotz unserer
Müdigkeit vor Kälte kaum zu Schlaf gekommen sind und das
Tageslicht herbeisehnten.

In frühester Stunde trieb es uns heraus; es war uns nun angenehm, daß wir uns erst im Zimmer ordentlich durchwärmen
konnten, bis die aus den umliegenden Gehöften, deren nächstes
ca. ¹/₂ Stunde entfernt war, herbeigeholten Bauern eintrafen.

Der Ballon wurde sachgemäß verpackt und die Verständigung
dabei in englischer Sprache durch einen Bauern herbeigeführt, der
in Amerika längere Zeit gelebt hatte.

Nachdem wir uns von unserem gastlichen Wirt herzlich ver-
abschiedet hatten, ging es auf einem Schlitten zur nächsten Bahnstation Markaryd. Der Ballonkorb stand vorn, hinten lag die zu-
sammengerollte Hülle auf der hohen Kante, kunstvoll durch unsere
Haltetaue zusammengeschnürt. Wir thronten hintereinander im Reit-
sitz auf unserer Ballonhülle. Erstaunt sahen uns die Leute nach,
namentlich erregte die unbekannte Uniform ihre Aufmerksamkeit.
Der höfliche Gruß wurde höflich erwidert.

Nach dreistündiger Fahrt langten wir gegen 5 Uhr in M a r k a -
r y d an.

Zunächst suchten wir das Telegraphenamt, um durch Telegramme
alle etwa in Berlin entstandenen Besorgnisse zu zerstreuen, da unter
normalen Umständen spätestens am anderen Morgen die Telegramme
mit der Nachricht von erfolgter glücklicher Landung erwartet
wurden. Jetzt war es uns am unangenehmsten, die Landessprache
fast gar nicht verstehen zu können und unseren Wünschen nur durch
Gebärden Ausdruck geben zu müssen. Wir waren in eine Telephon-
station geraten, wo keine Telegramme angenommen werden konnten.

Zum Glück fanden wir einen deutschsprechenden Stationsvorsteher, der unsere Telegramme telephonisch nach Hessleholm zur
Weiterbeförderung nach Berlin gab. In einem kleinen Hotel am
Bahnhof nahmen wir seit zwei Tagen unsere erste warme Mahl-
zeit ein.

Unsere Depeschen hatten zur Folge, daß in unglaublich kurzer
Zeit aus Malmö, Stockholm, Wexiö und anderen Städten telepho-
nische Anfragen nach uns von den Zeitungen einliefen. Man hatte
den Ballon von der Ostsee kommen und in Schweden weiterfliegen
sehen. Willig machten wir dem Stationsvorsteher einige Angaben
und wurden nicht mehr belästigt.

Am anderen Tage ging es nach Malmö, wo ich bei dem Kommandeur des dort garnisonierenden Husarenregiments Kronprinz von Schweden dienstliche Meldung abstattete. In liebenswürdigster Weise wurden wir beide aufgenommen, und man veranstaltete uns zu Ehren ein großes Gabelfrühstück, an dem das gesamte Offizierkorps teilnahm. Wir mußten nachmittags schon weiter, um über Kopenhagen nach Berlin zu fahren, und verabschiedeten uns daher bald von den gastfreundlichen Kameraden, nachdem uns noch im eleganten Vierergespann Malmö und die nächste Umgebung gezeigt worden war.

Sonntag trafen wir endlich am Ausgangspunkt unserer Reise ein, und ich brauche wohl nicht zu sagen, daß wir hochbefriedigt von unseren gewonnenen Erfahrungen und Eindrücken waren. Auch die wissenschaftliche Ausbeute ist eine hochinteressante.

Ebenso reizvoll, aber nicht minder gewagt, sind Ballonfahrten im Hochgebirge, wie sie der schweizerische Luftschiffer Kapitän Spelterini, Victor de Beauclair und andere schon mehrfach in den Alpen unternommen haben.

Hierbei ist es erforderlich, so hoch zu steigen, daß man sich von den von der Erde beeinflußten Windströmungen freimachen kann, und von vornherein in Höhen von 6000—7000 m zu gehen. Zweckmäßig ist ferner die Mitnahme von Sauerstoff, was aber infolge der schweren Stahlbehälter eine bedeutende Belastung an totem Gewicht bedeutet.

Spelterini hat den ersten Versuch, dem noch eine ganze Reihe wohlgelungener Fahrten gefolgt sind, am 3. Oktober 1898 mit Professor Heim und Dr. Maurer in der ca. 3300 cbm großen »Vega« unternommen. Von Sitten aus gelangte er nach Zurücklegen von 229 km Weg nach 5³/₄ stündiger Fahrt nach Rivière im französischen Departement Haute-Marne, anstatt über Finsteraarhorn, Urner und Glarner Alpen bis an den Bodensee. Viele prächtige Photographien erläutern den zurückgelegten Weg über das Hochgebirge.

Die wohlgelungenen Bilder, die der sehr erfahrene Ballonphotograph angefertigt hat, geben uns eine Vorstellung von der Herrlichkeit einer Alpenfahrt.

Es ist sehr schwer, die Schönheiten der Hochgebirgsnatur oder die Empfindungen zu schildern, die den Menschen in einem hoch über den Gletschern schwebenden Ballon erfassen. Im November 1904 machten der Kapitän Spelterini, Frhr. v. Hewald und

Verfasser von Zürich aus eine Fahrt, die zunächst nach Süden über den Vierwaldstätter See, Rigikulm und Pilatus führte. Dann bog der Ballon nach Südwesten um, und in 4000 m Höhe ging der Weg an den Hochalpen entlang. Bei wundervollem, klarem Wetter lag das gesamte Alpenmassiv in fast greifbarer Nähe unter und neben dem Luftschiff: Jungfrau, Eiger, Mönch und vor allem die weiten Felder des Aletschgletschers boten in der prächtigen Sonnenbeleuchtung ein unbeschreiblich schönes Bild. Fast drei Stunden

Der Vierwaldstätter See. Ballonphotographie von Spelterini.

lang hatten wir einen Genuß, den noch nie zuvor ein anderer zu kosten vermochte. Immer und immer wieder machte man sich auf neue Schönheiten aufmerksam, die man so mühelos und umfassend in erhabener Ruhe genießen konnte.

Der Ballon bog später wieder nach Norden um, und die Landung erfolgte in gebirgigem Gelände auf der Nordwestseite des Neuchâteler Sees.

Die Richtung der Fahrt ist deshalb sehr bemerkenswert, weil es sehr selten ist, daß man gerade an den Alpen entlang fliegt. Auch Spelterini hatte bei seinen vielen Aufstiegen in der Schweiz nie zuvor gerade eine solche Fahrtlinie gehabt. Vor allem war auch die bedeutende Rechtsdrehung sehr wesentlich, denn mit dem 1600 cbm großen, nur mit Leuchtgas gefüllten Ballon hätte man nicht den Versuch der Alpenüberquerung wagen können, und eine Landung im Hochgebirge ist außerordentlich schwierig und kostspielig.

Die Landung ist noch das Gefährlichste bei der Luftschiffahrt, wenn man überhaupt von »Gefährlichkeit« sprechen darf.

Busley hat in einem Aufsatze »Die vermeintliche Gefährlichkeit des Ballonfahrens und die damit verknüpfte Versicherungsfrage« an der Hand einer sehr genauen Statistik festgestellt, daß das Ballonfahren nicht viel gefährlicher ist als die Ausübung irgendeines anderen Sports und mit Recht darauf hingewiesen, daß die vorhandenen Anschauungen ihren Ursprung meist in dem Treiben vieler Biergarten-Luftschiffer haben, die mit mangelhaftem Material vor einer schaulustigen Menge Auffahrten veranstalten.

Doch auch bei den Berufsluftschiffern ist eine Wandlung zum Besseren eingetreten: sie fangen an, mehr Wert auf die Güte ihres Materials zu legen.

Die Leute sind meist auch in wenig beneidenswerter Lage; ihr Beruf ist ein sehr dornenvoller und der Verdienst sehr gering. Viele Gehilfen können sie sich nicht halten, weil das zu kostspielig ist; sie sind deshalb ganz auf die Zuverlässigkeit einiger Angestellten des betreffenden Vergnügungsparkes angewiesen, in dem die Auffahrt vor sich gehen soll.

Die Füllung dauert dabei viele Stunden, und weil fast nie Sachverständige zum Überwachen der Arbeiten vorhanden sind, müssen sie vom frühesten Morgen bei ihrem Ballon stehen, damit rechtzeitig am Nachmittage die Fahrt vor sich gehen kann. Andere Führer steigen frisch in den von zuverlässigen Luftschiffern vollkommen fertig gemachten Korb, während die Berufsluftschiffer meist schon infolge angestrengtester Arbeit vorher müde geworden sind; ihre Widerstandsfähigkeit in schwierigen Lagen bei der Fahrt ist dann nicht mehr groß.

Ferner sind sie gezwungen, den Aufstieg bei jedem Wetter zu wagen, auch wenn, wie das im Sommer so häufig der Fall ist, plötzlich ein Gewitter hereinzubrechen droht, von dem am frühen Morgen bei Beginn der Füllung noch nichts zu bemerken war. Die Luftschiffer sind meist in keiner glänzenden Lage, und der Verlust einer Füllung kann kaum von ihrem Geldbeutel getragen werden. Außerdem käme meist noch der Verlust des zurückzuzahlenden Eintrittsgeldes hinzu. Das Publikum kennt keine Gnade; im Gegenteil, es erhöht den Reiz, wenn die Aussicht auf einen Unglücksfall vorhanden ist.

Es wäre wirklich an der Zeit, wenn hier die Behörden eingriffen und durch Fachleute jedesmal die Chancen eines Aufstieges prüfen ließen. Wie häufig kommt es vor, daß Leute ohne genügende Fachkenntnisse Ballonfahrten veranstalten und ahnungslose Passagiere dem sicheren Tode entgegenführen. Wenn sie selbst ihre eigenen Knochen riskieren wollen, so ist kaum etwas dagegen einzuwenden,

Der Korb mit Hülle wird nach der Landung des Ballons auf Schlitten transportiert. Hinten im zweiten Schlitten sind die Luftschiffer.

das müssen sie eben mit sich selbst abmachen, aber es müßte ihnen unterbunden werden, andere mit ins Unglück zu ziehen.

Ein typischer Fall hat sich 1905 in der Rheinprovinz ereignet. Ein »Ingenieur« Vollmer hatte sich privatim durch einen Berufsluftschiffer in drei kurzen Fahrten zum Ballonführer ausbilden lassen und dann mit einem gewissen Flögel von Remscheid aus eine Fahrt unternommen, die bei hellem Wetter in der Nordsee endete und den Tod der beiden Leute durch Ertrinken zur Folge hatte. Der unglückselige Führer hatte wahrscheinlich zu spät die Landung eingeleitet, obgleich sich der Ballon, wie aus den Depeschen abgelassener Brieftauben hervorging, angesichts der See in über 3000 m Höhe bei kräftigem Winde befand.

Dieser Fall zeigt klar, daß der Ruf nach der Polizei ein berechtigter ist! Natürlich müssen Extreme dabei wieder vermieden

werden. Es geht z. B. zu weit, wenn das Berliner Polizeipräsidium
im Jahre 1884 alle Auffahrten vor dem 15. August verboten hat,
weil bei der Landung in früherer Jahreszeit event. Flurschaden entstehen könnte!

Im allgemeinen haben sich in Deutschland nach Einführung der
Reißvorrichtung die Unfälle sehr verringert; denn auch bei starkem
Wind wird durch die schnelle Entleerung der Hülle die gefährliche
Schleiffahrt vermieden.

Eine Landung geht wie folgt vor sich: Sobald der Entschluß
gefaßt ist, die Fahrt zu beenden, wird die Landungsstelle nach der
Karte und nach dem Aussehen des Geländes bestimmt. Durch
Ventilziehen wird der Aerostat zum Fallen gebracht.

Kurz vor der Landungsstelle muß man ihn am Schlepptau abfangen, d. h. ihn am Tau in die Gleichgewichtslage bringen, event.
durch Auswurf von Ballast. Auf unbewachsenem, nicht durch Draht-
leitungen irgendwelcher Art durchzogenem Terrain hat dies gar
keine Schwierigkeit. Meist begegnet man aber Bäumen, Telegraphendrähten und anderen Hindernissen, dann heißt es aufpassen, daß
man nicht hängen bleibt. Man muß den Ballon durch Ballastgeben
über diese Hindernisse hinwegführen, dabei aber unbedingt dafür
sorgen, daß er nicht zu hoch steigt, da jeder nicht prall volle
Aerostat, dem man auch nur den geringsten Auftrieb gibt, wieder
mindestens bis zu seiner ursprünglichen Höhe emporsteigen muß.
Es ist deshalb erforderlich, durch schnelles Ventilziehen nach dem
Sprung über das Hindernis den Ballon wieder zum Fallen zu bringen.
Solche Manöver können sich sehr häufen; unter Umständen sind
auch Häuser und Dörfer noch zu überfliegen, über die man unter
keinen Umständen das Schlepptau hinwegschleppen lassen darf, so-
lange man noch über ein Körnchen Ballast verfügt.

Es geht daraus hervor, daß es außerordentlich wichtig ist, eine
genügende Menge Ballast zur Landung zu reservieren, und nicht,
um zu eigenem Vergnügen die Fahrtdauer zu verlängern event. die
Schuld auf sich zu laden, daß durch ein über Häuser rasselndes
Schlepptau Menschenleben in Gefahr geraten, ganz abgesehen davon,
daß die Luftschiffer selbst in eine gefährliche Lage geraten können.
Nicht eindringlich genug kann man die Führer warnen, die Fahrt
bis zum Verbrauch des letzten Ballastes auszudehnen und sich auf das
Glück zu verlassen, daß der Ballon in günstigem Gelände herunter-
kommt. Der schwerste Vorwurf würde auf dem Führer lasten, der
durch solchen Leichtsinn ein Menschenleben auf dem Gewissen hätte.

Sobald also der Ballon am Schlepptau die geeignete Landungsstelle vor sich hat, bringt man ihn durch kräftiges Ventilziehen bis zum Aufprall des Korbes auf die Erde. Der Stoß wird von den Insassen auf Kommando pariert durch einen mäßigen »Klimmzug«. Die Entlastung in diesem Momente veranlaßt den Aerostaten zu einem Sprung, in dessen wieder absteigendem Aste man die vorher bereits aus der Sicherung ausgeklinkte Reißleine möglichst rasch in Bewegung setzt, damit die Hülle sich schnellstens entleert. Auch bei heftigem Winde kommt selten eine größere Schleiffahrt vor.

Im Baume gelandeter Ballon.
Die Insassen klettern an den Halteleinen zur Erde.

Ev. kann man die Reißbahn auch schon unmittelbar vor dem ersten Aufprall abziehen; doch dieses bleibt dem Entschlusse des Führers vorbehalten.

Wie gefährlich die Situation werden kann, wird man aus der Schilderung einer Fahrt sehen, die in Straßburg mit einem 2000 cbm großen gefirnißten Seidenballon von Dr. Stolberg, Leutnant George, dem jetzt als Führer der Militärluftschiffe, namentlich des Zeppelinballons bekannten Hauptmann im Luftschifferbataillon, mit dem Verfasser als Führer unternommen wurde. Den von Stolberg für die Illustrierten Aeronautischen Mitteilungen verfaßten Bericht lassen wir fast wörtlich folgen:

»Der Ballon rauschte, zerrte und zeigte sich ungebärdig, als ob er es gar nicht erwarten könnte, uns einen Possen zu spielen. 9 Uhr 8 Minuten erfolgte das Kommando ‚Laßt los‘, und langsam, bei ziemlich kräftigem Nordwest, hebt sich der Ballon. Obgleich wir sofort Ballast warfen, blieb er — ich möchte beinahe sagen, ‚der Tradition gemäß‘ — an den Telegraphendrähten am Glacis einen Augenblick hängen, kam aber bei erneutem Sandwerfen — die Auf-fahrt kostete uns im ganzen 4¹/₂ Sack — bald wieder frei. Wall-graben, Häuservierecke tauchten unter uns auf und entfernten sich schnell, selbst das Münster senkte sich bald. Wir waren in drei Minuten bis zum Bahnhofsplatz gefegt, dann stiegen wir rapid in dem dicken Grau des Nebels, und nach wieder drei Minuten hatten wir die häßliche naßkalte Zone hinter uns und standen im reinsten Sonnenglanz über den wallenden Nebelmassen.

Im Osten hoben sich der Buckel der Hornisgrinde und einige höchste Punkte des Kniebis aus dem Dunst, im Westen, kaum merkbar, als dunkle Streifen ein Teil der Mittelvogesen. Im Süden thronte majestätisch eine große Wolkenmasse, deren Konfiguration wohl mit dem Hochgebirge hinter ihr Ähnlichkeit haben mochte. Rechts in der Tiefe erschien auf dem Nebel wiederholt der Ballon-schatten, ein geisterhafter Schatten in dieser sonnigen stillen Welt.

Doch das Gefühl des Alleinseins im weiten Luftozean hoch über der Erde blieb nicht lange. Obgleich unsere Barometerhöhe 9 Uhr 23 Minuten bei + 8⁰ C 646 mm betrug, also Belchenhöhe, drang jetzt noch deutlich das Rollen der Eisenbahnzüge zu uns herauf, wozu sich noch die militärischen Signale, wie Trommeln und Blasen, gesellten. Da zerreißt mal der Nebel: Direkt unter uns sehen wir einen halben Wellblechzylinder, den Personenbahnhof, daneben offenes Feld. Die Barometerablesung — 9 Uhr 37 Minuten — ergab einen Stand von 606 mm bei 4,4⁰ C, unser höchster Stand, genau 2000 m und bei nur 4,4⁰ C, eine durch die Strahlung verursachte belästigende Hitze.

Bei dem wiederholten Spiel des Nebels erschien noch einmal das Münster in ganz bedeutender Tiefe unter uns. Wenn man 1700 m über seiner Kreuzblume ist, so darf es nicht wundernehmen, wenn es dem Beschauer nicht größer als ein Fußschemel vorkommt.

Nach diesem Ausblick vom Ballon einen Einblick in den Ballon! Die Wirkung der Sonne machte sich so fühlbar, daß ich einige winterliche Kleidungsstücke ablegte und mich auch gerne der Fell-schuhe entledigt hätte, wenn es nicht zu umständlich gewesen wäre. Auch den anderen beiden Herren war es durchaus nicht kalt. Hätten wir lange oben bleiben können, so wären wir braun gebrannt worden.

Ich setzte mich nun auf einen Ballastsack und fing an, meine Renommierpostkarten zu schreiben. Für ähnliche Fälle gestattete ich mir eine kurze Beschreibung derselben hier zu geben: Man läßt beim Buchbinder die Karten mit ca. 2 m langen Zöpfen aus buntem Seidenpapier oder besser auch aus gewöhnlichem roten Band versehen und schreibt auf der Vorderseite vor dem Druck das Wort »Ballon«, und die Karte ist fertig.

Es sieht wunderhübsch aus, wenn die Karte mit ihrer roten Schlange in graziösen Schwingungen der Tiefe zugeht. Ich kam nur zum Auswerfen von zwei Karten, die beide übrigens ihre Adressaten pünktlich erreicht haben. 9 Uhr 43 Minuten hatten wir 626 mm Druck = ca. 1600 m Seehöhe. Wir waren also ca. 400 m in 6 Minuten gefallen, aber immer noch höher als 20 Minuten vorher. Da die Hornisgrinde, unsere Landmarke, noch in demselben Winkel zu uns stand, auch das Geräusch vom Erdboden herauf noch dasselbe war, so konnten wir daraus schließen, daß wir im Luftozean immer noch unbeweglich über der Stadt standen.

Wenn man den Flug des Luftschiffers kühn und schnell zu nennen gewohnt ist, so konnten wir diesmal den unsrigen pomadig und außergewöhnlich beschaulich nennen. Ich fand, daß es direkt gemütlich wurde, und da jetzt nichts näher lag, als an unseren prächtigen Frühstückskorb zu denken, welcher eine Fülle von Humor in des Wortes bester Bedeutung barg — wenn »Humor« eben »Flüssigkeit« heißt — so schlug ich vor, die Zeit während der aufgezwungenen Muße durch Frühstücken passend auszufüllen. Um ungestörter den Inhalt des feuchten Korbes prüfen zu können, bat ich, noch etwas Ballast vorher zu werfen. Das Wort »Ballast« wirkte unwillkürlich unangenehm, da wir eigentlich bereits genügend geworfen hatten. Doch dieses Bedauern wurde zum Verdruß, als der Führer plötzlich sehr bestimmt sagte: »Wir müssen landen«; da half kein noch so gut gemeinter Protest!

Ein Blick auf das Barometer — es war kurz nach 10 Uhr — lehrte, daß wir uns sogar rapid abwärts bewegten, wobei ich bemerke, daß die Ventilleine überhaupt noch nicht berührt worden war. Der Zeiger des Aneroids lief so schnell wie der Sekundenzeiger einer Uhr wieder nach vorwärts. Jeder der dichtgedrängten Teilstriche 11 m Fall! Die an einen Stock gebundene und außerhalb des Ballons hängende Flaumfeder — ein vorzügliches Hilfsmittel, Fallen oder Steigen sofort zu bemerken — stand kerzengerade hoch; ausgeworfene Papierschnitzel verschwanden über uns. Alles Anzeichen einer sehr schnellen Bewegung der Erde zu!

Es wurde weiter Ballast geworfen — derselbe fing bereits an knapp zu werden —, um den Ballon zu parieren, es half nichts. Wir fielen schneller als der Sand, der uns von oben nachkam. Im ganzen hatten wir zur Landung fünf Sack Ballast à 30 kg aufgehoben.

Fatalerweise kam hierzu das Mißgeschick, daß sich schon längere Zeit zwischen Ballon und Sonne eine dicke Wolke gestellt hatte, wodurch das Gas in unserem Ballon dauernd stark abgekühlt und damit weitere Tendenz zum Fallen hervorgerufen wurde.

Das wäre nun gar nicht gefährlich gewesen, wenn wir in den höheren Schichten der Atmosphäre keine Windstille, sondern wenigstens einigen Wind gehabt hätten, der uns zum sicheren Landen in das freie Feld hinausgebracht haben würde. Die Ursache unserer dramatischen Landung lag lediglich in dem Fehlen dieses Windes.

Der fortdauernd schnell näher kommende Lärm aus der Tiefe belehrte uns eindringlich, daß wir in unmittelbarer Nähe der Stadt oder sogar noch direkt über ihr waren. Plötzlich tauchte die Manteuffelkaserne unter uns auf oder schien vielmehr auf uns zuzufliegen, und zugleich kamen wir in den lebhaften Unterwind, den wir bei der Abfahrt gehabt hatten. Ganz nahe sahen wir einen kleinen Wald, den Contades.

Ich denke schon, na, da landen wir am Ende gar bei meiner Wohnung, bequemer könnte man's ja gar nicht haben, doch da sind wir auch schon über dem Rondell vor dem Kaiserpalast. Deutlich sehen und hören wir die Menschenmassen unter uns, die sich beim Auftauchen des Ballons schnell gebildet haben. Jetzt sind wir auch schon über dem Kleberplatz, dem Herzen der Stadt.

Wir fliegen über die alten Quartiere in der Gegend des Kleberplatzes und blicken indiskret in schachtähnlich enge Höfe herab. Mir will es so scheinen, daß es besser ist, hier darüber zu fliegen, als hier zu wohnen.

Doch wir sind bereits bedenklich tief, das Schleppseil fängt an, von rasselndem Geräusch begleitet, über die Dächer zu ziehen. »Fest halten!« kommandierte der Führer, da ein Ruck — ein Krach: das Schlepptau hat ein Stück baufälligen Schornsteins zur Strecke gebracht.

An solchen altersschwachen Schornsteinen ist überhaupt Straßburg überreich. Das haben die Störche früher als wir erkannt.

Kein Wunder daher, wenn die Zahl der Störche von Jahr zu Jahr
in Straßburg abnimmt. Ein solider Storch wird sich hüten, sein
junges Eheglück einem so baufälligen Schornstein anzuvertrauen,
den schon ein harmloses Luftschiff aus dem Gleichgewicht bringen
kann.

Doch zu Betrachtungen und Gefühlsduseleien hatten wir keine
Zeit. Der Führer kommandierte gleich wieder »Fest halten!« Dies-
mal gab es einen elementaren Ruck, da das Seil sich fest um die
Telephondrähte bei der Schule am Gerbergraben geschlungen hatte.
Der Führer ruft: »Abschneiden!« Das Seil hatte kolossalen Zug
und war zum Platzen straff gespannt. Da dasselbe aber immer noch
mindestens 1 m von meinem Standpunkt entfernt und Leutnant
George der Zweitnächste war, so legte er sich über den Rand des
Korbes und brachte das Seil bzw. den Korb an das Seil so weit
heran, daß ich es auch noch mit der einen Hand fassen und mit
der anderen vermittelst meines unterdes aufgespannten, starken und
scharfen Nickfängers, den ich zünftigerweise vor der Fahrt eingesteckt hatte, bis zur Hälfte durchschneiden konnte. Da kam ein
übermächtiger Zug, wir konnten mit vereinten Kräften das Seil nicht

Pontonierübung auf der Oberspree. Ballonaufnahme.

mehr halten, und es entglitt unseren Händen. Der Ballon wurde
scharf nach der Windrichtung getrieben, so daß der Korb gewissermaßen nach oben flog und sich dabei so auf die Seite legte, daß
wir herausgeschleudert wären, wenn wir uns nicht so schön festgehalten hätten.

In diesem kritischen Moment sah der Führer keine andere
Rettung, als das Tau um jeden Preis zu lösen. Er stellte sich auf
den Rand des Korbes — wahrhaftig eine nicht gewöhnliche Situation —, und es gelang ihm, das Tau an der von mir angeschnittenen
Stelle vollends durchzuschneiden. Das Seil flog auf die Dächer, ein
Ende klatschte dicht bei einem erstaunten Kahnschiffer in der Nähe
der Martinsbrücke in die Ill.

Das Rollen und Prasseln der Ziegel hörte sich zwar unheimlich
an, aber wir hörten es nie lange, wie wir denn ein besonders un-
heimliches Gefühl bei der ganzen Schleiffahrt nicht empfanden, und
zwar außer wegen der Zuversicht zum Führer auch deswegen nicht,
weil wir von Augenblick zu Augenblick vor immer andere Situationen gestellt wurden und dementsprechend auch immer eine andere Initiative haben mußten.

Unser Löwenritt ging weiter: die Dächer der Finkweilergegend
waren unsere altersschwachen Giraffen. Ein Dach in dieser Gegend
mit Dachdeckerhaken ist mir noch in lebhafter Erinnerung. Wir
stießen mit dem Korb auf dieses Dach, dicht unter dem First, daß
es nur so krachte! — Aber wir sahen auch nolens volens diskrete
Dinge. So einmal, zum Greifen nahe, eine ganze Reihe von Wäsche-
stücken, die hoch oben zwischen Erde und Himmel zum Trocknen
hingen und dem gewöhnlichen Sterblichen von unten aus ein schönes
Geheimnis bleiben mußten.

Wir hatten unterdes auch noch die Planen, leeren Säcke, den
leeren Instrumentenkasten — jemand muß aus Versehen auch meinen
Hut dabei erwischt gehabt haben — als Ballast geworfen — der
Instrumentenkasten ist sonderbarerweise dabei heil geblieben — und
näherten uns nun, nach einer flüchtigen Bekanntschaft mit dem
Turm der Zionskirche, zu unserer Befriedigung schnell der Um-
wallung. Ein uraltes Häuschen der Elisabethwallstraße wurde als
letztes Hindernis bei diesem Rennen genommen und bekam noch
einen brüsken Rippenstoß, der es um einen Teil eines Schornsteins
und ein paar Quadratmeter Dachfläche brachte, und nun hatten wir
— dicht am Furagemagazin vorbeischießend — die Bahn frei.

Wir waren nun niedrig genug, um die Reißleine in Tätigkeit treten zu lassen. Wir zogen sie alle drei. Der Führer ruft: »Jetzt gibt's eine kalte Dusche!« — Ich dachte eine kalte Ente wäre besser, — doch, obgleich die Reißvorrichtung sofort funktionierte, kamen wir gerade noch auf das linke Illufer, wo wir, da sich der Ballon schikanöserweise auf die Seite der Reißvorrichtung gelegt hatte und so das Gas noch teilweise gefangen hielt, noch eine kurze Schleiffahrt über Rasen machten — ein wahres Vergnügen, nur Herr Leutnant George war dabei in etwas unbequemer Situation — und dann an einem Artillerieunterstand (unweit des Elektrizitätswerks) festhingen.

Jetzt erst — da das Gas wegen der Lage des Ballons nicht völlig durch die Reißvorrichtung allein entweichen konnte — ist auch die Ventilleine gezogen worden, um die Entleerung zu beschleunigen. Vorher ist die Ventilleine nicht angerührt worden.

Vom Elektrizitätswerk kamen zahlreiche Arbeiter herbei, welche uns in dankenswerter Weise noch behilflich waren.

So — da waren wir wieder in Straßburg. Wir hatten den Eindruck, als ob sich während unserer Abwesenheit nichts verändert hätte, und wie der Soldat stolz seine Fahne aus der Schlacht heimbringt, so hatten wir trotz Drähten, Dächern und Schornsteinen unseren Frühstückskorb in bester Verfassung gerettet!«

Man sieht aus dieser Fahrt, daß der Ballonkorb einen tüchtigen Stoß aushalten kann, und daß auch die schwierigsten Situationen meist gut überstanden werden. Es müssen schon eine Reihe unglücklicher Umstände zusammentreffen, wenn der Ausgang so tragisch werden soll wie bei jener Landung, die mit dem Tode von Sigsfeld abschloß.

In neuester Zeit hat sich auch die Flugmaschine den Sport erobert. Zunächst flogen ihre Erfinder und Führer lediglich um die Preise, welche von den Förderern der Flugtechnik für besondere Leistungen ausgesetzt waren. Santos-Dumont begann mit einem Fluge über 50 m in gerader Linie, wofür er den großen Preis Deutsch-Archdeacon in der Höhe von 50000 Franken einheimste. Stets wurden in der Folge neue Preise ausgesetzt, und die Konstrukteure, die viel Geld in ihre Unternehmungen hineingesteckt hatten, wurden für ihre Mühen etwas belohnt.

In Deutschland allerdings hielt man nichts von der neu aufblühenden Industrie, und man schenkte denjenigen bedingungslos Glauben, die urbi et orbi verkündeten, die Flugmaschinen hätten keine aussichtsvolle Zukunft. Auch die Nachricht über die Erfolge von Wilbur und Orville Wright wurde, wie in ganz Europa, in Deutschland mit größtem Mißtrauen aufgenommen und auch die Fachzeitschrift gab ihrem Zweifel starken Ausdruck.

In Frankreich hatte sich der September 1909 bei Flugübungen tödlich verunglückte Kapitän Ferber der Sache der Wrights angenommen. Aber auch die Bemühungen dieses verdienstvollen Flugtechnikers, ihnen Anerkennung zu schaffen, scheiterten. Die französische Regierung lehnte es ab, die amerikanische Erfindung zu erwerben.

Der Verfasser, der seit 17 Jahren in Wort und Schrift auch für die Flugtechnik eingetreten ist, hatte die Arbeiten der beiden Brüder

Hauptmann Ferber in seinem Aeroplan.

stets genau verfolgt, und es gab für ihn keinen Zweifel an der Richtigkeit der über und von Wrights gemachten Angaben. Da jedoch das vorhandene Material auch anderen zugänglich war, die trotzdem gegen die Amerikaner auftraten, so blieb Verfasser nichts anderes übrig, als in die Heimat der Erfinder nach Dayton in Ohio zu fahren, um aus eigener Anschauung ihre Wirkungsstätte kennen zu lernen und Leute über die Flüge zu hören, um dann mit selbst gesammelten Material die Zweifler zu überzeugen. Als einziger Deutscher ist dann Verfasser nach Rückkehr öffentlich in den verschiedensten Zeitungen und Zeitschriften, öffentlichen und privaten Vorträgen für die beiden Brüder eingetreten. Aber trotzdem gelang es nicht, die Ansicht der großen Menge zum Umschwung zu bewegen, nur einige wenige begannen zu glauben. Diejenigen aber, die schon früher und auch infolge Einwirkung des Verfassers an

Der Däne Ellehammer auf dem Sportplatz in Kiel.

den Erfolgen nicht zweifelten, wagten nicht in der breiten Öffentlichkeit für die beiden Wrights einzutreten.

Im Sommer 1908, nachdem es dem amerikanischen Ingenieur
Hart O. Berg gelungen war, das »Weiller Syndikat« zu gründen,
kam dann Wilbur Wright nach Frankreich und bewies auf dem
Schießplatze Auvours bei Le Mans, daß die Berichte über seine
Leistungen nicht übertrieben waren. Von Erfolg schritt er zu Er-

Esnault Pelterie überfliegt den See bei Bucq.

folg und löste nunmehr in der ganzen Welt große Begeisterung für
die Aerodynamik aus.

Deutschland hielt sich immer noch zurück! In Kiel machte
der unter Leitung von Freiherr von Moltke stehende Verkehrsverein
den Versuch, während der Kieler Woche ein Flugmeeting abzuhalten.
Nur der Däne Ellehammer, bekannt durch den in Gegenwart einiger
weniger Zeugen vor Santos Dumont ausgeführten privaten Flug,
erschien, vermochte aber wegen einer Havarie, die seine Maschine
beim Probeflug erlitt, keinen Erfolg zu erzielen; lediglich Luftsprünge
gelangen ihm, die aber vor dem sich wirklich musterhaft verhal-
tenden Publikum dankbar gewürdigt wurden.

In Frankreich kamen nun die verschiedensten Systeme: Esnault
Pelterie, Blériot, Farman, Delagrange usf. sehr zur Geltung, wobei
bemerkt werden muß, daß die Stabilität ihrer Flugmaschinen erst
durch Nachbildung der von Wright konstruierten Verwindung der

Tragflächen erzielt worden ist.   Einen ähnlichen Gedanken
hatte sich übrigens auch der deutsche Hauptmann Robitzsch, Duis-
burg, patentieren lassen.

In Deutschland hatte man aber immer noch nicht Gelegenheit
gehabt, einen wirklichen Flug zu sehen.   Da nahm sich der be-

Delagrange mit seinem Voisin-Zweidecker im vollen Fluge bei einer Preisbewerbung.

kannte Verleger August Scherl der Sache an und stellte die Mittel
zur Verfügung, einen der französischen Flugtechniker für Vorführungen in Berlin zu verpflichten.   Verfasser, der die Organisation
hierfür ehrenamtlich unternommen hatte, gewann Armand Zipfel,
der mit einem Voisin-Flieger schon in Lyon gute Erfolge erzielt
hatte.   Zipfel sagte 10 Flüge über eine gerade Strecke von 500 m
zu.   Die Vorführungen, um deren Zustandekommen sich vornehmlich auch Richard Scherl verdient gemacht hat, fanden Ende Januar
auf dem Tempelhofer Felde unter Teilnahme einer nach Zehn-
tausenden zählenden Zuschauermenge statt.   Der französische Gast

erfüllte seine Verpflichtungen und flog zeitweise über größere Strecken, dabei mehrfach auch halbe Wendungen ausfliegend. Leider erlitt seine Maschine infolge des für den Januar ungewöhnlich stürmischen Wetters mehrfach Havarie, so daß die Absicht, auch Kreisflüge durchzuführen, nicht verwirklicht werden konnte.

Der Zweck der Vorführungen war erreicht. Man begann sich lebhaft in Berlin für die Flugtechnik zu interessieren, und wenn auch das durch die Zeitungsberichte aus Frankreich verwöhnte Publikum höhere Erwartungen gehegt hatte, so ist es doch Tatsache, daß seit jenem Januar auch in Deutschland sich die Flugtechnik zahlreiche Freunde und Förderer erworben hat. Der Name von August Scherl kann deshalb gerechterweise bei der Entwicklungsgeschichte der deutschen Flugtechnik nicht übergangen werden.

Immer ausführlicher wurden nun die Zeitungsberichte über die Erfolge der Franzosen, und der berühmte Flug Blériots über den Kanal überzeugte auch die fanatischsten Gegner, daß die Luftschiffe »schwerer als die Luft« doch wohl mehr Aussichten für eine Verwertbarkeit boten, als man glauben wollte.

In die Bewunderung über die Leistungen unserer westlichen Nachbarn mischte sich aber ein kleines Gefühl des Neides, daß bei uns auf diesem Gebiete so wenig getan wurde, und daß es uns nicht vergönnt war, auch hervorragende Flüge zu sehen. Wieder war es August Scherl, der helfend eingriff. Verfasser übernahm es wiederum ehrenamtlich, einen der Brüder Wright zu Vorführungen zu gewinnen und die Veranstaltungen zu organisieren. Bei den Schwierigkeiten, solche völlig neuen, ohne Vorgang stehenden Sportsflüge vorzubereiten und durchzuführen, standen auch diesmal dem Verfasser Richard Scherl sowie Dr. Boysen, der schon bei Zipfel tatkräftigst mitgeholfen hatte, hilfreich bei.

Ende August und Anfang September begann Orville Wright seine Flüge, die wiederum eine oft über 100000 Personen zählende Zuschauerschaft auf das Tempelhofer Feld lockten. Auch Ihre Majestät die Kaiserin, der Kronprinz, die Kronprinzessin und die Prinzen des Kaiserlichen Hauses wohnten den Flügen bei. Der Kronprinz ließ sich sogar später von Wright durch die Lüfte führen. Auch eine Dame nahm gelegentlich in der Flugmaschine an der Seite Wrights zu einem längeren Fluge Platz.

Die Leistungen des Amerikaners mußten nun auch die verbissensten Skeptiker überzeugen, wenngleich auch immer noch der Versuch gemacht wird, den Wert der Flieger herabzusetzen. Die

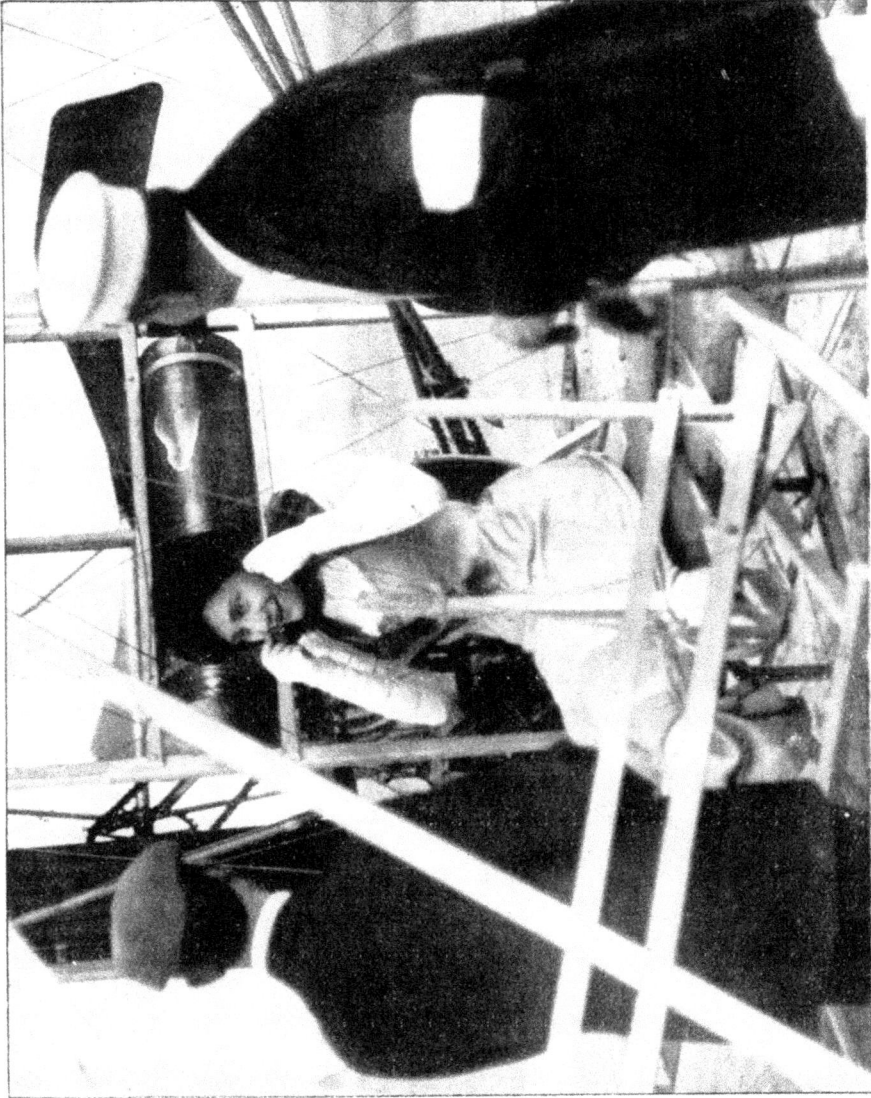

Die erste deutsche Dame, die Frau des Verfassers, im Aeroplan mit Orville Wright.

Flugwoche in Reims 1909.

Hinderer tun vergebliche Arbeit: die Entwicklung der Aerodynamik läßt sich nun einmal nicht mehr aufhalten!

Ein Wettkampf in den Lüften mit Flugmaschinen! Wenn man hiervon Anfang 1909 sprach, wurde man bemitleidet! Und nun sind solche Konkurrenzen schneller organisiert, als es irgend jemand dachte! Mit größtem Erfolge fand im September in Reims das erste Fliegermeeting der Welt statt und vom 26. September bis 3. Oktober folgte die große Berliner Flugwoche.

In Berlin hatten sich drei tatkräftige Männer zusammengetan, um einen großen Flugplatz zu schaffen: Justizrat Eschenbach, der verdienstvolle Syndikus des deutschen Luftschifferverbandes, Kapitän zur See a. D. v. Pustau und Artur Müller. Vom Staat wurde ein ca. 600 Morgen umfassendes Gelände gepachtet, das von nun an allen Zweigen der Luftschiffahrt und den ihr verwandten Gebieten eine gastliche Stätte gewähren will. Durch die Bemühungen der Genannten ist denn auch die große Flugmaschinenkonkurrenz unter allergrößter Beteiligung aller Schichten des Volkes durchgeführt worden. Der Verfasser, der bis jetzt alle neuen luftsportlichen Veranstaltungen zuerst in Deutschland organisiert hatte, übernahm auch hier die sportliche Leitung, wesentlich unterstützt vom verdienstvollen Gründer des großen Niederrheinischen Vereins für Luftschiffahrt, Dr. Bamler.

Bald nach diesem Wettfliegen erzielte auch der erste deutsche Flugtechniker in der Öffentlichkeit seine Erfolge. Am 30. Oktober gewann der Magdeburger Ingenieur Hans Grade auf dem Flugplatze

Drachenflieger von Jatho auf der Vahrenwalder Heide bei Hannover.

Santos Dumonts »Demoiselle«.

Johannisthal-Adlershof den 40000 M. betragenden Lanz-Preis der Lüfte. Sein Flieger ist ein Eindecker, der namentlich als Sports-fahrzeug gedacht ist, weil er sich durch Kleinheit und Leichtigkeit auszeichnet. Es ist ein Typ, wie ihn auch Santos-Dumont in Frankreich neuerdings für Sportszwecke mit seiner »Demoiselle« oder »Libelle« gebaut hat.

Grade hatte seine ersten Übungen bei Magdeburg angestellt, und später seine Versuche auf dem kleinen Flugplatze »Mars« zu Borck bei Berlin fortgesetzt.

Auch in Deutschland dürfen wir wohl jetzt vertrauensvoll größeren Leistungen entgegensehen. Die deutsche Flugmaschinen-Gesellschaft Wright besitzt bereits in Korvettenkapitän a. D. Engelhardt einen fähigen Führer, August Euler in Frankfurt hat mit seinen Voisinfliegern schon sehr beachtenswerte Erfolge aufzuweisen, Jatho in Hannover, der schon ein Dezennium sich mit Flugtechnik beschäftigt, berechtigt zu den besten Hoffnungen, und Ingenieur Dorner, Schüler, Schubert, Dr. Huth und andere werden sicher bald sich mit ihren Leistungen sehen lassen können.

Fabriken und Reparaturenwerkstätten stellen sich den Flug-technikern zur Verfügung: die Anstalt des Ingenieurs Rumpler ge-nießt schon jetzt guten Ruf, und bald soll auch auf dem Flugplatze Johannisthal-Adlershof eine neue Fabrik entstehen.

Voraussichtlich wird schon 1910 ein deutsches Flugmeeting abgehalten werden können. Und man kann wohl ohne Übertreibung behaupten, daß der Flugsport der praktischen Verwendung der Flug-maschinen ebenso die Wege ebnen wird, wie der Ballonsport dies bei der wissenschaftlichen Luftschiffahrt und der Lenkballons getan hat!

Nicht unerwähnt darf hier bleiben, daß es der Opferwilligkeit Frankfurter Bürger zu danken ist, wenn wir in Deutschland eine große Luftschiffahrtsausstellung gehabt haben. Es war eine schwierige Aufgabe, gerade jetzt, wo die Lenkballons noch im Anfangsstadium ihrer praktischen Verwertung stehen und die Flugmaschinen erst »flügge« geworden sind, schon eine Ausstellung zu veranstalten, bei der sowohl Luftschiffe »leichter als die Luft« als auch solche »schwerer als die Luft« im Betriebe vorgeführt werden sollten. Vom fachmännischen Standpunkte aus bedeutet die Ausstellung einen vollen Erfolg, und diesen Anfängen werden sicher weitere folgen.!

Einundzwanzigstes Kapitel.

Ballonphotographie.[1]

Als erster wies der berühmte französische Physiker Arago auf die nutzbringende Verwendung der Photographie für Pläne und Karten hin, dachte aber nicht an die Möglichkeit ihres Gebrauchs im Ballon.

Erst der Franzose Andraud machte 1855 in seinem Werke »Une dernière annexe au Palais de l'Industrie« auf die Verwertung der von oben aufgenommenen Bilder für topographische Zwecke aufmerksam.

Das Verdienst, die Ballonphotographie zur praktischen Anwendung gebracht zu haben, gebührt dem Photographen und späteren Luftschiffer Nadar-Vater, der zum ersten Male im Jahre 1858 Aufnahmen aus einem Aerostaten gemacht hat.

Die Notwendigkeit der Verwendung nasser Platten, die unmittelbar nach der Herstellung exponiert und nach dem Exponieren sofort entwickelt werden mußten, erschwerte das Photographieren im Ballon außerordentlich.

Seinen ersten Versuch machte Nadar in einem Ballon captif, in dessen Gondel er sich eine besondere Dunkelkammer in Form eines runden Zeltes aus schwarzgefüttertem, orangefarbigem Stoff errichtet

---

[1] Die deutsche Literatur über dieses Thema ist sehr arm. Erst kürzlich ist erschienen: ›Photographische Aufnahmen vom Ballon aus‹. Von Geh. Reg.-Rat Dr. A. Miethe, Prof. a. d. Technischen Hochschule Berlin. Halle a. S. Verlag von Wilhelm Knapp. Ferner das ausgezeichnete Werk ›Fototopografia e Fotogrammetria Aerea‹. Ing. Attilio Ranza, Tenente del Genio. Roma 1907. Enrico Vaghera.

hatte. Nach den verschiedensten Versuchen gelangen ihm bald brauchbare Aufnahmen.

Das italienische Kriegsministerium lud ihn daher ein, während des Feldzuges gegen Österreich nach Italien zu kommen, um dort die Stellungen der Feinde bei Solferino photographisch zu rekognoszieren. Diese Aufnahmen sollen aber unbrauchbar gewesen sein.

Zwei und drei Jahre später findet die Ballonphotographie auch in Amerika und England Freunde: King und Blak nahmen die Stadt Boston von einem Fesselballon aus auf, und der Italiener Negretti, der schon in seiner Heimat auf Anregung des Königs die neue Kunst eifrigst gepflegt hatte, photographierte die Stadt London von einem freifliegenden Aerostaten aus. Über die Erfolge dieser beiden ist nichts bekannt geworden.

Großer Nutzen wurde während des amerikanischen Bürgerkrieges mit der Ballonphotographie erzielt.

Der Amateurluftschiffer Lowe stieg 1862 vor Richmond in einem Fesselballon oberhalb der Stadt auf, photographierte das Terrain von Richmond bis Manchester nach Westen und bis Chikakominy nach Osten. Die Aufnahmen wurden sofort unten auf der Erde entwickelt und gaben ein deutliches Bild der Truppenaufstellungen und der Wälle.

Die einzelnen Photographien wurden nun durch Linien in 64 Felder geteilt und mit Buchstaben A 1 — A 64, B 1 — B 64 usw. bezeichnet. Einen Abzug erhielt der General Mac-Clellan, einen behielt Lowe selbst.

Es war verabredet worden, daß Lowe telegraphisch dem General die Art der Truppenbewegung mitteilen und den Ort nur durch den betreffenden Buchstaben mit der entsprechenden Zahl bezeichnen sollte.

Am 1. Juni meldete Lowe in der bezeichneten Art aus 330 m Höhe Truppenbewegungen, die auf einen beginnenden Ausfall schließen ließen. Der General Mac Clellan konnte daraufhin sofort seine erfolgreichen Gegenmaßregeln treffen. Im Laufe des Tages hatte der Luftschiffer noch mehrfach Gelegenheit, auf dieselbe Weise die Entscheidung zugunsten seiner Partei herbeizuführen.

In Frankreich gelangen Nadars Sohn und Dagron 1868 und 1878 Aufnahmen von Paris, während die auf Veranlassung von Oberst Laussedat während des Krieges gemachten Versuche scheiterten.

Die ersten Trockenplatten wurden von Triboulet in Anwendung gebracht.

Vorzügliche Aufnahmen aus größerer Höhe stellte 1880 Des-
maret in seinem Freiballon »Gabriel« her.

Desmarets ausgezeichnete Wolkenbilder und Vergrößerungen
seiner anderen Aufnahmen werden noch heute im Conservatoire des
Arts et Metiers gezeigt.

Von nun an nahm die Ballonphotographie einen langsamen,
aber stetigen Aufschwung, und zwar nicht nur in Frankreich, dem
Mutterlande aller Luftschiffahrt, sondern auch in England, wo
Shadbold sehr brauchbare Bilder von London anfertigte und
Woodbury 1881 eine Kamera für einen gefesselten unbemannten
Ballon konstruierte.

Der schon erwähnte Triboulet baute einen Apparat mit sieben
einzelnen Kameras.

In Deutschland und England lag in den achtziger Jahren die Förderung der Ballonphotographie fast ausschließlich in den Händen der
Luftschifferoffiziere, von denen sich besonders der ältere v. Tschudi,
v. Hagen, v. Sigsfeld und die Engländer Major Elsdale und
Templer auszeichneten. Bei der preußischen Luftschifferabteilung
wurde eine besondere Sektion für Photographie eingerichtet, deren
Leitung nacheinander Hauptmann Davids, der Verfasser und Hauptmann Platzhoff hatten.

In Österreich verdankt man die ersten Bilder aus der Vogelperspektive dem bekannten Sportsmann Viktor Silberer, der sich
überhaupt, wie an anderer Stelle hervorgehoben ist, um die gesamte
Luftschiffahrt außerordentlich verdient gemacht hat.

Der hervorragendste Anteil an der Entwicklung der Ballonphotographie und Fernphotographie gebührt der photographischen
Abteilung des italienischen Heeres, die der »Brigata Specialisti«
angegliedert ist. Unter Leitung des Kommandeurs der Luftschiffer,
Oberstleutnant Moris, wurde 1896 aus den Offizieren vom »Genie
Militaire« eine photographische Feldabteilung ins Leben gerufen. Die
größten Erfolge wurden zunächst von Leutnant Zaidivo erzielt; gut
gelungene Bilder wurden bis auf **100 km** Entfernung gewonnen.
Die Abteilung hat sich auch mit Anfertigung von verkleinerten Depeschen für den Transport durch Brieftauben befaßt und Studien
angestellt über die Bewegungen der Geschosse beim Fluge. Der
photographische Park für Luftschifferzwecke ist so einfach und
schnell in Tätigkeit zu setzen, daß schon in 20 Minuten die Kopien
der vom Gelände und den Truppenaufstellungen gemachten Aufnahmen abgeliefert werden können.

Jeder Luftschifferoffizier ist verpflichtet, von jeder Freifahrt eine Anzahl von Bildern mitzubringen; bei schlechterem Wetter hat er deshalb die schwierige Aufgabe, häufiger ganz tief in Sicht der Erde zu fahren.

Die Photogrammetrie ist ein besonderes Studium besonders des Ingenieur-Leutnants Ranza gewesen, und in vielen Ausstellungen — speziell in Mailand 1906 — konnte man Beweise von der hohen Entwicklungsstufe dieser Wissenschaft in Italien sehen.

Die erste in Österreich gemachte Ballonphotographie von Viktor Silberer im Jahre 1885. Die Reichsbrücke in Wien.

Namentlich ist die Fernphotographie auch beim Erkundungsdienst für Marinezwecke mit Erfolg zur Anwendung gelangt. Seit 1899 ist eine besondere photographische Feldabteilung gebildet, die sich die Anerkennung der beteiligten Dienststellen errungen hat.

In Frankreich führte der bekannte Gelehrte Cailletet einen Panorama-Apparat mit neun Objektiven für unbemannte kleine Fesselballons zu Lagoubran mit großem Erfolge vor.

Die Handhabung einer Kamera ist bei dem sehr beengten Raume in einem Ballonkorb außerordentlich unbequem und erfordert viele Übung. Die Hauptschwierigkeiten beruhen aber in den mannigfachen Bewegungen des Ballonkorbes. Man ist zwar heute schon

imstande, fliegende Geschosse mit einer Expositionszeit von $1/_{100\,000}$
Sekunde aufzunehmen, aber es ist dabei ein absolutes Erfordernis,
die Kamera während der Expositionszeit ruhig zu halten. Diese Bedingung läßt sich im Ballon schwer erfüllen.

Die Bewegungen des Ballonkorbes können vierfacher Art sein:

1. Horizontale,
2. Vertikale,
3. Drehbewegungen um die vertikale Achse und
4. Pendelbewegungen nach vor- und rückwärts.

Bei einem Fesselballon sind die horizontalen Ortsveränderungen
äußerst geringe und können füglich vernachlässigt werden, dagegen
ist ihr Einfluß bei einem mit der Schnelligkeit des Windes hin-
ziehenden freien Luftschiffe häufig sehr erheblich.

Die vertikalen Bewegungen des Luftschiffes kommen im Frei-
ballon selten in Betracht, da man meist erst nach Erlangung der
Gleichgewichtslage Aufnahmen zu machen pflegt. Eine größere
Rolle dagegen spielen sie beim Fesselballon.

Drehbewegungen im Freiballon hat man meist nur bei Beginn
der Fahrt, später sind dieselben so gering, daß man sie nicht zu
beachten braucht.

Der Drachen- und noch mehr der Kugelfesselballon sind dagegen fast nie in Ruhelage.

Die Einflüsse auf das Bild richten sich nach den Entfernungen,
auf welche die Aufnahmen gemacht werden. Bei horizontalen Bewegungen des Ballons werden, wie aus den bisherigen Ausführungen
hervorgeht, die Bilder um so schärfer, auf je größerer Entfernung
sie gewonnen sind; bei Drehbewegungen des Ballons werden dagegen
Aufnahmen in der Nähe schärfer.

Pendelbewegungen treten im Freiballon meist nur bei Beginn
der Fahrt auf, wenn die Hülle im Momente des Loslassens sich nicht
genau senkrecht über dem Korbe befunden hat. Dieselben pflegen
aber binnen kurzer Zeit gedämpft zu werden.

Auch im Drachenballon begegnet man ihnen seltener, dagegen
treten sie sehr häufig im Kugelfesselballon auf.

Man muß unbedingt darauf bedacht sein, alle anderen störenden
Einflüsse beim Photographieren auszuschalten.

Vor allen Dingen müssen die Korbinsassen schon einige Zeit
vor dem Spiel des Verschlusses auf ein zu gebendes Zeichen vollste
Ruhe bewahren, da sonst von vornherein auf ein Gelingen der Aufnahme nicht zu rechnen ist.

Tagesaufnahme einer Ortschaft, die nachts aus dem Ballon bei Scheinwerferbeleuchtung
photographiert werden soll. (Aufnahme der Gesellschaft »Vega« in Genf.)

Die durch die Ballonbewegungen stark beeinflußten Belichtungs-
zeiten sind nun häufig nicht mit den gerade herrschenden Lichtverhält-
nissen in Einklang zu bringen. Im allgemeinen ist man, was Fülle des
Lichtes anbelangt, gegen die terrestrischen Photographien im Vorteil.

Es ist erfor-
derlich, beim Bal-
lonphotographie-
ren Gelbfilter an-
zuwenden: »plan-
parallele« Gläser,
zwischen welche
man gefärbte Ge-
latine legt; even-
tuell kann man
auch gefärbte Ge-
latineplättchen
direkt vor die
Platte bringen.
(Nach Miethe.)

Ballonphotographie einer Ortschaft bei Scheinwerferbeleuchtung.
(Aufnahme der Gesellschaft »Vega« in Genf.)

Diese Filter müssen in Verbindung mit farbenempfindlichen Platten angewendet werden. Man kann aber schon richtigere optische Farbenabstufungen gewinnen nur unter Benutzung farbenempfindlicher Platten, d. h. solcher Platten, welche derart präpariert sind, daß sie für die Farbe nach der roten Seite des Spektrums hin empfindlicher sind als für diejenige nach der blauen.

Zweckmäßigerweise macht man sich die Platten selbst möglichst kurze Zeit vor ihrer Benutzung farbenempfindlich.

Zu einer Umwälzung in der Ballonphotographie wird die Anwendung der Farbenphotographie nach Miethe führen, mit der wir uns ebenfalls noch beschäftigen wollen.

Eine eigenartige Verwendung des Scheinwerfers für photographische Zwecke hat man in der Schweiz auf Veranlassung der Gesellschaft Vega in Genf mit Erfolg versucht. Es wurde eine Gegend aus dem Ballon oder von einem hohen Punkte aus zunächst bei Tag aufgenommen und dann bei Nacht mit dem Scheinwerfer beleuchtet und dabei wieder eine Aufnahme angefertigt. Auf diese Weise will man im Kriege feststellen, an welchen Orten nachts Erdarbeiten seitens des Feindes stattfinden. Diese Methode ist sicher noch ausbildungsfähig und kann in manchen Fällen von hohem Nutzen sein.

Photographisches Material für Ballonzwecke.

Die Grundbedingungen, welche bei der Wahl oder Konstruktion einer Kamera für die Ballons obwalten müssen, sind große Einfachheit und Festigkeit.

So vorzüglich sonst kleine zusammenlegbare Kameras auf Reisen, Hochgebirgstouren sind, im Ballon kann man sie aus den verschiedensten Gründen nicht verwenden.

Grundsätzlich muß man sie schon einfach deshalb ausscheiden, weil die Objektive dieser Apparate nur eine sehr geringe Brennweite haben. Im Ballon muß man naturgemäß aber immer mit Aufnahmen aus vielen hundert Metern, ja einigen tausend Metern rechnen.

Ferner spricht gegen die Anwendung der Taschenkameras usw. noch die Kompliziertheit des gesamten Mechanismus zum Auseinandernehmen, Feststellen und Einstellen usw. Das sichere Funktionieren dieser Vorrichtungen wird bei Anwendung in einem Ballon infolge des herumfliegenden feinen Sandes beim Ballastgeben bald in Frage gestellt sein.

Die Anwendung von Stativen in der auf der Erde gebräuchlichen Form verbietet sich im Ballon.

Einen ganz neuartigen Apparat, der für Objektive mit langer Brennweite bestimmt ist, haben Vautier-Dufour und der Astronom Schaer in Genf gebaut.

Die Ausnutzung der Brennweite wird bei demselben durch eine in zwei Etagen angeordnete Kamera in der Weise erreicht, daß die

26*

Photographischer Apparat Vautier-Dufour
zusammengeklappt.

durch das Objektiv einfallenden Lichtstrahlen zunächst durch einen hinten sitzenden Spiegel in einen im anderen Stockwerk vorn sitzenden Spiegel reflektiert und von dem letzteren aus erst auf die Platte geworfen werden.

Hierdurch wird eine Verkürzung des Apparates um zwei Drittel der Brennweite erzielt, es genügt bei einer Größe von $f = 1{,}20$ m schon ein Kameraauszug von 0,40 m.

Um handliche Kameras zu erzielen, bringt man die Objektive vor Verpacken des Apparates in das Innere einer festen Kamera, wie dies beispielweise durch C. P. Goerz geschehen ist.

Besonders wichtig ist es, für absolute Lichtdichtigkeit der Kamera zu sorgen wegen der Bestrahlung durch die Sonne.

Eine ganz besondere Konstruktion bilden die von W. Bermpohl für Miethe gebaute Dreifarbenkameras.

Der Miethesche Aufnahmeapparat besteht aus einem sehr festen, alle Instrumententeile umschließenden Kasten, der durch zwei Querwände in drei Abteilungen — Kameras — geteilt ist. Die Platte besitzt das Format 9/24 cm und die drei Teilaufnahmen infolgedessen die Größe 8/9 cm. Die Brennweite der Objektive beträgt ca. 16 cm und ihre Lichtstärke F/4.5. An der den Objektiven gegenüberliegenden Seite des Kastens befindet sich zunächst der zwecks Reinigung auswechselbare und ebenfalls äußerst solide gearbeitete Filterschlitten, der zur Aufnahme der drei Farbenfilter dient und direkt vor die Ebene der photographischen Platte gelegt ist.

Zur Bemessung der richtigen gegenseitigen Exposition zwischen Rot, Grün und Blau werden die Objektive, wie

Photographischer Apparat Vautier-Dufour
aufgeklappt.

dies durch Vorversuche ermittelt worden ist, entsprechend abgeblendet.

Bei Anwendung von Kassetten hat man dafür Sorge zu tragen) daß Kassettenfalz und Kassettenschieberfalz durch dicke Tuchstreifen usw. gegen Lichteindringen auf sichere Weise geschützt werden.

Auf die Verwendung von Films verzichtet man am besten. Sie leiden sehr unter Feuchtigkeit und Hitze. Außerdem sind sie nicht — auch die Planfilms nicht — genügend farbenempfindlich.

Goerz Spezial-Ballon-Kamera. (Mit Schlitzverschluß regulierbar bis zu $^1/_{1000}$ Sekunde.)
Kamera in Gebrauchsstellung.

Als geeignete Platten können unter anderen empfohlen werden: Perorto von Perutz; dieselbe ist hochempfindlich und kann auch ohne Gelbscheibe benutzt werden; Perxanto von Perutz; ebenfalls hochempfindlich und nur mit Gelbscheibe benutzbar; Agfa, Farbenplatte: auch diese ist hochempfindlich und kann nur mit Gelbscheibe benutzt werden; Kolor von Westendorp und Wehner; gleichfalls hochempfindlich und besonders gut verwendbar mit Gelbscheibe.

Als Verschluß kommt nur ein Momentverschluß in Betracht, und zwar ist nur die Verwendung der Jalousieverschlüsse für den Luftschiffer zu empfehlen. Der bekannteste dieser Verschlüsse, der Goerz-Anschützsche Schlitzverschluß, ist auch einer der besten.

Die Handhabung dieser Verschlüsse ist außerordentlich einfach, vor allen Dingen kann man die Kamera viel fester und ruhiger halten, weil man zur Auslösung des Verschlusses nur einen Finger nötig hat.

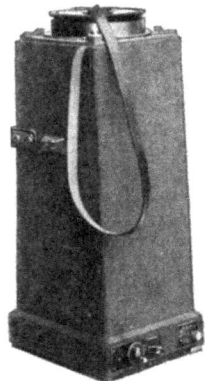

Kamera mit eingestecktem Objektiv.

Den wichtigsten Teil der photographischen Ausrüstung bildet das Objektiv, weil von dessen Eigenschaften die Güte des Bildes wesentlich abhängt.

Die Frage nach einer geeigneten Linse hängt innig zusammen mit den Ergebnissen unserer Erörterungen über die Lichtverhält-nisse im Ballon, Kameragröße, Platten-sorte usw. Da demnach das Objektiv vielen, oft einander entgegengesetzten Anforderungen gerecht werden muß, so ist es gar nicht so leicht, fest-zustellen, welche Linsen nun un-bedingt die leistungsfähigsten sind, vor allem schon deshalb nicht, weil die Auswahl in den verschiedenartig-sten Gläsern bei den bekanntesten Fabriken in der ganzen Welt eine sehr große ist. Man vertraue sich in dieser Frage ruhig den großen Firmen an. Auf sachgemäße Behandlung des Objektivs muß größte Sorgfalt gelegt werden.

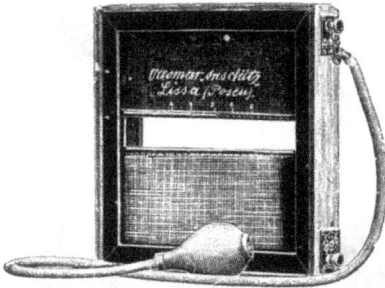

Goerz-Anschützscher Schlitzverschluß.

Ein Haupterfordernis ist es, die Linsen vermittelst eines weichen Pinsels, der unbedingt zur Ausrüstung eines Ballonphotographen gehört, vom Staub zu befreien.

Die Pyramiden des Cheops, Chephren, Mencheres. Ballonaufnahme von Spelterini.

Sehr aufpassen muß man bei Änderungen der Höhenlage des Ballons. Sobald das Objektiv aus einer kälteren Luftschicht in eine wärmere feuchte gerät, beschlägt seine Oberfläche, und aus einer Aufnahme kann nichts werden.

Gerade im Ballon kommt das Beschlagen sehr leicht vor. Der Apparat ruht wohl geborgen im Schatten des Korbes und nähert sich in seiner Temperatur allmählich derjenigen der Atmosphäre, die in weitaus den meisten Fällen eine geringere ist als auf dem Erdboden, von dem der Apparat kam. Jetzt soll eine Aufnahme gemacht werden, die Sonne mit ihrer großen Strahlung erwärmt die

Kapitän Spelterini in Zürich, hervorragender Luftschiffer und Ballonphotograph.

Oberfläche des Objektivs, es ist etwas Feuchtigkeit vorhanden, und das Beschlagen ist da!

Die Entwicklung der Platten oder Films geht in denkbar einfachster Weise vor sich. Jeder bleibe bei seinem altbewährten Entwickler, wenn er es nicht vorziehen will, zu dem bei Ballonphotographien mit bestem Erfolge von vielen angewandten Rodinal überzugehen. Die Konzentration von Rodinal muß etwa 1 : 10 bis zu 1 : 5 betragen. Dementsprechend müssen auch die übrigen Entwickler entsprechend konzentriert gemacht werden. Man entwickelt so lange, bis die Platte auch in durchscheinendem Lichte fast undurchsichtig und in der Draufsicht schwarz erscheint, was in längstens 5 Minuten bei richtig temperierter Flüssigkeit der Fall ist.

Diese Art der Entwicklung gibt erfahrungsgemäß die besten Resultate.

Dreiundzwanzigstes Kapitel.

Das Lesen von Photogrammen.

Bei Ballonbildern muß sich der Mensch in die ungewohnte Perspektive hineindenken.

Es ist besonders schwierig, ja oft geradezu unmöglich, bei einer Ballonaufnahme Unebenheiten des Geländes festzustellen, und zwar wächst die Schwierigkeit, wenn das Luftschiff sich in großer Höhe und direkt über dem aufzunehmenden Terrain befindet.

Bei Ballonbildern der Ebene gewinnt man oft den Eindruck, als ob das Gelände im Hintergrunde, also im oberen Teile der Photogramme, anstiege.

Dies hat in der Perspektive und in den Beleuchtungsverhältnissen seinen Grund.

Deutlich stechen weithin Chausseen und andere Kunststraßen durch den hellen Schein des auf ihnen lagernden weißen Staubes ab; außerdem sind sie schon an den symmetrisch zu beiden Seiten gepflanzten Bäumen erkennbar.

Feldwege sind dagegen häufig nicht so auffallend und können leichter übersehen werden, während Eisenbahnen hinwiederum ihren Charakter durch die Schienenstriche nicht verleugnen können.

Die Wege sind nun meist ein ausgezeichnetes Mittel, schon kleinere Bodenerhebungen anzuzeigen.

Wenn z. B. auf dem Bilde der Umgegend von Blankenburg (S. 409) der Weg, der in der Mitte sich nach rechts von der Hauptstraße abzweigt, im schwarzen Teile verschwindet und etwas weiterhin zum Vorschein kommt, so zeigt dieser Umstand eben an, daß eine Anhöhe ihn verdeckt.

Umgegend von Blankenburg am Harz mit dem Regenstein (*r*. Ballonaufnahme aus geringer Höhe.

Daß der steinige Boden im Vordergrunde desselben Bildes bei *c*
ein hoher Felsen — der Regenstein — ist, kann man wohl nicht
ohne weiteres erkennen.

Die Chaussee, die vom linken unteren Rande der Abbildung
schräg nach oben führt, macht aber durch ihr Verschwinden und
späteres Wiederhervortreten darauf aufmerksam, daß zwischen *K K*
Bodenerhebungen vorhanden sind; wie hoch dieselben aber sind,
vermag man nicht zu sagen. Dabei ist das Bild auch von ziemlich
tiefem Standpunkte aus aufgenommen, wie das Hervortreten der
Kuppen im Hintergrunde beweist.

Auch die unregelmäßige Gestalt der Wege und Ackerfurchen
deutet immer darauf hin, daß die Ebene eine Unterbrechung
erleidet.

Das Blankenburger Bild zeigt namentlich in seinem linken
mittleren Teile bei *a* und *b* viele krumme Linien, die sich von oben
und von unten unter verschiedenen Winkeln an der sanft gewölbten
Mittellinie treffen. Tatsächlich liegt diese letztere auf einem kleinen
Bergrücken, welcher nach oben und unten — vom Standpunkte des
Beschauers gesprochen — abfällt.

Eine solche schwach bogenförmige Linie wie *m m* des Bildes
würde man sich in der Ebene kaum denken können, da für ihre
Gestalt kein Grund vorhanden ist.

Auch die Verteilung von Licht und Schatten gibt einen Anhalt
dafür, ob gewisse Stellen höher oder tiefer liegen müssen. Doch
ist große Vorsicht geboten, weil Wolkenschatten, Färbung und Bedeckung der Erdoberfläche dieselbe Wirkung hervorrufen können.

Wasser ist auf den Photogrammen meist sehr leicht zu erkennen;
kleine Flüsse laufen in stark gekrümmten Linien, welche unverkenn-
bar sind, über das Papier. Wenn auch der Grad ihrer Helligkeit
im allgemeinen derjenigen der Straßen entspricht, so ist doch die
Form der Linienführung ganz typisch.

Außerdem zeichnen sich die Spiegelungen der Bäume im Wasser
deutlich ab, und endlich sieht man noch einen großen Kahn auf
der hellen Stelle.

Im Winter ist aber wieder alles ganz anders. Die Felder erscheinen in ihrem Schneekleide weiß und die Wege schwarz, weil
der Schnee auf den letzteren entweder verschwunden oder nieder-
getreten und beschmutzt ist. Im dunklen Walde dagegen sehen wir
den Weg wieder weiß glänzen.

Dorf in der Uckermark. Ballonaufnahme im Winter.

Wenn in einer ganz verschneiten Landschaft größere dunkle Stellen zu sehen sind, so hat man in ihnen das Bild eines Waldes vor sich, in dem man bei größerer Nähe und nicht zu engem Baumbestande auch einzelne Bäume gut zu erkennen vermag.

Die Ackerfurchen und Feldwege verschwinden natürlich unter dem Schnee, und die Flußläufe erscheinen wieder schwarz wie die Wege.

Die Eisenbahn, welche in schwachgebogener Linie sich durch die Mitte des Bildes vor dem Uckermärker Dorf hinzieht, markiert sich durch die dunkle Färbung und namentlich aber durch die Telegraphenstangen an der Seite. Sehr deutlich hebt sich etwas unterhalb der Bahn auch der kleine Hang ab, an dessen steiler Böschung der Schnee noch nicht so sehr zu haften vermochte.

Die farbige Photographie wird zweifellos in absehbarer Zeit eine Umwälzung der gesamten Ballonphotographie hervorrufen, und man wird bei Betrachtung der Bilder eine große Menge von Einzelheiten entdecken können.

Im Sommer 1905 haben die ersten Versuche in dieser Richtung stattgefunden. Professor Miethe hat mit seinem Assistenten Dr. Lehmann einige Ballonfahrten unternommen, bei denen er sich einer besonders konstruierten Kamera bediente.

Eine besondere Art des Photographierens, die dazu beiträgt, namentlich Bodenerhebungen kenntlicher zu machen und Entfernungen besser festzulegen, bildet das stereoskopische Verfahren.

Die gewöhnlichen Stereoskop-Photographieapparate, deren zwei Objektive in einer Kamera angeordnet sind, ergeben bei geringen Entfernungen Bilder, die, im Stereoskop betrachtet, eine ausgezeichnete Wirkung hervorrufen, aber bei größeren Entfernungen wird die Parallaxe zu klein.

Auf der Erde kann man sich nun leicht dadurch helfen, daß man die Aufnahmen von zwei Standpunkten nacheinander macht und die gewonnenen Bilder zum Betrachten zusammenstellt. Es hat sich dabei herausgestellt, daß die Gegenstände gut plastisch hervortreten, wenn die Basis der beiden Aufnahmen $1/100$—$1/50$ [1]) der Entfernung beträgt.

Beim Photographieren vom Ballon muß man diese Weise etwas ändern. Man stellt zunächst fest, mit welcher Geschwindigkeit der Ballon in Metern pro Sekunde fliegt. Darauf visiert man einen Gegenstand im Gelände an, dessen Entfernung vom Luftschiff auf der Karte ermittelt war, und macht die erste Aufnahme. Nach einigen Sekunden, deren Zahl nach der Fortbewegung des Ballons bemessen wird, erfolgt die zweite Aufnahme.

Die Miethesche Aufnahmekamera für Dreifarbenphotographie aus dem Ballon. Oben Vorderteil mit den drei Objektiven, unten Verschlußteil mit Filterschlitten.

[1]) Nach Miethe sogar bis $1/20$.

Man muß dafür sorgen, daß bei nicht senkrechter Flugrichtung die Projektion auf der Senkrechten gleich $^1/_{100}$—$^1/_{50}$ der Entfernung vom Objekt beträgt, und daß keine Höhenunterschiede zwischen den beiden Aufnahmeorten vorhanden sind.

Das stereoskopische Verfahren ist das gegebene zur Verwendung beispielsweise im Zeppelinschen Ballon, da die Entfernung der beiden Gondeln schon eine in den meisten Fällen genügende Basis abgibt. Bei der Aufnahme schwer zugänglichen Geländes wird man in Zukunft sicher mehr als bisher zu dieser Methode greifen müssen.

Das Photographieren mit Apparaten, die vermittelst Drachen oder Brieftauben hochgeführt werden.

Die Tatsache, daß die Mitführung von Ballongerät immer sehr umständlich ist, brachten 1880 den Franzosen B a t u t auf den Gedanken, leichte Kameras mittels Drachen in die Luft zu heben.

Batuts Drachen
zum Heben photographischer Apparate.

In ähnlicher Weise arbeitete auch ein Deutscher mit Namen W e n z.

Es entwickelte sich allmählich ein Sport im Steigenlassen photographischer Drachen mit einem wissenschaftlichen Endzweck.

Ausgezeichnete Aufnahme von Boston erzielte der amerikanische Meteorologe E d d y aus dem Drachen im Jahre 1896.

Aus der neuesten Zeit sind besonders die Konstruktionen von R. T h i e l e in Rußland und S c h e i m - p f l u g in Österreich zu erwähnen.

Thiele baute sich 1899 einen Apparat aus sieben Kameras, von denen er die größte mit 24×24 cm großen Platten in der Mitte senkrecht nach unten, die übrigen sechs in einem regulären Sechseck mit einem Winkel von 10^0 zur Horizontalen anordnete.

Seine ersten Geräte hatten ein Gewicht von 20 kg, seine neuesten nur von 6 kg.

Aus 200—300 m Höhe vermochte er mit einer Aufnahme einen Plan von etwa 100 qkm zu erzielen.

Der österreichische Hauptmann Scheimpflug baute sich für ähnliche Zwecke einen Panoramaapparat, bei welchem die Achsen der Objekte konvergierten. Sein Apparat wog einschließlich elektrischer Auslösungsvorrichtung, Libellen und Platten nur 4,5 kg.

Während er ursprünglich die Camera frei unter einem Kastendrachen anbrachte, erzielte er durch Aufhängung derselben

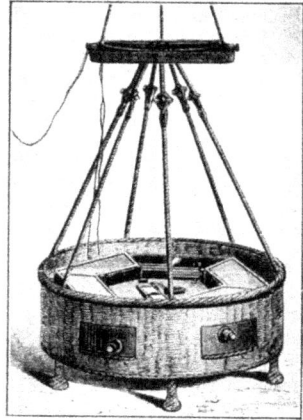

Panoramaapparat für unbemannte Ballons.

in seinem Innern eine weit ruhigere Stellung und verhütete Beschädigungen beim Herabstürzen.

Scheimpflug ist auch eine ganz besonders praktische Methode der Auswertung von Photogrammen zu danken, die zweifellos eine große Zukunft hat.

In eigenartiger Weise verwendet Dr. Neubronner in Cronberg i. Taunus Brieftauben als Träger seiner photographischen Apparate. Neubronner, ein erfahrener und vielseitiger Liebhaber von Brieftauben, hat mit seiner genialen Konstruktion recht schöne Erfolge zu erzielen vermocht.

Das Bild Seite 417 stellt den ersten praktisch erprobten Apparat in natürlicher Größe dar. Er setzt sich zusammen aus 2 photographischen Kammern, die im Winkel von 90° miteinander verbunden sind. Auf der Rückseite des rechtwinkligen Verbindungs-Dreiecks befindet sich ein Deckel, der entfernt wird,

Achtfacher Ballonapparat von Hauptmann Scheimpflug, Wien.

um Films oder dünne Platten — rechts und links — in Führungen einzuschieben. Im Zwischendreieck oben sind die Rollen für den Schlitzverschluß angebracht. Letzterer läuft vorn über einige Führungsstäbe dicht vor der lichtempfindlichen Schicht in einer Tour von oben nach unten, hinten von unten nach oben; beide Male in der Richtung der Bewegung der Taube. Vor und nach der Belichtung befindet sich der Schlitz im Dunkeln.

Originalaufnahme mit der Ballonkamera von Hauptmann Scheimpflug.

Zu dem durch die Rückseite der Platten gebildeten rechten Winkel unten befindet sich die Vorrichtung zum Auslösen. Eine Metallkapsel enthält einen kleinen Gummi-Harmonikabalg, der sich durch einen mit Ventil versehenen Knopf von außen mit einem Gummiball aufblasen läßt. Die Ausdehnung des Gummibalges im Innern der Kapsel läßt einen federnden Stift heraustreten, auf welchem sich eine Einteilung befindet. Je nachdem nun Luft in das Bällchen gedrückt wird, tritt der Stift, der die Auslösung des Schlitzverschlusses verhindert, länger oder kürzer heraus. Am Gummibällchen selbst befindet sich ein Glasröhrchen, das mit einer haarscharfen Spitze versehen ist, aus der die eingepreßte Luft im Zeitraum von $\frac{1}{4}$ Stunde ent-

Horizontale Vogelperspektive, durch Reduktion der Seitenbilder auf das Mittelbild aus der Originalaufnahme abgeleitet.

weicht. Durch einige Versuche bestimmt man vorher, wie weit der Stift heraustreten muß, um eine Auslösung in einer bestimmten

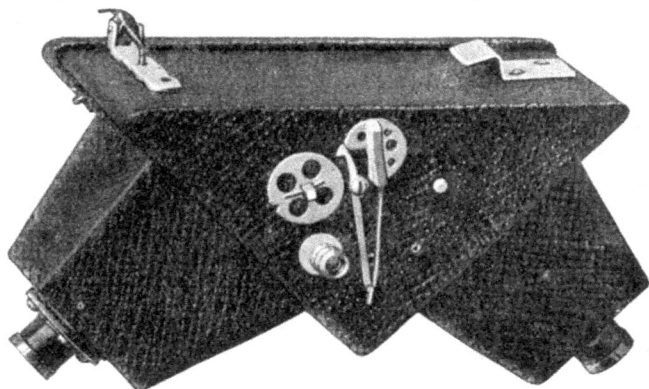

Brieftaubenkamera von Dr. Neubronner in Originalgröße.

Entfernung zu erreichen, wobei man die Fluggeschwindigkeit der Taube 1,2 km per Minute rechnet.

Durch die Anordnung der beiden im halben rechten Winkel nach unten gerichteten Objektive werden Schwankungen der Taube nach oben und nach unten aus- geglichen. Das vordere Bild wird meist in horizontaler, das

Die Befestigung der Kamera an der Brust
der Brieftaube.
(Dr. Neubronner, Cronberg i. T.)

Die Brieftaube mit der photographischen
Kamera zum Abflug bereit.
(Dr. Neubronner.)

hintere in vertikaler Richtung aufgenommen, da die Richtung
der fliegenden Taube vorherrschend eine nach oben gerichtete ist.
Der Apparat selbst wird kurz vor dem Abflug mit Hilfe eines
Bajonettverschlusses an ein aus Aluminium hergestelltes Brustblech
befestigt, welches die Taube anbehält. Ein kleiner Küraß aus
Aluminiumblech ist mit schmalen Streifen aus weichem Leder und
Gummilitze kreuzweise auf dem Rücken der Taube durch Druck-
knöpfe befestigt.

Sehr günstige Erfolge wurden in der allerneuesten Zeit mit
einem Apparat erzielt, der nach dem System der Panoramakameras
hergestellt wurde. Er liefert Bilder von 4:10, die im Halbkreis aufgenommen werden, mit einem Objektiv, das sich halb um seine
Achse dreht. Es lassen sich mit diesem Apparat Bilder in vertikaler und horizontaler Richtung herstellen. Die einfache Konstruktion ermöglicht eine ganz bedeutende Gewichtsersparnis, so daß
künftig an Stelle der Auslösung mit Hilfe eines Gummiballes ein
Uhrwerk Verwendung finden kann, das eine bequemere Regulierung
ermöglicht. Das neue Modell wird neben seiner großen Leichtigkeit
auch den Vorzug der Billigkeit haben und dürfte daher für Sport-
zwecke Verwendung finden.

Fünfundzwanzigstes Kapitel.

Auswertung von Photogrammen.

Die Auswertung der aus der Vogelperspektive gewonnenen Bilder
für topographische Zwecke ist eine besondere Wissenschaft: Photogrammetrie, deren Grundlagen unter anderem auch durch den
Münchener Professor Finsterwalder in einigen sehr bemerkens-
werten Aufsätzen festgelegt sind.

An einem hier wiedergegebenen Bilde kann man erkennen, in
welcher Weise sich ein Kartennetz bei einer Ballonaufnahme per-
spektivisch verschiebt. Es ist in das Kartenbild des Ortes Rudow
ein Netz von 100 m Seitenlänge eingezeichnet, und dieselben Längen-
maße sind durch besondere Konstruktionen auf der Ballonphotographie eingetragen. Man sieht, wie sich auf der letzteren alle
Gegenstände in größerer Entfernung zusammenschieben.

Eine solche Konstruktion ist in der Praxis auf einfache Weise
auszuführen, wenn man die Höhe und die Winkelrichtung der Aufnahme kennt. Das Verfahren[1]) ist kurz folgendes:

Das Bild des Ortes Rudow wurde unter einem Winkel von
67° 30′ mit einem Objektiv von 36 cm Brennweite aus 795 m Höhe
aufgenommen.

Man zieht zunächst in dem auf einem großen Bogen aufgezogenen
Photogramm die horizontale und vertikale Mittellinie Y und X.
Durch Vergleich des Maßes der Entfernung zweier markanter
Punkte auf der horizontalen Linie, z. B. Y_1 und Y_2, mit der wirklichen auf der Generalstabskarte zu ermittelnden Länge stellt man
den Maßstab des Bildes fest, hier 1 : 5769. Es ist wichtig zu bemerken, daß die Originalplatte 18 × 24 cm groß war und daß dieselbe hier zur Raumersparnis erheblich verkleinert werden mußte.

---

[1]) Konstruktion Klußmann.

Ballonaufnahme von Rudow mit eingezeichnetem Netz.

Alsdann trägt man im Plattenmittelpunkt O an OX nach unten den Winkel 67° 30' an und macht den neuen Schenkel 1920 m — Maßstab 1 : 5769 — lang. Im so gewonnenen Punkte P errichtet man eine Senkrechte, welche die Y-Linie in H schneidet. Das Dreieck OPH entspricht dem Dreieck, das beim Aufnehmen gebildet wurde in der Ebene durch Objektiv, Fußpunkt des Ballons auf der Erde und anvisiertes Objekt. Aus bekannten Gründen ist der Winkel $PHO = 67° 30'$ und $HP = 795$ m.

Nun zieht man durch H eine Parallele zu OP und erhält in deren Schnittpunkt mit der X-Linie den Haupthorizontalpunkt V. Auf der Y-Linie trägt man sodann im Maßstab 1 : 5769 die Längen ab, die das Netz bilden sollen, z. B. 500 m. Verbindet man nun alle diese Punkte

Verkleinertes Bild der Generalstabskarte von Rudow.

mit V, so sind alle horizontalen Abstände je zweier Linien voneinander gleich. Man sieht, in welcher Weise infolge der Perspektive diese Abstände allmählich kleiner und im Haupthorizontalpunkt gleich Null werden. Um nun für das Netz die entsprechenden horizontalen für Abstände von 500 m erforderlichen Linien zu erhalten, trägt man auf PO und deren Verlängerung ebenfalls im Maßstabe des Bildes 500 m ab und verbindet die bezeichneten Punkte mit H. Durch die Schnittpunkte dieser Linien oder deren Verlängerungen mit der X-Achse hat man Parallele zur Horizontalen zu ziehen. Alsdann sind die Abstände zweier Parallelen voneinander gleich 500 m. Man sieht wiederum, in welcher Weise infolge der Perspektive diese Linien sich zusammenschieben.

Durch diese sehr einfache Konstruktion kann jedermann mit Leichtigkeit sich ein Übertragungsnetz einzeichnen.

Sechsundzwanzigstes Kapitel.

Brieftauben für Ballonzwecke.

Eine hervorragende Rolle spielten die Brieftauben während der Belagerung von Paris, in welche Stadt nach erfolgter Einschließung und Zerstörung der durch die Seine gehenden unterirdischen Kabel Nachrichten nur noch durch diese gefiederten Boten hineinkommen konnten.

An anderer Stelle ist schon erwähnt, daß im ganzen 363 Tauben die Stadt im Ballon verließen, von denen allerdings nur 57 zurückgekehrt sind. Der Grund dieses verhältnismäßig schlechten Resultates ist in der außerordentlich ungünstigen Witterung des Dezember 1870 zu suchen, der sich durch ungewöhnlich viele Schneestürme oder ständiges nebliges Wetter sowie große Kälte auszeichnete. Witterungseinflüsse wirken natürlich, wie auf alle Individuen, nicht minder auch auf das Wohlbefinden der Tauben ein.

Eine lächerlich unsinnige Nachricht wurde während des Feldzuges verbreitet, um die ungünstigen Resultate beim Rückflug zu erklären; es hieß, Bismarck habe aus Norddeutschland eine große Anzahl Raubvögel nach Frankreich kommen und dieselben vor Paris aussetzen lassen. Diesen sei eine große Anzahl der Luftboten zum Opfer gefallen.

Der Gedanke, die Tiere durch Ballons herauszubringen, stammt übrigens nicht von einem Franzosen, sondern von einem Belgier namens van Rosebek. Der erste Versuch, der am 25. September im Ballon »La ville de Florence« mit drei Vögeln unternommen wurde, fiel glücklich aus, und infolgedessen entschloß man sich, allen abgehenden Luftschiffen eine Anzahl Tauben mitzugeben.

Namentlich die Tauben Antwerpener Rasse bewährten sich ausgezeichnet; mehrere derselben haben den Transport und Rückflug bis zu sechsmal ausgeführt.

Erwähnenswert ist die Rückkehr einer Taube, die am 12. Oktober vom Ballon »Le Washington« aus während heftiger Beschießung durch Kleinfeuer aufgelassen wurde und am 5. Dezember wieder in ihrem Pariser Schlage vorgefunden wurde. Es ist mehrfach Gegenstand von Versuchen gewesen, ob der Flug der Tiere durch Schießen beeinflußt wird. Sicher ist dies bei einzelnen Vögeln der Fall, aber im großen und ganzen werden sich die Tauben nicht davon abhalten lassen, auch durch den Kugelregen ihrem heimatlichen Schlage zuzustreben.

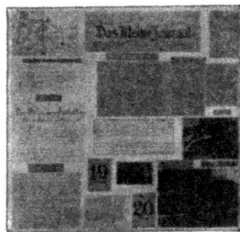

Verkleinerung von
Depeschen.

Die Notwendigkeit, die wenigen noch zur Verfügung stehenden Tauben nach Möglichkeit auszunutzen und ihnen sehr viele Depeschen mitzugeben, führte zu einer genialen Erfindung, welcher allein die große Zahl der beförderten Nachrichten — 100 000 einzelne Depeschen — zu verdanken ist.

Ein hervorragender Photograph, Dagron geheißen, war sehr vertraut mit der noch neuen Mikrophotographie, und er übte besonders mit ihrer Hilfe die Reproduktion von Drucksachen und geschriebenen Depeschen.

Das Verfahren dabei ist folgendes:

Mit einem sehr scharf zeichnenden Objektiv photographiert man eine sehr große Anzahl von Depeschen, die alle auf einem einzigen Bogen in Urschrift oder Druck aufgeklebt sind. Entsprechend der Entfernung des Aufnahmeapparates von dieser Tafel verkleinert sich das erzielte Bild. Bei Dagron kamen auf einen Quadratzentimeter Bildfläche etwa 172 000 Buchstaben mittlerer Größe.

Würde man mit Trockenplatten in einer derartigen Verkleinerung photographieren, so würden die Buchstaben später im Mikroskop nicht mehr scharf auseinander zu halten sein; man muß deshalb nasse Platten anwenden, welche die kleinsten Striche irgendeiner Schrift oder eines Stiches haarscharf wiedergeben.

Die sehr dünnen Kollodiumhäute zieht man nach der Entwicklung und Fixierung von der Glasplatte ab. Die Leichtigkeit der Häutchen ist außerordentlich. Unter Zugrundelegung der erwähnten Verkleinerung wiegt ein Quadratzentimeter Bildfläche 0,002 mg, so daß auf 1 mg Gewicht 8600 oder auf 1 g Last 8,6 Millionen Buchstaben entfallen.

Die Häutchen wurden zusammengerollt und in einer Federspule unter den Schwungfedern der Taube befestigt. Jede Taube enthielt bis zu 20 solcher Häutchen, die zusammen mit Hülsen nur wenige Gramm wogen.

Sobald die Tauben in der Festung eingetroffen waren, wurden ihnen die Spulen abgenommen, die einzelnen Häutchen zwischen dünne Glasplatten glatt gelegt und in eine Laterna magica — Projektionsapparat — geschoben. Der Text wurde in einer starken Vergrößerung gegen eine weiße, in 16 Quadrate eingeteilte Wand geworfen und dort von 16 Schreibern, denen je eine Fläche zugeteilt war, abgeschrieben und dann ihren Adressaten zugestellt.

Dunkelgeschieferte Brieftaube des Herrn Flöring. Der Vogel, welcher am linken Fuße eine Depeschenhülse aus Gummi trägt, ist 4 Jahre alt, hat 15 Ballonfahrten mitgemacht und ist 3900 km Landtouren geflogen.

Das Atelier für die mikroskopische Verkleinerung hatte Dagron, nachdem er die Hauptstadt im Ballon verlassen hatte, in Tours eingerichtet, wo er am 21. November eingetroffen war.

Im ganzen haben die 57 Tauben 100000 Staatsdepeschen und eine Million Privatnachrichten in die belagerte Stadt hineingetragen.

Die Dressur der Tauben ist eine langwierige; große Sorgfalt und Sachkenntnis ist unbedingt erforderlich. Besondere Schwierigkeiten bietet naturgemäß die Einübung für Ballonzwecke, da die Zugrichtung des Aerostaten selten mit der Richtung zusammenfällt, in der die Tauben ausgebildet sind.

Deshalb gibt man den zur Verwendung im Ballon bestimmten Tauben zweckmäßigerweise eine besondere Dressur. Dabei kann man in zweifacher Weise verfahren: entweder man dressiert gereiste Tiere, oder man übt von vornherein in erster Linie Flüge aus dem Ballon.

Man hat sich ferner zu entscheiden, ob man auf alle Richtungen gleichzeitig, oder ob man für die verschiedenen Himmelsrichtungen auch verschiedene Abteilungen Tauben einüben will.

Ein sehr erfolgreicher und eifriger Züchter, Herr B e r n h a r d
F l ö r i n g in B a r m e n, hat schon viele Jahre hindurch den Ballons
des Niederrheinischen Vereins für Luftschiffahrt Brieftauben mitgegeben, die in der Richtung auf Osten-Magdeburg bzw. Südosten-
Thüringen und Sachsen eingeübt waren. Derselbe glaubt, die Erfahrung gemacht zu haben, daß die erzielten Resultate nicht davon
abhängig waren, ob die vom Ballon eingeschlagene Richtung der
Einübung entsprach.

Hierzu muß bemerkt werden, daß infolge der meteorologischen
Verhältnisse westliche Winde in Barmen vorherrschen und es dem-
nach nur selten vorgekommen ist, daß die Tauben in einer anderen
Himmelsgegend eingesetzt wurden.

Sehr großen Einfluß hat ferner auf die Leistungen der Tauben
der Umstand, daß sie stets g e g e n d e n W i n d zurückfliegen müssen,
weil der nicht lenkbare Aerostat immer m i t der Luftströmung fortgetrieben wird. Während außerdem bei der üblichen Dressur zur
Vermeidung oft sehr erheblicher Verluste die Tiere nur bei einigermaßen gutem Wetter, nie aber bei Nebel, Gewitter usw. aufgelassen
werden, nimmt man hierauf im Ballon wenig Rücksicht, und oft
müssen sehr starke Winde überwunden werden.

Hierdurch werden die Fluggeschwindigkeiten ebenfalls wesentlich
herabgesetzt.

Professor Z i e g l e r in Jena hat für größere Entfernungen bis
600 km eine durchschnittliche Eigengeschwindigkeit von 18—19 m
pro Sekunde festgestellt.

Bei Betrachtung einzelner abweichender Leistungen, wenn z. B.
sehr bewährte Tiere zeitweise 33 m pro Sekunde und bei anderer
Gelegenheit dagegen nur 5—6 m zurücklegten, läßt sich der Einfluß
des Windes unzweifelhaft erkennen; auch die besten Tauben haben
gegen mittleren Wind nur eine durchschnittliche Schnelligkeit von
ca. 12 m pro Sekunde.

Leistungen, wie man sie z. B. bei einem Fluge von einem Orte
bei Bordeaux bis Lüttich in Belgien erzielt hat, bei welchem 817 km
bereits in 8 Stunden durchflogen wurden, gehören zu den Aus-
nahmen.

Da nun alle Taubenzüchter und noch mehr die Militärbehörden
großes Interesse an guten Flugleistungen haben, weil von der
schnellen Ankunft der Depeschen im Kriege unter Umständen viel
abhängt, hat man auch Versuche gemacht, andere schnelle Vögel
zu dressieren.

Schwalben zeigten ganz erheblich größere Eigenbewegung. Ein Züchter in Antwerpen ließ in Compiègne in Frankreich eine Anzahl derselben gleichzeitig mit Tauben aufsteigen und konnte feststellen, daß die 235 km betragende Entfernung von den Tauben in 3 Stunden 45 Minuten, von den Schwalben dagegen bei 58 m Sekundengeschwindigkeit in 1 Stunde und 7 Minuten — also dreimal so schnell — zurückgelegt wurde.

Auf Grund seiner Versuche hat Flöring im Ballon folgende Schnelligkeit der Tauben im Mittel festgestellt: bei gutem Wetter 42 km pro Stunde = 11,6 m pro Sekunde, bei weniger günstigem Wetter 33 km die Stunde = 9,1 m und bei sehr schlechter Witterung, Regen, Nebel und Schnee, nur 25 km pro Stunde = 6,0 m pro Sekunde.

Etwas geringere Zahlenangaben macht Dr. Schultheiß in Karlsruhe, welcher 1895 bei 11 Taubenflügen aus dem Ballon im Mittel 6,35 m pro Sekunde feststellte. Die Windgeschwindigkeiten, welche er bei den in Frage kommenden Fahrten ermittelte, betrugen 3,3 bis 6,6 m pro Sekunde.

Bemerkenswert waren die Leistungen zweier Flöringscher Tauben, die gelegentlich einer Fahrt bei Weststurm bei einem Winde von durchschnittlich 24,5 m die Sekunde vom Verfasser aufgelassen wurden. Der Ballon verschwand in 200 m Höhe in den Wolken und geriet bald in Regen und in größerer Höhe in Schnee. Die erste Taube wurde in 960 m Höhe nach 15 Minuten, die zweite nach 20 Minuten in 1280 m abgelassen. Die Rückkehr nach Barmen erfolgte innerhalb 30—35 Minuten, es waren also 36 m in der Sekunde zurückgelegt, wenn man den Gegenwind in Rechnung stellt.

Am 1. Februar 1906 ging ein Ballon bei starkem Winde, Regen, Nebel und Schneetreiben von Barmen ab mit drei Brieftauben. Die erste, um die Mittagstunde in 100 km losgelassene Taube erreichte erst am zweiten Tag ihren Schlag, das zweite Tier ging gegen 1 Uhr in 160 km gerade bei dichtestem Schneegestöber fort und erreichte erst am dritten Tage völlig ermattet ihr Ziel; die letzte um 3 Uhr bei Magdeburg in 300 km Entfernung abgeschickte Taube ist nach 7 Wochen zurückgekehrt, obgleich ihr an jedem Flügel 3 bis 4 Schwungfedern anscheinend von einem Taubenräuber ausgerissen waren.

Eine Glanztour des Flöringschen Schlages soll nicht unerwähnt bleiben: Die Landungsdepesche wurde gelegentlich einer 40 km weiten Fahrt in 40 Minuten nach Barmen befördert und traf dort

$2^1/_2$ Stunden eher ein, als die durch den Telegraph übermittelte Nachricht.

Inbezug auf die Schnelligkeit des Fluges kann Verfasser auf Grund der Erfahrung bei ca. 200 Ballonfahrten und im ganzen zirka 1500 in Militärballons hochgelassenen Tauben die Angaben Flörings nur bestätigen. Bei den im Nebel oder über den Wolken in Freiheit gesetzten Tieren kommt es häufiger vor, daß sie erst ein oder mehrere Tage später zurückkehren.

Bei der Beurteilung der Leistungen im allgemeinen muß man zunächst feststellen, auf welche Weise die Dressur erfolgt ist. Es ist unzweifelhaft ein großer Unterschied, ob man gereiste, schon bewährte Tauben im Ballon mitnimmt, oder ob man von vornherein nur im Luftschiff reisen läßt. In letzterem Falle muß bei den einzelnen Touren genau so, wie es auf der Erde der Fall ist, ein gewisser Prozentsatz derselben verloren gehen, der in Anbetracht der Schwierigkeiten aber ungleich größer sein wird.

Es hat sich nun ferner herausgestellt, daß es von wesentlicher Bedeutung ist, aus welcher Richtung die Tauben geworfen werden.

Mehrfach bewährte Tiere versagten z. B. plötzlich, wenn ein Ballon nach langer Pause einmal wieder nach Süden getrieben war, schon bei geringeren Entfernungen bei günstiger, wenig windiger Witterung. Durch die häufigen Flüge aus anderen Himmelsgegenden waren die Merkmale der im Süden von Berlin liegenden Gegenden aus dem Gedächtnis entschwunden, und die Orientierung nach der Sonne mußte versagen.

Man muß also entweder die auf alle Richtungen dressierten Tauben zeitweise in dem seltener beflogenen Gelände zur Übung einsetzen, oder aber man teilt für Norden, Osten, Süden und Westen ganz bestimmte Tiere ein, die nur diese Richtung kennen lernen. Im allgemeinen kann der Flug der Aerostaten am Zuge der Wolken oder aufgelassener Pilotenballons ziemlich genau bestimmt werden; jedoch muß man berücksichtigen, daß in den verschiedenen Höhen oft andere Luftströmungen herrschen und deshalb muß man bei der Dressur die Tauben Süd nach Osten und Westen usw. übergreifen lassen.

Eine große Rolle spielt ferner die Tagesstunde, zu der man die Tiere einsetzt. Die bei der Dressur meist früh morgens aufgelassenen Vögel lernen bald, sich genau nach dem Stande der Sonne zu orientieren. Es ist von verschiedenen Luftschiffern die Erfahrung gemacht worden, daß plötzlich vermehrte Verluste unter sonst gleichen Bedingungen eintraten, deren Grund zunächst nicht ermittelt werden konnte.

Es stellte sich aber bald heraus, daß die veränderte Fahrtzeit der Ballons daran schuld war. Früher gingen dieselben meist in den Morgenstunden ab, und die Tauben wurden dementsprechend gegen Mittag aufgelassen; später aber erfolgten die Aufstiege erst zwischen 12 und 1 Uhr mittags und der Abflug der Tiere in den späteren Nachmittagstunden. Die sich nach dem Stande der Sonne richtenden Tauben verfehlten daher ihr Ziel.

Sehr wesentlich verbessert man die Resultate durch eine besondere Ballondressur. Vor allen Dingen muß man die Tiere daran gewöhnen, möglichst schnell aus den Wolken zur Erde zu stoßen. Zu diesem Zwecke nimmt man sie in der Nähe ihres Schlages bei entsprechender Witterung in einem Fesselballon zunächst bis etwas über den unteren Rand der Wolken hoch und läßt sie hier fliegen in einem Augenblicke, in dem die Erde sichtbar ist. Demnächst geht man in die Wolken und zuletzt über dieselben.

Die Tauben scheuen sich sehr, von oben in das Nebelmeer hineinzustoßen. Der Anblick desselben von oben ist ihnen etwas völlig Neues und macht sie verwirrt. Lange Zeit kreisen sie umher und können zu keinem Entschluß kommen; erst wenn sie sehr ermattet sind, gehen sie notgedrungen herunter. Bei einer Wiederholung dieses Verfahrens werden sie schon gewitzigter; binnen kurzer Zeit erscheinen sie wieder in ihrem Schlage.

Meist werden heutzutage die auf dünnes Pflanzenpapier geschriebenen Nachrichten in Gummihülsen gesteckt, die man an den Füßen der Tauben befestigt. Man hat auch längere Aluminiumbehälter oder Federspulen angewandt, die unter einer Schwungfeder angebracht waren.

Auch ganze Photogramme befördert man mit ihnen, wenn es sich darum handelt, z. B. aus einer belagerten Stadt über die feindlichen Stellungen zu fliegen und ein Bild der Batterien, Lage der Unterstände usw. den Belagerten zu übermitteln.

Versuche in dieser Richtung wurden schon im September 1889 von der Kaiserlich Technischen Gesellschaft in St. Petersburg angestellt. Der Chef der Luftschiffer-Abteilung, K o w a n k o, stieg mit einem Ingenieuroffizier und zwei Professoren auf und fertigte Photogramme auf Häutchen nach dem nassen Verfahren an. Die Negative wurden im Ballonkorbe in einer primitiven Dunkelkammer entwickelt, die Kollodiumhäute von der Glasplatte abgelöst und den Tauben mitgegeben. Die Versuche sind befriedigend ausgefallen.

Die Herstellung der Negative in der Gondel ist aber sehr zeitraubend und umständlich; deshalb wird in neuester Zeit ein anderes Verfahren angewendet, vermittelst dessen die unentwickelten Negative durch die Tiere transportiert werden. Mit Sorgfalt und in Ruhe erfolgt dann die Entwickelung des Bildes erst auf der Heimatstation.

Die Leistungsfähigkeit der Tauben in der Beförderung ziemlich erheblicher Gewichte war sehr beachtenswert; sie vermochten 75 g auf 100—150 km Entfernung zurückzutragen.

Über die Erfolge, die durch photographierende Tauben erzielt worden sind, ist an anderer Stelle berichtet worden.

Wenn auch heute Funkentelegraphie und andere Hilfsmittel für die Nachrichtenübermittlung gefunden sind, so wird man wohl kaum je auf die Mitwirkung der gefiederten Boten verzichten.

Siebenundzwanzigtes Kapitel.

Luftschifferrecht.

Der Verkehr zu Wasser und zu Lande ist durch zahlreiche und eingehende Vorschriften genau geregelt; der Verkehr in der Luft harrt dagegen noch der gesetzlichen Bestimmungen.

Auf dem im Jahre 1902 in Brüssel stattgefundenen internationalen Juristenkongreß ist bereits auch das Recht in der Luftschiffahrt eingehenden Erörterungen unterzogen.[1]

In erster Linie bedarf die Frage der internationalen Regelung, in welcher völkerrechtlichen Beziehung jeweils ein Staatsgebiet zu dem über ihm liegenden Luftmeer steht. Schon durch das Wort »Luftmeer« wird man auf einen Vergleich mit dem Meere hingeleitet, in welchem von dem Uferstaate das Hoheitsrecht so weit ausgeübt wird, wie die Kanonenschußweite reicht. Die übrigen Gebiete sind international. In der Luft herrschen aber ganz andere Verhältnisse vor. Die Höhe eines Kanonenschusses kann über 4000 m betragen, aber auch noch über diese Zone hinaus kann der Feind durch Abwerfen von Geschoßen das unter ihm liegende Gebiet angreifen. Deshalb wird fraglos von den Juristen der gesamte über einem Lande liegende Luftraum der territorialen Hoheit unterstellt werden.

Eine weitere äußerst wichtige Frage ist die, ob es im Frieden gestattet sein soll, daß Luftschiffe ohne weiteres über fremde Länder hinwegfahren dürfen. Gerade in letzter Zeit hat es viele Reibungen beispielsweise mit Frankreich und Rußland, gegeben,

---

[1] Annuaire de l'institut de droit international. XIXe Volume 1902. Paris. A. Padone.

wenn hier fremde Luftschiffer gelandet sind. Es ist sehr leicht, aus der Höhe Festungswerke zu studieren; die photographische Kamera vermag nach bestimmten Verfahren aus vier, fünf und mehr Kilometern scharfe Bilder von Befestigungsanlagen zu bringen. Deshalb kann man es keinem Staate verargen, wenn man absolut zu verhindern sucht, daß fremde Luftschiffer in die Werke der Landesverteidigung Einblick gewinnen. Voraussichtlich werden in diesem Punkt scharfe Bestimmungen erlassen werden.

Eine große Rolle spielt es hierbei, ob die Luftschiffer Privatleute oder Angehörige des Heeres und der Marine oder Staatsbeamte sind. Dies führt auf einige andere Punkte. Es muß scharf zwischen Staats- und Privatballons unterschieden werden, weil dieselben sowohl in den eigenen Staaten als auch im Auslande verschieden behandelt werden müssen.

Staatsballons können Militär- oder Zivilballons sein. Ein Militärballon steht unter dem Befehl eines Offiziers der Landarmee oder der Marine, welcher von der Militärbehörde das Kommando über den Ballon erhalten hat, der mitsamt der Ausrüstung auch dem Militär gehört.

Ein Staats-Zivilballon wird von einem Beamten geführt, der mit einem den Zivilbehörden gehörenden Luftschiffe Auffahrten dienstlich zu unternehmen hat.

Alle übrigen Luftfahrzeuge fallen unter die Kategorie der Privatballons, gleichgültig, ob sie von einem Offizier oder Beamten privatim geführt werden.

Es soll nun unbedingt verlangt werden, daß alle Ballons ebenso wie die Schiffe unzweideutig kenntlich gemacht werden. Der Kommandeur der russischen Luftschiffer, Oberst von Kowanko, hatte schon früher darauf aufmerksam gemacht, daß die unliebsamen Vorkommnisse, eine Beschießung deutscher und österreichischer Ballons durch russische Grenzkosaken, lediglich in dem Fehlen einer Flagge ihren Grund gehabt hätten. Die Russen sind gewohnt, an allen bemannten Ballons die Flagge zu führen, und sehen deshalb alle ohne Flagge fahrenden Luftschiffe als Registrierballons an. Da es nun bekannt ist, daß den Findern eines Ballons besondere Belohnungen zuerkannt werden, haben die Soldaten mehrfach die Landung eines solchen Ballons durch Schüsse herbeizuführen gesucht. In gleicher Weise hat man auch in neuester Zeit Aerostaten, deren Bemannung man zweifelsohne von unten gesehen hat, durch Schüsse zur Landung gezwungen.

Alle Aerostaten — Staats- und Privatballons — führen die durch
Farben und außerdem durch ihre F o r m besonders kenntlich gemachte Landesflagge am Äquätor des Netzes. Ferner haben die
Staatsballons noch einen Wimpel zu setzen, der sich bei Militärballons am Korbe, bei Zivilballons an der Hülle unter der National-
flagge befindet. Die Form der Fahnen soll bis auf Entfernungen
von 4000 m mit bloßem Auge erkennbar sein.

Jeder Ballon darf nur die Farbe seiner eigenen Nation führen.
Alle Ballonführer müssen ein Führerzeugnis — brevet d'aéronaute —
besitzen, das die Führer des Privatballons ständig bei sich haben müssen.

Dieser Punkt erscheint sehr wesentlich und beachtenswert.
Beim Militär und bei den großen Luftschiffervereinen findet eine
eingehende Ausbildung zum Führer statt. Die Qualifikation wird
nach einer besonderen Probefahrt offiziell zugesprochen, wenn diese
»F ü h r e r s c h a f t« zur Zufriedenheit der Kommandobehörde oder bei
den Vereinen einer ad hoc ernannten Kommission ausgefallen ist.

Der Wiener Aeroklub unterscheidet sogar noch Führer erster
und zweiter Klasse und macht die Ernennung zum Führer erster
Klasse von dem Ausfallen einer a l l e i n zu unternehmenden Ballonfahrt abhängig, ein Verfahren, das auch bei anderen Vereinen später
eingeführt worden ist.

Die Berufsluftschiffer dagegen und diejenigen Amateurluftschiffer,
die keinem Verein angehören, erteilen sich selbst die Befähigung,
Ballons zu führen, und fahren vielfach ohne die geringste Erfahrung
darauf los. Zur Vermeidung von Unglücksfällen wäre es sicher
sehr erwünscht, wenn hierin Wandel geschaffen würde.

Ein krasses Beispiel bietet der S. 377 erwähnte Fall des Ingenieur
Vollmer. Ein Laie, der die Fähigkeiten seines Führers nicht kannte,
wurde das Opfer von dessen Unfähigkeit. Hiermit ist der Zwang des
Einschreitens für die Behörden erwiesen. Aber auch gänzlich Un-
beteiligte sind Gefahren seitens solcher unausgebildeter Ballonführer
ausgesetzt. Schon bei der Füllung können sich bei unsachgemäßer
Leitung durch Explosionen unsagbare Unglücksfälle ereignen. Ferner
können auch bei der Landung Personen verletzt werden. Verfasser
konnte gelegentlich bei einem großen Verein feststellen, daß unter
einem neuen, noch wenig erfahrenen Fahrtenausschuß über ein Jahr
lang mit Ballastsand gefahren wurde, der nicht gesiebt war. Ein
Wunder ist es zu nennen, daß hier nicht beim Auswerfen von Ballast
gelegentlich Leute auf der Erde durch Steine verletzt oder getötet
worden sind.

Die Forderung nach einem staatlichen »Brevet« ist deshalb eine Forderung im allgemeinen Staatsinteresse.

Besondere Vorschriften wurden in Brüssel für die Ballonbesitzer vorgeschlagen:

Alle Privatluftschiffe müssen beim Staate angemeldet und eingeschrieben werden. Jedes Luftschiff erhält Namen, Inhaltsbezeichnung und Nummer, die in großer Schrift auf der Hülle anzubringen sind. Auch der Wohnort des Besitzers muß genau angegeben sein. Heimatshafen und Nummer sind in roter Farbe anzubringen.

Die Abfahrt jedes Privatballons wird durch den Staat kontrolliert.

Staatsballons brauchen keine Papiere zu führen, dagegen müssen die Privatballons eine Abschrift der staatlichen Eintragung bei sich haben und eine Liste der Bemannung aufstellen.

Die Signale müssen vorschriftsmäßig angebracht sein, Bordjournal ist zu führen, und der Führer muß seine Qualifikationsurkunde, wie schon erwähnt wurde, bei sich tragen.

Das Führen einer falschen Flagge soll schwer bestraft werden. Für Verständigung in besonderen Fällen werden noch Landungs- und Notflaggen — letztere besonders wichtig, wenn der Ballon über Wasser getrieben ist — eingeführt.

Eine ganze Reihe von Bestimmungen hat der erwähnte Kongreß ausgearbeitet, die das Überfliegen von Festungen verhindern sollen.

Staatsballons dürfen die Grenze nur im Notfalle überschreiten, sind dann aber verpflichtet, sofort die Notflagge zu setzen.

Hier wäre nun eine Ausnahme angebracht für die zu wissenschaftlichen Zwecken aufsteigenden Staatsballons, während das Verbot für Militärballons berechtigt erscheint.

Eine ganze Reihe weiterer Bestimmungen müssen sich mit der Beseitigung von Zollschwierigkeiten, dem Gerichtsstand der Luftschiffer, Geburt von Kindern an Bord — auch dieses ist schon vorgekommen[1] — Zeremoniell, Lichterführung, Signalen usw., beschäftigen.

Auch an die Vorschriften für den Kriegsfall muß man denken. In den künftigen »Luftkriegen« werden vielleicht ähnliche Gesetze maßgebend sein wie in einem Seekriege.

Die Frage, wie Luftschiffer im Kriege behandelt werden sollen, ist von großer Bedeutung, in Anbetracht der wichtigen Rolle, welche die Ballons z. B. im Deutsch-Französischen Kriege gespielt haben. Für die Besetzung der Luftschiffe stehen vielfach nicht Soldaten

---

[1] L'Aéronaute 1890, S. 25.

zur Verfügung, und es ist deshalb vielfach vorgekommen, daß ein Staat gedroht hat, alle Aeronauten im Feldzuge als Spione zu behandeln.

Dagegen sind alle Bestimmungen widersinnig, die dem Luftschiffer das Recht der Verteidigung oder des Angriffes nehmen sollen. Die auf der Haager Friedenskonferenz seinerzeit getroffene Abmachung, die es verbot, aus einem Ballon Sprengstoffe u. dgl. auf den Feind zu werfen, ist jetzt nicht mehr gültig.

Moedebeck sagt mit Recht, wenn man dem Luftschiffer versagen wolle, sich zu wehren oder anzugreifen, so müsse man auch dem Feinde verbieten, auf einen Ballon zu schießen.

Viele Lücken weist die Gesetzgebung aller Länder noch in bezug auf manche Fragen auf. Beispielsweise ist das Betreten fremden Grund und Bodens allgemein verboten, während der Luftschiffer ohne weiteres dieses Verbot überschreitet und dabei meist noch Schaden anrichtet. Wer haftet beispielsweise für den Schaden, den Tausende von zuströmenden Zuschauern auf den Ländereien anrichten? Man denke an die Landung des Zeppelinschen Ballons bei Echterdingen und Göppingen! Auch für das Militär ist es verboten, bei Übungen eingefriedigte Grundstücke zu betreten und wie oft müssen die Militärluftschiffer dieses Verbot bei der Landung überschreiten!

Wer haftet für den Schaden, der entsteht, wenn nach der Landung durch unvorsichtige Zuschauer, die Zigarren usw. anzünden, der Aerostat zur Explosion gebracht wird?

Es ist dringende Notwendigkeit, baldigst zunächst ein internationales Luftrecht zu schaffen und darnach in der Landesgesetzgebung eingehende Bestimmungen zu erlassen.

Sach- und Namenregister.